Strategien und Handlungsspielräume lokaler Umweltgruppen in Brandenburg und Ostberlin 1980–2000

BEITRÄGE ZUR KOMMUNALEN UND REGIONALEN PLANUNG 19

Herausgegeben von
Prof. Dr. Udo E. Simonis

PETER LANG
Frankfurt am Main · Berlin · Bern · Bruxelles · New York · Oxford · Wien

BENJAMIN NÖLTING

STRATEGIEN UND HANDLUNGSSPIELRÄUME LOKALER UMWELTGRUPPEN IN BRANDENBURG UND OSTBERLIN 1980-2000

PETER LANG
Europäischer Verlag der Wissenschaften

Die Deutsche Bibliothek - CIP-Einheitsaufnahme

Nölting, Benjamin:

Strategien und Handlungsspielräume lokaler Umweltgruppen in Brandenburg und Ostberlin 1980–2000 / Benjamin Nölting. - Frankfurt am Main ; Berlin ; Bern ; Bruxelles ; New York ; Oxford ; Wien : Lang, 2002
(Beiträge zur kommunalen und regionalen Planung ; Bd. 19)
Zugl.: Berlin, Freie Univ., Diss., 2002
ISBN 3-631-39526-4

D 188
ISSN 0721-2976
ISBN 3-631-39526-4

www.peterlang.de

Vorwort

Dieses Buch ist die überarbeitete Fassung meiner Dissertation, die im Wintersemester 2001/02 am Otto-Suhr-Institut für Politikwissenschaft angenommen wurde. Solch ein Vorhaben kann nur mit der Unterstützung vieler gelingen.

Dafür danke ich an erster Stelle meinen beiden Betreuern, Prof. Martin Jänicke von der Forschungsstelle für Umweltpolitik und Prof. Udo E. Simonis vom Wissenschaftszentrum Berlin. Prof. Jänicke hat mir immer wieder mit entscheidenden Fragen und Hinweisen geholfen, den „roten Faden" nicht zu verlieren. Prof. Udo E. Simonis verdanke ich wichtige inhaltliche Anregungen. Darüber hinaus hat er das Manuskript sehr sorgfältig korrigiert und kommentiert. Als Herausgeber der vorliegenden Reihe „Beiträge zur regionalen und kommunalen Planung" ermöglichte er mir die Veröffentlichung der Arbeit und gewährte mir einen Druckkostenzuschuss.

Einen großen Anteil an dieser Arbeit hat Dr. Ralf Ahrens, der mit unermüdlicher Ausdauer die unterschiedlichsten Versionen gelesen und mich mit seinen Fragen, Vorschlägen, Anmerkungen und Korrekturen entscheidend weitergebracht hat. Gesche Elsholz, Stefan Vogt, Prof. Karl-Hermann Hübler, Henning Küppers und Dr. Almut Höfert haben Teile der Arbeit gelesen und mir beratend zur Seite gestanden. Schließlich verdanke ich Tanja Börzel und den Mitgliedern der „Working Group on Environmental Studies" am Europäischen Hochschulinstitut in Florenz wertvolle Anregungen. Das Institut für Umweltgeschichte und Regionalentwicklung (IUGR), das inzwischen von Berlin nach Neubrandenburg übergesiedelt ist, hat mir bei meinen Recherchen geholfen.

Die Alfred Freiherr von Oppenheim-Stiftung zur Förderung der Wissenschaft hat mich mit einem Stipendium während eines Teils der Promotion unterstützt und mir den nötigen Freiraum zur Beendigung der Arbeit verschafft.

Einen ganz besonderen Dank schulde ich allen Interviewpartnerinnen und Interviewpartnern, die mir ausführlich und offen von ihren Erfahrungen berichtet haben sowie mir ihr Wissen und Material aus ihren persönlichen Unterlagen zur Verfügung gestellt haben. Ihre Begeisterung für die Sache und ihr Engagement für den Umweltschutz hat mich immer wieder motiviert und inspiriert. Ich hoffe, dass ich ihrer wichtigen Arbeit in der wissenschaftlichen Darstellung gerecht werden konnte.

Berlin, Mai 2002 Benjamin Nölting

Inhaltsverzeichnis

I. Einleitung

1. Prolog

Knapp drei Monate nach dem Fall der Berliner Mauer blockierten am 25. Januar 1990 rund 100 AnwohnerInnen und DemonstrantInnen von sechs Uhr morgens an den Zugang zur Mülldeponie Schöneiche, 20 Kilometer südlich von Berlin. Sie wiesen die Mülllaster ab, die Hausmüll aus Westberlin und Klärschlamm aus Westdeutschland auf die Deponie in der DDR bringen wollten. Von diesem deutsch-deutschen Müllgeschäft profitierten sowohl der westberliner Senat, der sehr niedrige Entsorgungsgebühren an die DDR zahlte, als auch die DDR selbst, die dringend benötigte Devisen einnahm. Doch dieses Geschäft wurde auf Kosten der Bevölkerung und der Umwelt gemacht, denn die Deponie hatte keine Basisabdichtung und wurde nicht nach modernen Umweltstandards betrieben.

Nach dem Mauerfall hatte das DDR-Umweltministerium im Dezember 1989 erstmals bekannt gegeben, dass das Grundwasser im Umkreis der Mülldeponie kontaminiert sei. Der Verdacht lag nahe, dass die Deponie die Ursache dafür war. Dementsprechend empört reagierte die Bevölkerung über die Belastung ihres Trinkwassers. Mit der Blockade der Deponie unterstrich die örtliche Umweltgruppe ihre Forderungen nach dem sofortigen Annahmestopp von Sondermüll und Müll aus Westdeutschland, nach einem ordnungsgemäßen Betrieb der Deponie sowie nach deren mittelfristiger Schließung und Sanierung. West- und ostdeutsche Medien berichteten ausführlich über diese Aktion.

Bereits einen Tag später verbot DDR-Umweltminister Diederich mit sofortiger Wirkung die Ablagerung von Müll aus Westdeutschland auf der Deponie Schöneiche und kündigte die Schließung der bei Potsdam gelegenen Mülldeponie Vorketzin für die Ablagerung von Sondermüll aus Westberlin binnen zweier Monate an. Wenige Wochen nach der Blockadeaktion wurde unter Leitung des stellvertretenden DDR-Umweltministers eine Kontrollgruppe eingerichtet, welche die Umsetzung dieser Zusagen überwachte. Die Schöneicher Umweltgruppe war an dieser Kontrollgruppe beteiligt.

Was waren die Ursachen für diesen spektakulären Erfolg der Umweltgruppe angesichts der mächtigen Interessengruppen, die hinter den Deviseneinnahmen der DDR einerseits und der billigen Entsorgung des westberliner Mülls andererseits standen? Lag es am politischen Druck der lokalen Umweltgruppe, dem großen Medienecho oder gar an der plötzlichen Einsicht des DDR-Umweltministeriums in die Gesundheitsgefährdung der AnwohnerInnen? Welchen Einfluss hatte der politische Umbruch in der DDR auf diesen lokalen Umweltkonflikt? Wäre die Deponieblockade wenige Monate zuvor unter dem SED-Regime möglich und erfolgreich gewesen? Hätte sie einige Jahre nach der deutschen Vereinigung ein ebenso großes Aufsehen erregt und ebenso rasche Ergebnisse bewirkt?

2. Fragestellung und Einordnung des Themas

Allgemein formuliert lautet die zentrale Fragestellung der vorliegenden Arbeit: Mit welchen Strategien sind lokale Umweltgruppen erfolgreich? Unter einem umweltpolitischen Erfolg verstehe ich dabei, dass eine Umweltgruppe durch ihr Handeln eine absolute oder zumindest relative Verbesserung der Umweltqualität gegenüber dem status quo erzielt. Da sich aber Veränderungen der Umweltqualität nur selten eindeutig und ursächlich dem Handeln lokaler Umweltgruppen zuordnen lassen, werte ich es auch als umweltpolitischen Erfolg, wenn eine Umweltgruppe im Vergleich zu anderen Gruppen und ähnlichen Umweltproblemen überdurchschnittlich gute Politikergebnisse erzielt.[1]

Da lokale Umweltgruppen – wie das Eingangsbeispiel andeutet – nicht losgelöst von ihrem Umfeld handeln, frage ich zweitens: Welchen Einfluss haben exogene Faktoren bzw. die Rahmenbedingungen auf den Erfolg bzw. Misserfolg lokaler Umweltgruppen?

Diese beiden Fragen sind nicht nur für das Handeln einzelner Umweltgruppen von Bedeutung, sie knüpfen auch an die übergreifende theoretische und politische Debatte über umweltpolitische Steuerung an. Dabei geht es um die Frage, „wie [umwelt]politische Ziele im Staat und durch den Staat verwirklicht werden."[2] Die traditionelle Umweltpolitik sowohl in der Bundesrepublik Deutschland als auch in der DDR mit ihren unterschiedlichen politischen Systemen beruhte lange Zeit auf zentraler staatlicher Steuerung und umweltpolitischer Nachsorge. Doch der „starke Staat" ist mit dieser Strategie umweltpolitischer Ordnungspolitik in Form von Gesetzen, Verboten, Genehmigungen und Grenzwer-

---

[1] Diese beiden Kriterien für die Bewertung von Umweltpolitik wählen auch JÄNICKE, Martin/WEIDNER, Helmut (1995), Successful Environmental Policy, S. 14-16. Vgl. den theoretisch-methodischen Teil, S. 58-59.

[2] JÄNICKE, Martin/KUNIG, Philip/STITZEL, Michael (1999), Lern- und Arbeitsbuch Umweltpolitik, S. 99. Nach der Planungs- und Steuerungseuphorie in den siebziger Jahren und der Skepsis an der Steuerungsfähigkeit moderner Industriegesellschaften in den achtziger Jahren sucht die aktuelle politikwissenschaftliche Steuerungsdebatte nach wissenschaftlich abgesicherten Lösungsmöglichkeiten für praxisrelevante Finanzierungs-, Regulierungs- oder Koordinierungsprobleme. Zum Diskussionsstand vgl. die Beiträge bei BURTH, Hans-Peter/GÖRLITZ, Axel (Hg.) (2001), Politische Steuerung in Theorie und Praxis; LANGE, Stefan/BRAUN, Dietmar (2000), Politische Steuerung zwischen System und Akteur, S. 99-173; MAYNTZ, Renate (1996), Politische Steuerung.
Bezogen auf die Umweltpolitik vgl. u.a. JÄNICKE, Martin (1993), Ökologische und politische Modernisierung in entwickelten Industriegesellschaften; JÄNICKE, Martin/KUNIG, Philip/STITZEL, Michael (1999), Lern- und Arbeitsbuch Umweltpolitik, S. 99-117; KNILL, Christoph/LENSCHOW, Andrea (2000), Neue Steuerungskonzepte in der europäischen Umweltpolitik; PRITTWITZ, Volker von (1993), Reflexive Modernisierung und öffentliches Handeln; WEIDNER, Helmut (1996), Basiselemente einer erfolgreichen Umweltpolitik, S. 50-84.

ten – ungeachtet einiger Erfolge – an Grenzen gestoßen.[3] Denn Umweltpolitik lässt sich nicht „von oben“ verordnen, weil sie als Querschnittspolitik die unterschiedlichsten Lebens- und Politikbereiche berührt und bei der Umsetzung auf den Widerstand zahlreicher, teilweise mächtiger Interessengruppen stößt.[4]

Um diese Schwächen zu überwinden, plädieren JÄNICKE und andere dafür, dass der Staat zur Erreichung von Umweltzielen hierarchische Vorgaben durch Verhandlungen mit den betroffenen und durchführungsrelevanten Akteuren ergänzt. In solchen Verhandlungssystemen oder Policy-Netzwerken entwickeln Verursacher und Betroffene möglichst gleichberechtigt und unter Mithilfe des Staates umweltpolitische Lösungen und sind maßgeblich an deren Umsetzung beteiligt. Bei dieser Doppelstruktur hierarchischer und kooperativer Steuerung handelt es sich

> „um ein dezentraleres und konsensbetontes Politikmodell, das den Zentralstaat auf strategische Aufgaben [wie die Formulierung langfristiger Umweltziele und die Durchsetzung ökologischer Mindeststandards, B.N.] konzentriert und Detailregelungen stärker auf dezentrale Akteure verlagert.“[5]

Der Staat überträgt den Beteiligten „größere Handlungsräume, aber auch größere Verantwortung“.[6] Neben flexiblen, kooperativen Steuerungsansätzen sind damit auch „eine Dezentralisierung von Entscheidungsstrukturen und eine Ausweitung von Informations- und Partizipationsmöglichkeiten“ weitere wesentliche Elemente dieses Politikmodells.[7] An diesem Punkt der Steuerungsdebatte kommen die lokale Umweltpolitik und lokale Umweltgruppen in den Blick.

Denn *erstens* verweist die Forderung nach einer Dezentralisierung auf die Bedeutung der *lokalen Ebene* für die Umweltpolitik. Viele Umweltbelastungen haben einen lokalen Ursprung und/oder eine lokale Auswirkung. Deshalb liegt es im doppelten Sinne des Wortes nahe, dass lokale Verursacher und Betroffene miteinander verhandeln. Überhaupt sind lokale Politik und lokale Praxis von beträchtlicher Bedeutung für die Umweltpolitik, weil das alltägliche Verhalten der Menschen vor Ort eine signifikante Auswirkung auf die Umwelt haben kann.[8] Auch zeigen Untersuchungen, dass die Partizipation der lokalen Akteure

---

[3] Zur grundsätzlichen Kritik an einer hierarchischen, staatlichen Steuerung vgl. BÖHRET, Carl (1993), Funktionaler Staat?; SCHARPF, Fritz W. (1992), Die Handlungsfähigkeit des Staates am Ende des zwanzigsten Jahrhunderts.

[4] Vgl. JÄNICKE, Martin (1987), Staatsversagen.

[5] JÄNICKE, Martin (1993), Ökologische und politische Modernisierung in entwickelten Industriegesellschaften, S. 24-25.

[6] PRITTWITZ, Volker von (1993), Reflexive Modernisierung und öffentliches Handeln, S. 47-48.

[7] WEIDNER, Helmut (1996), Basiselemente einer erfolgreichen Umweltpolitik, S. 82.

[8] Vgl. z. B. FARTHING, Stuart M. (1997), Introduction, S. 1-2; HUCKE, Jochen (1998), Kommunale Umweltpolitik, S. 645-648.

die Qualität politischer Entscheidungen verbessert, weil mehr Informationen berücksichtigt werden und das Verfahren für alle Beteiligten transparenter wird.[9]

Auf Grund ihres ortspezifischen Wissens und ihrer Erfahrungen sind die lokalen Akteure dazu prädestiniert, lokal angepasste Lösungen für Umweltprobleme zu entwickeln und praktisch umzusetzen. Das lässt sich an vielen umweltpolitischen Innovationen in den Kommunen ablesen.[10] Darüber hinaus können erfolgreiche lokale Modelle diffundieren, d. h. von anderen Kommunen oder von der nationalen Umweltpolitik übernommen werden.[11]

Schließlich kommt der lokalen Ebene eine überragende Bedeutung bei der Umsetzung von Umweltpolitik zu.[12] Die lokalen Akteure aus Politik, Verwaltung, Wirtschaft und Umweltgruppen stehen nicht nur vor dem Problem, allgemeine, teilweise widersprüchliche Vorgaben an die spezifischen lokalen Bedingungen anpassen zu müssen, sondern sie tragen bei Unklarheiten auch ihre Interessenkonflikte jeweils neu aus. Dies kann zu einer Blockade bei der Implementation führen. Eine breite Partizipation und Kooperation der betroffenen Akteure kann dies vermeiden.

Zweitens wirken neben Umweltverbänden, Medien, Teilen der Wissenschaft, „grünen" Unternehmen und VerbraucherschützerInnen auch *lokale Umweltgruppen* als zivilgesellschaftliche Akteure an der Lösung lokaler Umweltprobleme mit. Unter einer lokalen Umweltgruppe verstehe ich eine Gruppe, die kontinuierlich zu lokalen Umweltthemen und Umweltproblemen arbeitet und ökologische oder umweltpolitische Interessen verfolgt.[13] Dabei kann es sich um Bürgerinitiativen, Verkehrsinitiativen, Ortsgruppen von Umweltverbänden, Klimabündnisgruppen und Umweltgruppen von Kirchen, Gewerkschaften oder Universitäten handeln.[14] Die Mitglieder sind in der Regel lokal verankert und

---

[9] Vgl. FEINDT, Peter Henning (1997), Kommunale Demokratie in der Umweltpolitik, S. 39-41; GESSENHARTER, Wolfgang (1996), Warum neue Beteiligungsmodelle auf kommunaler Ebene?, S. 8-12; PETERS, B. Guy (1993), Alternative Modelle des Policy-Prozesses, S. 292-294.

[10] Vgl. BAUMHEIER, Ralph (1993), Kommunale Umweltvorsorge; HUCKE, Jochen (1998), Kommunale Umweltpolitik, S. 647; KORTE, Rainer (1996), Kommunaler Umweltschutz trotzt leerer Kassen; LAMPING, Wolfram (1997), Mit Phantasie die Ketten der Hierarchie abstreifen.

[11] Vgl. KERN, Kristine/JÖRGENS, Helge/JÄNICKE, Martin (2001), The Diffusion of Environmental Policy Innovations; QUANTE, Michael (1996), Umweltschutz in den Kommunen, S. 34; WEIDNER, Helmut (1996), Basiselemente einer erfolgreichen Umweltpolitik, S. 245-280.

[12] So werden in der Bundesrepublik rund 80 % der Gesetzgebung des Bundes und der Länder von kommunalen Behörden umgesetzt. Vgl. PEHLE, Heinrich/JANSEN, Alf-Inge (1998), Germany, S. 103-104.

[13] Lokale Umweltgruppen können sich auch mit überregionalen Umweltthemen beschäftigen, in der vorliegenden Arbeit befasse ich mich jedoch nur mit lokalen Themen und Konflikten.

[14] Vgl. CHRISTMANN, Gabriela B. (1992), Über die 'Institutionalisierung' und 'Verwissenschaftlichung' des ökologischen Protests auf lokaler Ebene, S. 464-471.

ihre Aktivitäten können praktische umweltschützerische Arbeiten, die Aneignung und Verbreitung ökologischen Fachwissens, die Formulierung umweltpolitischer Ziele, öffentliche Aktionen und politische Kampagnen umfassen. Während die Interessen der meisten anderen staatlichen und nicht-staatlichen Umweltakteure oft ambivalent sind, vertreten Umweltverbände und Umweltgruppen eindeutig Umwelt- und Betroffeneninteressen.[15] Deswegen stoßen sie viele umweltpolitische Debatten an, entwickeln Lösungsvorschläge und drängen Politik und Verursacher zum Handeln.

Diese Ausführungen machen deutlich, dass lokale Umweltgruppen im Sinne einer kooperativen umweltpolitischen Steuerung zu einer effektiven Umweltpolitik beitragen können. Wenig erforscht ist jedoch, wie weit sie dieses Potenzial tatsächlich ausschöpfen bzw. ausschöpfen können. Die politikwissenschaftliche Analyse der lokalen Umweltpolitik stand und steht im Schatten der nationalen und internationalen Umweltpolitik - und ist erst in den neunziger Jahren unter anderem durch Lokale Agenda 21-Initiativen, die sich im Anschluss an den UN-Gipfel über Umwelt und Entwicklung in Rio 1992 für eine nachhaltige Entwicklung einsetzen, stärker in den Blickpunkt gerückt. Diese eher geringe Aufmerksamkeit der Forschung mag dem vermeintlich begrenzten Handlungsspielraum lokaler Akteure und Institutionen geschuldet sein, denn sie haben kaum gesetzgeberische Kompetenzen, sind finanziell vielfach von der nationalen und regionalen Ebene abhängig und verfügen oft nur über geringe umweltpolitische Planungskapazität.

Allein von der lokalen Umweltpolitik und von lokalen Umweltgruppen sind deswegen nicht immer entscheidende Lösungen von Umweltproblemen zu erwarten. Aber eine empirisch fundierte Analyse der Strategien und Handlungsspielräume lokaler Umweltgruppen verspricht ein tiefergehendes Verständnis der Mechanismen und Erfolgsbedingungen lokaler Umweltpolitik. Dies ist die Voraussetzung dafür, die Potenziale lokaler Umweltgruppen für einen effektiveren Umweltschutz auszuloten und für die Praxis fruchtbar zu machen.

3. Der Untersuchungsgegenstand

Bei der Analyse des Handelns lokaler Umweltgruppen liegt eine große Schwierigkeit darin, dass externe Faktoren bzw. Rahmenbedingungen wie die nationale Politik, die sozio-ökonomischen Bedingungen oder die Medienöffentlichkeit Einfluss auf die lokale Umweltpolitik ausüben. In dieser Gemengelage lässt sich die Bedeutung lokaler Umweltgruppen nur schwer abgrenzen und als eigenständige Größe in der Umweltpolitik bestimmen. Diesem Problem versuche ich nicht zuletzt durch die Wahl meines Untersuchungsgegenstandes zu begegnen.

[15] Vgl. JÄNICKE, Martin (1995), Akteure der Umweltpolitik, S. 13.

Ich befasse mich an Hand von vier Fallbeispielen mit lokalen Umweltgruppen in der DDR bzw. in Ostdeutschland[16] zwischen 1980 und 2000. In diesem Zeitraum haben sich die politischen, wirtschaftlichen und sozialen Rahmenbedingungen durch den Umbruch im Herbst 1989 und durch die deutsche Vereinigung im Oktober 1990 zweimal schlagartig geändert. In dieser historisch einmaligen Konstellation sind die Fallbeispiele so gewählt, dass die lokalen Umweltgruppen und die örtlichen Umweltprobleme über den gesamten Zeitraum hinweg weitgehend gleich blieben. Dadurch ist es möglich, die jeweiligen lokalen Umweltgruppen unter sehr unterschiedlichen Rahmenbedingungen in den folgenden drei Phasen zu untersuchen:

1. Die DDR-Zeit von 1980 bis zum Herbst 1989,
2. Die Umbruch- oder Wendezeit vom Herbst 1989 bis Ende 1990,
3. Die Zeit nach der Vereinigung von 1991 bis 2000.

Nach einer eher fortschrittlichen Umweltpolitik Anfang der siebziger Jahre verschlechterten sich gegen Ende der siebziger Jahre die umweltpolitischen Bedingungen in der DDR. Markierungspunkte dafür sind 1979 das ökologisch verheerende Umschwenken der DDR auf heimische Braunkohle als nahezu einzigen Energieträger und 1982 der Ministerratsbeschluss zur Geheimhaltung von Umweltdaten.[17] Die SED unterdrückte grundlegende politische Rechte und ließ unabhängigen politischen Umweltakteuren nur wenig Raum. Die Belastung von Luft, Wasser und Boden durch die Industrie und die industrielle Landwirtschaft waren aber gewaltig.

Die zweite Phase, die Umbruch- oder Wendezeit, beginnt mit den Massendemonstrationen im Oktober 1989 und endet mit der Vereinigung am 3. Oktober 1990 bzw. den ersten gesamtdeutschen Bundestagswahlen am 2. Dezember 1990.[18] Die Auflösung des DDR-Staates und die Übertragung des bundesdeutschen Systems auf die DDR führten zur Erosion der bestehenden Institutionen

---

[16] Zur Klärung der hier verwendeten Begriffe:
Mit „DDR" ist der Staat der Deutschen Demokratischen Republik (DDR) bis zur deutsch-deutschen Vereinigung am 3. Oktober 1990 gemeint, also unter der SED-Herrschaft und während der Umbruchzeit 1989/90.
Mit „Ostdeutschland" bzw. „neue Bundesländer" bezeichne ich das ehemalige Staatsgebiet der DDR nach der Vereinigung.
Mit „Westdeutschland" bezeichne ich die alten Bundesländer vor und nach der Vereinigung.
Mit „Bundesrepublik" bezeichne ich Ost- und Westdeutschland nach der Vereinigung, mitunter auch Westdeutschland vor 1990, was dann aus dem Kontext zu ersehen ist.

[17] Eine solche Periodisierung ist nie trennscharf, Ungleichzeitigkeiten sind nicht auszuschließen. Für den Zweck der Untersuchung ist vor allem wichtig, dass über den längeren Zeitraum von 1980 bis 1989 weitgehend gleichbleibende umweltpolitische Rahmenbedingungen herrschten.

[18] Zu Periodisierung der Transformationsphase vgl. EISEN, Andreas/KAASE, Max (1996), Transformation und Transition, S. 8-9.

und Regeln. Die zunächst eintretende politische, institutionelle und ökonomische Destabilisierung eröffnete lokalen Umweltgruppen Freiräume.

In der dritten Phase, der Zeit nach der Vereinigung von 1991 bis 2000, stabilisierten sich die Rahmenbedingungen lokaler Umweltpolitik wieder. Nach dem Vorbild der alten Bundesländer wurden neue umweltpolitische Institutionen und ein demokratisches, föderales System aufgebaut. In der Umweltpolitik dominierte ein administrativer, technischer Umweltschutz nach westdeutschem Muster.

Die empirische Untersuchung beschränke ich zu Gunsten einer tiefergehenden Analyse auf die Region Brandenburg und Ostberlin.[19] Die naturräumlichen Begebenheiten sind im gesamten Gebiet weitgehend gleichartig.[20] Politisch-administrativ gliederte sich das Gebiet vor 1989 und während der Wendezeit in die drei Bezirke Potsdam, Frankfurt/Oder und Cottbus, einen kleinen Teil des Bezirks Neubrandenburg sowie Ostberlin auf (vgl. Abbildung 1).[21] Mit der Vereinigung bildeten sich die beiden Bundesländer Brandenburg und Berlin, die eng zusammenarbeiteten und sogar eine Fusion anstrebten. Insgesamt fällt daher die administrative Trennung zwischen Ostberlin und den angrenzenden Bezirken bzw. zwischen den Ländern Berlin und Brandenburg für die lokale Umweltpolitik kaum ins Gewicht.

Da die vier Fallbeispiele alle aus dieser Region ausgewählt wurden, galten für sie die gleichen bzw. sehr ähnliche Rahmenbedingungen. Sie lassen sich ökologisch bzw. umweltpolitisch wie folgt typisieren:

1. Umweltbelastung: Die Mülldeponie und die Sondermüllverbrennungsanlage in Schöneiche,
2. Ressourcennutzung: Der Konflikt um den Braunkohleabbau in Lakoma,
3. Naturschutz: Das Engagement für den Naturschutz im Landkreis Templin und
4. Vorsorgender Umweltschutz: Stadtökologie und die Lokale Agenda 21 in Berlin-Köpenick.

Diese Fallbeispiele behandeln nicht nur verschiedene Bereiche der Umweltpolitik, sondern bei ihnen lassen sich auch zwei verschiedene Konfliktmuster unterscheiden. In den ersten beiden Fällen versuchten die Umweltgruppen, geplante oder bestehende Umweltbelastungen zu verhindern, was dem Typus eines reak-

---

[19] Westberlin klammere ich aus der Untersuchung aus, obwohl es heute integraler Bestandteil der Region ist. Aber die Rahmenbedingungen lokaler Umweltpolitik waren bis zur Vereinigung 1990 und faktisch auch noch mehrere Jahre danach völlig andere als in Brandenburg und Ostberlin.

[20] Vgl. WIEGANK, Friedrich-Manfred (1993), Naturschutz in Brandenburg, S. 13-16.

[21] In der Umbruchzeit gab es eine intensive Zusammenarbeit der Region unter Einschluss von Westberlin im sogenannten Provisorischen Regionalausschuss, vgl. Provisorischer Regionalausschuss Planungsgruppe Potsdam (Hg.) (1990), Grundlagen und Zielvorstellungen für die Entwicklung der Region Berlin.

Karte der administrativen Gliederung Brandenburgs

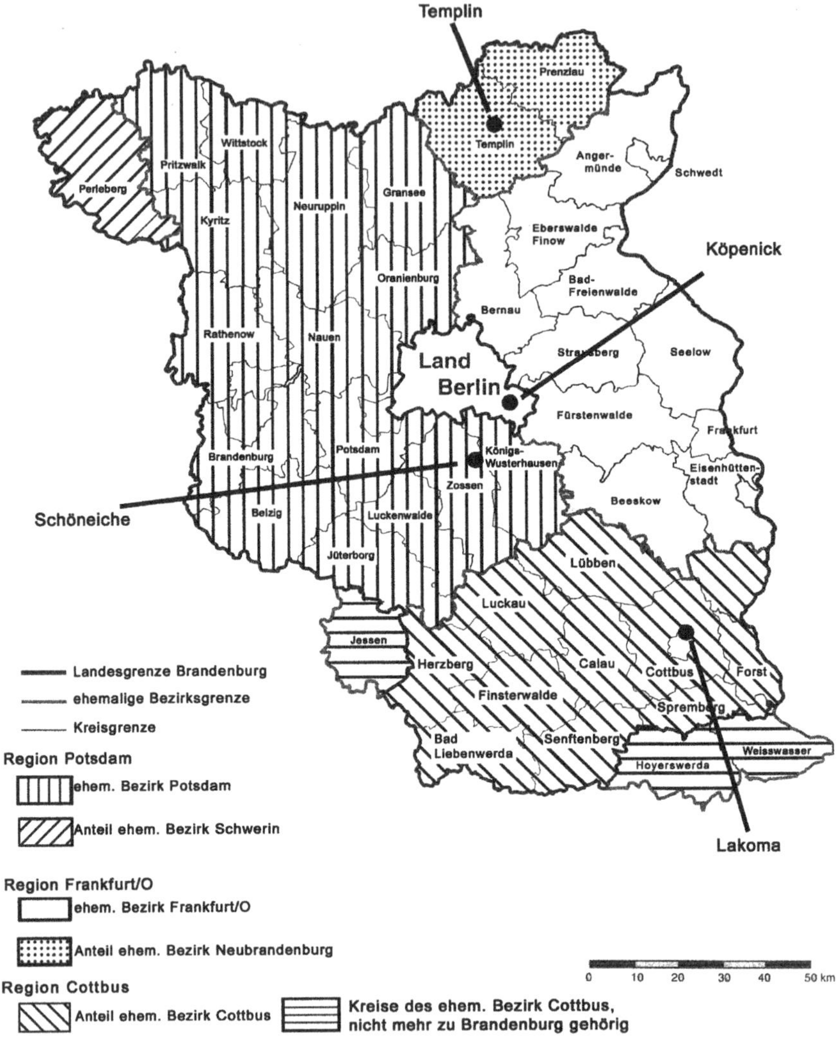

Stand vom 31. Juli 1992 vor der Kreisgebietsreform vom Dezember 1992.

Abb. 1. Quelle: Ministerium für Umwelt, Naturschutz und Raumordnung des Landes Brandenburg (Hg.) (1992), S. 17.

tiven Umweltschutzes entspricht. Demgegenüber engagierten sich die Umweltgruppen in den letzten beiden Fallbeispielen für einen vorsorgenden oder präventiven Umwelt- und Naturschutz.

In allen vier Fallbeispielen setzten sich Umweltgruppen kontinuierlich in allen drei Untersuchungsphasen mit einem lokalen Umweltproblem oder -thema auseinander, wenn auch nicht alle Fälle 1980 begannen und 2000 endeten. Durch ihre langjährige Arbeit, die eher eine Ausnahme für lokale Umweltgruppen darstellt, konnten sie sich beträchtliche fachliche, organisatorische und umweltpolitische Kompetenzen aneignen. Sie waren im Vergleich zu anderen lokalen Umweltgruppen in der DDR bzw. in Ostdeutschland zum Teil überdurchschnittlich aktiv. Damit stellen die untersuchten Fälle eine Form von *best practice* dar, was – wie sich zeigen wird – besonders aufschlussreich für die Analyse erfolgreicher Strategien lokaler Umweltgruppen ist.

4. Methodik, Vorgehensweise und Gliederung

In der Untersuchung verfolge ich zwei Perspektiven. Einerseits geht es in einer Sicht „von oben" um die Rahmenbedingungen, die auf das Handeln lokaler Umweltgruppen einwirkten und deren Handlungsspielräume prägten. Methodisch handelt es sich hierbei um eine *Politikfeldanalyse*. Andererseits werden die lokalen Umweltgruppen in einer Perspektive „von unten" an Hand von *Fallstudien* analysiert. Ein solcher qualitativer Ansatz ist auf die Untersuchung komplexer Zusammenhänge zugeschnitten und dient dazu, aus dem empirischen Material analytische Begriffe herauszuarbeiten und zur Theorieentwicklung beizutragen.[22]

Fallstudien ermöglichen es im allgemeinen, eine Vielzahl von Einflussfaktoren zu berücksichtigen und eignen sich damit für die Beschreibung des strategischen Handelns lokaler Umweltgruppen unter unterschiedlichen Rahmenbedingungen.[23] Die für die einzelnen Fälle gefundenen spezifischen Erklärungen können daher eine hohe Gültigkeit beanspruchen. Ein weiterer Vorzug von Fallstudien ist, dass die gewonnenen Ergebnisse konkret und praxisnah sind und deswegen recht gut auf die allgemeine Praxis übertragen werden können.[24] Diese

---

[22] RAGIN hebt hervor, dass in der qualitativen Forschung weniger Theorien getestet, sondern Hypothesen formuliert werden: „Qualitative methods are used to uncover essential features of a case and then illuminate key relationships among these features. Often, a qualitative researcher will argue that his or her cases exemplify one or more key theoretical processes or categories." RAGIN, Charles C. (1994), Constructing Social Research, S. 103.

[23] Vgl. PRITTWITZ, Volker von (1994), Politikanalyse, S. 200; RYDIN, Yvonne (1997), Policy Networks, Local Discourses and the Implementation of Sustainable Development, S. 152-155.

[24] Vgl. HELLSTERN, Gerd-Michael/WOLLMANN, Hellmut (1978), Zur Leistungsfähigkeit von Fallstudien, S. 383.

Vorzüge werden indes mit dem Nachteil erkauft, dass die in den Fallstudien gewonnen Aussagen nur begrenzt verallgemeinerungsfähig sind, weil niemals von Fall zu Fall exakt die gleichen Rahmenbedingungen herrschen.[25]

Den Nachteil der geringen Fallzahl und der großen Zahl der Variablen versuche ich dadurch zu beheben, dass ich im Sinne von Lijphardt vier vergleichbare Fälle („comparable cases") untersuche. Sie sind *innerhalb* der jeweiligen Untersuchungsphase bezüglich der Rahmenbedingungen in einem homogenen Kontext angesiedelt, so dass sich die unterschiedlichen Strategien der Umweltgruppen als relativ isolierte Variable beobachten und sich Aussagen zu deren jeweiligen Erfolgschancen treffen lassen. Dagegen bleiben beim Vergleich der Fallbeispiele *zwischen* den Untersuchungsphasen die jeweiligen Gruppen und lokalen Umweltkonflikte weitgehend konstant, während sich die Rahmenbedingungen ändern, so dass sich deren Einfluss auf den Erfolg lokaler Umweltgruppen beobachten lässt. Angesichts dieser besonderen Konstellation handelt es sich um Fallstudien zur Hypothesenbildung („hypothesis-generating case studies").[26]

Aus diesen methodisch-konzeptionellen Überlegungen heraus ergibt sich eine Dreiteilung der Arbeit. Im *ersten*, theoretisch-methodischen Teil entwickle ich auf der Grundlage der vorliegenden Literatur eine Untersuchungsmethode für die Analyse sowohl der Rahmenbedingungen lokaler Umweltpolitik als auch des Handelns lokaler Umweltgruppen. Die dabei entwickelten Untersuchungskriterien werden auf die sehr unterschiedlichen Rahmenbedingungen der drei Untersuchungsphasen angewendet und bilden damit eine Voraussetzung für die Vergleichbarkeit der Fallbeispiele.

Im *zweiten* Teil der Arbeit betrachte ich an Hand dieser Kriterien die Rahmenbedingungen lokaler Umweltpolitik in Brandenburg und Ostberlin für alle drei Untersuchungsphasen und lote jeweils die Spielräume für lokale Umweltgruppen aus. Im *dritten* Teil der Arbeit analysiere ich das strategische Handeln der lokalen Umweltgruppen in den vier Fallbeispielen. Anschließend werte ich diese Ergebnisse in Form eines Vergleiches systematisch aus.

5. Forschungsstand und Materialbasis

Es liegen, mit Ausnahme der Studie von Matthes zur Energiepolitik,[27] bisher keine Studien zur Umweltpolitik in der DDR bzw. in Ostdeutschland vor, in denen die umweltpolitische Entwicklung über die historischen Zäsuren des politi-

---

[25] Zu den methodischen Voraussetzungen von Fallstudien vgl. WEGRICH, Kai/JAEDICKE, Wolfgang/LORENZ, Sabine/WOLLMANN, Hellmut (1997), Kommunale Verwaltungspolitik in Ostdeutschland, S. 22-24.

[26] Vgl. LIJPHART, Arend (1971), Comparative Politics and the Comparative Method; ders. (1975), Comparable Cases Strategy in Comparative Research; NOHLEN, Dieter (2002), Vergleichende Methode.

[27] MATTHES, Felix Christian (2000), Stromwirtschaft und deutsche Einheit.

schen Umbruchs im Herbst 1989 und der deutschen Vereinigung 1990 hinweg systematisch untersucht wird. Dagegen liegen zahlreiche Veröffentlichungen zur Umweltpolitik in der DDR und in Ostdeutschland für die einzelnen Untersuchungsphasen vor, deren Schwerpunkt jedoch auf der nationalen und nicht auf der lokalen Ebene liegt.

Zur Umweltpolitik in der DDR während der achtziger Jahre gab es bereits vor 1989 mehrere ausführliche Veröffentlichungen, die aber nicht auf die unter Verschluss gehaltenen Umweltdaten zurückgreifen konnten.[28] Diese Lücke konnte nach der Wende geschlossen werden.[29] Zur lokalen Umweltpolitik in Ostberlin gibt es eine ausführliche Studie.[30] Über die oppositionellen und kirchlichen Umweltgruppen liegt eine Vielzahl fundierter Studien vor, die sich mehrheitlich an der Forschung zu neuen sozialen Bewegungen orientieren.[31] Außerdem liegen einige Quellensammlungen zu unabhängigen und kirchlichen Umweltzeitschriften vor.[32] In der Mehrzahl dieser Veröffentlichungen wird hervorgehoben, dass das SED-Regime unabhängige Umweltgruppen systematisch unterdrückte und ihnen praktisch keinen Handlungsspielraum gewährte, es sei denn im begrenzten Rahmen unter dem schützenden Dach der Kirche. Dieses Bild wird differenziert durch Arbeiten aus dem Institut für Umweltgeschichte und Regionalentwicklung in Neubrandenburg (ehemals Berlin), die das naturschützerische und umweltpolitische Engagement im Rahmen der staatlichen „Gesellschaft für Natur und Umwelt" (GNU) in den Blick nehmen.[33]

Für die Zeit des politischen Umbruchs 1989/90 liegt keine politikwissenschaftliche Analyse der DDR-Umweltpolitik vor, die umweltpolitische Entwicklung wird bei der Schilderung der sich überschlagenden politischen Ereignisse

---

[28] HÜBLER, Karl-Hermann (1986), Umweltpolitik zwischen Theorie und Umweltrealität in der Bundesrepublik Deutschland und der DDR; ders. (1990), DDR-Umweltpolitik; WENSIERSKI, Peter (1988), Ökologische Probleme und Kritik an der Industriegesellschaft in der DDR heute; WÜRTH, Gerhard (1985), Umweltschutz und Umweltzerstörung in der DDR.

[29] NAUJOKS, Friedhelm (1991), Ökologische Erneuerung der ehemaligen DDR; PAUCKE, Horst (1994), Chancen für die Umweltpolitik und Umweltforschung; ders. (1996), Ökologisches Erbe und ökologische Hinterlassenschaft; PETSCHOW, Ulrich/MEYERHOFF, Jürgen/THOMASBERGER, Claus (1990), Umweltreport DDR.

[30] SCHWENK, Herbert/WEISSPFLUG, Hainer (1996), Umweltschmutz und Umweltschutz in Berlin (Ost).

[31] RUCHT, Dieter/BLATTERT, Barbara/RINK, Dieter (1997), Soziale Bewegungen auf dem Weg zur Institutionalisierung; FINDEIS, Hagen/POLLACK, Detlef/SCHILLING, Manuel (Hg.) (1994), Die Entzauberung des Politischen; KNABE, Hubertus (1988), Neue soziale Bewegungen im Sozialismus; WIELGOHS, Jan/JOHNSON, Carsten (1997), Entstehungsgründe, Handlungsbedingungen, Situationsdeutungen.

[32] JORDAN, Carlo/KLOTH, Michael (Hg.) (1995), Arche Nova: Opposition in der DDR; RÜDDENKLAU, Wolfgang (Hg.) (1992), Störenfried.

[33] BEHRENS, Hermann/BENKERT, Ulrike/HOPFMANN, Jürgen/MAECHLER, Uwe (1993), Wurzeln der Umweltbewegung; Institut für Umweltgeschichte und Regionalentwicklung e.V. (Hg.) (1998), Naturschutz in den neuen Bundesländern.

oder im Rahmen der Transformationsforschung lediglich am Rande mitreferiert.[34] Weiterhin liegt eine Masse an Literatur vor, in der über die Möglichkeiten eines ökologischen Umbaus in der DDR spekuliert wird, ohne dass dabei auf die konkrete Situation und das umweltschützerische und umweltpolitische Potenzial der DDR eingegangen würde. Zu den Umweltgruppen und zur Umweltbewegung gibt es aber auch fundierte Beiträge, die deren Zusammenhang mit der Bürgerbewegung verdeutlichen.[35]

Bei den Studien über die Umweltpolitik in Ostdeutschland nach der Vereinigung steht die Frage im Vordergrund, wie effektiv die umweltpolitischen Programme und der Aufbau der Umweltministerien und –verwaltungen nach dem westdeutschen Vorbild waren.[36] Hierbei wird argumentiert, dass der Zusammenbruch der extrem umweltschädlichen DDR-Industrie, der ökonomische Strukturwandel und der milliardenschwere Aufbau einer leistungsfähigen Umwelt- und Entsorgungsinfrastruktur zu einer ökologischen Modernisierung Ostdeutschlands geführt habe und dass inzwischen weitgehend das westdeutsche Niveau beim Umweltschutz erreicht worden sei.[37] Dagegen weckt der Anstieg beispielsweise der Flächenversiegelung, der Verkehrsbelastung und des Müllaufkommens in Ostdeutschland nach der Vereinigung Zweifel an dieser Interpretation und nährt den Verdacht, dass es sich eher um eine Angleichung der ökologischen Belastungsmuster im Guten wie im Schlechten handelt.[38] Zur

[34] Eine politische Ereignisgeschichte liefert JARAUSCH, Konrad H. (1995), Die unverhoffte Einheit 1989-1990. Zur Transformationsforschung siehe u. a. CZADA, Roland/LEHMBRUCH, Gerhard (Hg.) (1998), Transformationspfade in Ostdeutschland; WIESENTHAL, Helmut (Hg.) (1995), Einheit als Interessenpolitik; WIESENTHAL, Helmut (1995), Die Transformation Ostdeutschlands.

[35] HAUFE, Gerda/BRUCKMEIER, Karl (Hg.) (1993), Die Bürgerbewegungen in der DDR und in den ostdeutschen Bundesländern; MÜHLEN, Patrik von zur (2000), Aufbruch und Umbruch in der DDR; MÜLLER-ENBERGS, Helmut/SCHULZ, Marianne/WIELGOHS, Jan (Hg.) (1991), Von der Illegalität ins Parlament; TIMMER, Karsten (2000), Vom Aufbruch zum Umbruch.

[36] U. a. Umweltbundesamt (Hg.) (1995), Ökologische Aufbaupolitik in den neuen Ländern. Zum Aufbau der Umweltverwaltungen vgl. EISEN, Andreas (1996), Institutionenbildung im Transformationsprozess; WOLLMANN, Hellmut (1998), Um- und Neubau der Kommunalstrukturen in Ostdeutschland; ders. (1998), Um- und Neubau der politischen und administrativen Landesstrukturen in Ostdeutschland.

[37] FRITZ, Peter (1995), Zur aktuellen Umweltsituation in den neuen Bundesländern; HENTRICH, Steffen/KOMAR, Walter/WEISHEIMER, Martin (2000), Zehn Jahre ökologischer Aufbauprozess in den neuen Ländern.

[38] BLAZEJCZAK, Jürgen/KOMAR, Walter (1995), Ökologische Sanierung Ostdeutschlands nach dem westdeutschen Modell; HÜBLER, Karl-Hermann (1992), Möglichkeiten und Grenzen des Transfers westlicher Umweltphilosophien und -strategien in die neuen Bundesländer; ders. (1993), Eine ökologische Gewinn- und Verlustrechnung für die fünf neuen Bundesländer und Berlin.

kommunalen Umweltpolitik in Ostdeutschland liegt ein knappe Analyse[39], zur ostdeutschen Umweltbewegung und zu lokalen Umweltgruppen in Thüringen ausführliche Studien vor.[40]

Bei der Analyse der umweltpolitischen Rahmenbedingungen wurden neben der Forschungsliteratur Tageszeitungen,[41] Archivmaterialien aus dem Archiv für Umweltgeschichte und „graue“ Literatur vor allem von Umweltorganisationen ausgewertet. Außerdem habe ich Interviews mit wichtigen Akteuren der DDR- bzw. der ostdeutschen Umweltpolitik geführt und ausgewertet. Zu allen InterviewpartnerInnen finden sich im Anhang kurze biographische Hinweise.

Bei der Bearbeitung der Fallbeispiele stütze ich mich auf Interviews mit Schlüsselpersonen der jeweiligen Fälle. Insgesamt wurden 21 Personen ein bis zwei Stunden mit Hilfe eines Leitfadens interviewt. Später wurden ihnen die ausformulierten Kapitel zur Einschätzung vorgelegt.[42] Daneben habe ich für die Falluntersuchungen umfangreiche schriftliche Quellen ausgewertet: Privatarchive der beteiligten Akteure, Unterlagen der zuständigen Umweltbehörden sowie Zeitungsartikel der Lokalpresse.

---

[39] MCGOVERN, Karsten (1995), Kommunale Umweltpolitik in den neuen Bundesländern.

[40] WEINBACH, Kerstin (1998), Umweltpolitisches Engagement im Vereinigungsprozess. Zu neuen sozialen Bewegungen in Ostdeutschland vgl. RINK, Dieter (1995), Bürgerbewegung und Kommunalpolitik in Ostdeutschland; ders. (1999), Mobilisierungsschwäche, Latenz, Transformation oder Auflösung?; ders. (2001), Die ostdeutsche Umwelt- und Naturschutzbewegung; FISCHER, Corinna (2002), „Das gehört jetzt einfach zu mir.“

[41] Systematisch ausgewertet wurden die Berliner Zeitung (Ostberlin), der Tagesspiegel (Westberlin) und die Tageszeitung (Westberlin) sowie das Zeitschriftenausschnitt-Archiv am Otto-Suhr-Institut der FU Berlin.

[42] Zur Befragungsmethode vgl. DIEKMANN, Andreas (1995), Empirische Sozialforschung, S. 443-455; HÖLZL, Erik (1994), Qualitatives Interview; MEUSER, Michael/NAGEL, Ulrike (1991), ExpertInneninterviews.

II. Zur Theorie des Handelns lokaler Umweltgruppen

1. Das Verhältnis von Akteuren und Rahmenbedingungen in der Umweltpolitik

In der vorliegenden Arbeit werden sowohl das Handeln lokaler Umweltgruppen als auch die umweltpolitischen Rahmenbedingungen, die den Handlungskontext bilden, untersucht. Diese beiden Perspektiven werden mit Hilfe des von Mayntz und Scharpf entwickelten Ansatzes des akteurzentrierten Institutionalismus zusammengeführt.[1]

Der akteurzentrierte Institutionalismus fasst die Rahmenbedingungen als „institutionellen Kontext“ auf, der als „Sammelbegriff zur Beschreibung der wichtigsten Einflüsse“ auf die kollektiven Akteure mit ihren Interessen und Fähigkeiten dient.[2] Der institutionelle Kontext wird aus institutionellen Regelsystemen wie rechtliche Regeln und soziale Normen gebildet, die die möglichen Handlungsweisen von Akteuren strukturieren. Mit Hilfe des institutionellen Kontextes kann beschrieben werden, welche Handlungsoptionen den Akteuren zur Wahl stehen und nach welchen Regeln sie sich und ihre Interessen konstituieren. Dadurch wird das Handeln von Akteuren, zumindest zu einem Teil, vorhersehbar. Solche institutionalisierten Erwartungen über das Verhalten von Akteuren bilden nicht nur eine wesentliche Voraussetzung für produktive soziale Interaktionen, sie erleichtern der empirischen Sozialforschung auch die Arbeit. Denn wenn „wir einmal den institutionellen Kontext der Interaktionen kennen, wissen wir eine ganze Menge über die beteiligten Akteure, ihre Optionen und ihre Wahrnehmungen und Präferenzen.“[3]

Umgekehrt bildet damit der Bereich, der sich nicht durch den institutionellen Kontext vorstrukturieren und beschreiben lässt, den Handlungsspielraum der Akteure. Wie diese Chancenstrukturen oder „objektiven Möglichkeiten“[4] beispielsweise von lokalen Umweltgruppen tatsächlich genutzt werden, lässt sich im Einzelnen mittels der Akteuranalyse untersuchen.

Der institutionelle Kontext, in dem lokale Umweltgruppen agieren, lässt sich mit einer Politikfeldanalyse darstellen. Nach den Ergebnissen der Umweltpolitikforschung werden die Handlungsbedingungen der Umweltpolitik maßgeblich durch die politisch-institutionellen Bedingungen, durch die informationellen Bedingungen bzw. die umweltpolitische Öffentlichkeit und durch die sozio-

---

[1] Vgl. MAYNTZ, Renate/SCHARPF, Fritz W. (1995), Der Ansatz des akteurzentrierten Institutionalismus; SCHARPF, Fritz W. (2000), Interaktionsformen.
[2] SCHARPF, Fritz W. (2000), Interaktionsformen, S. 78.
[3] Ebenda, S. 81.
[4] Vgl. WEBER, Max (1988) [1906], Objektive Möglichkeiten und adäquate Verursachung in der historischen Kausalbetrachtung.

ökonomischen Faktoren bestimmt.[5] Diese drei Faktorenbündel ergänze ich noch um eine vierte, gesellschaftliche Komponente, die speziell für die Untersuchung lokaler Umweltgruppen wesentlich ist, nämlich deren Verortung in einer übergreifenden Umweltbewegung. Mittels dieser vier Faktoren, die ich unter dem Begriff der *umweltpolitischen Rahmenbedingungen* zusammenfasse, wird der institutionelle Kontext der lokalen Umweltpolitik erfasst und der Handlungsspielraum lokaler Umweltgruppen bestimmt.

Selbstverständlich bestimmen die umweltpolitischen Rahmenbedingungen das *Akteurhandeln* der Umweltgruppen nicht allein. Politische Prozesse und deren Ergebnisse lassen sich deswegen nur erklären, wenn die individuellen und kollektiven Akteure und ihr interaktives Handeln berücksichtigt werden. Eine solche Akteuranalyse eignet sich speziell für die Umweltpolitik, weil sie direkt bei deren Handlungsträgern ansetzt, die die entscheidenden Impulse für das Politikfeld geben.[6] Der akteurzentrierte Institutionalismus gliedert die Analyse des Akteurhandelns in drei Schritte, um die komplexen Zusammenhänge analytisch zu spezifizieren und zu entzerren.[7]

Den *ersten* Schritt bildet die Charakterisierung der kollektiven Akteure an Hand ihrer Organisation und Ressourcen. Aber kaum ein Akteur – schon gar nicht eine lokale Umweltgruppe – ist in der Lage, seine Präferenzen in politischen Prozessen einseitig und uneingeschränkt durchzusetzen. Deswegen werden im *zweiten* Schritt die Akteurkonstellation und im *dritten* Schritt die von den Akteuren gewählten Handlungsoptionen und Interaktionsformen – also ihr strategisches Handeln – untersucht.

Allerdings verwende ich im dritten Schritt nicht die von Scharpf empfohlene spieltheoretische Analyse der Interaktionsformen, bei der alle beteiligten Akteure in zwei gegensätzlich Lager eingruppiert und die Interaktionen auf eine begrenzte Anzahl von „Spielen" beschränkt werden.[8] Dieses Vorgehen zwängt die möglichen Faktoren und Erklärungsansätze in ein rigides Korsett. Es widerspricht damit dem qualitativen Forschungsansatz dieser Arbeit und ist für die Untersuchung lokaler Umweltgruppen unangemessen, die relativ heterogene und wenig institutionalisierte Akteure ohne einen großen Organisationsapparat sind. Eine tiefenscharfe Analyse ihres Handelns macht es vielmehr erforderlich, auch

[5] Vgl. JÄNICKE, Martin/KUNIG, Philip/STITZEL, Michael (1999), Lern- und Arbeitsbuch Umweltpolitik, S. 87-93; JÄNICKE, Martin (1997), The Political System's Capacity for Environmental Policy, S. 11-14.

[6] Vgl. JÄNICKE, Martin (1995), Akteure der Umweltpolitik, S. 11-12.

[7] Vgl. SCHARPF, Fritz W. (2000), Interaktionsformen, S. 84-94.

[8] Vgl. Ebenda, S. 123-148. Dieser Ansatz eignet sich eher für hoch aggregierte Akteure auf nationaler oder internationaler Ebene. Dagegen lässt sich die Interaktion der Akteure in der lokalen Umweltpolitik spieltheoretisch kaum tiefenscharf darstellen. Ein solcher Versuch misslingt beispielsweise KERBER, Bärbel (1994), Der Konflikt zwischen ökonomischen und ökologischen Interessen auf kommunaler Ebene.

auf der Mikroebene die Vorgänge innerhalb der Gruppen und das individuelle Handeln ihrer Mitglieder zu berücksichtigen.[9]

Insgesamt kann also die Analyse des institutionellen Kontextes und die Akteuranalyse im Sinne des akteurzentrierten Institutionalismus mit Hilfe der Umweltpolitikforschung auf die Umweltpolitik und lokale Umweltgruppen zugeschnitten werden. Dabei werden erstens die umweltpolitischen Rahmenbedingungen beschrieben, die das Handeln lokaler Umweltgruppen vorstrukturieren. Daneben werden die situativen Handlungsbedingungen berücksichtigt, worunter kurzfristig veränderliche Situationen und Ereignisse zu verstehen sind, die die Ergebnisse umweltpolitischer Prozesse beeinflussen.[10] Zweitens erfolgt die Akteur- und Interaktionsanalyse der Umweltgruppen in den Fallbeispielen an Hand ihrer Charakterisierung, der lokalen Akteurkonstellation und des strategischen Handelns der Gruppen. Die Zusammenhänge werden in Abbildung 2 verdeutlicht.

Die Akteur- und Interaktionsanalyse lokaler Umweltgruppen

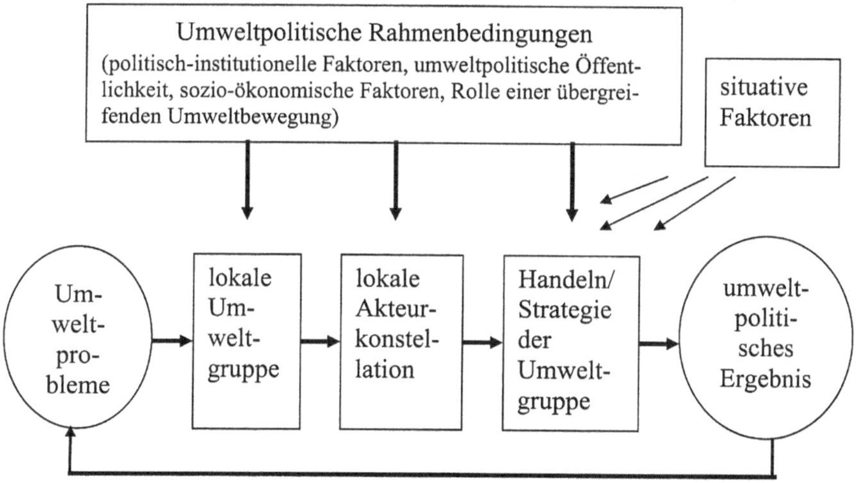

Abb. 2. Quelle: Eigene Zusammenstellung nach SCHARPF, Fritz W. (2000), S. 85.

[9] Die Mikroebene muss „immer dann in die Analyse einbezogen werden, wenn institutionelle Faktoren und der situative Kontext das beobachtbare Tun und Lassen eines korporativen Akteurs nicht zureichend erklären können." MAYNTZ, Renate/SCHARPF, Fritz W. (1995), Der Ansatz des akteurzentrierten Institutionalismus, S. 50.

[10] MAYNTZ, Renate/SCHARPF, Fritz W. (1995), Der Ansatz des akteurzentrierten Institutionalismus, S. 58-60.

Aufgabe der folgenden Kapitel ist es, Kriterien für die empirische Untersuchung zu entwickeln, mit denen die umweltpolitischen Rahmenbedingungen und das Handeln lokaler Umweltgruppen beschrieben und analysiert werden können. Diese Untersuchungskriterien gewährleisten zugleich die Vergleichbarkeit der Fallbeispiele und der verschiedenen Untersuchungsphasen. Sie müssen daher allgemein genug sein, um die unterschiedlichen Systembedingungen annähernd gleichwertig erfassen zu können, und zugleich spezifisch genug, um für das Handeln lokaler Umweltgruppen in den Falluntersuchungen aussagekräftig zu sein.

2. Die umweltpolitischen Rahmenbedingungen lokaler Umweltgruppen

Versucht man, den Handlungsspielraum lokaler Umweltgruppen adäquat zu beschreiben, dann greift eine Beschränkung auf die lokale Ebene zu kurz, weil diese von den übergeordneten Ebenen beeinflusst wird. Deshalb gehe ich von einem umweltpolitischen Mehrebenensystem aus, worunter man ein System von Entscheidungsprozessen und Verhandlungssystemen in der Umweltpolitik versteht, das Akteure von zwei oder mehr interdependenten Politikebenen (international, national, regional und lokal) umfasst.[11] Die Politikebenen können dabei prinzipiell gleichberechtigte Funktionen wahrnehmen. Die lokale Ebene bleibt jedoch der Ausgangspunkt der Untersuchung, sie ist der Ort, an dem umweltpolitische Entscheidungen getroffen werden und von dem aus die Akteure ihre Interessen – auch in übergeordneten Entscheidungsprozessen – geltend zu machen versuchen.[12] Die Perspektive des Mehrebenensystems ermöglicht es, die Einflüsse übergeordneter Ebenen auf die lokale Umweltpolitik und auf lokale Umweltgruppen zu berücksichtigen und vermeidet gleichzeitig, das Handeln auf der lokalen Ebene nur als fremdbestimmt und reaktiv wahrzunehmen.

Die umweltpolitischen Rahmenbedingungen werden erstens an Hand der politisch-institutionellen Handlungsbedingungen, zweitens der umweltpolitischen Öffentlichkeit, drittens der sozio-ökonomischen Handlungsbedingungen und viertens der Rolle einer übergreifenden Umweltbewegung charakterisiert. Da zur Gewichtung des Einflusses dieser vier Faktoren weder theoretische Überlegungen noch empirische Studien vorliegen, lassen sich dazu erst auf der Grundlage der empirischen Ergebnisse Aussagen treffen.

---

[11] Vgl. JACHTENFUCHS, Markus/KOHLER-KOCH, Beate (1996), Regieren im dynamischen Mehrebenensystem; KEATING, Michael (1998), The New Regionalism in Western Europe, S. 7; KERN, Kristine (2000), Die Diffusion von Politikinnovationen, S. 17, 43.

[12] Vgl. die analoge Konzeptualisierung von Regionen bei KEATING, Micheal (1997), Les régions constituent-elles un niveau de gouvernement en Europe?, S. 26.

2.1. Die politisch-institutionellen Handlungsbedingungen

Da die politisch-institutionellen Handlungsbedingungen in vielfältiger Weise auf den Handlungsspielraum lokaler Umweltgruppen einwirken, unterscheide ich der Übersichtlichkeit halber erstens zwischen den institutionellen Bedingungen, die die formelle Grundlage schaffen, an denen sich zweitens die politischen Entscheidungsstrukturen der lokalen Umweltpolitik ausrichten.

2.1.1. Die institutionellen Bedingungen

Die institutionellen Bedingungen lassen sich im Wesentlichen an Hand des Umweltrechts, der Umweltverwaltungen und des Status der lokalen Politikebene im Mehrebenensystem charakterisieren.

Erstens bilden die Konstruktion und die Qualität des *Umweltrechts* die Grundlage einer ordnungsrechtlich orientierten Umweltpolitik. Es handelt sich dabei nicht nur um die Festlegung von Grenzwerten, Genehmigungsverfahren, Ge- und Verboten, sondern auch um rechtliche Verfahrensweisen und die Stellung des Umweltrechts gegenüber anderen Rechtsbereichten. Für das Handeln von Umweltgruppen und –verbänden ist die Frage von Belang, welche Chancen ihnen das Umweltrecht bietet, um ihre Interessen zu verfolgen. Eingeschränkte Klagemöglichkeiten, hohe Kosten oder ein rigide gefasster Kausalitätsnachweis begünstigen Umweltbelastungen und behindern umweltpolitische Sanierungs- sowie Präventionsmaßnahmen von Seiten der Verursacher.

Als Bewertungskriterium für die Handlungsmöglichkeiten lokaler Umweltgruppen kann hier das sogenannte „Basiselement" der rechtlichen Chancengleichheit eingeführt werden. Bei einem Basiselement effektiver Umweltpolitik handelt es sich nach Weidner um organisatorische, institutionelle und rechtliche Regelungen, die systematisch die Voraussetzungen für Umweltpolitik verbessern und das Durchsetzungsvermögen von Umweltakteuren gegenüber konkurrierenden Interessen steigern.[13] Solche Basiselemente können für die Analyse der lokalen Umweltpolitik fruchtbar gemacht werden, weil sich mit ihnen wesentliche Voraussetzungen für das Handeln lokaler Umweltgruppen beschreiben lassen.[14]

So eröffnet das Basiselement der rechtlichen Chancengleichheit den Betroffenen und Umweltgruppen gute Klagemöglichkeiten in Umweltkonflikten. Dazu gehören die Einführung einer Gefährdungshaftung, die Erleichterung der Beweislast für die Geschädigten, eine tendenzielle Beweislastenumkehr, ein Verbandsklagerecht für Umweltverbände und die Einrichtung von Entschädigungsfonds auf Seiten der Verursacher. Umweltrechtliche Chancengleichheit wirkt

---

[13] Vgl. die Definition bei WEIDNER, Helmut (1996), Basiselemente einer erfolgreichen Umweltpolitik, S. 38.

[14] Vgl. NÖLTING, Benjamin (2000), Local Environmental Policy in Eastern Germany, S. 16.

damit vorsorgend, weil die Erfolgsaussichten von Umweltgruppen und Betroffenen bei Klagen Unternehmen und den Staat dazu veranlassen, stärker auf die Umwelt Rücksicht zu nehmen, um das Risiko von Schadensersatzzahlungen zu minimieren.[15]

Zweitens überwachen die *Umweltverwaltungen* die Einhaltung von Umweltgesetzen und sind für die Umsetzung von Umweltprogrammen zuständig.[16] Ihre Kompetenz und Durchsetzungskraft hängt von der materiellen und personellen Ausstattung sowie der Fachkompetenz der Verwaltungen ab. Weitere Faktoren sind klare rechtliche Regelungen, die Unterstützung der Behörden durch die politische Leitung und die behördeninterne Stellung der Umweltverwaltung, von der beispielsweise die Zusammenarbeit bei umweltrelevanten Vorhaben mit anderen Behörden wie der Bau- oder Verkehrsbehörde abhängt. Je kompetenter die Umweltverwaltung ist, desto eher kann sie in Konflikten mit Verursachern oder konkurrierenden Behörden bestehen und Spielräume zu Gunsten des Umweltschutzes nutzen.

Entscheidend für den Handlungsspielraum und die Erfolgschancen lokaler Umweltgruppen ist in diesem Zusammenhang, welchen Zugang sie zu den Umweltverwaltungen haben. Umweltgruppen können auf die Behörden in erster Linie durch die Weitergabe von Informationen und durch die Mobilisierung der Öffentlichkeit einwirken, verfügen jedoch insgesamt eher über geringe Kontrollmöglichkeiten.[17] Je größer die Zugangsmöglichkeiten für Umweltgruppen und je besser die Durchsetzungsfähigkeit der Umweltverwaltungen gegenüber Emittenten und konkurrierenden Verwaltungen sind, desto größer sind die Erfolgschancen lokaler Umweltgruppen.

Drittens gibt der *Status der lokalen Politikebene* im Mehrebenensystem allgemein Auskunft über die Handlungsmöglichkeiten der lokalen Akteure und der lokalen Politik. Ihr Status lässt sich mit den beiden Kriterien der verfassungsmäßigen Kompetenzen (*legal localism*) und des politischen Einflusses (*political localism*) charakterisieren.[18] Bei den Kompetenzen handelt es sich um die Zuständigkeiten und die finanziellen Mittel, über die die lokale Ebene verfügt und mit denen sie ihre Prioritäten durchsetzen kann. Bezogen auf die Umweltpolitik handelt es sich um gesetzliche Gestaltungsspielräume, vor allem aber um die Mittel für den lokalen Umweltschutz, die Ausstattung der lokalen Umweltverwaltungen und die damit verbundenen Spielräume bei der Umsetzung von Um-

[15] Vgl. WEIDNER, Helmut (1996), Basiselemente einer erfolgreichen Umweltpolitik, S. 536-539.
[16] Vgl. die Ausführungen zur Rolle der Umweltverwaltungen in der Bundesrepublik bei MÜLLER-BRANDECK-BOCQUET, Gisela (1996), Die institutionelle Dimension der Umweltpolitik, S. 166-196.
[17] HUCKE, Jochen/MÜLLER, Axel/WASSEN, Peter (1980), Implementation kommunaler Umweltpolitik, S. 235-237.
[18] Vgl. PAGE, Edward C. (1991), Localism and Centralism in Europe, S. 3-7.

weltpolitik. Beim politischen Einfluss handelt es sich um die Möglichkeiten, über die die lokale Ebene als Ort politischer Repräsentation und lokaler Identität verfügt, um auf übergeordnete politische Entscheidungen einzuwirken. Dies kann beispielsweise die Einflussnahme auf die Gesetzgebung, die für die lokale Umweltpolitik relevant ist, oder auf die politische und finanzielle Unterstützung für lokale Umweltprojekte sein.

Weiterhin lässt sich der Status der lokalen Ebene der demokratischen Legitimation des lokalen politischen Systems bestimmen.[19] Sie wird durch den Wahlmodus der lokalen RepräsentantInnen, durch die Transparenz und Kontrollierbarkeit lokaler Politik und durch formelle sowie informelle Partizipationsrechte charakterisiert. Je größer die Legitimität und das Ansehen der lokalen Politik sind, desto größer ist der lokale Handlungsspielraum.[20] Dadurch können auch die Chancen lokaler Umweltgruppen verbessert werden.[21]

Aber grundsätzlich ist durchaus offen, ob ein größerer Handlungsspielraum der lokalen Akteure immer dem Umweltschutz zum Vorteil gereicht. In der Perspektive einer kooperativen Steuerung wird zwar die Stärkung der lokalen Akteure propagiert. Aber in der Literatur ist umstritten, ob eine dezentrale Kompetenzverteilung, wie in der föderalen Bundesrepublik, oder eine zentralstaatliche, wie in der DDR, umweltpolitisch effektiver ist. Beispielsweise befürworten Zimmermann und Kahlenborn in einer umweltökonomischen Argumentation eine weitgehende Dezentralisierung der Entscheidungs- und Vollzugsinstanzen.[22] Dagegen kritisieren McGovern und andere, dass die praktischen Problemlösungskapazitäten der Kommunen „maßlos überschätzt werden."[23]

Mithin bieten dezentrale Strukturen einige Vorteile für die lokale Umweltpolitik und für lokale Umweltgruppen, die sie aber nur dann nützen können, wenn sie über ausreichende Handlungskapazitäten verfügen; andernfalls droht ihre Überforderung. Deswegen stärkt eine Dezentralisierung nicht zwangsläufig die lokalen Umweltakteure gegenüber konkurrierenden Interessengruppen und weitet nicht per se den Handlungsspielraum lokaler Umweltgruppen aus. Angesichts dieser Debatte ist es ein Ziel der empirischen Untersuchung herauszuarbeiten, ob und in welcher Form eine Dezentralisierung der Umweltpolitik den Handlungschancen lokaler Umweltgruppen und dem lokalen Umweltschutz zugute kommt.

---

[19] Vgl. WOLLMANN, Hellmut (2000), Local Government Systems, S. 50.

[20] Vgl. ANDREW, Caroline/GOLDSMITH, Michael (1998), From Local Government to Local Governance – and Beyond?, S. 111-113; PORTA, Donatella della (1999), La politica locale, S. 18.

[21] Vgl. WARD, Hugh (1996), Green Arguments for Local Democracy.

[22] Vgl. ZIMMERMANN, Klaus W./KAHLENBORN, Walter (1994), Umweltföderalismus.

[23] MCGOVERN, Karsten (1995), Kommunale Umweltpolitik in den neuen Bundesländern, S. 178-179.

2.1.2. Die Entscheidungsstrukturen lokaler Umweltpolitik

Vor dem Hintergrund der institutionellen Voraussetzungen lassen sich die Entscheidungsstrukturen der lokalen Umweltpolitik an Hand der übergeordneten Umweltpolitik, der umweltpolitischen Partizipation, der Kooperation und des Vollzugs der Umweltpolitik charakterisieren.

Die Politik und die Umweltpolitik der internationalen, nationalen und regionalen Ebene stellen in wesentlichen Punkten einen Rahmen für die lokale Umweltpolitik dar. Hinzu kommen die Offenheit der umweltpolitischen Willensbildung und die Beteiligung gesellschaftlicher Akteure wie Umweltgruppen, Betroffenen und BürgerInnen an umweltpolitischen Entscheidungsprozessen. Die Voraussetzung dafür sind politische Grundrechte wie Meinungs-, Versammlungs- und Vereinigungsfreiheit, ein fairer politischer Wettbewerb, Wahlen und andere Partizipationsmöglichkeiten.[24] Verfügen die BürgerInnen nicht über diese Rechte, dann sind die Möglichkeiten zur Bildung unabhängiger lokaler Umweltgruppen und deren Wirkungschancen entscheidend eingeschränkt. Ein Abriss der *überregionalen Umweltpolitik* und der politischen Grundrechte stehen daher am Anfang der Analyse.

Auf lokale Umweltgruppen bezogen bilden umweltpolitische Partizipation und umweltpolitische Kooperation geeignete Kriterien, um deren spezifische Durchsetzungschancen zu beschreiben. Diese beiden Elemente können ebenfalls als Basiselemente einer effektiven Umweltpolitik gefasst werden.

Die Beteiligung oder *Partizipation* von Interessengruppen an umweltpolitischen Verhandlungs- und Entscheidungsprozessen ermöglicht es Parteien, Betroffenen und Umweltgruppen, ökologische und umweltpolitische Gesichtspunkte zu formulieren und einzubringen. Umweltpolitische Partizipation kann deswegen effektivitäts- und effizienzsteigernd wirken und technische Entwicklungen anregen. Die Erweiterung von umweltpolitischen Partizipationsrechten kann in unterschiedlichen Formen erfolgen: durch förmliche Beteiligungsverfahren, durch die Unterstützung von Umweltorganisationen mit öffentlichen Mitteln, durch Umweltpolitikdialoge, die Zulassung von Umweltorganisationen zum Politikformulierungsprozess, die Einbeziehung von UmweltvertreterInnen im Vorfeld politischer Planungen und Entscheidungen, durch die Bürgerbeteiligung bei Genehmigungsverfahren oder durch Volksabstimmungen.[25]

Auf der lokalen Ebene schafft und erweitert umweltpolitische Partizipation für interessierte BürgerInnen, Betroffene und Umweltgruppen den Zugang zu umweltrelevanten Entscheidungsprozessen. Die Beteiligung „von unten“ steigert die Qualität umweltpolitischer Entscheidungen, weil unterschiedliche Informati-

---

[24] Vgl. JÄNICKE, Martin (1997), The Political System's Capacity for Environmental Policy, S. 12.

[25] Vgl. WEIDNER, Helmut (1996), Basiselemente einer erfolgreichen Umweltpolitik, S. 522-528.

onen und Sichtweisen Eingang finden und die Verfahren transparenter werden. Während Vertreter von Wirtschaft und Politik meist kurz- bis mittelfristige Ziele verfolgen, bringen Bürgerinitiativen und Umweltgruppen soziale und ökologische Ziele mit einem in der Regel langfristigen Zeithorizont in die Verhandlungen ein. Ihre Beteiligung fördert die Planungs- und Konfliktkultur, weil eine erweiterte Kommunikation zum Umdenken und Umlernen bei allen Akteuren führt.[26] Weiterhin erhöht umweltpolitische Partizipation die Nachvollziehbarkeit und Kontrollierbarkeit lokaler Umweltpolitik.[27]

Auf lokaler Ebene kann Partizipation einfacher und effektiver als auf der nationalen Ebene organisiert werden, weil weniger Akteure involviert sind. Allerdings ist Partizipation meist zeitaufwendiger als es einseitige, hierarchische Entscheidungen sind. Partizipationsverfahren setzen bei den Akteuren einige Kompetenzen und Ressourcen voraus, so dass sie lokale Akteure auch überfordern können. Daher ist ein zielorientiertes, professionelles Management von Beteiligungsprozessen, das die Chancengleichheit für alle Akteure erhöht, äußerst hilfreich, um die Vorzüge umweltpolitischer Partizipation voll ausschöpfen zu können.[28] Kurz gesagt bietet Partizipation lokalen Umweltgruppen die Gelegenheit, ihre Sichtweisen und Forderungen in lokale umweltpolitische Entscheidungsprozesse einzubringen. Das Basiselement umweltpolitischer Partizipation allein garantiert zwar nicht die Durchsetzung umweltpolitischer Forderungen von Umweltgruppen, aber es steigert deren Erfolgschancen beträchtlich.

Für den Erfolg lokaler Umweltgruppen ist nicht nur entscheidend, ob sie mit ihren umweltpolitischen Anliegen Gehör finden, sondern auch, ob und in welchem Ausmaß ihre Forderungen in den umweltpolitischen Entscheidungen berücksichtigt und tatsächlich umgesetzt werden. Hierzu leistet die Zusammenarbeit staatlicher Institutionen mit zivilgesellschaftlichen Akteuren im Sinne einer kooperativen umweltpolitischen Steuerung einen wichtigen Beitrag. Eine solche *umweltpolitische Kooperation* in Form informeller oder formeller Absprachen zwischen Vertretern von Umweltschutz- und Verursacherinteressen kann in freiwilligen Vereinbarungen zwischen staatlichen Behörden und Verursachern oder direkt zwischen Umweltverbänden und Verursachern bestehen.[29]

---

26 Vgl. LEGEWIE, Heiner/JANßEN, Michael (1996), Bürgerinitiativen für städtische Lebensqualität, S. 203; PETERS, B. Guy (1993), Alternative Modelle des Policy-Prozesses, S. 292-294.

27 Vgl. MÜLLER-BRANDECK-BOCQUET, Gisela (1996), Die institutionelle Dimension der Umweltpolitik, S. 15.

28 Vgl. JÄNICKE, Martin/KUNIG, Philip/STITZEL, Michael (1999), Lern- und Arbeitsbuch Umweltpolitik, S. 90.

29 Vgl. JÄNICKE, Martin (1997), The Political System's Capacity for Environmental Policy, S. 13; JÄNICKE, Martin/KUNIG, Philip/STITZEL, Michael (1999), Lern- und Arbeitsbuch Umweltpolitik, S. 104-105. Zur direkten Kooperation zwischen Umweltverbänden und Unternehmen vgl. NEWELL, Peter (2001), Environmental NGOs, TNCs, and the Question of Governance, S. 91-95.

Kooperationsmechanismen können unterschiedliche Formen annehmen: Verfahren zur Konfliktlösung oder zum Machtausgleich sowie Netzwerk- und Allianzbildung. Zu nennen sind der Umweltanwalt,[30] kommunale Beschwerdestellen, Schlichtungs- und Schiedsverfahren wie Mediation,[31] Umwelträte[32] und freiwillige Vereinbarungen.[33] Im weiteren Sinne können auch Lokale Agenda 21-Prozesse dazugezählt werden. Durch die umweltpolitische Kooperation der maßgeblichen staatlichen und nicht-staatlichen Akteure im Umweltschutz können unterschiedliche Informationen untereinander ausgetauscht und unter bestimmten Umständen sogar widerstreitende Interessen zum Ausgleich gebracht werden. Damit kann Kooperation dazu beitragen, dass Umweltprobleme effektiv bearbeitet, Umweltkonflikte entschärft werden sowie eine gemeinsame Entwicklung und Umsetzung von Umweltprojekten gefördert wird.

Durch Kooperation werden die spezifischen Fähigkeiten und Kenntnisse der beteiligten Akteure für komplexe Problemlösungen genutzt und die gemeinsame Ziele gezielter und rascher erreicht.[34] Besonders effektiv ist Kooperation „im Schatten der Hierarchie" das heißt, dass beim Scheitern freiwilliger Verhandlungen eine hierarchische Entscheidung staatlicher Institutionen erfolgt.[35] Konsensorientierte Regelungen tragen dazu bei, teure, langwierige gerichtliche oder politische Auseinandersetzungen zu vermeiden. Solche flexiblen Kooperationsverfahren helfen, Lücken im formalen Umweltschutz zu Gunsten von Betroffenen zu schließen und können als Selbststeuerung dezentraler Akteure oder Politiknetzwerke interpretiert werden.

Auch begünstigt Kooperation als ein interaktiver Prozess des ständigen Informationsaustauschs umweltpolitische Innovationen. Während die Förderung von Umwelt-Innovationen auf der nationalen Ebene ein äußerst anspruchsvolles Unterfangen ist,[36] können auf regionaler und lokaler Ebene bestehende Akteur-

---

[30] Vgl. BARBIAN, Thomas (1992), Innovative Umweltpolitik qua Verfahren.

[31] Vgl. u.a. CLAUS, Frank/WIEDEMANN, Peter (Hg.) (1994), Umweltkonflikte; FIETKAU, Hans-Joachim/WEIDNER, Helmut (1998),Umweltverhandeln.

[32] Vgl. Enquete-Kommission „Schutz des Menschen und der Umwelt" (1998): Konzept Nachhaltigkeit, S. 74-78; Ministerium für Umwelt, Naturschutz und Raumordnung des Landes Brandenburg (MUNR) (Hg.) (1992), Umweltbericht 1992, S. 21-22; ZILLEßEN, Horst (1993), Die Modernisierung der Demokratie im Zeichen der Umweltproblematik, S. 88-90.

[33] Vgl. Umweltbundesamt (1997), Nachhaltiges Deutschland, S. 286-287.

[34] Vgl. BATT, Helge-Lothar (1997), Regionale und lokale Entwicklungsgesellschaften als Public-Private Partnerships, S. 169; EBERHARDT, Alfred (1998), Partizipativer Umweltschutz, S. 81-83; KERN, Kristine/BRATZEL, Stefan (1996), Umweltpolitischer Erfolg im internationalen Vergleich, S. 288.

[35] Vgl. SCHARPF, Fritz W. (1993), Positive und negative Koordination in Verhandlungssystemen, S. 67-68.

[36] Vgl. BLAZEJCZAK, Jürgen/EDLER, Dietmar/HEMMELSKAMP, Jens/JÄNICKE, Martin (1999), Politikmuster und Innovationswirkungen.

netzwerke einen geeigneten Rahmen bieten.[37] Die Förderung dezentraler Innovationskapazitäten ist eine bislang völlig vernachlässigte politische Option.[38]

Das entscheidende Problem umweltpolitischer Kooperation ist jedoch, dass ihre Vorteile nur dann zum Tragen kommen, wenn gewisse Voraussetzungen erfüllt sind. So müssen alle Beteiligten zur Zusammenarbeit bereit sein, was meist nur dann der Fall ist, wenn sie gemeinsame Ziele oder Teilziele anstreben, so genannte Win-Win-Konstellationen. In vielen Umweltkonflikten stehen sich jedoch Verursacher- und Umweltschutzinteressen unvereinbar gegenüber, so dass Kooperation wirkungslos bleibt. Weiterhin muss zwischen den KooperationspartnerInnen eine gewisse Chancengleichheit bestehen. Staatlichen Institutionen fällt daher die Aufgabe zu, für solche Kooperationsprozesse einen geeigneten Rahmen zu schaffen.[39] Weiterhin ist die Herausbildung gegenseitigen Vertrauens zwischen den KooperationspartnerInnen von Bedeutung. Die Bildung dieses „sozialen Kapitals" beruht meist auf informellen Kommunikations- und Austauschprozessen.[40] Schließlich besteht das Problem, dass kooperative Verhandlungsrunden nicht demokratisch legitimiert sind.[41] Umweltpolitische Kooperation kann deswegen ihre Vorzüge nur für bestimmte Probleme und Interessenkonstellationen in vollem Umfang zur Geltung bringen.

Auf der lokalen Ebene lassen sich die anspruchsvollen Voraussetzungen umweltpolitischer Kooperation aber vergleichsweise gut erfüllen. Denn die Nähe der Akteure untereinander fördert eine enge Kommunikation und eine soziale Vernetzung, was das gegenseitige Vertrauen stärkt. Die Interessen- und Gemengelage ist vor Ort meist leichter überschaubar und bei Verhandlungen kann mitunter auf bereits bestehende Akteur- und Kommunikationsnetzwerke zurückgegriffen werden. Außerdem verfügen die Akteure über das nötige, lokalspezifische Wissen. Aber Kooperation bedarf noch mehr als Partizipation eines professionellen Managements von staatlicher Seite bzw. mit staatlicher Unterstützung, weil lokale nicht-staatliche Akteure rasch mit der komplexen Selbstkoordination überfordert sind.

---

[37] Vgl. COOKE, Philip/MORGAN, Kevin (1998), The Associational Economy, S. 63-81; JÄGER, Thomas/SCHWARZ, Michael (1998), Das sozial-ökologische Innovationspotenzial einer nachhaltigen, zukunftsfähigen Entwicklung auf betrieblicher und kommunaler Ebene, S. 26-28.

[38] Vgl. KERN, Kristine (2000), Die Diffusion von Politikinnovationen, S. 47.

[39] Selbst die eher staatskritischen COOKE/MORGAN konstatieren: "While the state is just one among many institutions in the developmental process it alone has the capacity to influence the (national) conditions under which others interact and, for good or ill, this power is unique to the state." COOKE, Philip/MORGAN, Kevin (1998), The Associational Economy, S. 23.

[40] Vgl. PUTNAM, Robert D. (1993), Making Democracy Work, S. 167-176.

[41] Vgl. BENZ, Arthur (2001), Postparlamentarische Demokratie und kooperativer Staat, S. 265-270.

Partizipation und insbesondere Kooperation verweisen noch auf einen weiteren Aspekt, der für den lokalen Umweltschutz und den Erfolg von Umweltgruppen relevant ist, nämlich der *Vollzug* der Umweltpolitik. So wurden für die Bundesrepublik bereits in den siebziger Jahren erhebliche Vollzugsdefizite im Umweltschutz konstatiert, ohne dass die Probleme bislang behoben werden konnten.[42] Gerade auf der lokalen Ebene besteht nach wie vor ein Nachholbedarf.[43] Ein Vollzugsdefizit liegt vor, wenn die gesetzlichen Ziele trotz klarer Regelungen und Handlungsvorgaben sowie eines effektiven Instrumentariums von den zuständigen Behörden nicht erreicht werden.[44] Ursache von Vollzugsdefiziten sind eine mangelhafte finanzielle und personelle Ausstattung der Umweltverwaltungen, wirkungslose Sanktionen, der Druck von Unternehmen auf die Genehmigungsbehörden sowie zu komplizierte Gesetze, Rechtsverordnungen und Verwaltungsvorschriften.[45]

Nur selten erfolgen die Durchsetzung des Umweltrechts und die Umsetzung von Umweltprogrammen buchstabengetreu, weil deren allgemeine Formulierungen weder exakt an die lokalen Problemkonstellationen angepasst sind noch genau den Interessen der lokalen Akteure entsprechen. Deswegen werden die Umweltprogramme erst in der Umsetzungsphase konkret ausgestaltet und zu einem gewissen Grad korrigiert. Damit wird Umweltpolitik in dieser Phase dezentral initiiert, durchgeführt und bewertet. Übergeordnete Entscheidungsinstanzen können diesen Prozess nicht vollständig dominieren.[46] Je größer die gesetzlichen Unklarheiten sind, desto eher werden umweltpolitische Interessenkonflikte in jedem Einzelfall neu ausgefochten und desto entscheidender ist für den Vollzug die Machtkonstellation der lokalen Akteure. Durch Kooperation kann auf der lokalen Ebene der Vollzug der Umweltpolitik verbessert werden, weil ohne eine stärkere Beteiligung nicht-staatlicher Akteure konsensorientierte Lösungen oder tragfähige Kompromisse kaum erzielt werden können.[47]

---

42 Vgl. MAYNTZ, Renate/BOHNE, Eberhard/DERLIEN, Hans-Ulrich/HESSE, Beate/HUCKE, Jochen/MÜLLER, Axel (1978), Vollzugsprobleme der Umweltpolitik; MÜLLER-BRANDECK-BOCQUET, Gisela (1996), Die institutionelle Dimension der Umweltpolitik, S. 183-195.

43 Vgl. JOSEPH, Matthias (1995), Die Analyse kommunaler Umweltpolitik aus Sicht der neuen politischen Ökonomie, S. 19-20; HUCKE, Jochen/MÜLLER, Axel/WASSEN, Peter (1980), Implementation kommunaler Umweltpolitik.

44 Vgl. LORENZ, Annegret (1991), Vollzugsdefizite im Umweltrecht, S. 253.

45 Vgl. HUCKE, Jochen/MÜLLER, Axel/WASSEN, Peter (1980), Implementation kommunaler Umweltpolitik, S. 357-362; LÜBBE-WOLF, Gertrude (1992), Das Kooperationsprinzip im Umweltrecht, S. 215-219; WECK-HANNEMANN, Hannelore (1994), Die politische Ökonomie der Umweltpolitik, S. 104-105. Für die DDR vgl. WÜRTH, Gerhard (1985), Umweltschutz und Umweltzerstörung in der DDR, S. 244-245, 314-319.

46 Vgl. PRITTWITZ, Volker von (1990), Das Katastrophen-Paradox, S. 100.

47 Vgl. PETERS, B. Guy (1993), Alternative Modelle des Policy-Prozesses, S. 292.

Die lokalen Akteure sind für die Informationserhebung, die Genehmigungen, die Auswahl lokaler Prioritäten, die Anpassung der Programme an die örtlichen Gegebenheiten, die Auswahl der Träger, die Bereitstellung von personellen und finanziellen Ressourcen etc. zuständig. Somit verfügen sie beim Vollzug über beträchtliche Spielräume – zu Gunsten des Umweltschutzes oder zu seinem Nachteil. Dabei ist tendenziell der Einfluss der Verursacher auf die Genehmigungs- und Kontrollbehörden größer als derjenige von Umweltgruppen und Umweltverbänden, weil die Verwaltungen zu antragstellenden Unternehmen einen engeren Kontakt haben und diese eher als „ihre" Klientel betrachten als Umweltgruppen.[48] Umweltgruppen und Betroffene können bei Vollzugsdefiziten eine „Feuermelderfunktion" übernehmen, indem sie die Behörden auf Gesetzesverstöße hinweisen. Der Einfluss lokaler Umweltgruppen auf den Vollzug des Umweltrechts und die Implementation von Umweltprogrammen muss jeweils im Einzelfall bestimmt werden.

Die Relevanz der hier entwickelten Untersuchungskriterien lässt sich an einem Beispiel verdeutlichen. Eine typische Konfliktkonstellation besteht, wenn auf übergeordneter Ebene große Vorhaben wie Atomanlagen, Verkehrsadern oder Müllverbrennungsanlagen geplant werden, aus denen die Kommunen und die örtliche Bevölkerung keinen Nutzen ziehen, deren Nachteile und Umweltbelastungen sie aber zu tragen haben. In solchen Umweltkonflikten zeigt sich, welche Verweigerungsmacht Kommunen gegenüber der nationalen Ebene haben, ob und wie weit sie sich mit einer „Politik der geschlossenen Räume" den Planungen verweigern können.[49] Eine solche Blockademöglichkeit auf der lokalen Ebene zwingt die Planungsträger dazu, zumindest die örtliche Auswirkung der Vorhaben umwelt- und sozialverträglich zu gestalten. Wenn die Planungsträger trotz lokaler Verweigerungsmacht auf eine hierarchische Durchsetzung der Vorhaben bestehen, riskieren sie heftige, für alle Beteiligten unproduktive Konflikte, langwierige Rechtsstreitigkeiten und einen Imageverlust. Daraus ergibt sich eine ökologische und soziale Kontrollfunktion der lokalen Ebene, die zu einer effektiveren Umweltpolitik beiträgt. Dabei lässt sich vermuten, dass lokale Umweltgruppen, BürgerInnen und Kommunen um so erfolgreicher diese umweltpolitische Kontrollfunktion wahrnehmen können, je stärker die drei Basiselemente umweltrechtliche Chancengleichheit, umweltpolitische Partizipation und Kooperation ausgeprägt sind. Diese Hypothese gilt es in der Untersuchung zu überprüfen.

---

[48] Vgl. EISEN, Andreas (1996), Institutionenbildung im Transformationsprozess, S. 96-97; HORBACH, Jens (1992), Neue politische Ökonomie und Umweltpolitik, S. 226-231; JOSEPH, Matthias (1995), Die Analyse kommunaler Umweltpolitik aus Sicht der neuen politischen Ökonomie, S. 161-162; LÜBBE-WOLF, Gertrude (1992), Das Kooperationsprinzip im Umweltrecht, S. 214-223.

[49] KNOEPFEL, Peter/KISSLING-NÄF, Ingrid (1993), Transformation öffentlicher Politiken durch Verräumlichung, S. 277-278.

2.2. Die umweltpolitische Öffentlichkeit

Die umweltpolitische Öffentlichkeit und das ökologische Wissen sind wesentliche Ressourcen der Umweltpolitik. Sie umfassen die Erzeugung, Verbreitung und Anwendung von Umweltwissen und die dominierenden Deutungsmuster von Umweltproblemen. Ökologisches Wissen ist die Voraussetzung dafür, Umweltprobleme überhaupt wahrzunehmen, und damit grundlegend für umweltpolitisches Handeln. Umweltpolitischer Handlungsdruck entsteht nur dann, wenn mindestens ein relevanter Akteur ein wissenschaftlich nachgewiesenes Umweltproblem aufgreift und in den politischen Prozess einbringt. Eine wichtige Funktion bei der Politisierung ökologischer Probleme kommt der umweltpolitischen Öffentlichkeit zu. Der politische Druck, der von ihr ausgeht, trägt wesentlich zu umweltpolitischen Erfolgen bei.[50]

Diesbezüglich lässt sich das Basiselement der *Umwelttransparenz* formulieren. Umwelttransparenz umfasst die Erhebung sowie Veröffentlichung von Umweltinformationen und verbessert dadurch die Handlungsgrundlage aller Akteure und die Funktionsfähigkeit der umweltpolitischen Instrumente. Dazu gehören eine systematische Erhebung planungs- und entscheidungsrelevanter Umweltdaten, deren publikumsbezogene Aufarbeitung und die Gewährleistung eines kontinuierlichen Überblicks über umweltrelevante Schadstoffströme und Belastungssituationen. Auf diese Weise wird die Rationalität umweltpolitischer Willensbildungsprozesse und die Akzeptanz der Entscheidungen erhöht.[51]

Insgesamt erhöht Umwelttransparenz die Durchsetzungschancen von Umweltinteressen und fördert ein umweltverträgliches Verhalten in der Wirtschaft, weil einerseits umweltbelastende Unternehmen leichter entdeckt und angeprangert werden können und andererseits Unternehmen ihr Image durch besondere Umweltschutzleistungen verbessern können. Umgekehrt beeinträchtigen eine lückenhafte Erhebung, eine unsystematische Aufbereitung und eine restriktive Veröffentlichungspraxis von Umweltdaten die Umweltpolitik erheblich.

Gerade die Handlungsmöglichkeiten lokaler Umweltgruppen und deren Einflusschancen werden durch Umwelttransparenz verbessert, weil sie Schwachstellen staatlicher und unternehmerischer Umweltschutzmaßnahmen rasch erkennen und gegebenenfalls angreifen können. Dazu gehören auch Informations- und Akteneinsichtsrechte, wie sie z. B. EU-Richtlinien gewähren, die die Handlungs- und Kontrollmöglichkeiten von Umweltgruppen erweitern.[52] Dagegen sind die Geheimhaltung von Umweltdaten und Medienzensur äußerst nachteilig für Umweltgruppen.

---

[50] Vgl. JÄNICKE, Martin/WEIDNER, Helmut (1995), Successful Environmental Policy, S. 19.

[51] Zum Basiselement der Umwelttransparenz vgl. WEIDNER, Helmut (1996), Basiselemente einer erfolgreichen Umweltpolitik, S. 512-521.

[52] Vgl. HOFMANN, Johannes (1995), Das Recht auf Umweltinformation.

Das *Mediensystem* beeinflusst durch die Verbreitung oder das Zurückhalten von Umweltinformationen maßgeblich die umweltpolitische Öffentlichkeit und das Umweltbewusstsein. Medien können durch Veröffentlichungen direkten Druck auf Verursacher von Umweltproblemen ausüben (vgl. Abbildung 3).

Stufen der umweltpolitischen Kapazität der Medien

Geheimhaltung von Umweltdaten und Medienzensur

↓

wenige, meist offizielle Berichte zur Umweltsituation

↓

einige Umweltreportagen in kritischen Medien

↓

Umweltprobleme werden breit in allen Medien dargestellt

↓

häufige, direkte Attacken der Medien gegen Umweltverschmutzer

Abb. 3. Quelle: JÄNICKE, Martin (1997), S. 16, und eigene Ergänzungen.

Auf der lokalen Ebene bestehen im Allgemeinen gute Voraussetzung für die Schaffung, Sensibilisierung und Politisierung der umweltpolitischen Öffentlichkeit. Umweltinformationen können meist direkt mit Erfahrungen aus der lokalen Lebenswelt in Verbindung gebracht werden, Umweltschäden werden konkret erfahrbar. Im lokalen Kontext sind komplexe ökologische Sachverhalte der Bevölkerung deswegen leichter vermittelbar und umweltpolitische Entscheidungsprozesse, Institutionen sowie verantwortliche Personen überschaubar. Lokal besteht meist ein dichtes Kommunikationsnetz. Deshalb können Umweltprobleme mit relativ geringem Aufwand öffentlich gemacht werden.

Die Kommunen können in eigenen Publikationen und Beratungsstellen Umweltinformationen verbreiten und selbst kleine Umweltgruppen können mit Flugblättern, Informationsständen und Demonstrationen die lokale Öffentlichkeit erreichen. Lokalzeitungen greifen lokale Umweltdiskussionen auf und können zuweilen erheblichen politischen Druck ausüben. Je seriöser und fachlich fundierter die Argumentation und die Beiträge von Umweltgruppen sind, desto größer ist die Chance, dass sie von den Medien aufgegriffen zu werden. Der Zugang lokaler Umweltgruppen zu den lokalen Medien ist ein Indikator für ihre Erfolgschancen.

Die umweltpolitische Öffentlichkeit lässt sich insgesamt mit Hilfe der Umwelttransparenz und der Umweltberichterstattung in den Medien charakterisieren. Bezogen auf die lokale Ebene sind für die Umweltgruppen der Zugang zu Umweltinformationen und zu den lokalen Medien ausschlaggebend.

2.3. Die sozio-ökonomischen Handlungsbedingungen

Im wirtschaftlichen Subsystem einer Gesellschaft, zu dem sowohl die Produktion als auch der Konsum zählen, wird der Großteil der natürlichen Ressourcen verbraucht und werden die meisten Schadstoffe ausgestoßen; von ihm gehen die stärksten Umweltbelastungen aus. Demzufolge sind die sozio-ökonomischen Handlungsbedingungen mit der Erzeugung der Umweltbelastungen und den dahinterstehenden Verursacherinteressen für die Umweltpolitik von grundlegender Bedeutung.

Im Hinblick auf den Untersuchungsgegenstand ist die erste Frage, welchen Einfluss die sehr unterschiedlichen Wirtschaftssysteme der zentralen Planwirtschaft der DDR vor 1989 und der Marktwirtschaft in Ostdeutschland nach der Vereinigung 1990 auf die nationale und lokale Umweltpolitik hatten. Die Umweltökonomie versucht, die Ursache der Umweltbelastungen in einer Marktwirtschaft damit zu erklären, dass die natürlichen Ressourcen im Produktions- und Konsumptionsprozess übermäßig beansprucht werden, weil deren Nutzung kostenlos bzw. zu billig ist im Vergleich mit den anfallenden volkswirtschaftlichen Schäden. Anders ausgedrückt: ProduzentInnen und KonsumentInnen wälzen Kosten auf die Natur und die Allgemeinheit ab, weil dieses Verhalten für sie betriebswirtschaftlich bzw. individuell „rational" ist. Die Folge sind negative externe Effekte in Form einer übermäßigen – das heißt ineffizienten – Ressourcennutzung und in Form von Umweltbelastungen. Ökonomisch lässt sich dieser Sachverhalt als Marktversagen beschreiben, weil der Preis für die Nutzung natürlicher Ressourcen zu gering ist, oder als Marktunvollkommenheit, weil sich gar kein Knappheitspreis bildet, da die natürliche Umwelt und natürliche Ressourcen in der Regel so genannte Kollektivgüter sind, von deren Nutzung niemand ausgeschlossen werden kann.[53]

Diese Diagnose der Umweltökonomie lässt sich in entsprechend veränderter Form auch auf die Ursachen von Umweltbelastungen in der DDR-Planwirtschaft übertragen. Die Betriebe verlagerten Kosten auf die Umwelt, um ihre Produktionspläne erfüllen zu können, und der Staat subventionierte aus politischem Kal-

---

[53] Zur Umweltökonomie vgl. u.a. WICKE, Lutz (1993), Umweltökonomie; FREY, Bruno S. (1992), Umweltökonomie; HANSMEYER, Karl-Heinrich/SCHNEIDER, Hans Karl (1992), Umweltpolitik. Zur kritischen Auseinandersetzung mit der Umweltökonomie vgl. BECKENBACH, Frank (Hg.) (1991), Die ökologische Herausforderung für die ökonomische Theorie; DALY, Herman E. (1996), Beyond Growth; FREY, Bruno S./SCHNEIDER, Friedrich (1997), Warum wird die Umweltökonomie kaum angewendet?

kül umweltbelastende Produktion und Güter, um die Bevölkerung ruhig zu stellen.[54] Die ökonomische Forschung in der DDR bezeichnete Umweltschäden als „negative Produktion", was inhaltlich mehr oder weniger den negativen externen Effekten entspricht.[55] Das Dilemma zwischen betrieblich und individuell „rationalem" Verhalten und den damit verbundenen volkswirtschaftlichen und ökologischen Schäden besteht also sowohl in Marktwirtschaften als auch in Planwirtschaften. Folglich lassen sich mit dem Ansatz der Umweltökonomie kaum systemspezifische Auswirkungen auf die Umweltpolitik feststellen.

Deswegen ist für die vorliegende Untersuchung die Betrachtung der konkreten ökonomischen und wirtschaftspolitischen Bedingungen geeigneter, um deren Auswirkung auf die Umweltpolitik und den Handlungsspielraum lokaler Umweltgruppen näher zu bestimmen.

Erstens gibt die *Wirtschafts-* und *Produktionsstruktur* eines Landes Auskunft über die Umweltbelastungen. Volkswirtschaften mit einem hohen Anteil ressourcenintensiver Industrieproduktion verfügen über eine deutlich schlechtere Umweltbilanz als solche mit einem hohen Anteil des Dienstleistungssektors. Ebenfalls von Bedeutung ist der technische Stand der Produktionsanlagen, wobei in der Regel modernere Anlagen energieeffizienter und umweltschonender produzieren als alte.[56]

Zweitens hat die *Wirtschaftskraft*, meist gemessen am Bruttoinlands- bzw. Bruttosozialprodukt,[57] einen großen Einfluss auf den Ressourcenverbrauch, die Umweltbelastung und die Umweltpolitik. Dabei ist ihre Wirkung ambivalent und nur begrenzt vorhersehbar, denn ein hohes ökonomisches Niveau einer Volkswirtschaft ist einerseits gepaart mit einem hohen Ressourcenverbrauch, erlaubt aber andererseits, umfangreichere Mittel für den Umweltschutz bereitzustellen. Wenn es technische Standardlösungen wie Filter oder Katalysatoren gibt, so können sie in reichen Ländern eher finanziert werden als in armen. Fehlt jedoch eine Standardlösung für ein Umweltproblem oder ist diese politisch nicht durchsetzbar, dann verursacht ein höheres Produktions- und Konsumniveau eine größere Umweltbelastung. Ähnlich wirkt sich auch die Konjunkturlage aus. So

---

[54] Vgl. BARTEL, Rainer (1994), Umweltpolitik in den Reformländern Mittel- und Osteuropas; KOMAR, Walter/MATTHIES, Jörg/WEISHEIMER, Martin (1993), Ursachen für das Versagen des Umweltschutzes in der DDR; WELFENS, Maria J. (1993), Umweltprobleme und Umweltpolitik in Mittel- und Osteuropa, S. 145.

[55] Vgl. KRAUSE, Günter (1998), Wirtschaftstheorie in der DDR, S. 241-253.

[56] Vgl. JÄNICKE, Martin/MÖNCH, Harald/BINDER, Manfred (1992), Umweltentlastung durch industriellen Strukturwandel?

[57] In der DDR war der Maßstab das „produzierte Nationaleinkommen", das anders berechnet wurde und kaum vergleichbar ist.

schmälert in Marktwirtschaften eine hohe Arbeitslosigkeit die Durchsetzungschancen der Umweltpolitik.[58]

Diese strukturellen Bedingungen wirken sich drittens auf die *Wirtschaftspolitik* im weiten Sinne, zu der auch andere umweltrelevante Bereiche wie die Energie-, Agrar- oder Verkehrspolitik zählen, und ihr Verhältnis zur Umweltpolitik auf der nationalen und regionalen Ebene aus. Hierbei steht die Frage im Vordergrund, wie groß die Durchsetzungskraft umweltpolitischer Interessen gegenüber der Wirtschaft und ihren politischen InteressenvertreterInnen ist. Zu diesem Zweck ist neben der Politikanalyse der Ansatz der Neuen Politischen Ökonomie nützlich, der das Verhältnis von Wirtschaft und Politik beleuchtet.[59] Bei diesem Ansatz werden die Konflikte zwischen den unterschiedlichen Interessen von Politik, Betrieben und UmweltvertreterInnen unter dem Aspekt des „Nutzens" für die beteiligten Akteure untersucht. In dieser Perspektive steht für die vorliegende Arbeit die Frage im Vordergrund, inwieweit die Umweltpolitik Einfluss auf die umweltrelevanten ökonomischen Bedingungen nehmen und welche ökologischen Ziele sie gegenüber der Wirtschaft durchsetzen kann. Dies lässt sich auf nationaler und regionaler Ebene einerseits am Stellenwert der Umweltpolitik gegenüber der Wirtschaftspolitik, andererseits am Einfluss der Wirtschaft, seien es nun Wirtschaftsverbände in der Bundesrepublik oder Kombinatsdirektoren in der DDR, auf die Politik festmachen.

Als ein besonderes Phänomen des Untersuchungsgegenstands verdient die Transformation der DDR-Planwirtschaft im Zuge der Vereinigung in ein marktwirtschaftliches System Beachtung. Eine derartige Systemtransformation bringt „eine Entwertung bestehender Institutionen, von Wirtschaftsstrukturen, von Informations- und Produktionsnetzwerken und letztlich von Kapital" mit sich.[60] Es ist zu prüfen, ob die damit verbundenen erheblichen sozio-ökonomischen Verschiebungen zu einer Veränderung der produktionsbedingten Umweltbelastungen sowie zu einer Schwächung der bis dahin dominanten Wirtschaftsakteure führte und welche Folgen das für die Umweltpolitik zeitigte.

Die spezifischen Auswirkungen der makroökonomischen Bedingungen auf die lokale Umweltpolitik lassen sich an Hand der lokalen Interessen- und Konfliktkonstellation zwischen den Verursacherinteressen der Wirtschaft einerseits und den Umweltinteressen von lokalen Umweltgruppen andererseits festmachen. Für Marktwirtschaften wie die Bundesrepublik sind für die Beschreibung solcher lokaler Umweltkonflikte Modelle entwickelt worden:

---

58 Vgl. JÄNICKE, Martin/KUNIG, Philip/STITZEL, Michael (1999), Lern- und Arbeitsbuch Umweltpolitik, S. 88; JÄNICKE, Martin (1997), The Political System's Capacity for Environmental Policy, S. 14.

59 Vgl. HORBACH, Jens (1992), Neue Politische Ökonomie und Umweltpolitik.

60 WELFENS, Maria J. (1993), Umweltprobleme und Umweltpolitik in Mittel- und Osteuropa, S. 12-13.

Fordern Umweltgruppen, betroffene AnwohnerInnen, Kommunalpolitik und Umweltverwaltungen von einem Betrieb die Einhaltung höherer Umweltstandards, die Einstellung einer umweltschädlichen Produktion oder den Verzicht auf ökologisch bedenkliche Investitionen, dann versucht der Betrieb diese für einen möglichen Abbau von Arbeitsplätzen und den möglichen Verlust von Steuereinnahmen verantwortlich zu machen. Andersherum können LokalpolitikerInnen Investitionen in ihrer Gemeinde, die zwar Arbeitsplätze schaffen, aber mit Umweltbelastungen verbunden sind, kurzfristig meist als politischen Erfolg verkaufen. Denn die Umweltschäden und die dadurch verursachten ökologischen und volkswirtschaftlichen Kosten treten in der Regel erst später auf und lassen sich selten direkt den jeweiligen Investitionen und Unternehmen zuordnen.

Für Unternehmen ist es in solchen Konflikten meist die einfachste und kostengünstigste Strategie, damit zu drohen, die Produktion einzustellen bzw. keine Investitionen vorzunehmen und somit (potenzielle) Arbeitsplätze zu streichen. Vor dem Hintergrund solcher Drohungen versuchen die Unternehmen dann, mit Politik und Verwaltung möglichst niedrige Umweltauflagen auszuhandeln, meist mit beträchtlichem Erfolg.[61] Aber diese Drohungen entbehren meist einer sachlichen Grundlage, weil die meisten Unternehmen, abgesehen von weltweit operierenden Konzernen, an ihren Standorten verankert sind. Ganz im Gegenteil führen hohe Umweltstandards in der Regel zum Einsatz moderner Technologien, zu einem positiven Firmenimage und zu niedrigeren Kosten beim Ressourcenverbrauch. Oftmals stärken sie die Innovationsfähigkeit und die internationale Wettbewerbsfähigkeit der Unternehmen.[62] Weiterhin gewinnt eine gute Umweltqualität als „weicher" Standortfaktor an Bedeutung, so dass hohe Umweltbelastungen für Unternehmen kontraproduktiv sind.[63] Nichtsdestotrotz ist die Drohung, den Produktionsstandort zu wechseln, für das Unternehmen einfach, billig und wirkungsvoll, weil der öffentliche Druck auf die LokalpolitikerInnen sehr hoch sein kann.

Nissen hat die sich daraus ergebenden Folgen für die lokale Umweltpolitik als *Beschäftigungsfalle* bezeichnet, in der sich für die LokalpolitikerInnen, die Beschäftigten und die Unternehmen die „Zurückhaltung gegenüber engagierter Umweltpolitik individuell als rationale Verhaltensweise herausgestellt" hat.[64] Zum gleichen Problemfeld wie die „Beschäftigungsfalle" gehört der Wettbe-

---

[61] Vgl. HORBACH, Jens (1992), Neue politische Ökonomie und Umweltpolitik, S. 188-190; WECK-HANNEMANN, Hannelore (1994), Die politische Ökonomie der Umweltpolitik, S. 104-105.

[62] Vgl. TAISTRA, Gregor (2001), Die Porter-Hypothese zur Umweltpolitik.

[63] Vgl. JOSEPH, Matthias (1995), Die Analyse kommunaler Umweltpolitik aus Sicht der neuen politischen Ökonomie, S. 54-55; Umweltbundesamt (Hg.) (1993), Umweltschutz und Industriestandort, S. 20.

[64] NISSEN, Sylke (1993), Umweltpolitik in der Beschäftigungsfalle, S. 223.

werb zwischen Kommunen oder Städten bei der Ansiedlung von Unternehmen, bei dem sich die Gemeinden beim Absenken von Umweltstandards überbieten, um Investoren anzulocken.[65]

Die Interessen und Durchsetzungschancen in solchen lokalen Konstellationen werden von den oben beschriebenen Merkmalen der sozio-ökonomischen Strukturen auf nationaler Ebene geprägt. In den Falluntersuchungen prüfe ich, ob eine „Beschäftigungsfalle" oder ein „Ansiedlungswettbewerb" vorlagen und welchen Einfluss das auf die Spielräume lokaler Umweltgruppen hatte. Für die DDR-Planwirtschaft untersuche ich, ob es ähnliche oder entsprechende lokale Konfliktkonstellationen zwischen Wirtschaft und Umweltinteressen gab.

2.4. Lokale Umweltgruppen im Kontext einer übergreifenden Umweltbewegung

Als vierter Faktor, der die umweltpolitischen Rahmenbedingungen prägt, wird das gesellschaftliche Umfeld der lokalen Umweltgruppen berücksichtigt. Ich verorte sie im Kontext einer übergeordneten Umweltbewegung, die im Sinne des akteurzentrierten Institutionalismus einen organisatorischen und inhaltlichen Rahmen darstellt, der das Handeln lokaler Umweltgruppen strukturiert. Unter einer Umweltbewegung versteht man in der Definition von RUCHT:

> „das Netzwerk nicht-staatlicher Gruppierungen und Organisationen [...], das a) einen umfassend verstandenen, letztlich globalen Schutz der Umwelt anstrebt, b) sich dabei der Erkenntnisse einschlägiger Fachwissenschaften bedient und c) ausdrücklich politisch interveniert."[66]

Die Umweltbewegung wird den so genannten Neuen Sozialen Bewegungen zugerechnet. In der Literatur ist umstritten, ob das Konzept der Neuen Sozialen Bewegungen, das für westliche Demokratien entwickelt worden ist, auf die DDR und auf Ostdeutschland übertragen werden kann, weil die dortigen gesellschaftlichen Bedingungen anders waren als in Westdeutschland.[67] Meiner Ansicht nach ist es geeignet, um sowohl für die DDR als auch für Ostdeutschland nach der Vereinigung wesentliche Merkmale einer Umweltbewegung und deren Einfluss auf lokale Umweltgruppen herauszuarbeiten, denn auch das Fehlen einer Umweltbewegung wirkt sich auf die Handlungsmöglichkeiten der Umweltgruppen aus.

---

[65] Vgl. KERBER, Bärbel (1994), Der Konflikt zwischen ökonomischen und ökologischen Interessen auf kommunaler Ebene.

[66] RUCHT, Dieter (1994), Modernisierung und neue soziale Bewegungen, S. 240-241.

[67] Vgl. RINK, Dieter (1999), Mobilisierungsschwäche, Latenz, Transformation oder Auflösung?, S. 180-181. Nach Ansicht einiger Autoren wiesen die DDR-Umweltgruppen etliche Merkmale auf, die auch für Neue Soziale Bewegungen im Westen zutreffen. Vgl. KNABE, Hubertus (1988), Neue Soziale Bewegungen im Sozialismus; WIELGOHS, Jan/JOHNSON, Carsten (1997), Entstehungsgründe, Handlungsbedingungen, Situationsdeutungen, S. 341.

Eine Umweltbewegung kann mittels ihrer Ziele, ihrer Organisationsstrukturen und ihres Handelns beschrieben werden. Die *Ziele* einer Umweltbewegung können vom bewahrenden Naturschutz, über einen allgemeinen Umweltschutz bis hin zu einer starken Politisierung der ökologischen Forderungen reichen. Dabei können neue soziale Bewegungen wie die Umweltbewegung als Indikator für ungelöste Probleme dienen und die anwaltschaftliche Interessenvertretung für ökologische Belange übernehmen, die im politischen System unterrepräsentiert sind. Anders als bei Parteien und Umweltverbänden, die in der Regel relativ eng begrenzte Partei- und Mitgliederinteressen vertreten, sind die Ziele der Umweltbewegung stärker in der Lebenswelt verhaftet und haben teilweise einen allgemeineren Charakter bzw. fallen durch das Raster partei- und verbandsförmiger Politik und stellen insofern eine wichtige Ergänzung zum herkömmlichen System der Interessenvertretung dar.[68]

Eine Umweltbewegung ist keine formale Organisation, sondern ein netzwerkförmiger Verbund von Personen, Gruppen und Organisationen. Nichtsdestotrotz ist ein Mindestmaß an *Organisationsstruktur* die notwendige Voraussetzung dafür, dass die Umweltbewegung an der Erreichung ihrer Ziele arbeiten kann. Solche Organisationsstrukturen verbessern und verstetigen die Kommunikation innerhalb der Umweltbewegung, ermöglichen die kontinuierliche Mobilisierung von Ressourcen und bilden die Grundlage für politische Kampagnen und oppositionelle Aktionen.[69]

In der alten Bundesrepublik setzt sich die Umweltbewegung organisatorisch aus drei Segmenten zusammen, erstens den autonomen lokalen Ökologiegruppen und Bürgerinitiativen, zweitens den Naturschutz- und Umweltverbänden sowie drittens aus Parteien, namentlich Die Grünen.[70] Westliche Umweltbewegungen verfügen über relativ fest strukturierte Organisationskerne, die vor allem von großen Umweltverbänden und -organisationen gebildet werden. Diese lassen sich an Hand ihrer Größe und Finanzkraft, ihrer Aufgabenwahrnehmung, ihrer Organisationsstruktur und ihres Professionalisierungsgrades beschreiben.[71] In der Bundesrepublik hat die Umweltbewegung in den letzten 30 Jahren mitgliederstarke, professionalisierte Umweltverbände hervorgebracht, deren Arbeit sich seit Mitte der achtziger Jahre durch eine zunehmenden Verwissenschaftlichung und Spezialisierung sowie die Nutzung von Marketingmethoden in der Öffentlichkeitsarbeit auszeichnet. Für große Teile der bundesdeutschen Um-

---

[68] Vgl. RUCHT, Dieter (2001), Soziale Bewegungen als Signum demokratischer Bürgergesellschaft, S. 323-327.

[69] Vgl. RASCHKE, Joachim (1988), Soziale Bewegungen, S. 205-208.

[70] Vgl. BRAND, Karl-Werner (1999), Transformation der Ökologiebewegung, S. 247; RUCHT, Dieter (1994), Modernisierung und neue soziale Bewegungen, S. 263-267.

[71] Vgl. die Typologie bei HEY, Christian/BRENDLE, Uwe (1994), Umweltverbände und EG, S. 132.

weltbewegung wurde die fachliche Qualifikation zu einem wesentlichen Bestandteil ihres Selbstverständnisses.[72]

Das *Handeln* einer Umweltbewegung kann zu analytischen Zwecken in drei Aktionsformen unterschieden werden: Öffentlichkeitsarbeit, Mobilisierung und Kooperation.

Mittels Öffentlichkeitsarbeit versucht die Umweltbewegung, ihre Definition der Umweltprobleme ins öffentliche Bewusstsein zu bringen, und wirbt für eine breite Unterstützung ihrer Anliegen. Dies gelingt am besten durch das demonstrative Anprangern von Umweltskandalen im Form von spektakulären und konfrontativen Aktionen. Hier wird die enge Verknüpfung von Öffentlichkeitsarbeit und Mobilisierung deutlich, die meist Hand in Hand gehen.

Nur durch eine breite Mobilisierung kann eine Umweltbewegung Ressourcen und Macht akkumulieren, die sie in die Lage versetzen, ihre Ziele durchzusetzen. Die Mobilisierung richtet sich einerseits nach innen, um Mitglieder, UnterstützerInnen, Geld und Informationen für die Umweltbewegung zu gewinnen, wobei die AktivistInnen „das wichtigste Machtelement" sozialer Bewegungen sind.[73] Vor allem aber zielt die Mobilisierung auf die Wirkung in der Öffentlichkeit und auf die politische Einflussnahme ab. Umweltbewegungen können auf verschiedene Art und Weise mobilisieren: durch das Sichtbarmachen ökologischer Betroffenheit, durch konkrete Umweltprojekte, Kampagnen, Boykotte, originelle Protestformen, Massendemonstrationen und radikale Aktionen wie Besetzungen oder Blockaden. Das Mobilisierungspotenzial einer Umweltbewegung ist um so größer, je mehr ihr Anliegen von der Bevölkerung als legitim angesehen wird. In diesem Sinne können Umweltskandale zu einer breiten Sensibilisierung beitragen. Konkrete Streitfälle dienen zur Politisierung der Umweltproblematik.

Hat sich eine Umweltbewegung durch Öffentlichkeitsarbeit und Mobilisierung eine gesellschaftlich und politisch starke Position erkämpft, kann sie im politisch-institutionellen Umfeld ihre Partizipationsmöglichkeiten erweitern und Entscheidungsprozeduren beeinflussen. Umweltschutzvereinbarungen und deren Umsetzung kann die Umweltbewegung nur in Kooperation mit den staatlichen Stellen oder den Verursachern aushandeln. Dazu muss sie Informationen bereitstellen, politisch-institutionelle Verfahren akzeptieren und Kompromisse schließen. Die westdeutsche Umweltbewegung hat mit den drei Aktionsformen zum Teil beachtliche Erfolge erzielt, wobei sie sich verstärkt auf eine Kooperation

---

[72] Vgl. BRAND, Karl-Werner (1999), Transformation der Ökologiebewegung, S. 242-245, 251; CORNELSEN, Dirk (1991), Anwälte der Natur; OPP, Karl-Dieter (1996), Aufstieg und Niedergang der Ökologiebewegung in der Bundesrepublik, S. 351-353.

[73] RASCHKE, Joachim (1988), Soziale Bewegungen, S. 270, vgl. auch S. 202-205.

mit staatlichen Institutionen eingelassen hat, ohne jedoch auf eine konfrontative Öffentlichkeitsarbeit und Mobilisierung vollends zu verzichten.[74]

Die Aktivitäten einer sozialen Bewegung wie der Umweltbewegung sind darauf ausgerichtet, zwei gesellschaftliche Schwellen zu überwinden, um die Ziele der Bewegung zu erreichen. Die erste Schwelle besteht darin, dass die Umweltbewegung mit ihren Anliegen in der Öffentlichkeit wahrgenommen wird und Unterstützung findet. Die zweite Schwelle bilden die staatlichen Institutionen, die den Zugang zu gesellschaftlichen und politischen Entscheidungsprozessen kontrollieren.[75] Generell greifen soziale Bewegungen mangels anderer Möglichkeiten der Einflussnahme bevorzugt zum Mittel des kollektiven und öffentlichen Protests, wobei aber speziell Umweltbewegungen auch erfolgreich mit staatlichen Institutionen kooperieren. Die Umweltbewegung richtet ihre Forderungen in der Regel an die Verursacher von Umweltbelastungen, meist Wirtschaftsakteure, und an staatliche Instanzen, die bei umweltpolitischen Konflikten fast immer als Kontrollinstanz involviert sind und über politische Entscheidungsgewalt verfügen. Entsprechend der zwei Schwellen der öffentlichen Wahrnehmung und des Zugangs zu umweltpolitischen Entscheidungsprozessen konstituiert sich eine Umweltbewegung einerseits auf einem Feld „symbolisch-diskursiver Kämpfe“ und versucht andererseits, im politisch-institutionellen Umfeld Ressourcen zu mobilisieren und Einfluss zu nehmen.[76]

Die Erfolgsaussichten einer Umweltbewegung werden durch die so genannte „Gelegenheitsstruktur“ bestimmt, die durch folgende Kriterien charakterisiert ist:[77]

- Der Zugang der Umweltbewegung zum politischen System,
- die Repressionsressourcen der herrschenden Eliten,
- die Zusammenarbeit der Umweltbewegung mit einflussreichen Verbündeten,
- politische Konflikte innerhalb der herrschenden Eliten mit der Folge, dass diese die Ansprüche der Umweltbewegung nicht mehr abwehren können und
- organisatorisch-administrative Bedingungen, die es der Umweltbewegung ermöglichen, die Umsetzung umweltschädlicher Politik zu stören.

Der Grad, bis zu dem die Umweltbewegung die Schwellen der öffentlichen Wahrnehmung und der umweltpolitischen Einflussnahme überschreitet, und die

---

[74] Vgl. KRIESI, Hanspeter/GIUGNI, Marco G. (1996), Ökologische Bewegungen im internationalen Vergleich, S. 331; OPP, Karl-Dieter (1996), Aufstieg und Niedergang der Ökologiebewegung in der Bundesrepublik, S. 351.353.

[75] Vgl. RASCHKE, Joachim (1988), Soziale Bewegungen, S. 110-121.

[76] BRAND, Karl-Werner (1999), Transformation der Ökologiebewegung, S. 241.

[77] Vgl. die Ausführungen zur Gelegenheitsstruktur neuer sozialer Bewegungen bei KITSCHELT, Herbert (1999), Politische Gelegenheitsstrukturen in Theorien sozialer Bewegungen heute, S. 147; LEMKE, Christiane (1997), Protestverhalten in Transformationsgesellschaften, S. 59; TARROW, Sidney (1991), Kollektives Handeln und politische Gelegenheitsstruktur in Mobilisierungswellen, S. 652-655.

Gelegenheitsstruktur charakterisieren das, was ich als *umweltpolitisches Konfliktniveau* einer Gesellschaft bezeichne. Insgesamt lassen sich mit Hilfe der Ziele, der Organisationsstruktur, der Aktionsformen und des umweltpolitischen Konfliktniveaus die Verankerung und die Durchsetzungsfähigkeit einer Umweltbewegung auf gesamtgesellschaftlicher Ebene beschreiben.

Der Zusammenhang von lokalen Umweltgruppen und einer übergreifenden Umweltbewegung ist kaum systematisch erforscht.[78] Abgeleitet aus den obigen Überlegungen formuliere ich als Hypothese für die empirische Untersuchung, dass lokale Umweltgruppen von der Zielformulierung, den organisatorischen und fachlichen Ressourcen, der bewegungsinternen Kommunikation und der Mobilisierungsdynamik einer Umweltbewegung profitieren. Bei ihren Aktivitäten können lokale Umweltgruppen an das umweltpolitische Konfliktniveau anknüpfen. Damit erhöht eine mobilisierungs- und durchsetzungsfähige Umweltbewegung die Erfolgsaussichten lokaler Umweltgruppen. Umgekehrt verringert das Fehlen einer Umweltbewegung den Spielraum lokaler Umweltgruppen.

2.5. Die situativen Faktoren

Kurzfristig veränderliche Situationen und Ereignisse wie Regierungswechsel oder Umweltkatastrophen können umweltpolitische Entscheidungen beeinflussen.[79] Solche situativen Faktoren können zumindest zeitweilig die politisch-institutionellen und ökonomischen Rahmenbedingungen in den Hintergrund drängen und die Machtverhältnisse in den Akteurkonstellationen verschieben. Dies gilt insbesondere für die Umbruchzeit 1989/90 in der DDR, denn in dieser Situation „verlieren institutionelle Strukturen ihre Orientierungswirksamkeit und situative Faktoren und sogar individuelle Besonderheiten gewinnen notwendigerweise ein wesentlich höheres Gewicht.“[80] Von besonderem Interesse ist es daher, welche situationsbedingten Möglichkeiten sich in den drei verschiedenen Untersuchungsphasen für die lokale Umweltpolitik, die Umweltbewegungen und die lokalen Umweltgruppen ergaben.

Diese Möglichkeiten lassen sich mit dem Modell von Kingdon beschreiben, das davon ausgeht, dass ein Politikfeld von drei weitgehend unabhängigen, je-

---

[78] RUCHT diagnostiziert eine mangelnde Verbindung von Mikro- und Makroebene in der Bewegungsforschung: „Bewegungen werden entweder als bloße Aggregate von Individualhandlungen bzw. als überdimensionale Kleingruppen behandelt oder erscheinen als Makrosubjekte, deren komplexe Binnenstruktur nicht weiter beachtet und analysiert wird.“ RUCHT, Dieter (1994), Modernisierung und neue soziale Bewegungen, S. 75.

[79] Vgl. JÄNICKE, Martin/KUNIG, Philip/STITZEL, Michael (1999), Lern- und Arbeitsbuch Umweltpolitik, S. 93-94.

[80] MAYNTZ, Renate/SCHARPF, Fritz W. (1995), Der Ansatz des akteurzentrierten Institutionalismus, S. 66.

weils ihrer eigenen Dynamik folgenden „Politikströmen" bestimmt wird.[81] Dabei handelt es sich erstens um einen „Problemstrom" (*problem stream*), in dem die Probleme des Politikfeldes erkannt und definiert werden, zweitens um einen politisch-administrativen „Problemlösungsstrom" (*policy stream*), in dem unterschiedliche Lösungsansätze, Programme, Strategien und Instrumente entwickelt und ausgewählt werden, sowie drittens um den „Politikstrom" der politischen Realisierung (*political stream*), in dem politische Stimmungen, Vorlieben, Akteurkonstellationen und Allianzen über die Auswahl und Durchsetzung von Politikprogrammen entscheiden. Wenn diese drei Politikströme konvergieren, werden die entsprechenden Probleme mit Lösungsansätzen und mit für deren Umsetzung förderlichen politischen Kräften verknüpft; es ergibt sich ein so genanntes *window of opportunity*. In solchen Momenten ist die politische Bearbeitung von Problemen durch das politische System besonders aussichtsreich. Allerdings ist die Konvergenz der Politikströme nicht automatisch gegeben, sondern ergibt sich je nach Situation eher zufällig. In der empirischen Untersuchung der umweltpolitischen Rahmenbedingungen prüfe ich für jede der drei Untersuchungsphasen, ob ein *window of opportunity* für die lokale Umweltpolitik und lokale Umweltgruppen vorlag.

2.6. Fazit: Die Analysekriterien für die umweltpolitischen Rahmenbedingungen

In den vorhergehenden Abschnitten wurden die umweltpolitischen Rahmenbedingungen und die situativen Faktoren charakterisiert, die Einfluss auf die Spielräume lokaler Umweltgruppen nehmen. Dabei wurden Kriterien entwickelt, mit denen sich in der empirischen Untersuchung die Möglichkeiten und Grenzen des Handelns lokaler Umweltgruppen darstellen lassen, wie in Tabelle 1 verdeutlicht wird.

An Hand dieses Kriterienkatalogs lassen sich die Veränderungen und Kontinuitäten der umweltpolitischen Rahmenbedingungen in den Untersuchungsphasen verdeutlichen und miteinander vergleichen. Eine solche systematische Beschreibung der Rahmenbedingungen erleichtert darüber hinaus die Einordnung der einzelnen Fallbeispiele in den übergeordneten Kontext.

[81] Vgl. KINGDON, John W. (1995), Agendas, Alternatives, and Public Policies; GSÄNGER, Matthias (2001), Policy Netze, Policy Ströme und der Cognitive Turn, S. 343-346.

Untersuchungskriterien für die umweltpolitischen Rahmenbedingungen lokaler Umweltgruppen	
	Merkmale für die empirische Untersuchung
1) politisch-institutionelle Handlungsbedingungen	institutionelle Bedingungen: • Umweltrecht (rechtliche Chancengleichheit*) • Umweltverwaltungen • Status der lokalen Ebene im politischen System politische Bedingungen: • nationale und regionale Umweltpolitik • umweltpolitische Partizipation* • umweltpolitische Kooperation* • Vollzug der Umweltpolitik auf der lokalen Ebene
2) umweltpolitische Öffentlichkeit	• Umwelttransparenz* • Zugang lokaler Umweltgruppen zu (lokalen) Medien
3) sozio-ökonomische Handlungsbedingungen	Makroebene • Wirtschafts- und Produktionsstruktur • Wirtschaftskraft und Konjunkturlage • Wirtschaftspolitik versus Umweltpolitik lokale Ebene • „Beschäftigungsfalle", „Ansiedlungswettbewerb"
4) Rolle einer übergreifenden Umweltbewegung	• Ziele der Umweltbewegung • Organisationsstruktur • Aktionsformen (Öffentlichkeitsarbeit, Mobilisierung, Kooperation) • umweltpolitisches Konfliktniveau
5) situative Faktoren	• Veränderung der Rahmenbedingungen • *window of opportunity* („Politikströme")

Tab. 1. Quelle: Eigene Zusammenstellung.

*Basiselemente

3. Die Analyse lokaler Umweltgruppen als Akteure der Umweltpolitik

Vom Handeln der lokalen Umweltgruppen hängt es ab, ob und wie sie die bestehenden umweltpolitischen Spielräume tatsächlich nutzen oder diese sogar gestalten. Ich fasse lokale Umweltgruppen als kollektive Akteure auf, die dadurch charakterisiert sind, dass die Handlungsorientierungen ihrer einzelnen Mitglieder weitgehend gleichgerichtet sind. Kollektive Akteure verfügen über keinen größeren Organisationsapparat und keine kollektiven Ressourcen. Ihre Mitglieder bestimmen direkt über die Ziele und Aktivitäten der Gruppe. Die Fähigkeit zum zielgerichteten Handeln gegenüber anderen Akteuren müssen sie durch interne Interaktion wie beispielsweise Beratungs- und Entscheidungsprozesse herstellen.[82] Im Gegensatz zu korporativen Akteuren wie Parteien, staatliche Institutionen, Unternehmen oder Verbänden, die sich auf eine hierarchische, handlungsfähige Organisationsstruktur mit hauptamtlichen MitarbeiterInnen stützen, bilden lokale Umweltgruppen kleine und relativ instabile Einheiten.

Um die spezifischen Handlungsbedingungen lokaler Umweltgruppen herauszuarbeiten, empfiehlt sich deshalb eine zweifache Sichtweise: Einerseits „von innen" auf die interne, organisatorische Struktur, die den Rahmen für das gemeinschaftliche Handeln der einzelnen Mitglieder bildet, und andererseits „von außen" auf lokale Umweltgruppen als kollektive Akteure, die über bestimmte Ressourcen verfügen und diese in der Interaktion mit anderen Akteuren strategisch einsetzen.[83] Daraus ergeben sich drei Schritte für die Analyse des Handelns lokaler Umweltgruppen. Erstens charakterisiere ich die interne Struktur lokaler Umweltgruppen mittels ihrer Organisation und ihrer Ressourcen. In der Sicht „von außen" beschreibe ich zweitens die Akteurkonstellation, in der lokale Umweltgruppen agieren, und drittens ihr strategisches Handeln gegenüber anderen Akteuren. Für alle drei Analyseschritte werden Kriterien für die empirische Untersuchung entwickelt.

3.1. Die Organisation und die Ressourcen lokaler Umweltgruppen

Da die Untersuchung bei bereits bestehenden Umweltgruppen ansetzt, können die Fragen, wie sich lokale Umweltgruppen konstituieren und welche individuellen Motive die Mitglieder aktiv werden lässt, hier zunächst vernachlässigt werden.[84] Wesentlich für die Analyse ist die *Organisationsstruktur* lokaler Umweltgruppen. Hierbei lässt sich unterscheiden, ob sie staatlich anerkannt sind, informell oder sogar illegal arbeiten. Weiter können sie organisatorisch unabhängig sein oder Untergruppen eines Umweltverbandes sowie anderer Organisationen bilden. Generell ist die organisatorische Struktur lokaler Umweltgruppen relativ instabil und wird in erster Linie von einem Geflecht persönlicher Beziehungen zwischen den Mitgliedern getragen. Die Organisationsstruktur von Umweltgruppen und die Kontinuität ihrer Arbeit hängen folglich häufig von einer kleinen Kerngruppe von AktivistInnen mit großem Engagement, Ausdauer und

---

[82] Zur Unterscheidung von kollektiven und korporativen Akteuren vgl. SCHARPF, Fritz W. (2000), Interaktionsformen, S. 101-102.
[83] Ebenda, S. 97.
[84] Zu den individuellen Anreizen für Umweltproteste vgl. OPP, Karl-Dieter (1996), Aufstieg und Niedergang der Ökologiebewegung in der Bundesrepublik, S. 357-365; WEINBACH, Kerstin (1998), Umweltpolitisches Engagement im Vereinigungsprozess, S. 34-41.

organisatorischen sowie ökologischen Kompetenzen ab. Sie werden als „politische UnternehmerInnen“[85] oder „ManagerInnen ohne Gehalt“[86] bezeichnet und als Schlüssel für die Organisation und Mobilisierung lokaler Gruppen angesehen.

Sowohl für westdeutsche Umweltgruppen als auch für Gruppen in Ostdeutschland nach der Vereinigung lässt sich eine Tendenz zur Institutionalisierung und Bürokratisierung feststellen.[87] Wie ausgeprägt diese Entwicklung ist, hängt stark davon ab, ob die Gruppen die Anstellung von hauptamtlichen Kräften finanzieren können. Für deren Finanzierung kommen staatliche Mittel wie Arbeitsbeschaffungsmaßnahmen oder große Umweltverbände als Geldgeber in Frage. Hauptamtliche Kräfte sind jedoch für eine lokale Umweltgruppe trotz dieser Institutionalisierungstendenzen nach wie vor die Ausnahme.

Zu den *Ressourcen* einer lokalen Umweltgruppe gehören ökologisches Fachwissen, das Engagement und die Ausdauer der Mitglieder sowie die finanziellen und die rechtlichen Möglichkeiten. Das ökologische und umweltpolitische Fachwissen einer lokalen Umweltgruppe bildet die Grundlage für deren Öffentlichkeitsarbeit, für deren Mobilisierung und für die Kontrolle lokaler Umweltverschmutzer. Daher hat die Aneignung ökologischer Sachkompetenz einen hohen Stellenwert für sie. Von ihr hängt auch die Glaubwürdigkeit der umweltpolitischen Forderungen ab.[88] Das Engagement der Gruppenmitglieder ist wesentlich vom Einsatz der „politischen UnternehmerInnen“ geprägt. Der Grad der Betroffenheit bildet ein weiteres Motiv. Die finanziellen und rechtlichen Möglichkeiten einer lokalen Umweltgruppe sind in der Regel begrenzt. Finanzmittel oder Klagemöglichkeiten stehen ihnen meist nur dann zur Verfügung, wenn ressourcenstarke Partner diese bereitstellen.

3.2. Die lokale Akteurkonstellation

Die Analyse eines einzelnen Akteurs kann den Verlauf und die Ergebnisse politischer Prozesse nicht erklären, denn sie kommen nur durch die Interaktion mehrerer Akteure zustande. Das gilt auch für eine lokale Umweltgruppe, die sich in der umweltpolitischen Auseinandersetzung gegenüber den weiteren beteiligten

[85] Ebenda, S. 356. Vgl. auch WEINBACH, Kerstin (1998), Umweltpolitisches Engagement im Vereinigungsprozess, S. 37-38.

[86] LEGEWIE, Heiner/JANßEN, Michael (1996), Bürgerinitiativen für städtische Lebensqualität, S. 200.

[87] Vgl. RUCHT, Dieter/BLATTERT, Barbara/RINK, Dieter (1997), Soziale Bewegungen auf dem Weg zur Institutionalisierung, S. 164-169.

[88] Vgl. CHRISTMANN, Gabriela B. (1992), Über die „Institutionalisierung“ und „Verwissenschaftlichung“ des ökologischen Protests auf lokaler Ebene, S. 465-475; KRIESI, Hanspeter/GIUGNI, Marco G. (1996), Ökologische Bewegungen im internationalen Vergleich, S. 342.

Akteuren positioniert. Diese Ausgangslage bezeichne ich als „lokale Akteurkonstellation". Die Hauptakteure der lokalen Umweltpolitik sind neben den Umweltgruppen in der Regel PolitikerInnen, Umweltverwaltungen, Verursacher von Umweltbelastungen, lokale Medien und Umweltverbände. Zur lokalen Akteurkonstellation zählen auch überregionale Akteure, die ihre Interessen im lokalen Kontext vertreten.[89]

Die lokale Akteurkonstellation gibt Auskunft über die Machtverhältnisse und die Durchsetzungschancen der Umweltgruppen. Analytisch hilfreich ist die Unterscheidung zwischen Umwelt-, Verursacher- und Helferinteressen, die ein „umweltpolitisches Interessendreieck" bilden (vgl. Abbildung 4). Den Verursachern lokaler Umweltbelastungen und den Verantwortlichen in Politik und Verwaltung, die die Umweltbelastungen akzeptieren, stehen die Umwelt- und Betroffeneninteressen gegenüber, die die lokalen ökologischen Belastungen verringern und den Umweltzustand verbessern wollen.

Eine dritte Gruppe bilden die so genannten Helferinteressen, die nicht primär Umweltinteressen vertreten und als dritte Partei von dem Konflikt profitieren können. Die Parteinahme von Helferinteressen für eine der beiden Seiten kann den Ausgang der Auseinandersetzung entscheiden. Zu den Helferinteressen können z. B. Betriebe gehören, die auf eine saubere Umwelt angewiesen sind.[90]

Das umweltpolitische Interessendreieck

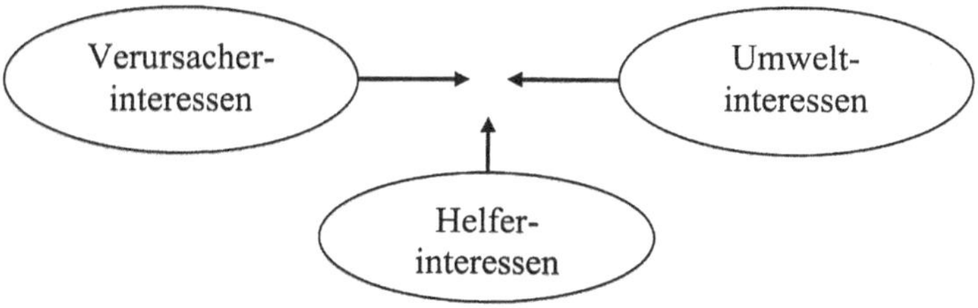

Abb. 4. Quelle: PRITTWITZ, Volker von (1990), S. 118.

Ausgehend von den lokalen Umweltgruppen lässt sich die Struktur der lokalen Akteurkonstellation mit Hilfe des umweltpolitischen Interessendreiecks deutlich machen. Umweltgruppen vertreten in dieser Konstellation eindeutig Betroffe-

[89] Zu lokalen Umweltakteure vgl. MOSER, Peter (1997), Akteure im kommunalen Klimaschutz, S. 389-392; WECK-HANNEMANN, Hannelore (1994), Die politische Ökonomie der Umweltpolitik, S. 105-108; YOUNG, Stephen (1997), Community-Based Partnerships and Sustainable Development, S. 217-219.

[90] Vgl. PRITTWITZ, Volker von (1990), Das Katastrophen-Paradox, S. 116-121; PRITTWITZ, Volker von (1994), Politikanalyse, S. 143-145.

nen- und Umweltinteressen. Von ihnen geht meist die Initiative aus, umweltpolitische Themen und Missstände auf die lokalpolitische Tagesordnung zu setzen. Sie bauen Verbindungen zu Betroffenen sowie zu Verbündeten auf und treten in die Auseinandersetzung mit ihren Gegnern. Potenzielle Bündnispartner der Umweltgruppen sind Betroffene, überregionale Umweltverbände, PolitikerInnen und Medien. Von einem solchen Bündnis profitieren sowohl die lokalen Umweltgruppen, deren Ressourcen dadurch gestärkt werden, als auch ihre Partner, die auf die Informationen, die lokale Infrastruktur und das Mobilisierungspotenzial der Umweltgruppen angewiesen sind. Die Ausgangslage der Umweltgruppen verbessert sich auch, wenn einzelne ihrer Mitglieder politische Ämter innehaben, die einen Zugang zu politischen Institutionen, Informationen und Entscheidungsprozessen eröffnen.

Verursacherinteressen werden von privaten oder staatlichen bzw. volkseigenen Betrieben, von Politik und Verwaltung vertreten. Die Stellung der Verursacher in umweltpolitischen Auseinandersetzungen hängt von ihrer lokalen Verankerung und ihren Handlungsressourcen ab. Große Betriebe verfügen in der Regel über größere Ressourcen und mehr politischen Einfluss als lokale Umweltgruppen und sind damit durchsetzungsfähiger.[91]

Empirisch ist weiter zu prüfen, ob die Durchsetzungschancen lokaler Umweltgruppen vom jeweiligen lokalen *Konflikttyp* abhängen. Hierbei unterscheide ich erstens zwischen der Vermeidung bestehender oder potenzieller Umweltbelastungen und zweitens der Verbesserung der Umweltqualität durch Umweltvorsorge. Nach den Annahmen der Politischen Ökonomie legen BürgerInnen bei der Abwehr einer akuten Umwelt- oder Gesundheitsgefährdung wahrscheinlich ein größeres Engagement an den Tag als bei der langfristigen Umweltvorsorge.[92] Denn bei der Gefahrenabwehr ist der Nutzen des umweltpolitischen Engagements für die Betroffenen klar erkennbar, die Konfliktkonstellation eindeutig. Damit üben lokale Umweltgruppen eine wichtige Kontrollfunktion gegenüber der Politik und der Wirtschaft aus und verfügen über ein teilweise beachtliches Verhinderungs- und Drohpotenzial.

Setzen sie sich dagegen für präventiven Umweltschutz ein und versuchen, die Umweltbedingungen beispielsweise beim Naturschutz oder im Rahmen der Lokalen Agenda 21 durch vorsorgende Maßnahmen zu verbessern, sind ihre Erfolgschancen laut der Politischen Ökonomie geringer.[93] Dies wird damit begrün-

---

[91] Vgl. JOSEPH, Matthias (1995), Die Analyse kommunaler Umweltpolitik aus Sicht der neuen politischen Ökonomie, S. 131.

[92] Zu den grundsätzlichen Schwierigkeiten bei der Mobilisierung für ein öffentliches Gut vgl. OLSON, Mancur (1992), Die Logik kollektiven Handelns. Speziell zu lokalen Umweltgruppen vgl. JOSEPH, Matthias (1995), Die Analyse kommunaler Umweltpolitik aus Sicht der neuen politischen Ökonomie, S. 129-131.

[93] Vgl. STAEHLIN-WITT, Elke (1991), Konflikte und Widerstände, S. 127; WECK-HANNEMANN, Hannelore (1994), Die politische Ökonomie der Umweltpolitik, S. 107.

det, dass Erfolge beim vorsorgenden Umweltschutz für die/den Einzelne/n schwer erkennbar seien, weil die ökologischen Verbesserungen erst sehr viel später eintreten würden und den Maßnahmen nicht direkt zugeordnet werden könnten. Daher könnten Umweltgruppen die potenziellen NutznießerInnen solcher Maßnahmen kaum mobilisieren, weil letztlich alle BürgerInnen von dem öffentlichen Gut einer gesteigerten Umweltqualität profitieren würden, auch wenn sie sich nicht dafür eingesetzt hätten. Dagegen ließen sich die möglichen VerliererInnen von Maßnahmen des vorsorgenden Umweltschutzes wie z. B. Unternehmen, Beschäftigte oder AutofahrerInnen sehr leicht mobilisieren. In der empirischen Untersuchung prüfe ich, ob die Erfolgschancen lokaler Umweltgruppen bei der Abwehr tatsächlich größer sind als bei der Umweltvorsorge.

Insgesamt ist für den Konfliktverlauf von Belang, welche Beziehungen zwischen den Umweltgruppen und ihren Verbündeten, den Verursachern und den Helferinteressen bestehen. Die Position der Umweltgruppen in der lokalen Akteurkonstellation wird durch die umweltpolitischen Rahmenbedingungen wie beispielsweise die nationale Umweltpolitik, die umweltpolitische Öffentlichkeit, das Vorliegen einer Beschäftigungsfalle oder das umweltpolitische Konfliktniveau mitbestimmt. Veränderungen der Akteurkonstellation ergeben sich, wenn Akteure neu hinzukommen bzw. wegfallen, sie über neue Ressourcen verfügen oder ihre Haltung ändern. Ursache dafür können exogene Anstöße, also eine Veränderung der Rahmenbedingungen, oder Lernprozesse[94] der lokalen Akteure selbst sein.

3.3. Das strategische Handeln lokaler Umweltgruppen

Strategiefähigkeit ist das Vermögen, langfristige Allgemein- oder Organisationsinteressen gegen kurzfristige Teilinteressen durchzusetzen bzw. die Fähigkeit, geringere Verluste hinzunehmen, um größere Gesamtvorteile zu erlangen. Akteure können zu diesem Zweck auf sofortige Vorteile zugunsten späterer Gewinne verzichten und die Interessen einzelner Mitglieder dem Vorteil des gesamten Kollektivs unterordnen. Das strategische Handeln führt zu der Frage,

> „wie umweltpolitische Akteure mit dem gestaltbaren Teil der Einflussfaktoren umgehen, die Erfolg oder Misserfolg von Umweltpolitik determinieren. Schließlich bestimmen Strategien, was Akteure subjektiv aus objektiven Handlungschancen machen.“[95]

Grundsätzlich kann man davon ausgehen, dass lokale Umweltgruppen zu einem strategischen Handeln in der Lage sind.[96] Für die Untersuchung spielt es keine

[94] Vgl. SABATIER, Paul A. (1993), Advocacy-Koalitionen, Policy-Wandel und Policy-Lernen.

[95] JÄNICKE, Martin/KUNIG, Philip/STITZEL, Michael (1999), Lern- und Arbeitsbuch Umweltpolitik, S. 95.

Rolle, ob die Umweltgruppen ihre Strategie explizit formulieren oder ob sie eher intuitiv handeln, denn selbst hoch entwickelten Umweltbürokratien gelingt es nur ansatzweise, umfassende Strategien zu planen. Ausschlaggebend ist vielmehr das beobachtbare Handeln.

Ein wesentlicher Bestandteil einer umweltpolitischen Strategie ist die *Zielformulierung*, nach der sich die planmäßige Auswahl der Handlungsoptionen und die flexible, taktische Nutzung situativer Handlungschancen richten. Die Erfolgschancen einer Umweltgruppe steigen, wenn sie konkrete Umweltziele formuliert, diese wissenschaftlich begründet, sie in der Öffentlichkeit gut vermittelt und zwischen strategischen Oberzielen und kurzfristig erreichbaren Teilzielen trennt.

Folgende Handlungsoptionen stehen Umweltgruppen bei ihren Aktivitäten zur Verfügung (vgl. Tabelle 2):

Handlungsoptionen lokaler Umweltgruppen
• praktische natur- und umweltschützerische Tätigkeiten • Öffentlichkeitsarbeit mit Informationsständen, Flugblättern, Pressearbeit • Teilnahme an Entscheidungsprozessen und Beteiligungsverfahren • Kooperation und Verhandlungen mit Verursachern, PolitikerInnen und Umweltverwaltungen • Entwicklung und Umsetzung innovativer Umweltprojekte • Mobilisierung durch Unterschriftenlisten, Plakataktionen, Demonstrationen etc. • Boykottkampagnen und Monitoring von Unternehmen • Konfrontation in Form spektakulärer illegaler Aktionen, Besetzungen, Blockaden • Klagen gegen Verursacher und Genehmigungsbehörden
Tab. 2. Quelle: Eigene Zusammenstellung.

[96] In der Empirie findet man meist Akteure vor, „die im Großen und Ganzen die Fähigkeit zu strategischem Handeln in den Bereichen besitzen, mit denen sie routinemäßig zu tun haben." SCHARPF, Fritz W. (2000), Interaktionsformen, S. 109-110.

Diese Aktivitäten lassen sich im Wesentlichen drei *Aktionsformen* zuordnen, die sich für Umweltgruppen in westlichen Demokratien als besonders effektiv erwiesen haben:[97]

1. Öffentlichkeitsarbeit,
2. umweltpolitische Mobilisierung und
3. Kooperation mit Politik, Verwaltung und Verursachern.

Diese drei Aktionsformen sind mit ihren Vor- und Nachteilen für die Umweltbewegung weiter oben bereits ausführlich diskutiert worden und gelten entsprechend für lokale Umweltgruppen. Die Auswahl und die Kombination dieser drei Aktionsformen bildet ein wesentliches Element der Strategie einer lokalen Umweltgruppe. Ihre Wahlmöglichkeiten können durch die Rahmenbedingungen und die lokale Akteurkonstellation eingeschränkt werden, aber auch durch eine Fehleinschätzung der Situation von Seiten der Gruppe selbst, die von hohen ethisch-moralische Ansprüche, politischer Repression oder einer völligen Verhärtung der Fronten herrühren kann.[98]

Das wichtigste Kriterium zur Einschätzung einer umweltpolitischen Strategie von Umweltgruppen ist die Unterscheidung zwischen dem *konfrontativen* und dem *kooperativen* Vorgehen von Umweltgruppen.[99] Beim konfrontativen Vorgehen entscheiden sich die Umweltgruppen dafür, den Umweltkonflikt offen auszutragen und sich gegen die Verursacher mit ihren Forderungen durchzusetzen. Dafür werben sie in der Öffentlichkeit und bei der Politik um Unterstützung für ihre Position. Solche umweltpolitischen Auseinandersetzungen sind Teil einer demokratischen Debatte, aber die Konfrontation kann auf allen Seiten auch zu abrupten Entscheidungen, zu Repression, zum Insistieren auf Recht und Moral sowie zu einseitigen Informationskampagnen führen.[100]

Bei einem kooperativen Vorgehen suchen beide Seiten nach Kompromissen und sind zu gegenseitigen Konzessionen bereit, wenn sie dafür an anderen Punkten Teilerfolge erzielen können. Umweltgruppen verzichten beispielsweise auf eine weitere Mobilisierung (z. B. eine Boykottkampagne), wenn wichtige Forderungen erfüllt werden. Voraussetzung für ein kooperatives Vorgehen ist eine pragmatische Orientierung auf allen Seiten. Ein kooperatives Verhalten ist durchaus im Eigeninteresse der Akteure, die ihre Ziele einfacher und sicherer erreichen können.

---

[97] Vgl. SCHNEIDER-WILKES, Rainer E. (1996), Kann eine umweltschützerische Bürgerinitiative unter Nutzung des Rechts erfolgreich sein?, S. 27; KRIESI, Hanspeter/GIUGNI, Marco G. (1996), Ökologische Bewegungen im internationalen Vergleich, S. 337-338.

[98] Vgl. HILGERS, Micha (1997), Ozonloch und Saumagen, S. 115-119.

[99] Vgl. KRIESI, Hanspeter/GIUGNI, Marco G. (1996), Ökologische Bewegungen im internationalen Vergleich, S. 340-343; NEWELL, Peter (2001), Environmental NGOs, TNCs, and the Question of Governance, S. 91-100.

[100] Vgl. LEGEWIE, Heiner/JANßEN, Michael (1996), Bürgerinitiativen für städtische Lebensqualität, S. 194-197.

Tendenziell lassen sich Öffentlichkeitsarbeit und Mobilisierung als konfrontativ, umweltpolitische Kooperation als kooperativ einstufen. Eine konfrontative Mobilisierung ist in der Regel für lokale Umweltgruppen aufwendiger als Kooperation. Mittels konfrontativer Mobilisierung baut die lokale Umweltgruppe gegenüber Unternehmen, Politik und Verwaltung ein Macht- und Drohpotenzial auf, um eine gute Verhandlungsposition zu erreichen. Kooperation ist dann bei der Suche nach Lösungen und im Entscheidungsprozess effektiv, weil die Kompetenzen aller Akteure genutzt, Alternativen erwogen und alle Beteiligten auf die Einhaltung der Abmachungen verpflichtet werden können.

Je stärker Umweltgruppen in den politischen Prozess integriert werden, desto weniger sind sie auf Konfrontation angewiesen und desto eher werden sie Mobilisierung durch Repräsentation ersetzen. Umweltgruppen können aber selbst dann nicht auf Mobilisierung verzichten, wenn sie kooperieren wollen, um nicht ihr Machtpotenzial zu verlieren. Deshalb ist eine Arbeitsteilung innerhalb einer Umweltgruppe bzw. unter mehreren Umweltgruppen günstig mit einem radikalen Flügel, der konfrontativ vorgeht, und einem gemäßigten Flügel, der zu Kooperation bereit ist. Welche Kombination aus kooperativem und konfrontativem Vorgehen am ehesten Erfolg verspricht, hängt von der jeweiligen Situation ab. Effektive Strategien lokaler Umweltgruppen zeichnen sich dadurch aus, dass sie sich an den umweltpolitischen Rahmenbedingungen, der lokalen Akteurkonstellation und den ihnen zur Verfügung stehenden Ressourcen orientieren und dass sie situative Chancen zu nutzen wissen.

Zusammenfassend kann das strategische Handeln der lokalen Umweltgruppen in den Falluntersuchungen mittels ihrer Ziele, der eingesetzten Aktionsformen und der Unterscheidung in konfrontative bzw. kooperative Vorgehensweisen beschrieben werden.

Ob eine Strategie tatsächlich erfolgreich war, bestimme ich im Detail in den Falluntersuchungen. Für die Erfolgsbewertung lege ich vier Kriterien zu Grunde. *Erstens* prüfe ich, ob das strategische Handeln der Umweltgruppen zu einer absoluten oder zumindest relativen[101] Verbesserung der Umweltqualität geführt hat. Doch Veränderungen der Umweltqualität und deren kausale Zuordnung zum Handeln lokaler Umweltgruppen lassen sich auf Grund der Vielzahl möglicher Faktoren und Wechselwirkungen kaum eindeutig bestimmen. Bei der Evaluierung dieses Kriteriums muss auch berücksichtigt werden, ob sich ökologische Verbesserungen ergaben, die nicht auf die Umweltgruppen zurückzuführen sind (Gratiseffekte), und ob durch ihre Strategie Umweltprobleme tatsächlich

[101] Hierbei kann es sich auch um die Verhinderung einer Umweltbelastung handeln.

gelöst oder nur auf ein anderes Medium verschoben wurden (Problemverschiebung).[102]

Zweitens werden die Ergebnisse der Falluntersuchungen untereinander und mit weiteren ähnlichen Fällen verglichen und die relativ besten bzw. überdurchschnittlich guten Ergebnisse als umweltpolitischer Erfolg gewertet.[103] *Drittens* wird die Einschätzung beteiligter Schlüsselpersonen herangezogen.[104] Dabei ist zu prüfen, ob die Ziele und Forderungen der Umweltgruppen den Umweltproblemen angemessen waren (Problemadäquanz). *Viertens* versuche ich einzuschätzen, wie weit die vorhandenen Spielräume von den Umweltgruppen ausgenutzt oder sogar erweitert wurden.

Bei der Bewertung geht es insgesamt darum, mit vertretbarem Aufwand plausible Aussagen über den umweltpolitischen Erfolg bzw. Misserfolg lokaler Umweltgruppen in den Fallbeispielen an Hand der obigen Kriterien zu machen, wobei nicht immer jedes Kriterium evaluiert werden kann. Bei der Bewertung unterscheide ich zwischen den Kategorien „nicht erfolgreich“ (kaum Teilziele der Umweltgruppen durchgesetzt),[105] „bedingt erfolgreich“ (Teilziele der Umweltgruppen durchgesetzt), „erfolgreich“ (wesentliche Ziele der Umweltgruppen durchgesetzt) und „sehr erfolgreich“ (wesentliche Ziele der Umweltgruppen durchgesetzt und eine überregionale Wirkung erzielt oder Handlungsspielräume deutlich erweitert).

3.4. Fazit: Die Analysekriterien für lokale Umweltgruppen und ihr Handeln

Grundsätzlich kann das Handeln lokaler Umweltgruppen die unterschiedlichsten Formen annehmen. Das Ergebnis ihres Handelns hängt von den Rahmenbedingungen, den situativen Faktoren, der lokalen Akteurkonstellation und von den Umweltgruppen selbst ab. Dennoch ist nicht jedes Handeln einer lokalen Umweltgruppen ein Fall für sich. Vielmehr können lokale Umweltgruppen und ihre Aktivitäten mittels der in den vorangehenden Abschnitten entwickelten Kriterien, die in der Tabelle 3 aufgeführt werden, systematisch analysiert und beschrieben werden. Diese Kriterien erlauben es, das strategische Handeln der Umweltgruppen in den vier Falluntersuchungen miteinander zu vergleichen –

---

[102] Vgl. WEIDNER, Helmut (1996), Basiselemente einer erfolgreichen Umweltpolitik, S. 92-93; JÄNICKE, Martin/KUNIG, Philip/STITZEL, Michael (1999), Lern- und Arbeitsbuch Umweltpolitik, S. 62-64.

[103] Vgl. JÄNICKE, Martin/WEIDNER, Helmut (1995), Successful Environmental Policy, S. 14-16.

[104] Vgl. HELLSTERN, Gerd-Michael/WOLLMANN, Hellmut (1978), Zur Leistungsfähigkeit von Fallstudien, S. 366.

[105] Dabei setzte ich die „subjektiven“ Ziele der Umweltgruppen in Bezug zu den objektiv vorhandenen Umweltproblemen und den gefundenen Lösungen (Problemadäquanz).

und zwar von Fall zu Fall sowie von Untersuchungsphase zu Untersuchungsphase mit ihren äußerst verschiedenen Rahmenbedingungen.

Analyseraster für das Handeln lokaler Umweltgruppen (für die Falluntersuchungen)	
1) Merkmale lokaler Umweltgruppen	• Organisationsstruktur • Ressourcen - Fachwissen - Engagement der Mitglieder - finanzielle Möglichkeiten - rechtliche Möglichkeiten
2) lokale Akteurkonstellation	• umweltpolitisches Interessendreieck (Umwelt-Verursacher-, Helferinteressen) • Bündnispartner der Umweltgruppen • Konflikttyp (Vermeidung – Vorsorge)
3) strategisches Handeln lokaler Umweltgruppen	• Zielformulierung • Aktionsformen: Öffentlichkeitsarbeit, Mobilisierung, Kooperation • Konfrontation – Kooperation
4) Erfolgsbewertung	• absolute bzw. relative Verbesserungen der Umweltqualität • Vergleich mit anderen lokalen Umweltgruppen • Selbsteinschätzung der Akteure • Ausnützen des vorhandenen Spielraums

Tab. 3. Quelle: Eigene Zusammenstellung.

III. Die umweltpolitischen Rahmenbedingungen lokaler Umweltgruppen in Brandenburg und Ostberlin 1980-2000

1. Die umweltpolitischen Rahmenbedingungen in der DDR von 1980 bis zum Herbst 1989

Um die Ausgangslage der umweltpolitischen Rahmenbedingungen in der DDR Anfang der achtziger Jahre verständlich zu machen, skizziere ich vorab die Entwicklung der DDR-Umweltpolitik in den siebziger Jahren.[1]

Bis 1970 hatte die Umweltverschmutzung in der DDR stark zugenommen. Die großen Umweltprobleme führten zu verstärkten Anstrengungen im Umweltschutz. Auch versuchte die DDR, ihre internationale Reputation durch beispielhafte Leistungen beim Umweltschutz zu verbessern. Bereits 1968 verankerte sie den Umweltschutz in ihrer Verfassung. Ein umweltpolitischer Meilenstein im europäischen Vergleich war die Verabschiedung des „Gesetzes über die planmäßige Gestaltung der sozialistischen Landeskultur in der Deutschen Demokratischen Republik", kurz Landeskulturgesetz, im Mai 1970. Es fasste Umweltpolitik als Querschnittspolitik auf und beabsichtigte, den Umweltschutz in die Produktion und die Wirtschaftsplanung zu integrieren. Doch Wunsch und Wirklichkeit klafften bei diesem „Grundgesetz des DDR-Umweltschutzes" stark auseinander.[2]

1972 gründete die DDR als einer der ersten europäischen Staaten ein Ministerium für Umweltschutz und Wasserwirtschaft. Der vormalige Landwirtschaftsminister Hans Reichelt von der Demokratischen Bauernpartei Deutschlands (DBD) wurde Umweltminister, was er bis Anfang 1990 blieb. In den Bezirken, Kreisen, Kommunen und Betrieben wurden Verantwortliche für den Umweltschutz ernannt. Wichtigstes Steuerungsinstrument der Umweltpolitik waren die Planvorgaben, die von oben nach unten aufgeschlüsselt und durch die jeweils vorgesetzte Ebene bis ins Detail bestimmt wurden. Der Fünfjahrplan 1971-1975 enthielt zum ersten – und zum letzten – Mal ein umfassendes Um-

---

[1] Für die DDR-Umweltpolitik der siebziger Jahre grundlegend sind KLOEPFER, Michael/REINERT, Sigrid (1990), Aspekte des Umweltrechts in der DDR; PAUCKE, Horst (1994), Chancen für die Umweltpolitik und Umweltforschung; ders. (1996), Umweltschutz in der DDR; RÖSLER, Markus/SCHWAB, Elisabeth/LAMBRECHT, Markus (Hg.) (1990), Naturschutz in der DDR; SCHWENK, Herbert/WEISSPFLUG, Hainer (1996), Umweltschmutz und Umweltschutz in Berlin (Ost); WENSIERSKI, Peter (1988), Ökologische Probleme und Kritik an der Industriegesellschaft in der DDR heute; WÜRTH, Gerhard (1985), Umweltschutz und Umweltzerstörung in der DDR.

[2] SCHWENK, Herbert/WEISSPFLUG, Hainer (1996), Umweltschmutz und Umweltschutz in Berlin (Ost), S. 40.

weltprogramm und stellte mit sieben Milliarden Mark eine größere Summe für Umweltschutzinvestitionen bereit.[3]

Diese umweltpolitischen Initiativen Anfang der siebziger Jahre gingen, ähnlich wie in der Bundesrepublik, von zentralen staatlichen Stellen und der Wissenschaft aus. Die DDR war mit ihren Umweltgesetzen und ihren umweltpolitischen Institutionen der Bundesrepublik bis Mitte der siebziger Jahre in der Umweltpolitik „um eine Nasenlänge voraus".[4] Diese Anstrengungen zeitigten Erfolge: Die Wasserverschmutzung, die Staubbelastung und die Schwefeldioxid-Emissionen gingen zurück.

Aber Mitte der siebziger Jahre kam es wegen wirtschaftlicher Engpässe und der Kosten für den Umweltschutz zu einem Umdenken in der SED und der umweltpolitische Elan schwand wieder. Die SED reduzierte die Mittel für den Umweltschutz und beschränkte sich auf einige Vorzeigeobjekte des technischen Umweltschutzes. Die Betriebe konnten die für den Umweltschutz eingeplanten Summen oft nicht erwirtschaften. Die umweltpolitischen Instrumente blieben wegen des Widerstands der Betriebe und Kombinate und wegen des schwach ausgeprägten Umweltbewusstseins in Politik und Verwaltung meist stumpf. Die SED-Führung betrachtete den Umweltschutz nicht als gleichwertig zur Produktion, sondern gab der Sozialpolitik den Vorrang.

1.1. Die politisch-institutionellen Handlungsbedingungen

1.1.1. Die institutionellen Bedingungen lokaler Umweltpolitik

Den institutionellen Rahmen der lokalen Umweltpolitik setzten das DDR-Umweltrecht, die Umweltverwaltungen und der politische Status der lokalen Ebene. Die Grundlage des *Umweltrechts* bildete, wie erwähnt, das Landeskulturgesetz, das als Umweltrahmengesetz fungierte und durch spezielle Durchführungsverordnungen präzisiert und ergänzt wurde.[5] In ihnen wurden Grenzwerte festgesetzt sowie die Genehmigungs- und Zustimmungsverfahren für Investitionen geregelt. Insgesamt hatte die DDR zwar ein beachtliches rechtspolitisches Instrumentarium für den Umweltschutz geschaffen, aber die Rechtsmöglichkeiten blieben faktisch eingeschränkt, weil es sich nicht um individuell einklagbare Rechte handelte. Seit 1958 gab es keine Verwaltungsgerichtsbarkeit mehr, so dass BürgerInnen und Umweltgruppen nicht gegen Entscheidungen staatlicher

---

[3] Vgl. GLÄß, Klaus (1991), Verwaltung und Organisation des Umweltschutzes in der DDR, S. 19-21.

[4] HUBER, Joseph (1993), Ökologische Modernisierung, S. 292.

[5] Zum DDR-Umweltrecht vgl. KLOEPFER, Michael (Hg.) (1991), Instrumente des Umweltrecht der früheren DDR; KLOEPFER, Michael/REINERT, Sigrid (1990), Aspekte des Umweltrechts in der DDR.

Stellen klagen konnten.[6] Die rechtliche Chancengleichheit von BürgerInnen oder lokalen Umweltgruppen beim Umweltschutz war damit ausgehebelt.

Die *Umweltverwaltungen* waren hierarchisch und zentralistisch aufgebaut. An der Spitze standen das Umweltministerium und das Land- und Forstwirtschaftsministerium, das für den Naturschutz zuständig war. Darunter waren als Fachverwaltungen und Aufsichtsorgane die Wasserwirtschaftsdirektionen, die Staatliche Hygieneinspektion, die Staatliche Gewässeraufsicht und die Staatliche Umweltinspektion angesiedelt. Die Umweltinspektion war 1985 geschaffen worden, um als unabhängige Behörde den Vollzug der Umweltgesetze zu kontrollieren, wofür die Räte der Bezirke und Kreise verantwortlich waren.[7] Die personelle Ausstattung in den Umweltverwaltungen war, mit Ausnahme der Wasserwirtschaft, in den meisten Fällen schlecht, aber das Personal wies wegen der größtenteils technisch-naturwissenschaftlichen Aufgaben eine fachliche Professionalität auf, welche in den politisierten DDR-Verwaltungen keinesfalls als selbstverständlich gelten konnte.[8] Die Umweltverwaltungen ließen sich, abgesehen von wenigen fachlichen Anknüpfungspunkten, kaum auf eine Zusammenarbeit mit Umweltgruppen ein.

Der *Status der lokalen Ebene* war im zentralistischen System der DDR niedrig. Die 14 Bezirke bildeten als regionale Instanz das administrative Rückgrat der Partei- und Staatsführung. Darunter dienten die 27 Stadtkreise und 191 Landkreise als Vollzugsebene, während die Städte und die rund 7.500 Gemeinden, von denen über die Hälfte weniger als 500 EinwohnerInnen hatten, eine politisch-administrative „Kümmerfunktion" inne hatten.[9] Die gewählten Volksvertretungen in den Kreisen, Städten und Gemeinden und die Verwaltungen, die sogenannten „Räte",[10] fungierten als örtliche Organe der DDR-Staatsmacht und verfügten kaum über eigene Entscheidungskompetenzen. Die lokalen Räte waren den Anweisungen und der Kontrolle der übergeordneten Fachbehörden der Ministerien und Bezirke unterworfen.[11]

---

[6] Vgl. HAUSCHILD, Christoph (1991), Die örtliche Verwaltung im Staats- und Verwaltungssystem der DDR, S. 35.

[7] Vgl. GLÄß, Klaus (1991), Verwaltung und Organisation des Umweltschutzes in der DDR, S. 20; Interview mit Ernst PRIES.

[8] Vgl. EISEN, Andreas (1996), Institutionenbildung im Transformationsprozess, S. 245.

[9] WOLLMANN, Hellmut (1991), Kommunalpolitik und -verwaltung in Ostdeutschland, S. 241.

[10] Die „Räte" der Bezirke, Kreise und Städte bildeten den hauptamtlichen Verwaltungsapparat der DDR. Die SED stellte grundsätzlich den/die Vorsitzende/n der Räte. Auf der Ebene der Gemeinden waren die Räte meist ehrenamtlich. Vgl. HAUSCHILD, Christoph (1991), Die örtliche Verwaltung im Staats- und Verwaltungssystem der DDR, S. 63-64; Interview mit Ulrich WOLTER.

[11] Zur so genannten „doppelten Unterstellung" vgl. LORENZ, Sabine/WEGRICH, Kai (1998), Lokale Ebene im Umbruch, S. 29-30; NECKEL, Sighard (1992), Das lokale Staatsorgan, S. 253-254.

Allerdings wurde das System des „demokratischen Zentralismus“ in der Politik- und Verwaltungswirklichkeit der DDR durch informelles Handeln auf der lokalen Ebene „ergänzt“, damit die dortigen Institutionen angesichts der starren Vorgaben „von oben“ flexibel und handlungsfähig blieben. Die örtlichen Räte und Betriebe tauschten innerhalb lokaler Netzwerke Naturalien und Dienstleistungen. Dies gewährte der lokalen Ebene eine gewisse Autonomie gegenüber dem Staatsapparat.[12] Auf kommunaler Ebene bildeten die SED-Parteileitung, BetriebsdirektorInnen, Ratsmitglieder sowie die Vorsitzenden der großen Vereine und Massenorganisationen eine Art lokales „Establishment“.[13] Es bestanden Netzwerke mit klientelistischen Beziehungen und persönlichen Abhängigkeiten. Viele BürgerInnen vertrauten eher auf persönliche Kontakte als auf bürokratische Verfahren, eher auf Interessenausgleich als auf Auseinandersetzungen.[14]

Da die Kommunalwahlen alles andere als frei und fair waren, fehlte es den VolksvertreterInnen an politischer Legitimation. Das Ansehen der Lokalpolitik war in den Augen der Bevölkerung im Allgemeinen gering. Die lokalen politischen Institutionen verfügten weder über wichtige formale Kompetenzen noch über nennenswerten politischen Einfluss und demokratische Legitimation. Da aber der SED-Staat seine Herrschafts-, Kontroll- und Versorgungsansprüche wegen der Widersprüche innerhalb des Systems nicht voll bis auf die lokale Ebene durchsetzen konnte, konnten sich, allerdings selten und je nach der Akteurkonstellation des lokalen „Establishments“, Spielräume für lokale Umweltgruppen ergeben.

Insgesamt boten also weder das Umweltrecht noch die Umweltverwaltungen, noch der Status der lokalen Ebene geeignete Anknüpfungspunkte für das Engagement lokaler Umweltgruppen.

1.1.2. Die restriktiven Entscheidungsstrukturen der Umweltpolitik

Die umweltpolitischen Entscheidungsstrukturen der DDR lassen sich durch die nationale Umweltpolitik, die umweltpolitischen Partizipations- und Kooperationsmöglichkeiten sowie den Vollzug der Umweltpolitik charakterisieren. Allerdings können sie nur im Kontext des Herrschaftssystems der SED verstanden werden.

Das SED-Regime erhob einen totalen Macht- und Wahrheitsanspruch, ungeachtet der Frage, wie weit es ihm gelang, diesen Anspruch durchzusetzen. In der Logik der SED verschmolzen Staat und Gesellschaft unter ihrer Herrschaft zu einem homogenen Gebilde. Folglich durfte es keine legale parlamentarische o-

---

[12] Vgl. WOLLMANN, Hellmut (1991), Kommunalpolitik und -verwaltung in Ostdeutschland, S. 248-249.

[13] BERG, Frank (1994), Transformation der kommunalen Verwaltungsinstitutionen in Stadt und Kreis Strausberg, S. 186-187.

[14] Vgl. NECKEL, Sighard (1992), Das lokale Staatsorgan, S. 258-262.

der außerparlamentarische Opposition, keine unabhängigen politischen Strukturen und keine kritische Öffentlichkeit geben. Es existierte kein Ort, an dem eine öffentliche Auseinandersetzung über allgemeine Angelegenheiten hätte geführt werden können.[15] Um ihren allumfassenden Anspruch abzusichern, bot die SED der Bevölkerung einen „Sozialpakt" an, in dem sie eine angemessene Versorgung mit Konsumgütern und weitreichende soziale Sicherungen garantierte. Als Gegenleistung forderte die SED von den BürgerInnen die Akzeptanz des politischen und ökonomischen Systems. Dieser Sozialpakt wurde jedoch brüchig, als die DDR Ende der siebziger Jahre in eine wirtschaftliche Krise geriet und die Versorgung der Bevölkerung mit Waren und Dienstleistungen nicht mehr im gleichen Umfang und mit gleicher Qualität finanzieren konnte. Die Unzufriedenheit in der Bevölkerung wuchs.[16]

Damit geriet die SED bezüglich der *Umweltpolitik* in ein Dilemma, weil der Umweltschutz ebenfalls staatliche Mittel beanspruchte. Die SED beschloss auf ihrem X. Parteitag im April 1981 die Fortsetzung der „Einheit von Wirtschafts- und Sozialpolitik". Damit räumte sie der Aufrechterhaltung des Sozialpaktes absolute Priorität ein, wies der Umweltpolitik eine völlig untergeordnete Rolle zu und degradierte sie zu einem Anhängsel der Wirtschaftspolitik.[17] Die wesentlichen umweltpolitischen Entscheidungen fällte Günter Mittag, der für Wirtschaftsfragen zuständige Sekretär des Zentralkomitees, entweder persönlich oder nach Rücksprache mit Erich Honecker. Beide, Mittag und Honecker, maßen der Umweltpolitik keine Bedeutung zu. Weder das Zentralkomitee noch das Politbüro befassten sich explizit mit dem Thema Umwelt. So wurde Umweltminister Reichelt von der politischen Führung weitgehend ignoriert.[18] Das Umweltministerium hatte kaum Handlungsspielraum, ganz zu schweigen von einem Einfluss auf andere umweltrelevante Politikbereiche.[19]

Angesichts des marginalen Stellenwerts der Umweltpolitik verkam diese zu einem kurzfristigen „Krisenmanagement". Paucke spricht von einer „Regressi-

[15] Vgl. TIMMER, Karsten (2000), Vom Aufbruch zum Umbruch, S. 58.

[16] Vgl. BENZLER, Susanne (1995), Chancen der Zivilgesellschaft in den neuen Bundesländern, S. 16-19; JÄNICKE, Martin (1989), Umweltpolitisches Staatsversagen im Realen Sozialismus, S. 52; NISSEN, Sylke (1992), Die sozialistische Arbeitsgesellschaft in der ökologischen Transformation, S. 15; TIMM, Gerhard (1985), Die offizielle Ökologiedebatte in der DDR, S. 137-138.

[17] Vgl. SCHWENK, Herbert/WEISSPFLUG, Hainer (1996), Umweltschmutz und Umweltschutz in Berlin (Ost), S. 57.

[18] Vgl. PAUCKE, Horst (1994), Chancen für die Umweltpolitik und Umweltforschung, S. 31-35; SCHIEFERDECKER, Helmut (1990), Information zu den Ursachen der bisherigen Nicht-Umweltpolitik der DDR, S. 87-88; Tagesspiegel 19.1.1990.

[19] Der zurückgetretene DDR-Umweltminister Reichelt erklärte in der Wendezeit vor dem Untersuchungsausschuss der Volkskammer: „Es gab im Politbüro eine krankhafte Angst, dass der Umweltschutz den Vorrang vor der Ökonomie bekommt." Berliner Zeitung 19.1.1990.

onsphase“ der DDR-Umweltpolitik ab 1981.[20] Die SED war lediglich bemüht, ökologische Auswüchse und Extremsituationen zu vermeiden, indem sie mit einer Politik der „hohen Schornsteine“ Schadstoffe verdünnte und Belastungen auf andere Umweltmedien verschob, was die weiträumigen Umweltschäden nur weiter forcierte. Bezeichnend für diese Politik war 1982 der Beschluss zur Geheimhaltung aller DDR-Umweltdaten. Die langjährige systematische Verdrängung, Verharmlosung und Verleugnung von Umweltproblemen schwächte die Einwirkungsmöglichkeiten der Umweltpolitik noch zusätzlich.[21]

Umweltschutz kam nur noch dort zum Zuge, wo er zur Reduzierung von Kosten beitragen konnte oder die geringe Wirtschaftskraft zur Ressourcenschonung beitrug. Dies gelang auf drei Gebieten, auf denen die DDR beanspruchen konnte, in gewisser Weise ökologisch vorbildlich gehandelt zu haben:

Erstens wurde der Güter- und Personennahverkehr per Bahn systematisch gefördert, so dass in der DDR 73 % des Güterverkehrs (Bundesrepublik 48 %) und 55 % des Personenverkehrs (Bundesrepublik 20 %) auf der Schiene erfolgten, was aber vor allem mit dem Mangel an PKWs und LKWs erklärt werden kann. *Zweitens* förderte die Bodenschutzpolitik die forst- und landwirtschaftliche Nutzung von Flächen, was die Bodenversiegelung und Flächenzerschneidung bremste.[22] Dies und der Mangel an Investitionsmitteln trugen zum Erhalt großflächiger naturnaher Gebiete bei. *Drittens* hatte die DDR ein vorbildliches System für die Sammlung und Wiederaufbereitung von Haus- und Industriemüll, so genannte Sekundärrohstoffe (SERO), eingerichtet, um diese wiederzuverwerten. Wegen des SERO-Systems konnte die DDR als „Weltmeister“ im Recycling bezeichnet werden.[23]

Aber insgesamt bildeten die Vernachlässigung des Umweltschutzes und das Versagen staatlicher Umweltpolitik eine der „schmerzlichsten Hinterlassenschaften der SED-Führung“.[24] Kennzeichnend dafür ist, dass die DDR bei den

---

[20] PAUCKE, Horst (1996), Umweltschutz in der DDR, S. 315.

[21] Vgl. WENSIERSKI, Peter (1988), Ökologische Probleme und Kritik an der Industriegesellschaft in der DDR heute, S. 334-336; SCHWENK, Herbert/WEISSPFLUG, Hainer (1996), Umweltschmutz und Umweltschutz in Berlin (Ost), S. 95.

[22] Vgl. HUBER, Joseph (1993), Ökologische Modernisierung, S. 293.

[23] Pro Kopf der Bevölkerung wurden jährlich 25 kg Schrott, 17 kg Altpapier und 78 Flaschen gesammelt. Auf Grund der Sekundärrohstoffwirtschaft konnten mehr als 40 % der Industrieabfälle wieder genutzt und damit etwa 13 % des volkswirtschaftlichen Bedarfs gedeckt werden; STRÜBEL, Michael (1996), Umwelt- und Energiepolitik in Ostdeutschland, S. 61. Vgl. auch ADLER, Ulrich (1990), Umweltschutz in der DDR, S. 49; JÄHRIG, Hans-Peter (1991), SERO; STREIBEL, Günter, Erfahrungen mit planerischen Instrumenten der Umweltökonomie, S. 42-43; VOSS, Sigrid (1991), Instrumente des Abfallrechts in der DDR.

[24] KUSCH, Günter/MONTAG, Rolf/SPECHT, Günter/WETZKER, Konrad (1991), Schlussbilanz - DDR, S. 69.

Staub- und den Schwefeldioxidemissionen pro Flächeneinheit die größte Luftverschmutzung in der Welt aufwies.[25]

Unter diesen politisch und umweltpolitisch ungünstigen Voraussetzungen war es um die *umweltpolitischen Partizipations-* und *Kooperationsmöglichkeiten* von lokalen Umweltgruppen schlecht bestellt. Das SED-Regime verweigerte ihnen grundlegende politische Rechte und betrachtete sie als Systemopposition, selbst wenn dies von den Umweltgruppen gar nicht beabsichtigt war. Entschärft wurde dieser ideologisch motivierte Gegensatz zunächst dadurch, dass sich das Engagement für den Umweltschutz zumindest in den siebziger Jahren auf objektive, naturwissenschaftlich bestimmbare Defizite beziehen konnte und damit keinen so ostentativ politischen Charakter hatte wie die Friedens- und Menschenrechtsarbeit. Deswegen konnten BürgerInnen und Umweltgruppen unter Bezug auf das Landeskulturgesetz, auf der Grundlage von Sachkompetenz und unter Betonung ihrer Systemtreue einen Dialog auf einer gewissermaßen „vorideologischen" Ebene führen oder es zumindest versuchen.

Weil aber die DDR in den achtziger Jahren kategorisch eine ernsthafte, problembezogene Umweltpolitik verweigerte, schob sie umweltpolitisches Handeln in einen vorstaatlichen Bereich ab. Auf diese Weise geriet ökologisches Engagement von Umweltgruppen praktisch zwangsläufig zu einer Kritik der DDR-Umweltpolitik und wurde zu einer politisch-oppositionellen Aktivität.[26] In dieser Hinsicht sah die SED auch kleinste umweltpolitische Reformschritte, wenn sie von unabhängigen Umweltgruppen gefordert wurde, als unmittelbar mit der Herrschaftsfrage verknüpft und blockierte sie.[27]

Im Verlauf der achtziger Jahre nahmen lokale Auseinandersetzungen über Fragen des Umwelt- und Naturschutzes zu. Das Spektrum unabhängiger umweltpolitischer Aktivitäten weitete sich aus und reichte von konkreten Projekten und praktischen Arbeitseinsätzen bis hin zu Protesten gegen umweltschädliche Planungen und Industrieanlagen. Vielfältige Konfliktfelder taten sich auf: in der Verkehrspolitik, der Abfallwirtschaft, der Landwirtschaft, der Energiepolitik, bei der Luftreinhaltung, der Wasserverschmutzung und der Atomenergie.[28]

Das SED-Regime reagierte auf das umweltpolitische Engagement und auf unabhängige Umweltgruppen in der Regel mit Repression und Verboten.[29] Das

---

[25] Vgl. PETSCHOW, Ulrich/MEYERHOFF, Jürgen/THOMASBERGER, Claus (1990), Umweltreport DDR, S. 90.

[26] Vgl. KLOTH, Hans Michael (1995), Grüne Bewegung, Grünes Netzwerk, Grüne Partei, S. 148-152.

[27] Vgl. WENSIERSKI, Peter (1988), Ökologische Probleme und Kritik an der Industriegesellschaft in der DDR heute, S. 337; WIELGOHS, Jan/JOHNSON, Carsten (1997), Entstehungsgründe, Handlungsbedingungen, Situationsdeutungen, S. 342.

[28] Vgl. KNABE, Hubertus (1990), Möglichkeiten und Grenzen gesellschaftlicher Problemartikulation in sozialistischen Systemen, S. 393.

[29] Vgl. LAUSCH, Wolfgang (1991), Die Institutionalisierung von Umweltschutz in der DDR, S. 14.

Ministerium für Staatssicherheit überprüfte die UnterzeichnerInnen von Umwelt-Eingaben und observierte, beeinträchtigte, „zersetzte“ und bedrohte die Arbeit von Umweltgruppen. Um die Bildung von Umweltgruppen und deren Anwachsen zu verhindern, trat die Staatssicherheit oft demonstrativ in Erscheinung, um SympathisantInnen einzuschüchtern. Das ungewöhnliche Maß an Aufwand und Niedertracht, mit dem die „Zersetzungsmaßnahmen“ umgesetzt wurden, verweist jedoch darauf, dass ihr Zweck über eine rein strategische Bedeutung hinausging und darauf abzielten, die Gruppen als autonome Freiräume innerhalb der Gesellschaft zu zerstören.[30]

Die SED gestattete umweltschützerisches Engagement nur in einem eng begrenzten Rahmen. So konnten ehrenamtliche NaturschutzhelferInnen nach genauen Anweisungen Parkanlagen pflegen oder Biotope kartieren, UmweltschützerInnen konnten sich in der staatlichen Gesellschaft für Natur und Umwelt betätigen oder an Landschaftstagen teilnehmen.[31] Die so genannten Eingaben stellten die wichtigste Form umweltpolitischer Beteiligung dar und bildeten praktisch die einzig legale Möglichkeit, Unzufriedenheit mit dem Zustand der Umwelt zu artikulieren.[32]

Eingaben bildeten quasi einen Ersatz für die fehlende Verwaltungsgerichtsbarkeit, waren aber nicht mit einem Rechtsanspruch verbunden, sondern wirkten nur wie eine Petition. Sie wurden von eigens dafür zuständigen Abteilungen bearbeitet und grundsätzlich nicht-öffentlich behandelt. Umwelt-Eingaben konnten durchaus Erfolg zeitigen, wenn sie gut begründet waren, keine Systemkritik übten und nicht öffentlich gemacht wurden. Denn den staatlichen Stellen lag sehr daran, offen vorgetragene Kritik zu vermeiden und bemühten sich daher oft, die Missstände abzustellen, wenn es ihrer Ansicht nach politisch und wirtschaftlich vertretbar war.[33] Aber bei vielen Eingaben wandelten Umweltgruppen auf einem schmalen Grat zwischen konstruktiver Kritik und Systemopposition.

Bei Umwelt-Eingaben handelte es sich also um eine informelle Form umweltpolitischer Partizipation, die von der Willkür der Behörden abhing und der Gefahr ausgesetzt war, als illegal kriminalisiert zu werden. In der Literatur sind

---

[30] Vgl. GENSICHEN, Hans-Peter (1994), Das Umweltengagement in den evangelischen Kirchen in der DDR, S. 77-78; TIMMER, Karsten (2000), Vom Aufbruch zum Umbruch, S. 59.

[31] Vgl. AUSTER, Regine (1996), Landschaftstage.

[32] Im Umweltministerium gingen 1985 4.374 Eingaben und 1986 5.082 Eingaben ein; SCHWENK, Herbert/WEISSPFLUG, Hainer (1996), Umweltschmutz und Umweltschutz in Berlin (Ost), S. 96-97. Zu Umwelt-Eingaben vgl. GILSENBACH, Reimar (1989), Der Minister blieb, die Grünen kommen, S. 110; HAUSCHILD, Christoph (1991), Die örtliche Verwaltung im Staats- und Verwaltungssystem der DDR, S. 133-134; RÖSLER, Markus/SCHWAB, Elisabeth/LAMBRECHT, Markus (Hg.) (1990), Naturschutz in der DDR, S. 166, 229-230.

[33] Ernst PRIES fasst seine Erfahrungen in der Umweltgruppe Templin so zusammen: „Es passierte einem nämlich nichts, wenn man eine Eingabe gemacht hat. Und es hat keine Behörde gewagt, darauf nicht einzugehen, weil sie ja nie wusste, wie die nächst höhere Ebene in der Hierarchie entschied.“ Interview mit Ernst PRIES.

die Erfolgsaussichten von Umwelt-Eingaben als sehr gering eingeschätzt worden.[34] Dagegen vertritt Behrens die These, dass es in der DDR informelle „Beteiligungs- und Einwirkungsmöglichkeiten gab, die zu einer wirksamen Integration des Umweltschutzpersonals in das DDR-Gesellschaftssystem“ führten.[35] In den Falluntersuchungen ist also zu prüfen, wie effektiv Umwelt-Eingaben als eine DDR-spezifische Form umweltpolitischer Beteiligung und Konfliktaustragung waren.

Ähnlich hinderlich waren die Bedingungen beim *Vollzug* der Umweltpolitik. Da die lokalen Volksvertretungen und die Räte der Gemeinden in den Hierarchien keine Verantwortung und Entscheidungsmöglichkeiten hatten, war Umweltpolitik weder politisch noch administrativ auf der lokalen Ebene wirklich verankert. Daher wurde bei Konflikten zwischen ökologischen und ökonomischen Interessen auf Grund politischer Erwägungen in der Regel der Wirtschaft der Vorrang eingeräumt.[36] Dies führte zu Vollzugsmängeln im lokalen Umweltschutz, die durch die schlechte Ausstattung der Umweltverwaltungen, fehlende Sanktionsmittel und rechtliche Unklarheiten noch verstärkt wurden. Deswegen gingen die Vollzugsdefizite in der DDR nach Ansicht von Hübler weit über diejenigen in westeuropäischen Staaten hinaus.[37]

Die politisch-institutionellen Handlungsbedingungen lassen sich folgendermaßen zusammenfassen: Trotz eines formell entwickelten Umweltrechts und der Umweltverwaltungen hatten Umweltpolitik und Umweltschutz im politischen System der DDR einen sehr geringen Stellenwert. Die Akteure der lokalen Ebene hatten im hierarchischen System der DDR kaum Entscheidungsfreiheit, sondern blieben auf die Rolle von Befehlsempfängern reduziert. Allerdings konnte die SED ihren Herrschafts- und Kontrollanspruch in der Praxis nicht konsequent bis auf die lokale Ebene hinunter durchsetzen. Daraus konnten sich Spielräume für den lokalen Umweltschutz und für lokale Umweltgruppen ergeben, wenn sie nicht mit maßgeblichen politischen und ökonomischen Interessen kollidierten. Aber in der Regel hatten Umweltgruppen in der lokalen Akteurkonstellation wenig Einfluss, weil ihnen das SED-Regime abgesehen von Eingaben keine umweltpolitischen Beteiligungsrechte, geschweige denn Kooperationsmöglichkeiten gewährte. Vielmehr unterdrückten, verboten und bespitzelten SED und Staatssicherheit die Umweltgruppen. Allerdings ließ sich das SED-Regime ge-

---

[34] Vgl. RÖSLER, Markus/SCHWAB, Elisabeth/LAMBRECHT, Markus (Hg.) (1990), Naturschutz in der DDR, S. 230; SCHIEFERDECKER, Helmut (1990), Information zu den Ursachen der bisherigen Nicht-Umweltpolitik der DDR, S. 87-88.

[35] BEHRENS, Hermann (1992), Begründung für ein Forschungsprogramm einer Geschichte der ökologischen Bewegung der DDR, S. 71.

[36] Vgl. WINTER, Gerd (1990), Umweltrecht in der DDR, BRD und EG - ein Strukturvergleich, S. 374; KLOEPFER, Michael/REINERT, Sigrid (1990), Aspekte des Umweltrechts in der DDR, S. 14-16; JÄNKEL, Ralph (1991), Instrumente des Immissionsschutzrechts in der DDR, S. 53.

[37] Vgl. HÜBLER, Karl-Hermann (1990), DDR-Umweltpolitik, S. 247.

legentlich auf informelle, nicht-öffentliche Verhandlungen ein, wenn sich die lokalen Umweltgruppen den restriktiven politischen Bedingungen unterwarfen.

1.2. Die Zensur der umweltpolitischen Öffentlichkeit

Das SED-Regime versuchte entsprechend seines gesellschaftlich-politischen Alleinvertretungsanspruchs, den umweltpolitischen Diskurs zu bestimmen und zu kontrollieren. Da es in den achtziger Jahren in der Umweltpolitik keine Erfolge verbuchen konnte und sich der Umweltzustand zusehends verschlechterte, tabuisierte es das Thema Umweltschutz und verdrängte die Umweltpolitik schrittweise aus der öffentlichen Debatte. Bis 1974 waren noch einzelne Regierungsberichte zur Umweltpolitik veröffentlicht worden. Diese waren bis 1978/79 als „Vertrauliche Verschlusssache" nur noch dem Ministerrat und ab 1982 sogar nur noch drei Personen zugänglich: dem Vorsitzenden des Ministerrates Willi Stoph, Günter Mittag, dem Verantwortlichen für Wirtschaftsfragen in der SED-Führung, und dem Chef der Staatssicherheit Erich Mielke. Mittag kontrollierte darüber hinaus die Veröffentlichungen und Reden des Umweltministeriums.[38]

Den Tiefpunkt staatlicher Umweltinformationspolitik bildete der Beschluss des DDR-Ministerrates vom 16. November 1982, Umweltdaten streng geheim zu halten.[39] Damit war der Herausbildung einer kritischen, umweltpolitischen Öffentlichkeit die Grundlage entzogen, weil eine realistische Darstellung des Umweltzustandes der DDR unmöglich wurde. Offiziell wurde der Beschluss, der ebenfalls geheim war, damit begründet, dass der westlichen Propaganda die Datengrundlage für negative Darstellungen des Umweltzustandes in der DDR entzogen werden sollte. Tatsächlich aber versuchte das SED-Regime das Ausmaß der Umweltbelastungen in der DDR und sein Versagen in der Umweltpolitik vor der eigenen Bevölkerung zu verbergen. Insbesondere Daten aus den Industrieregionen und den urbanen Ballungszentren sowie über Umweltunfälle waren tabu.[40]

Die Folgen der Geheimhaltung waren äußerst nachteilig für die DDR-Umweltpolitik. Viele Umweltdaten wurden nun gar nicht mehr erhoben. Nur wenigen PolitikerInnen war das Ausmaß der wachsenden Umweltbelastung und

---

[38] Vgl. SCHIEFERDECKER, Helmut (1990), Information zu den Ursachen der bisherigen Nicht-Umweltpolitik der DDR, S. 87-88.

[39] Vgl. den Abdruck des Beschlusses in: ARCHE NOVA 2 vom 2.10.1988, S. 269-274.

[40] Vgl. GUNDERMANN, Baldur (1994), Das Geheimnis als Machtfaktor, S. 29-30; HEINISCH, Emanuel (1992), Umweltbelastung in Ostdeutschland, S. 1; SCHWENK, Herbert/WEISSPFLUG, Hainer (1996), Umweltschmutz und Umweltschutz in Berlin (Ost), S. 82-84; ZSCHIESCHE, Michael (2001), Vergessene Umweltgeschichte.

-zerstörung bekannt.[41] Entscheidungen in der Umwelt- und Wirtschaftpolitik wurden folglich ohne die Kenntnis wichtiger Umweltinformationen getroffen. Aufgrund der allgemeinen Verdrängung und Tabuisierung schenkten die politischen und wirtschaftlichen EntscheidungsträgerInnen dem Umweltschutz keine Beachtung.[42] Geheimhaltung und die Schönfärberei führten in Betrieben zur Schlamperei in Umweltschutzfragen und begünstigten einen unachtsamen Umgang mit umweltbelastenden Stoffen. Nicht zuletzt wurde die Umweltberichterstattung streng zensiert und weitgehend aus den Medien verdrängt.[43]

Das Fehlen von Umwelttransparenz und einer umweltpolitischen Öffentlichkeit schuf denkbar schlechte Voraussetzungen für das Handeln lokaler Umweltgruppen. Erstens ergaben sich bei der Beschaffung von Umweltinformationen große Probleme. Zwar ließ sich der schlechte Zustand der Umwelt trotz schärfster Zensur nicht völlig verheimlichen, weil fast alle EinwohnerInnen in irgendeiner Weise von der ökologischen Krise betroffen waren – von verseuchtem Trinkwasser über extrem verschmutzte Luft bis hin zur fahrlässigen Reaktion der DDR-Behörden auf den Reaktorunfall von Tschernobyl. Aber von den augenfälligen Umweltschäden konnten BürgerInnen und Umweltgruppen ohne konkrete Daten kaum auf das tatsächliche Ausmaß der Umweltbelastungen schließen. Und sobald Umweltgruppen recherchierten, wurden sie kriminalisiert.[44]

Zweitens unterlagen auch die Umweltgruppen der staatlichen Zensur, wenn sie Umweltinformationen verbreiten und über umweltpolitische Zusammenhänge aufklären wollten. Die Staatssicherheit behinderte und bekämpfte ihre Informationsbemühungen selbst dann, wenn die tatsächliche ökologische Situation noch schlechter war, als die Umweltgruppen sie darstellten.[45] Lediglich unter dem schützenden Dach der Kirche konnten die Umweltgruppen eine temporär begrenzte, kritische Gegenöffentlichkeit schaffen. Die spärlichen kirchlichen Veröffentlichungen waren die wichtigste unabhängige Informationsquelle für

---

[41] Vgl. STINGLWANGER, Wolfgang (1999), Die Energiepolitik der DDR und ihre wirtschaftlichen und ökologischen Folgen, S. 221.

[42] Vgl. BACHMANN, Günther (1990), Vom Geheimthema zur Nebensache, S. 812-813.

[43] Das DDR-Fernsehen brachte zwischen 1975 und 1985 nur drei längere Reportagen zum Thema. Vgl. WENSIERSKI, Peter (1986), Von oben nach unten wächst gar nichts, S. 11, 20-23.

[44] Vgl. KLOTH, Hans Michael (1995), Grüne Bewegung, Grünes Netzwerk, Grüne Partei, S. 146-147; RÖSLER, Markus/SCHWAB, Elisabeth/LAMBRECHT, Markus (Hg.) (1990), Naturschutz in der DDR, S. 42; RÜDDENKLAU, Wolfgang (1992), Störenfried, S. 61; STRÜBEL, Michael (1996), Umwelt- und Energiepolitik in Ostdeutschland, S. 59-60.

[45] Es kam zu so absurden Situationen, dass die Staatssicherheit „ein hektographiertes Papier des Christlichen Umweltseminars Rötha, welches erheblich harmlosere Fakten über die Umweltbelastung durch die marode Schwelerei Espenhain nannte als die tatsächlichen Werte, die der Stasi bekannt waren", bekämpfte. GENSICHEN, Hans-Peter (1994), Das Umweltengagement in den evangelischen Kirchen in der DDR, S. 77-79.

umweltengagierte BürgerInnen.[46] Weil die Bevölkerung nicht über die Gesundheitsgefahren, die von Schadstoffen und Umweltbelastungen ausgingen, informiert wurde, fehlte ein grundlegendes Motiv, sich für den Umweltschutz zu engagieren.[47] Damit blieb den Umweltgruppen die Mobilisierung einer breiten Anhängerschaft mittels Öffentlichkeitsarbeit verwehrt.

Insgesamt waren die Bedingungen in der DDR bezüglich der umweltpolitischen Öffentlichkeit für lokale Umweltgruppen sehr ungünstig, weil es weder Umwelttransparenz noch eine öffentliche Umweltdebatte gab – abgesehen von einer in die Illegalität abgedrängten Gegenöffentlichkeit im Schutzraum der Kirchen. An eine Resonanz in den staatlich kontrollierten Medien war nicht zu denken.

1.3. Die sozio-ökonomischen Handlungsbedingungen

Theoretisch betrachtet hätte die zentrale Planwirtschaft der DDR gute Möglichkeiten besessen, um den Produktionsprozess umweltverträglich zu gestalten. Denn mittels der zentralen Wirtschaftsplanung und der staatlichen Kontrolle der Produktionsmittel hätte der DDR-Staat über eine wirkungsvolle Handhabe verfügen können, um ökologische Ziele durchzusetzen. Darüber hinaus war der umweltverträgliche Produktionsfaktor Arbeit sehr billig.[48] Aber in der Realität ging vom Produktionsprozess in der DDR eine erhebliche Umweltzerstörung aus. Die Umweltbelastung stieg pro Kopf zwischen 1970 und 1990 im Vergleich zum Wirtschaftswachstum überproportional an, während sie in den westlichen Industrieländern tendenziell sankt.[49]

Ein erster Ursachen-Komplex für die Umweltbelastungen war die *DDR-Wirtschaftsstruktur* mit ihrem hohen Anteil des ressourcenintensiven, schwerindustriellen Sektors. Die chemische Industrie, insbesondere die Kohlechemie, die als Rohstoff die DDR-Braunkohle einsetzte, war extrem umweltbelastend, unrentabel und technologisch veraltet. Ebenfalls zu schweren Umweltbelastungen führte die nahezu völlige Umstellung der Energieversorgung auf die heimische, minderwertige Braunkohle als Folge der Ölkrise Ende der siebziger Jahre. Inef-

---

[46] Vgl. KNABE, Hubertus (1985), Gesellschaftlicher Dissens im Wandel, S. 172; RUCHT, Dieter/BLATTERT, Barbara/RINK, Dieter (1997), Soziale Bewegungen auf dem Weg zur Institutionalisierung, S. 196-197; WENSIERSKI, Peter (1986), Von oben nach unten wächst gar nichts, S. 20.

[47] Vgl. BACHMANN, Günther (1990), Vom Geheimthema zur Nebensache, S. 813.

[48] Vgl. BARTEL, Rainer (1994), Umweltpolitik in den Reformländern Mittel- und Osteuropas, S. 290; BUSCH-LÜTHY, Christiane (1989), Zur Gestaltung des Verhältnisses von Gesellschaft und Natur im realen Sozialismus, S. 13-16; JÄNICKE, Martin (1989), Umweltpolitisches Staatsversagen im Realen Sozialismus, S. 44-45; NISSEN, Sylke (1992), Die sozialistische Arbeitsgesellschaft in der ökologischen Transformation, S. 9-13.

[49] Vgl. JÄNICKE, Martin/MÖNCH, Harald/BINDER, Manfred (1992), Umweltentlastung durch industriellen Strukturwandel?, S. 48-49.

fiziente, veraltete Technik und Verschwendung führten dazu, dass die DDR beim pro Kopf-Verbrauch zu den größten Energieverbrauchern der Welt gehörte. Die Industrieregion Halle/Leipzig/Bitterfeld sowie das mitteldeutsche und das Lausitzer Braunkohlenrevier waren ökologische Krisengebiete mit einer dramatischen Luftverschmutzung.[50]

Zweitens wirkten die *Machtstrukturen* in der zentralen Planwirtschaft zum Nachteil des Umweltschutzes. Zu Beginn der achtziger Jahre wurde die DDR-Wirtschaft einer erheblichen Konzentration unterzogen und Betriebe nach Branchen zu Kombinaten zusammengefasst. Die Folge war eine monopolistisch organisierte, hochgradig zentralisierte und vom Weltmarkt abgeschottete Volkswirtschaft.[51] Über diese riesigen Kombinate konnten traditionelle Industriezweige wie die Stahl- und Hüttenindustrie, der Kohlebergbau und die Chemieindustrie, die extreme Umweltbelastungen verursachten, Einfluss auf die staatliche Planungsbürokratie ausüben. Sie behinderten eine umweltverträgliche Ausrichtung der Produktion, die ihre ideologisch begründete Vorrangstellung hätte gefährden können.

Dementsprechend wurden die Mittel aus politisch weniger einflussreichen Bereichen wie dem Umweltschutz abgezogen. Die staatliche Planbürokratie verzichtete auf den Aufbau einer Umweltschutzgüterindustrie. Auf Grund des fehlenden Wettbewerbs bestand kein ökologischer Innovationsdruck für die Betriebe.[52] Nur wenn Umweltschutz für die Produktion von Vorteil war, wie beim Recycling, hatte er eine Chance, in der Wirtschaftsplanung berücksichtigt zu werden. Die hohen ökonomischen Kosten, die die Umweltschäden z. B. bei Ernteausfällen in der Landwirtschaft oder dem für industrielle Zwecke zu stark verschmutztem Oberflächenwasser verursachten, gingen dagegen in keiner Weise in die volkswirtschaftlichen Planung ein.[53]

Drittens spielten politische Erwägungen in der *Wirtschaftspolitik* der SED eine zentrale Rolle. Um die Akzeptanz ihres Regimes durch den oben erwähnten „Sozialpakt“ mit der Bevölkerung zu sichern, musste die DDR hochwertige Konsumgüter aus dem Westen importieren. Die dafür nötigen Devisen erwirtschaftete sie durch Exporte auf dem Weltmarkt – oft auf Kosten des Umweltschutzes. So verhinderte der Re-Export sowjetischen Erdöls den Einsatz dieses

---

[50] Vgl. PETSCHOW, Ulrich/MEYERHOFF, Jürgen/THOMASBERGER, Claus (1990), Umweltreport DDR, S. 23-47; KUSCH, Günter/MONTAG, Rolf/SPECHT, Günter/WETZKER, Konrad (1991), Schlussbilanz - DDR.

[51] Vgl. PETSCHOW, Ulrich/MEYERHOFF, Jürgen/THOMASBERGER, Claus (1990), Umweltreport DDR, S. 12-13.

[52] GRAF, Dieter (1991), Zum Widerspruch zwischen Wirtschafts- und Umweltpolitik in der DDR, S. 65-68; JÄNICKE, Martin (1989), Umweltpolitisches Staatsversagen im Realen Sozialismus, S. 48-49; STRÜBEL, Michael (1992), Internationale Umweltpolitik, S. 58; WELFENS, Maria J. (1993), Umweltprobleme und Umweltpolitik in Mittel- und Osteuropa, S. 106.

[53] GRUHN, Werner (1985), Umweltschutz als ökonomischer Faktor, S. 101.

im Vergleich zu Braunkohle umweltverträglicheren Energieträgers.[54] Ein ähnlicher Fall war der Export von Mastfleisch aus industrieller Massentierhaltung. Teil des Sozialpakts waren auch hohe Subventionen unter anderem für Energie, Wasser und Lebensmittel, die der Ressourcenvergeudung beim privaten Konsum und in der Produktion Vorschub leisteten.[55]

Viertens verschärfte die *Krise der DDR-Volkswirtschaft* die Umweltbelastungen. Die DDR nahm in den siebziger Jahren Auslandskredite auf, um die Importe und Subventionen zu finanzieren, die die ökonomischen Möglichkeiten der DDR überstiegen. Als in den achtziger Jahren die DDR-Wirtschaft in eine Krise geriet und die Auslandskredite teurer wurden, zog der Staat immer mehr Investitionsmittel aus der Wirtschaft ab, um den Sozialpakt zu finanzieren. Die Investitionen in den Kapitalstock wurden so weit zurückgeschraubt, dass die Produktionsanlagen immer stärker verfielen. Anlagen wurden über Jahrzehnte genutzt, manche Maschinen waren fast 100 Jahre alt.[56] Der Zwang, maximale Produktionssteigerung mit völlig veralteten, ineffizienten Produktionsstrukturen zu erreichen, war eine wesentliche Ursache für die teilweise schweren Umweltbelastungen. Volkswirtschaftlich gesehen wirkte sich die geringe Qualität des Kapitalstocks negativ auf die Umwelt aus, während sein geringer Umfang und die wirtschaftliche Stagnation ökologisch positiv waren.[57] Die ökonomischen Rahmenbedingungen der Makroebene setzten die Betriebe und die staatliche Planungsbürokratie unter einen starken Erfolgsdruck bei der Planerfüllung, der wenig Flexibilität und Interesse an einer ökologischen Modernisierung übrig ließ.

Die makroökonomischen Bedingungen wirkten dergestalt auf die lokale Ebene, dass die einzelnen Betriebe praktisch keinerlei Anreiz für ein umweltfreundliches Verhalten hatten. Sie betrachteten Umweltschutzauflagen in der Regel als lästige Störfaktoren, die sie bei der Planerfüllung behinderten, die Geld und Arbeitszeit kosteten. Die Staatliche Plankommission teilte den Betrieben nicht die Mittel zu, die zur Einhaltung der Umweltauflagen erforderlich gewesen wären, und trug damit ein Gutteil der Verantwortung.[58] Deswegen unter-

---

[54] Einen guten Überblick über die Entwicklung des Außenhandels der DDR 1976-1989 und der damit verbundenen Probleme gibt AHRENS, Ralf (2000), Gegenseitige Wirtschaftshilfe?, S. 321-340.

[55] 1988 stellte der DDR-Staatshaushalt 61,6 Mrd. Mark für Subventionen bereit, was 24,6 % der Gesamtausgaben entsprach. Vgl. STEINER, André (1999), Zwischen Konsumversprechen und Innovationszwang, S. 163, 167. Lediglich die Subventionen für die öffentlichen Verkehrsmittel waren ökologisch und teilweise auch ökonomisch vertretbar. Vgl. KUSCH, Günter/MONTAG, Rolf/SPECHT, Günter/WETZKER, Konrad (1991), Schlussbilanz - DDR, S. 28.

[56] Vgl. STEINER, André (1999), Zwischen Konsumversprechen und Innovationszwang.

[57] Vgl. BARTEL, Rainer (1994), Umweltpolitik in den Reformländern Mittel- und Osteuropas, S. 291-292.

[58] Vgl. BUCK, Hannsjörg F. (1999), Umweltbelastung durch Müllentsorgung und Industrieabfälle in der DDR, S. 457-459.

liefen die Betriebe die Umweltstandards und zogen es vor, die niedrigen Umweltabgaben zu zahlen, weil das billiger war als kostenträchtige Umweltschutzinvestitionen. Dieses Verhalten wurde von den Umweltbehörden immer dann toleriert, wenn Umweltauflagen die Einhaltung der Wirtschaftspläne gefährdet hätten.

Zwar kam aufgrund der Arbeitsplatzgarantie und des Arbeitskräftemangels in der DDR eine „Beschäftigungsfalle", mit der Betriebe Umweltauflagen hintertreiben konnten, in der DDR nicht vor. Aber mit der Nichterfüllung des Planes verfügten sie über eine faktisch ebenso wirksame Drohung, so dass diese Konstellation durchaus mit der Beschäftigungsfalle in der bundesdeutschen Marktwirtschaft vergleichbar ist. Dies bezeichne ich als „Planerfüllungsfalle". Außerdem verfügten die örtlichen Kombinats- und Betriebsdirektoren über ein weiteres Machtmittel, denn sie spielten eine große Rolle für die öffentliche Versorgung, sei es mit Baumaterial oder mit Kindergartenplätzen.[59]

Insgesamt waren die Struktur der DDR-Volkswirtschaft und die Wirtschaftspolitik wesentliche Ursachen für die Umweltbelastung und -zerstörung und behinderten die ökologische Modernisierung der Wirtschaft. Lediglich die geringe Wirtschaftskraft, die jedoch politisch nicht gewollt war, hatte einen entlastenden Gratiseffekt für die Umwelt. Zugleich stärkten die sozio-ökonomischen Handlungsbedingungen die Verursacherinteressen auf der betrieblichen und der lokalen Ebene (Planerfüllungsfalle), was die Erfolgschancen lokaler Umweltgruppen in Konflikten mit Betrieben erheblich reduzierte.

1.4. Die zögerlichen Ansätze einer Umweltbewegung

Bis zum Sommer 1989 herrschten in der DDR für soziale Bewegungen hochgradig ungünstige Bedingungen bzw. Gelegenheitsstrukturen. Außerhalb der vorgegebenen Kanäle von Parteien und Massenorganisationen gab es kaum Raum für unabhängiges umweltpolitisches Engagement. Die Mitgliedschaft in unabhängigen Umweltgruppen und die Teilnahme an deren Aktionen waren mit einem sehr hohen persönlichen Risiko verbunden. Weiter fehlten Umweltgruppen und Umweltorganisationen eine Zugangsmöglichkeit zu umweltpolitischen Entscheidungsprozessen und – mit Ausnahme der Kirchen[60] – einflussreiche gesellschaftliche Verbündete. Die SED herrschte nach außen hin als monolithischer Block, innerhalb dessen kaum neue Ideen diskutiert wurden. Damit waren die wahrgenommenen Erfolgsaussichten einer sozialen Bewegung gleich null.[61]

---

[59] Vgl. NECKEL, Sighard (1992), Das lokale Staatsorgan, S. 258-262; SCHERZER, Landolf (1997), Der Erste, S. 138-147.

[60] Wenn von der Kirche oder den Kirchen in der DDR gesprochen wird, ist fast ausschließlich die evangelische Kirche gemeint, die die mit Abstand größte Kirche der DDR war. Vgl. OPP, Karl-Dieter/VOß, Peter/GERN, Christiane (1993), Die volkseigene Revolution, S. 162.

[61] Vgl. TIMMER, Karsten (2000), Vom Aufbruch zum Umbruch, S. 80-82.

Immerhin konnte sich vor allem unter dem Dach der Kirchen, die sich als einzige gesellschaftliche Organisation eine gewisse, von der SED tolerierte Unabhängigkeit bewahrt hatten, eine eng begrenzte „lokale Gegenkultur" entwickeln.[62] Von dort nahmen die Umweltgruppen in der DDR ihren Ausgang, konnten aber wegen der Geheimhaltungspolitik keine wissenschaftlichen Erkenntnisse nutzen und auf Grund der Repression nicht umweltpolitisch intervenieren. Deshalb konnten sie, wie im Folgenden gezeigt wird, nicht den Charakter einer Umweltbewegung „im Sinn flächendeckender, in die Öffentlichkeit drängender mobilisierter Netzwerke" annehmen.[63]

Gleichwohl gab es in der DDR bereits seit Anfang der siebziger Jahre ein ökologisches und umweltpolitisches Engagement, dessen *Organisationsstruktur* ich beispielhaft an den unabhängigen kirchlichen Umweltgruppen, der „Umweltbibliothek", dem „ökologischen Netzwerk Arche" und der staatlichen „Gesellschaft für Natur und Umwelt" darstelle.

Anfang der siebziger Jahre begannen in einigen Kirchengemeinden die ersten Umweltdebatten, die inhaltlich an die DDR-Umweltpolitik mit dem Landeskulturgesetz und der Einrichtung des Umweltministeriums anknüpfen konnten.[64] Aus diesen Anfängen bildeten sich die ersten *kirchlichen Umweltgruppen*, die ausgehend von einer christlich geprägten Wertedebatte das herrschende Naturverständnis und die Folgen der Industriegesellschaft kritisierten. Sie versuchten, die Bevölkerung für Umweltfragen zu sensibilisieren sowie auf gravierende Umweltschäden hinzuweisen, und warben für eine ökologische Ausrichtung von Politik und Wirtschaft. Die Umweltdiskussion fand innerhalb der Kirchen zwar ein recht großes Echo, aber insgesamt gesehen bildeten die Mitglieder von Umweltgruppen in den frühen achtziger Jahren nicht nur gesellschaftlich, sondern auch innerkirchlich eine kleine Minderheit. Das Kirchliche Forschungsheim in Wittenberg bildete das Inspirations- und Koordinationszentrum dieser kirchlichen Umweltarbeit.

Wegen der offensichtlichen Umweltprobleme erhielten die kirchlichen Umweltgruppen ab Mitte der achtziger Jahre auch von Nicht-ChristInnen großen Zulauf, die an einer stärker politisch orientierten Umweltarbeit interessiert waren und nur im Freiraum der Kirche agieren konnten. In der Folge verschob sich die kirchliche Umweltdiskussion von ethisch-moralischen Umweltfragen hin zu

---

[62] IZEKI, Tadahisa (1999), Das Erbe der Runden Tische in Ostdeutschland, S. 55.

[63] RUCHT, Dieter/BLATTERT, Barbara/RINK, Dieter (1997), Soziale Bewegungen auf dem Weg zur Institutionalisierung, S. 196.

[64] Zum umweltpolitischen Engagement in den Kirchen bis Anfang der achtziger Jahre vgl. GENSICHEN, Hans-Peter (1994), Das Umweltengagement in den evangelischen Kirchen in der DDR, S. 65-70; GENSICHEN, Hans-Peter (1997), Als Christen und Nichtchristen die Schöpfungsethik neu entdeckten, S. 19; HALBROCK, Christian (1995), Störfaktor Jugend, S. 29-30; KNABE, Hubertus (1985), Gesellschaftlicher Dissens im Wandel, S. 175-184; KÜHNEL, Wolfgang/SALLMON-METZNER, Carola (1991), Grüne Partei und Grüne Liga, S. 171-173; MÜHLEN, Patrik von zur (2000), Aufbruch und Umbruch in der DDR, S. 61-78.

handfesten Auseinandersetzungen mit staatlichen Stellen.[65] Gleichwohl verstanden sich die meisten kirchlichen Umweltgruppen weniger als radikale Opposition, sondern nahmen eher eine „Stellvertreterfunktion“ wahr, weil Umweltschutz in der Öffentlichkeit nicht hinreichend thematisiert werden konnte.[66] Aber die zunehmende Unterdrückung einer unabhängigen Umweltdebatte durch das SED-Regime seit Anfang der achtziger Jahre drängte die Mehrzahl der kirchlichen Umweltgruppen mehr oder weniger ungewollt in die „staatsfeindliche“ Opposition. Die Staatssicherheit überwachte praktisch alle Umweltgruppen, behinderte deren Aktionen und drangsalierte die AktivistInnen.

Die staatliche Repression schlug sich auch auf die organisatorische Struktur der Umweltgruppen und Umweltorganisationen nieder. Die Gruppen waren klein, weitgehend informell strukturiert und verhielten sich zuweilen konspirativ. Ihre Treffen fanden meist im kirchlichen oder privaten, also im quasi nichtöffentlichen Rahmen statt. Zwischen den Gruppen bestanden meist nur Kontakte auf der Basis persönlicher Beziehungen, weil verbindliche Kooperationsformen und Zusammenschlüsse die Verwundbarkeit der Gruppen gesteigert hätten.[67] Die kirchlichen Umweltgruppen konnten sich unter dem Dach der Kirche wenigstens teilweise dem Zugriff staatlicher Stellen entziehen. Dies führte jedoch zu Konflikten zwischen der Kirchenleitung und den Umweltgruppen, die sich daraufhin zum Teil von den kirchlichen Institutionen emanzipierten und sich als „autonome“ Umweltgruppen verstanden.[68] Die staatliche Repression der Umweltgruppen, aber auch der Friedens- und Menschenrechtsgruppen, führte 1985/86 zu einer Radikalisierung und Politisierung mehrere oppositioneller Gruppen.[69]

Vor dem Hintergrund dieser Entwicklung gründete sich im September 1986 die *Umweltbibliothek* in Ostberlin als autonome Umweltgruppe.[70] Sie kritisierte die Geheimhaltung von Umweltdaten, überhaupt jegliche Form der Zensur und die Beschneidung der Bürgerrechte durch das SED-Regime. Um diesen Mangel

---

[65] Vgl. KNABE, Hubertus (1990), Möglichkeiten und Grenzen gesellschaftlicher Problemartikulation in sozialistischen Systemen, S. 374.

[66] Vgl. Rat von Sachverständigen für Umweltfragen (SRU) (1996), Umweltgutachten 1996, S. 228.

[67] Vgl. BLATTERT, Barbara/RINK, Dieter/RUCHT, Dieter (1995), Von den Oppositionsgruppen der DDR zu den neuen sozialen Bewegungen in Ostdeutschland?, S. 415-416; RUCHT, Dieter/BLATTERT, Barbara/RINK, Dieter (1997), Soziale Bewegungen auf dem Weg zur Institutionalisierung, S. 196-197.

[68] Vgl. GENSICHEN, Hans-Peter (1994), Das Umweltengagement in den evangelischen Kirchen in der DDR, S. 71; KÜHNEL, Wolfgang/SALLMON-METZNER, Carola (1991), Grüne Partei und Grüne Liga, S. 170-171.

[69] Vgl. TIMMER, Karsten (2000), Vom Aufbruch zum Umbruch, S. 49-78.

[70] Grundlegend zur Umweltbibliothek: RÜDDENKLAU, Wolfgang (1992), Störenfried. Vgl. auch MORITZ, Torsten (1997), Die Entwicklung von DDR-Oppositionsgruppen nach 1989, S. 212-214.

zu beheben und um eine Gegenöffentlichkeit zu schaffen, machte die Umweltbibliothek unabhängige Umweltinformationen für alle BürgerInnen in ihren „Bibliotheks"-Räumen öffentlich zugänglich. Nach diesem Vorbild wurden in verschiedenen Städten bis 1988 noch 15 weitere Umweltbibliotheken gegründet.

Darüber hinaus gab die Ostberliner Umweltbibliothek die illegale Zeitschrift „Umweltblätter" heraus, verstand sich als Anlaufstelle für andere Umwelt- und Friedensgruppen und wurde rasch zur Tauschzentrale für Erfahrungen und Informationen oppositioneller Gruppen mit einem landesweiten Verteiler von über 200 Adressen. Diese Koordinationsfunktion der Umweltbibliothek bot sich auch aus organisatorischen Gründen an, weil sie eine der ganz wenigen Umweltgruppen war, die über eigene Räume und sogar über – illegal betriebene – Vervielfältigungsgeräte verfügte.[71] Die große Bedeutung der Umweltbibliothek lag darin, dass sie als erste Umweltgruppe offen eine radikale Systemkritik formulierte, wobei allerdings die Kritik an der SED-Umweltpolitik eher als Anlass diente und fachlich nicht ausgereift war. Die hohe Konfliktbereitschaft der Umweltbibliothek hatte dennoch Vorbildfunktion für andere Umweltgruppen und ermutigte sie, offenere Formen des Widerstands zu riskieren.[72]

Trotz der kirchlichen Strukturen und der Umweltbibliothek blieben die Zusammenarbeit der einzelnen Umweltgruppen schwach entwickelt und ihr Informationsaustausch äußerst lückenhaft. Deswegen gründeten im Januar 1988 VertreterInnen von 30 bis 40 überwiegend kirchlichen Basisgruppen aus allen Regionen der DDR das *Ökologische Netzwerk Arche.*[73] Dieses Netzwerk war als dritte Säule des Umweltengagements neben den Umweltbibliotheken und der Zeitschrift „Umweltblätter" gedacht und sollte die Arbeit der Umweltgruppen organisatorisch und fachlich auf eine neue Grundlage stellen. Es hatte das Ziel, in der DDR-Umweltpolitik als betont wissenschaftlich orientierter, fachlich kompetenter Partner mitzuwirken. Das Netzwerk Arche war regional gegliedert und machte die regionalen Identitäten und Interessen zum Anknüpfungspunkt ihrer umweltpolitischen Arbeit.[74] Mit einer handlungsfähigen Kerngruppe in Ostberlin und der Herausgabe der Zeitschrift „Arche Nova" schuf es eine Organisationsstruktur, die es erlaubte, die Umweltarbeit landesweit zu koordinieren und zu bündeln sowie lokale Umweltgruppen fachlich und organisatorisch zu

[71] Vgl. RÜDDENKLAU, Wolfgang (1992), Störenfried, S. 63, 104, 180, 286-287.
[72] Vgl. MÜHLEN, Patrik von zur (2000), Aufbruch und Umbruch in der DDR, S. 227-232; OPP, Karl-Dieter/VOß, Peter/GERN, Christiane (1993), Die volkseigene Revolution, S. 32.
[73] Zum ökologischen Netzwerk Arche vgl. die Beiträge in: JORDAN, Carlo/KLOTH, Hans Michael (Hg.) (1995), ARCHE NOVA; RÜDDENKLAU, Wolfgang (1992), Störenfried, S. 178-202.
[74] Vgl. JORDAN, Carlo (1995), Akteure und Aktionen der Arche, S. 48-49; Interview mit Carlo JORDAN.

unterstützen. Eine derart effektive und fachlich kompetente unabhängige Umweltarbeit hatte es bis dahin in der DDR nicht gegeben.[75]

Praktisch völlig getrennt vom kirchlich-unabhängigen Spektrum der Umweltgruppen und auf einer ganz anderen Tradition beruhend, gab es in der DDR ein breites, staatlich sanktioniertes Umweltengagement in der *Gesellschaft für Natur und Umwelt* (GNU), die auf Anordnung der SED im März 1980 im Kulturbund der DDR gegründet wurde.[76] Die SED reagierte damit auf das gestiegene Interesse der Bevölkerung am Natur- und Umweltschutz sowie auf die westdeutsche Ökologiebewegung und beabsichtigte, die umweltpolitischen Aktivitäten in der GNU zu kanalisieren und zu kontrollieren. Die Mitgliederzahl der GNU stieg von anfangs rund 40.000 auf bis zu 60.000 Mitglieder bis Ende der achtziger Jahre. Der Staat stellte der hierarchisch aufgebauten Organisation Geld, Material und Räume, auf der zentralen Ebene auch Personal zur Verfügung. Die GNU arbeitete mit den staatlichen Organen für den Natur- und Umweltschutz in den Bezirken und Kreisen, den volkseigenen Betrieben und den Landwirtschaftlichen Produktionsgenossenschaften zusammen.

Der Schwerpunkt der GNU-Gruppen lag beim Naturschutz, beispielsweise die Inventarisierung, Zustandserfassung und Pflege von Naturschutzgebieten, die Mitwirkung bei der Auswahl von Naturschutzgebieten, die Mitarbeit an Landschaftspflegeplänen sowie Exkursionen. Angesichts der politischen Blockaden beim Umweltschutz bot der Naturschutz eine Nische, innerhalb derer auch reformerische Ansätze und begrenzte Kritik möglich waren. Ökologisch arbeitende Fachgruppen hatten bereits vor der Gründung der GNU im Kulturbund der DDR bestanden und schon in den siebziger Jahren äußerst fortschrittliche Naturschutzkonzepte entwickelt, die aber nur sehr eingeschränkt publiziert und umgesetzt werden konnten.[77] Dennoch führten zahlreiche personelle Schnittstellen in der GNU zwischen WissenschaftlerInnen und NaturschützerInnen dazu, „dass der Naturschutz in der DDR in Manchem innovativer und in vielen Sektoren auch fachlich fundierter war als in den westlichen Bundesländern."[78]

Die Mitglieder der GNU pflegten in erster Linie wissenschaftliche und naturschützerische Interessen und verfolgten kaum umweltpolitische Ziele. Aber die staatlich anerkannte Natur- und Umweltschutzarbeit erlaubte auch einen kri-

---

[75] Vgl. JORDAN, Carlo/KLOTH, Hans Michael (1995), Vorbemerkung, S. 9; NEUMANN, Ulrich (1995), Was war, war wenig und viel, S. 87.

[76] Zur GNU vgl. BEHRENS, Hermann/BENKERT, Ulrike/HOPFMANN, Jürgen/MAECHLER, Uwe (1993), Wurzeln der Umweltbewegung; Rat von Sachverständigen für Umweltfragen (SRU) (1996), Umweltgutachten 1996, S. 226-230; WENSIERSKI, Peter (1985), Die Gesellschaft für Natur und Umwelt.

[77] Vgl. RÖSLER, Markus/SCHWAB, Elisabeth/LAMBRECHT, Markus (Hg.) (1990), Naturschutz in der DDR, S. 216-217; WEBER, Rolf (1998), Der Zentrale Fachausschuss Botanik im Kulturbund; Interview mit Michael SUCCOW.

[78] Rat von Sachverständigen für Umweltfragen (SRU) (1996), Umweltgutachten 1996, S. 227.

tischen Blick auf die DDR-Umweltpolitik, was viele umweltinteressierte BürgerInnen ansprach. Doch insgesamt war die GNU systemkonform und wurde so „staatszahm gehalten“, dass die Umweltzerstörung innerhalb ihrer Strukturen nicht laut zur Sprache gebracht und bekämpft werden konnte.[79]

Daher konnten kritische UmweltschützerInnen immer weniger in die GNU eingebunden werden. Einige GNU-Mitglieder gründete ab Mitte der achtziger Jahre so genannte Interessengemeinschaften „Stadtökologie“ (IG Stadtökologie), die sich im Gegensatz zu den Fachgruppen der GNU als umwelt*politische* Gruppen verstanden. Sie wandten sich dem städtischen Umweltschutz und damit auch sozialen Problemen, Fragen nach den Lebensbedingungen in der Stadt und ihren Ursachen im Wirtschaftssystem zu. Sie forderten entsprechende ökologische Reformen in der DDR und Veränderungen innerhalb der GNU. Die Gruppen der IG Stadtökologie wurden von den staatlichen Stellen toleriert, um kritische BürgerInnen „unter Kontrolle“ halten zu können. Diese neu entstandenen Freiräume wurden zu einem Sammelbecken oppositionell denkender Menschen, die staatlicherseits kaum mehr kanalisiert und integriert werden konnten. 1987 gab es bereits rund 380 Gruppen der IG Stadtökologie, von denen aber nur ein kleinerer Teil als oppositionell eingeschätzt werden kann.[80] Letztere Gruppen machten sich zunehmend selbständig von den hierarchischen Strukturen der GNU, vernetzten sich Ende 1988 untereinander und veranstalteten im April 1989 ein erstes unabhängiges Treffen in Potsdam, was für DDR-Verhältnisse eine neue Qualität hatte.[81]

Vor diesem organisatorischen Hintergrund lassen sich die *umweltpolitischen Aktivitäten* der Umweltgruppen und Umweltorganisationen an Hand ihrer Öffentlichkeitsarbeit, ihrer Mobilisierung und ihrer Kooperation beschreiben.

Die staatliche Kontrolle und Zensur der Medien sowie die Geheimhaltung von Umweltdaten behinderten die *Öffentlichkeitsarbeit* der DDR-Umweltgruppen erheblich. Sie strebten die Herstellung einer unabhängigen, nicht korrumpierten Gegenöffentlichkeit an. Die kirchlichen Umweltgruppen veranstalteten Gemeindeabende und Seminare, organisierten Ausstellungen und wirkten an Gottesdiensten mit. Eine Neuerung war die Einrichtung öffentlich zugänglicher Umweltbibliotheken.

---

[79] GENSICHEN, Hans-Peter (1994), Das Umweltengagement in den evangelischen Kirchen in der DDR, S. 66.

[80] Vgl. WEINBACH, Kerstin (1998), Umweltpolitisches Engagement im Vereinigungsprozess, S. 72-73.

[81] Vgl. BEHRENS, Hermann/BENKERT, Ulrike (1992), Das Schicksal der Gesellschaft für Natur und Umwelt im Kulturbund der DDR, S. 363; BEHRENS, Hermann/BENKERT, Ulrike/HOPFMANN, Jürgen/MAECHLER, Uwe (1993), Wurzeln der Umweltbewegung, S. 27, 68-71; KNABE, Hubertus (1990), Möglichkeiten und Grenzen gesellschaftlicher Problemartikulation in sozialistischen Systemen, S. 279-282; RÜDDENKLAU, Wolfgang (1992), Störenfried, S. 281-284.

Eine besondere Rolle kam den im weitesten Sinne kirchlichen Umweltpublikationen zu, die unter dem Siegel „nur für den innerkirchlichen Gebrauch“ und unter großen technischen Schwierigkeiten im Kampf gegen die Zensur erstellt wurden. Ab Mitte der achtziger Jahre entwickelte sich eine lebendige „Untergrundpresse“.[82] Die wichtigsten Umwelt-Zeitschriften waren seit 1987 die „Umweltblätter“ der Ostberliner Umweltbibliothek mit einer Auflage von rund 1.000 Exemplaren und seit 1988 die „Arche Nova“ des ökologischen Netzwerks Arche mit einer Auflage von 1.500-2.000 Exemplaren. Die Umweltblätter waren deutlich radikaler als die bisherigen kirchlichen Umweltzeitungen, aber fachlich wenig solide recherchiert.[83] Dagegen erhob die Arche Nova einen wissenschaftlichen Anspruch und bemühte sich, auch UmweltschützerInnen jenseits des oppositionellen Spektrums anzusprechen.[84]

Eine völlig neue Form der Öffentlichkeitsarbeit war der gezielte Einsatz westlicher Medien durch Arche-Mitarbeiter, was als „Agententätigkeit“ strafbar war. Hierbei handelte es sich vor allem um Presseerklärungen. Noch mehr Aufsehen erregten jedoch die illegal gedrehten Videofilme „Bitteres aus Bitterfeld“, über Mülldeponien, das Waldsterben und den Altstadtverfall in der DDR, die im westdeutschen Fernsehen gesendet wurden. Über diesen Umweg erlangte das Netzwerk Arche eine beträchtliche Publizität in der DDR, weil das westdeutsche Fernsehen von einem Großteil der Ostdeutschen verfolgt wurde.[85] Alles in allem reichte die umweltpolitische „Gegenöffentlichkeit“ aber kaum über das begrenzte, kirchlich-oppositionelle Spektrum hinaus. Die weitgehend unpolitische Öffentlichkeitsarbeit der GNU bestand in Vorträgen, Exkursionen, dem Gestalten von Schaukästen und der verbandsinternen Zeitschrift „Natur und Umwelt“, die aber nicht frei verkauft wurde.[86]

Die *umweltpolitische Mobilisierung* stieß auf noch höhere Hindernisse als die Öffentlichkeitsarbeit. Massenaktionen und gezielte Mobilisierungskampagnen waren praktisch unmöglich. Bereits die Teilnahme an kleinen Aktionen konnte zu Schikanen im Berufsleben, der Einschränkung der Berufswahl oder sogar zur Vorladung, Festnahme und Verfolgung durch die Staatssicherheit füh-

---

[82] Allgemein zur Untergrund-Presse: MÜHLEN, Patrik von zur (2000), Aufbruch und Umbruch in der DDR, S. 113-125.

[83] Vgl. die abgedruckten Artikel bei RÜDDENKLAU, Wolfgang (1992), Störenfried.

[84] Vgl. die abgedruckten Artikel bei JORDAN, Carlo/KLOTH, Hans Michael (Hg.) (1995), ARCHE NOVA. Zur Arche Nova vgl. JORDAN, Carlo (1995), Akteure und Aktionen der Arche, S. 40-45; NEUMANN, Ulrich (1995), Was war, war wenig und viel, S. 87-90.

[85] Vgl. ROSENTHAL, Rüdiger (1995), Kein Schweigen im (sterbenden) Walde, S. 144; Interview mit Carlo JORDAN

[86] Vgl. BEHRENS, Hermann/BENKERT, Ulrike/HOPFMANN, Jürgen/MAECHLER, Uwe (1993), Wurzeln der Umweltbewegung, S. 64.

ren.[87] Aber gerade wegen der rigiden Kontrolle konnten selbst kleine Aktionen eine breite Diskussion bei ArbeiterInnen, AnwohnerInnen, in Kirchen und in der SED auslösen.[88] Die meisten Umweltgruppen versuchten jedoch, mit Konfliktvermeidungsstrategien die Repression durch die Staatssicherheit so weit wie möglich zu unterlaufen. Das Netzwerk Arche bemühte sich mit seiner betont fachlichen Ausrichtung, neue Zielgruppen wie die reformorientierte naturwissenschaftlich-technische Intelligenz, ausreisewillige Fachleute oder ExpertInnen der GNU zu werben, die sich nicht in eine oppositionelle Ecke drängen lassen wollten.[89]

Eine Form „kontrollierter Provokation" waren Umwelt-Eingaben der Arche, die sie als offene Briefe verfasste und an ost- und westdeutsche Medien weitergab. Damit verstieß sie gezielt gegen das Grundprinzip der Nicht-Öffentlichkeit von Eingaben, nutzte aber eine staatliche tolerierte „Aktions"-Form.[90] Andere Aktionsformen waren Unterschriftensammlungen und demonstrative Spaziergänge. Gruppen der IG Stadtökologie engagierten sich im kommunalpolitischen Bereich und kritisierten die staatliche Umwelt-, Bau- und Verkehrspolitik, so dass Konflikte mit staatlichen Stellen unausweichlich waren. Umweltgruppen, die sich für eine offene Konfrontation entschieden, mussten mit massiver Verfolgung rechnen. Die Ostberliner Umweltbibliothek wählte diesen Weg und war nach eigener Einschätzung „das zeitweise provokanteste Projekt der Opposition".[91] Insgesamt hoben die Umweltgruppen mit ihren Aktivitäten das umweltpolitische Konfliktniveau gegen Ende der achtziger Jahre an, ohne jedoch massenwirksam zu werden.

Selbst äußerst moderate Versuche *umweltpolitischer Kooperation* von Seiten der Kirche oder des Netzwerkes Arche hatten nur geringe Aussicht auf Erfolg. In einer günstigeren Ausgangssituation waren die staatlich anerkannten Gruppen der GNU. Einige von ihnen versuchten, bei konkreten Problemen mit den staatlichen Stellen auf informeller Basis zusammenzuarbeiten und Verbesserungen zu erzielen. Die Ergebnisse wurden nicht öffentlich gemacht, weil nach dem Selbstverständnis der GNU die Probleme allseitig „harmonisch" gelöst werden sollten.[92] Manchmal konnte der GNU-Zentralvorstand über einen „direkten Draht" zu Ministerien und Großbetrieben ökologische Lösungen bewirken, aber die Ohnmacht überwog.[93]

---

[87] Vgl. RÖSLER, Markus/SCHWAB, Elisabeth/LAMBRECHT, Markus (Hg.) (1990), Naturschutz in der DDR, S. 228; TIMMER, Karsten (2000), Vom Aufbruch zum Umbruch, S. 81; Interview mit Reinhard ROGGISCH.

[88] Vgl. WENSIERSKI, Peter (1986), Von oben nach unten wächst gar nichts, S. 167.

[89] Vgl. JORDAN, Carlo (1995), Akteure und Aktionen der Arche, S. 51-53; KÜHNEL, Wolfgang/SALLMON-METZNER, Carola (1991), Grüne Partei und Grüne Liga, S. 177-180.

[90] Interview mit Carlo JORDAN.

[91] RÜDDENKLAU, Wolfgang (1992), Störenfried, S. 12.

[92] Vgl. WENSIERSKI, Peter (1985), Die Gesellschaft für Natur und Umwelt, S. 163.

[93] GILSENBACH, Reimar (1989), Der Minister blieb, die Grünen kommen, S. 112.

Generell konnte umweltpolitische Kooperation in der DDR nur dann erfolgreich sein, wenn sie der Logik der Umwelt-Eingaben folgte, also informell und nicht-öffentlich vorgetragen wurde, fachlich gut begründet und mit keinerlei politischer Systemkritik verbunden war. Neben taktischem Geschick war die politische Fürsprache von Parteifunktionären wichtig.[94] Diese Form der Zusammenarbeit war äußerst prekär, weil die staatlichen Zusagen jederzeit gebrochen werden und in Repression gegen die UmweltschützerInnen umschlagen konnten.

Da in der Regel alle drei Aktionsformen der Umweltgruppen vom SED-Regime als konfrontativ aufgefasst und unterdrückt wurden, war ihr Handlungsrepertoire stark einschränkt. Dies wird auch deutlich, wenn man das Engagement der Umweltgruppen den drei Typen der politischen Gegnerschaft in der DDR von Neubert zuordnet.[95] Hierbei handelt es sich erstens um den „konfrontativen Widerstand“ gegen das Herrschaftssystem der SED, zweitens die „politische Opposition“, die die minimalen Chancen legaler und legitimer Handlungsräume auszuschöpfen oder erst zu entwickeln versuchte, und drittens den nicht organisierten politischen „Widerspruch“. Widerstand leistete danach die Umweltbibliothek, während das Netzwerk Arche, die kritischen Gruppen in der IG Stadtökologie, die eine Minderheit bildeten, und politisch profilierte kirchliche Umweltgruppen eine umweltpolitische Opposition betrieben. Ökologischer Widerspruch kam von der Mehrheit der kirchlichen Umweltgruppen und den Gruppen der GNU, ließ sich aber nur schwer in eine wirksame Umweltpolitik übersetzen. Dementsprechend niedrig war das *umweltpolitische Konfliktniveau.* Folglich waren lokale Umweltgruppen bei Umweltkonflikten meist auf sich allein gestellt und sahen sich einer breiten, mächtigen Koalition von Verursacherinteressen gegenüber.

Unter den Bedingungen des SED-Regimes in den achtziger Jahren, so kann man hier festhalten, waren die Ressourcen der Umweltgruppen äußerst spärlich. Aber die unabhängigen, kritischen Umweltgruppen, zu denen auch einige Gruppen der IG Stadtökologie gerechnet werden können, konnten bis Ende der achtziger Jahre unabhängige Organisationen aufbauen, die – abgesehen von den Kirchen – ihresgleichen in der DDR suchten. Im Laufe der achtziger Jahre differenzierten sie sich inhaltlich und organisatorisch aus, bauten ihre Handlungskapazitäten aus und stellten eine bescheidene Form umweltpolitischer Gegenöffentlichkeit her. Kloth bezeichnet das ökologische Netzwerk Arche deshalb „als funktionales Äquivalent einer politischen Oppositionspartei“, Wielgohs und Johnson sprechen in Bezug auf die unabhängigen Umweltorganisationen von

[94] Intern unterstützen manchmal sogar MitarbeiterInnen der Staatssicherheit die ökologischen Forderungen. Interviews mit Michael SUCCOW; Ernst PRIES.

[95] Vgl. NEUBERT, Ehrhart (1999), Was waren Opposition, Widerstand und Dissidenz in der DDR?, S. 33-41.

der Konstituierung einer „politischen Opposition“ in der DDR.[96] Diese Einschätzung trifft jedoch allenfalls für die Zeit Ende der achtziger Jahre zu und auch nur gemessen an den geringen politischen Spielräumen in der DDR. Insgesamt kann daher nicht von einer Umweltbewegung gesprochen werden, denn der Umfang des umweltpolitischen Engagements blieb mit etwa achtzig bis neunzig Umweltgruppen 1988/89 bescheiden und zersplittert.[97] Immerhin konnten die Gruppen den umweltpolitischen Spielraum gegen Ende der achtziger Jahre durch ihr Handeln erweitern und bildeten mit ihren organisatorischen Strukturen und einer beginnenden Vernetzung Kristallisationskeime für eine DDR-Umweltbewegung.

1.5. Fazit: Schwere Zeiten für lokale Umweltgruppen

In den achtziger Jahren gab es in der DDR schwerwiegende Umweltbelastungen, die in erster Linie von den veralteten Produktionsstrukturen verursacht wurden. Das SED-Regime ignorierte die Umweltprobleme, gab der Ökonomie den Vorzug vor dem Umweltschutz, hielt die Umweltdaten geheim und unterdrückte unabhängige Umweltgruppen; die DDR-Umweltpolitik war mangelhaft. Ebenfalls nachteilig für lokale Umweltgruppen wirkten sich die Machtlosigkeit der Kommunalpolitik und das Fehlen einer Umweltbewegung aus.

Situative Faktoren spielten in Anbetracht erstarrter Politik- und Machtstrukturen keine bedeutende Rolle.[98] Wenn sich Änderungen ergaben wie bei der Steigerung der Ölpreise durch die Sowjetunion, die zur weitgehenden Umstellung der Energieversorgung auf Braunkohle führte, oder wie das Ausbleiben ausländischer Kredite, dann wirkten sie sich meist nachteilig für die Umweltpo-

---

[96] KLOTH, Hans Michael (1995), Grüne Bewegung, Grünes Netzwerk, Grüne Partei, S. 176-177; WIELGOHS, Jan/JOHNSON, Carsten (1997), Entstehungsgründe, Handlungsbedingungen, Situationsdeutungen, S. 345-347.

[97] Vgl. KÜHNEL, Wolfgang/SALLMON-METZNER, Carola (1991), Grüne Partei und Grüne Liga, S. 175-176. Die Zahlen für die Umweltgruppen schwanken stark: GENSICHEN gibt für 1983 über 30 kirchliche Umweltgruppen an, für 1988 59. Die Staatssicherheit zählte im Juni 1988 39 Ökologie- und 23 gemischte Friedens- und Umweltgruppen, vgl. GENSICHEN, Hans-Peter (1994), Das Umweltengagement in den evangelischen Kirchen in der DDR, S. 71. Ebenfalls 60-65 kirchliche Umweltgruppen Ende der achtziger Jahre in ca. 54 Orten geben an: BEHRENS, Hermann/BENKERT, Ulrike/HOPFMANN, Jürgen/MAECHLER, Uwe (1993), Wurzeln der Umweltbewegung, S. 134. Die deutlich höhere Zahl von rund 150 Umweltgruppen Ende 1988, zu denen auch nicht-kirchliche Gruppen zählen, nennen RÖSLER, Markus/SCHWAB, Elisabeth/LAMBRECHT, Markus (Hg.) (1990), Naturschutz in der DDR, S. 227. Von den Gruppen der IG Stadtökologie und der GNU allgemein lässt sich nur eine kleine Minderheit einem möglichen Bewegungskern zurechnen. Zur allgemeinen Einschätzung: Interview mit Carlo JORDAN.

[98] Auf die situativen Faktoren gehe ich, wie auch bei den nächsten beiden Untersuchungsphasen, erst in der Zusammenfassung ein, weil sie sich in knapper Form bestimmen lassen.

litik aus. Für lokale Umweltgruppen und für die Umweltpolitik allgemein war die umweltpolitische Gelegenheitsstruktur sehr ungünstig, weil die Umweltprobleme offiziell nicht existieren durften (*problem stream*), die staatlichen und gesellschaftlichen Problemlösungskapazitäten äußerst gering waren (*policy stream*) und die Diskussion sowie die Umsetzung von Umweltpolitik aus ökonomischen und ideologischen Gründen von der SED unterdrückt wurde (*political stream*).

Insgesamt komme ich daher zu der Einschätzung, dass die Handlungsspielräume in den achtziger Jahren für Umweltgruppen in der DDR auf lokaler Ebene sehr gering waren und sich auf informelle, prekäre Verhandlungen mit staatlichen Stellen beschränkten.

2. Die umweltpolitischen Rahmenbedingungen in der Umbruchzeit (Herbst 1989 bis Ende 1990)

In der Umbruchzeit 1989/90 überschlugen sich die Ereignisse. Im Herbst 1989 entmachteten Bürgerbewegung und Volk mit einer friedlichen Revolution das SED-Regime. In dieser Zeit der Massendemonstrationen lag die Macht buchstäblich „auf der Straße".[99] Von Dezember 1989 bis März 1990 „regierte" der zentrale Runde Tisch, an dem die alten Kräfte des SED-Regimes und die neuen politischen Gruppierungen der Bürgerbewegung gleichberechtigt teilnahmen. Der Sieg der „Allianz für Deutschland" unter Führung der CDU bei den freien DDR-Volkskammerwahlen im März 1990 kam einem Plebiszit für eine rasche Vereinigung gleich, die in den Etappen der Wirtschafts-, Währungs- und Sozialunion am 1. Juli und der staatlichen Vereinigung am 3. Oktober 1990 vollzogen wurde. Die ersten gesamtdeutschen Bundestagswahlen am 2. Dezember 1990 setzten den Schlusspunkt der Umbruch- und Vereinigungsphase.[100]

In dieser Übergangszeit löste sich die DDR als eigenständiger Staat auf und ging durch den Beitritt zur Bundesrepublik Deutschland in einem neuen Staatswesen auf. In rascher Folge wurden alte Gesetze und Institutionen abgeschafft, neue gebildet und wieder verändert. Teilweise bestanden alte und neue Institutionen gleichzeitig, wie in der Phase der „Doppelherrschaft" von Rundem Tisch und der SED-Übergangsregierung unter Hans Modrow (SED) zwischen Dezember 1989 und März 1990. Die neu gewählten Regierungen mussten sich auf alte SED-Kaderverwaltungen stützten.

---

[99] Vgl. Interview mit Rainer Eppelmann; Junge Welt 9.12.1989.

[100] Aus der großen Menge der Literatur zur Transformation der DDR vgl. u.a. CZADA, Roland/LEHMBRUCH, Gerhard (Hg.) (1998), Transformationspfade in Ostdeutschland; LEHMBRUCH, Gerhard (1991), Die deutsche Vereinigung; MERKEL, Wolfgang (1999), Systemtransformation, S. 418-430; WIESENTHAL, Helmut (Hg.) (1995), Einheit als Interessenpolitik.

Dies führte in einem ganz erheblichen Maße zur Erosion von Institutionen und Regeln, weil die Akteure nicht verlässlich wussten oder wissen konnten, ob beispielsweise die alten DDR-Gesetze, die Gesetze der neu gewählten Volkskammer, die nur von März bis September 1990 amtierte, die bundesdeutschen Gesetze oder spezielle Übergangsregelungen bindend waren oder sein würden. Die Regeln, nach denen sich kollektive Akteure konstituierten und nach denen sie handelten, waren nicht mehr überschaubar und damit waren auch die institutionalisierten Erwartungen über das Handeln der Akteure nicht mehr vorhersehbar.

Es liegt auf der Hand, dass in der Umbruchzeit die handlungsleitenden Kräfte des institutionellen Kontextes stark an Einfluss verloren, während situationsbedingte Gelegenheitsstrukturen und individuelles Handeln für die Erklärung der Abläufe erheblich an Bedeutung gewannen. Das macht die Ereignisse der Wendezeit höchst faszinierend, stellt aber ein Problem für die systematische Beschreibung der umweltpolitischen Rahmenbedingungen dar. Denn der Sturzbach der Ereignisse lässt sich nicht ohne weiteres in ein Untersuchungsraster einordnen. Daher räume ich der Ereignisgeschichte und den situativen Faktoren in der Darstellung großen Raum ein.[101]

2.1. Die politisch-institutionellen Handlungsbedingungen

Um den Besonderheiten der Umbruchzeit gerecht zu werden, weiche ich von der im theoretisch-methodischen Teil vorgestellten Reihenfolge der Untersuchungsmerkmale ab. Am Anfang steht die Entwicklung der Umweltpolitik und der umweltpolitischen Entscheidungsstrukturen. Erst danach folgen institutionellen Handlungsbedingungen, die einem tiefgreifenden Wandel unterworfenen waren, der aber erst vor dem Hintergrund der politischen Ereignisse verständlich wird.

2.1.1. Der Aufschwung der Umweltpolitik

Der Umbruchprozess wird von der Transformationsforschung in zwei Phasen gegliedert. In der ersten Phase der Liberalisierung vom Herbst 1989 bis zur freien Volkskammerwahl am 18. März 1990 stand die Entmachtung des SED-Regimes im Vordergrund, in der zweiten Phase der Demokratisierung von der

[101] Dabei setze ich die Kenntnis der allgemeinen Abläufe voraus, konzentriere mich auf die Umweltpolitik und verweise auf die Zeittafel im Anhang. Für einen Überblick der politischen Abläufe siehe JARAUSCH, Konrad H. (1995), Die unverhoffte Einheit 1989-1990.

Volkskammerwahl bis zur gesamtdeutschen Bundestagswahl im Dezember 1990 die Gestaltung der Vereinigung.[102]

In der Phase der *Liberalisierung* drängten die Bürgerbewegung und die friedlichen Massendemonstrationen das SED-Regime, das bereits durch die Fluchtbewegung im Sommer und durch Bemühungen von SED-Reformkräften angeschlagen war, schrittweise zum Rückzug.[103] Die Ursachen dafür lagen in der tiefen Unzufriedenheit der Bevölkerung über die wirtschaftliche Stagnation, die fehlende Reisefreiheit, die gesellschaftliche Erstarrung und Perspektivlosigkeit sowie die Unterdrückung politischer Freiheiten und Bürgerrechte.[104] Aber auch der schlechte Zustand der Umwelt, der die Lebensqualität spürbar beeinträchtigte, und das offensichtliche Versagen der SED-Umweltpolitik hatten zur Krise beigetragen.

Umweltgruppen und UmweltaktivistInnen engagierten sich von Beginn an in der Bürgerbewegung; umgekehrt gehörte im Herbst 1989 die Forderung nach einer ökologischen Umgestaltung der DDR-Gesellschaft zum Selbstverständnis der Bürgerbewegung. Bis zum Frühjahr 1990 differenzierten sich die Interessen und Schwerpunkte der unterschiedlichen Gruppierungen der Bürgerbewegung aus. Zwar sahen sie angesichts der bekannt gewordenen Umweltskandale nach wie vor umweltpolitische Reformen als unerlässlich an, aber die Zurückdrängung des alten Macht- und Sicherheitsapparates und die Herausbildung einer lebendigen politischen Öffentlichkeit als Grundlage der Meinungs- und Entscheidungsfindung war für die meisten Gruppen zunächst dringlicher als die Umweltpolitik.[105] Gleichwohl fanden umweltpolitische Forderungen in der Bevölkerung bis zum Sommer 1990 und darüber hinaus weitgehende Unterstützung auf Demonstrationen, auf denen Transparente wie „Umweltschutz statt Umweltschmutz" zu sehen waren,[106] bei Unterschriftensammlungen, bei kleine-

---

[102] Als politische Zäsur wähle ich die Volkskammerwahlen am 18. März 1990, weil erst die frei gewählte Volkskammer und die Regierung de Maizière (CDU) demokratisch legitimiert waren und damit über eine viel stärkere Handlungsgrundlage sowohl bei der Aushandlung der Vereinigungsformalitäten als auch in der Umweltpolitik verfügten als die letzten SED-Übergangsregierungen. Damit weiche ich etwas von der Phaseneinteilung von EISEN/KAASE ab, die den Phasenwechsel auf den Dezember 1989 datieren. Vgl. EISEN, Andreas/KAASE, Max (1996), Transformation und Transition, S. 8-9.

[103] Diese vier Bewegungen – die Bürgerrechtsbewegung, die Massendemonstrationen, die Fluchtbewegung und die Bewegung der kommunistischen Reformer –, agierten anfangs relativ isoliert voneinander, griffen dann ineinander und verstärkten sich wechselseitig. Vgl. POLLACK, Detlef (1999), Der Zusammenbruch der DDR als Verkettung getrennter Handlungslinien.

[104] Vgl. JARAUSCH, Konrad H. (1995), Die unverhoffte Einheit 1989-1990, S. 58-64; TIMMER, Karsten (2000), Vom Aufbruch zum Umbruch, S. 85-96.

[105] Vgl. KÜHNEL, Wolfgang/SALLMON-METZNER, Carola (1991), Grüne Partei und Grüne Liga, S. 184-186.

[106] Berliner Zeitung 31.10.1989.

ren Aktionen oder an den Runden Tischen.[107] Die Bekanntgabe des tatsächlichen Zustands der Umwelt in der DDR schockierte und empörte die Umweltgruppen und die Bevölkerung gleichermaßen.

Unter dem Druck der Umweltgruppen erfüllten die SED-geführten Übergangsregierungen unter Egon Krenz (18. Oktober bis 13. November 1989) und unter Hans Modrow (13. November 1989 bis 18. März 1990) nach und nach umweltpolitische Forderungen. Dies fiel den beiden Regierungen relativ leicht, da sie in der Umweltpolitik, die ihnen im Vergleich zur Auflösung der Staatssicherheit oder zu wirtschaftlichen Reformen als weniger brisant erschien, ihren Reformwillen demonstrieren konnten. Als eine der ersten politischen Maßnahmen beschloss der Ministerrat am 2. November 1989 die Freigabe von Umweltdaten. Insgesamt maß Krenz der Umweltpolitik jedoch keinen hohen Stellenwert zu.[108]

Mit der Koalitionsregierung aus SED und Blockparteien unter Modrow kam dann Bewegung in die DDR-Umweltpolitik. In seiner Regierungserklärung am 17. November 1989 betonte Modrow die wichtige Rolle, die Umweltpolitik künftig spielen sollte.[109] Noch im November setzte er Regierungskommissionen ein, in denen auch Umwelt- und Oppositionsgruppen vertreten waren. Sie hatten die Aufgabe, für die besonders belasteten Regionen Dresden, Leipzig und Halle/Bitterfeld kurzfristig Umweltschutzkonzepte zu entwickeln, und sollten dabei die „Forderungen, Hinweise und Kritiken" der Umweltgruppen ausdrücklich berücksichtigen.[110] Als ökologische Sofortmaßnahme wurde die Produktion besonders umweltbelastender Betriebe eingeschränkt oder ganz stillgelegt, trotz der damit verbundenen ökonomischen Nachteile und des Wegfalls von Arbeitsplätzen.[111] Ministerpräsident Modrow und der alte wie neue Umweltminister

---

[107] Bei einer Umfrage im Herbst 1989 hielten 98,1 % der Befragten eine gute Umweltqualität für sehr wichtig oder wichtig und nannten nach Frieden als zweitwichtigstes Bedürfnis „in einer sauberen und intakten Umwelt zu leben". Die Befragten waren sehr unzufrieden mit der Umweltqualität in der DDR und hielten sehr starke bzw. starke Verbesserungen für dringend erforderlich. Berliner Zeitung 22.11.1989. Vgl. auch PREISENDÖRFER, Peter (1996), Ökologisches Bewusstsein in Ost- und Westdeutschland, S. 20-23.

[108] Vgl. die programmatische Rede von Krenz am 8. November 1989 vor dem Zentralkomitee. Berliner Zeitung 9.11.1989.

[109] Vgl. GILSENBACH, Reimar (1989), Der Minister blieb, die Grünen kommen, S. 108.

[110] Ministerium für Naturschutz, Umwelt und Wasserwirtschaft der DDR (1990), Informationen zur Entwicklung der Umweltbedingungen in der DDR und weitere Maßnahmen, S. 144.

[111] Z. B. die Aluminiumelektrolyse im DDR-Chemiekombinat Bitterfeld (Tagesspiegel 15.12.1989); die Kupferhütte in Ilsenburg (Berliner Zeitung 31.1.1990); Betriebsstilllegungen und Produktionseinschränkungen im Raum Dresden, darunter die Produktion von Viskosecordseide in Pirna (Berliner Zeitung 3.2.1990); Stilllegung von 10 % der Chemie- und Energieerzeugungsanlagen im Gebiet um Bitterfeld bis 1991 (Berliner Zeitung 8.2.1990); Stilllegung der Messingschmelze in der Berliner Metallhütten- und Halbzeugwerke (Berliner Zeitung 16.2.1990); Schließung stark umweltbelastender Betriebe geplant (Tagesspiegel 24.2.1990).

Reichelt (DBD) wollten die bis dahin als sakrosankt geltende Energiepolitik reformieren, die Energieverschwendung verringern und den Braunkohleeinsatz drosseln.[112]

Auf Druck „breiter Kreise der Bevölkerung, von ökologischen Bewegungen und Parteien" stärkte der Ministerrat die Kompetenzen des Umweltministeriums und schlug ihm die Bereiche Naturschutz, Landschaftsschutz, Landnutzungsplanung und Altlastensanierung zu.[113] Zum 1. Januar 1990 wurde es ins Ministerium für Naturschutz, Umweltschutz und Wasserwirtschaft umbenannt. Umweltminister Reichelt versprach, enger mit oppositionellen Umweltgruppen zusammen zu arbeiten.[114] Er berief den durch sein unerschrockenes Engagement in der GNU allgemein anerkannten Professor für Ökologie, Michael Succow, zum stellvertretenden Umweltminister, um den politischen Neubeginn personell glaubwürdig zu machen.[115] Doch die Empörung der Umweltgruppen und der Bevölkerung über die mangelhafte Umweltpolitik beruhigte sich nicht. Vom Schriftstellerverband bis zu Bürgerinitiativen – deren Parole „Uns Reichelt's!" lautete – wurde der Rücktritt des Umweltministers gefordert. Am 9. Januar 1990 trat Reichelt offiziell „aus Altersgründen" zurück.[116] Als sein Nachfolger wurde am 11. Januar Peter Diederich (DBD) vereidigt, der aber in der kurzen Amtszeit bis zum 18. März keine grundlegenden Entscheidungen mehr traf.[117]

Die DDR-Umweltpolitik wurde auf eine neue Grundlage gestellt, als sich Regierung und VertreterInnen der Bürgerbewegung auf die Einberufung eines *zentralen Runden Tisches* einigten, nachdem die Legitimität der Modrow-Regierung im November 1989 zusehends geschwunden war. Am zentralen Runden Tisch nahmen VertreterInnen der alten (SED, Blockparteien und Massenorganisationen) und der neuen politischen Kräfte (Neues Forum, Demokratischer Aufbruch, Demokratie Jetzt, Grüne Partei, Initiative Frieden und Menschenrechte, Sozialdemokratische Partei, Vereinigte Linke sowie ab der zweiten Sitzung Grüne Liga und Unabhängiger Frauenverband) gleichberechtigt teil, um gemeinsam die politische Krisensituation zu überwinden und den DDR-Staat demokratisch zu erneuern. Der zentrale Runde Tisch trat das erste Mal am 7. Dezember 1989 in Berlin zusammen, wurde von Kirchenvertretern moderiert und arbeitete bis zur Volkskammerwahl im März 1990. Die Regierung Modrow ü-

---

112 Vgl. MATTHES, Felix Christian (2000), Stromwirtschaft und deutsche Einheit, S. 237; Berliner Zeitung 25.11.1989.

113 Ministerium für Naturschutz, Umwelt und Wasserwirtschaft der DDR (1990), Informationen zur Entwicklung der Umweltbedingungen in der DDR und weitere Maßnahmen, S. 145.

114 Vgl. Berliner Zeitung 25.11.1989; Tagesspiegel 3.1.1990.

115 Vgl. RÖSLER, Markus (1998), Das Nationalparkprogramm der DDR, S. 563-564; SUCCOW, Michael (1991), Grundkonzeption der Flächensanierung der ehemaligen DDR, S. 914; Interview mit Michael SUCCOW.

116 Vgl. Tagesspiegel 5.12.1989, Tageszeitung 14.12.1989; Tagesspiegel 10.1.1990; Tagesspiegel 19.1.1990.

117 Vgl. Tagesspiegel 10.1.1990, Tagesspiegel 12.1.1990.

bernahm viele Vorschläge und Gesetzesinitiativen des Runden Tisches und stellte sie in der Volkskammer zur Abstimmung.[118]

Die DDR-Umweltbewegung war durch die neu gegründete Grüne Partei und die Grüne Liga am zentralen Runden Tisch vertreten. Zwar stand die Umweltpolitik nicht im Zentrum der Diskussionen, aber die Umweltorganisationen konnten dort wichtige umweltpolitische Impulse einbringen. So befasste sich der zentrale Runde Tisch am 29. Januar 1990 schwerpunktmäßig mit Umweltpolitik. Der neue Umweltminister Diederich präsentierte eine unverblümte Analyse der ökologischen Situation.[119] Anschließend stellte die Arbeitsgruppe „Ökologischer Umbau" des Runden Tisches ihr Konzept für die künftige DDR-Umweltpolitik vor. Darin wurden die sofortige Bildung eines Volkskammerausschusses für Umwelt- und Naturschutz, geschlossene Produktionskreisläufe, eine Senkung des Energieverbrauchs um 30 % und eine ökologisch orientierte Landwirtschaft gefordert.[120]

Am 5. Februar traten acht Vertreter der Bürgerbewegung, die Mitglieder des zentralen Runden Tisches waren, als Minister ohne Geschäftsbereich in die Regierung Modrow ein. Mit diesem Schritt waren zwei Vertreter der Umweltbewegung, der parteilose Matthias Platzeck für die Grüne Partei und Klaus Schlüter für die Grüne Liga, in der DDR-Regierung vertreten, wenn auch nur für die kurze Zeit bis zum 18. März 1990.[121] Am zentralen Runden Tisch konnte die DDR-Umweltbewegung damit erstmals medienwirksam den ökologischen Umbau angehen, was wesentlich zu ihrer politischen Legitimierung beitrug.[122]

Im ganzen Land bildeten sich in Bezirken, Kreisen, Städten und Gemeinden Runde Tische nach dem Modell des zentralen Runden Tisches in Ostberlin. Mit „einer direkten Partizipation der Bürger an einem parteiübergreifenden, gemeinwohlorientierten und konsensualen Entscheidungsfindungsprozess wurde er zum Symbol einer neuen politischen Kultur."[123] Umweltgruppen und UmweltaktivistInnen beteiligten sich an den verschiedenen Runden Tischen und forderten dort die Lösung von Umweltproblemen ein. Auf diese Weise verfügten sie über einen direkten Zugang zur Macht und brachten ökologische Interessen in die Entscheidungsprozesse auf allen politischen Ebenen ein. Ende Januar 1990 be-

---

[118] Zum Runden Tisch vgl. THAYSEN, Uwe (1990), Der runde Tisch; HAHN, André (1998), Der Runde Tisch.

[119] Vgl. Ministerium für Naturschutz, Umwelt und Wasserwirtschaft der DDR (Hg.) (1990), Informationen zur Entwicklung der Umweltbedingungen in der DDR und weitere Maßnahmen.

[120] Vgl. Arbeitsgruppe „Ökologischer Umbau" des Runden Tisches (1990), Zur Einbeziehung ökologischer Prinzipien in die Gestaltung der gesellschaftlichen und ökonomischen Entwicklung der DDR; Berliner Zeitung 29.1.1990.

[121] Vgl. Berliner Zeitung 12.2.1990.

[122] Vgl. KÜHNEL, Wolfgang/SALLMON-METZNER, Carola (1991), Grüne Partei und Grüne Liga, S. 191.

[123] TIMMER, Karsten (2000), Vom Aufbruch zum Umbruch, S. 351.

rief das Umweltministerium auf Vorschlag der Umweltbewegung auch einen Grünen Tisch ein, der aber keine größere Wirkung entfaltete.[124]

Vor dem Hintergrund ihres umweltpolitischen Versagens wagten es die alten politischen Kräfte nicht, Widerstand gegen eine fortschrittliche Umweltpolitik zu leisten, oder sie waren ohnehin mit anderen Problemen befasst. Demgegenüber fanden ökologische Reformprojekte, die angesichts der schwerwiegenden Umweltzerstörung als dringlich und legitim angesehen wurden, breiten Rückhalt in der Bevölkerung und in den neuen politischen Gremien. UmweltschützerInnen spielten zwar bis März 1990 keine herausragende Rolle im Umbruchprozess und waren politisch keine starke Kraft, aber sie verfügten durch die Runden Tische über einen direkten Machtzugang, konnten teilweise bereits ausgearbeitete Umweltprogramme und -projekte vorlegen und stießen nur äußerst selten auf den Widerstand von Verursacherinteressen. Damit ergaben sich bis März 1990 auf nationaler und bis Mai 1990 auf kommunaler Ebene an den Runden Tischen ungeahnte umweltpolitische Spielräume.

Getrieben von Umweltbewegung, Bürgerbewegung, Umweltgruppen, Bevölkerung und Reformkräften verabschiedete das Kabinett Modrow ein ambitioniertes, vom Umweltministerium ausgearbeitetes Umweltprogramm, das einen Umfang von 100 Milliarden Mark bis zum Jahr 2000 hatte.[125] Auf seiner letzten Sitzung zwei Tage vor den Volkskammerwahlen am 18. März 1990 stellte der Ministerrat außerdem ökologisch wertvolle Gebiete der DDR in einem Umfang von rund 8,5 % der Landesfläche endgültig bzw. einstweilig unter Schutz.[126]

Auf die Phase der Liberalisierung folgte die der *Demokratisierung*, die von März bis Dezember 1990 dauerte und durch einen „Marathon“ von fünf Wahlen gekennzeichnet war: Am 18. März fanden Volkskammerwahlen, am 6. Mai Kommunalwahlen, am 14. Oktober Landtagswahlen in den neuen Bundesländern (ohne Berlin) und am 2. Dezember gesamtdeutsche Bundestagswahlen sowie Wahlen zum gesamtberliner Abgeordnetenhaus statt. Die neu gewählten Parlamente und Regierungen lösten die Runden Tische ab, die als Institutionen des Übergangs zu demokratischen Verhältnissen nunmehr überflüssig geworden waren. Bereits im Vorfeld der Volkskammerwahlen drängte die Diskussion über die Vereinigung der beiden deutschen Staaten und deren Ausgestaltung das Thema Ökologie an den Rand.[127] Zwar sprachen sich alle Parteien für eine ökologisch-soziale Marktwirtschaft aus, definierten aber mit Ausnahme der Grünen

---

[124] Vgl. GRAF, Dieter (1991), Zum Widerspruch zwischen Wirtschafts- und Umweltpolitik in der DDR, S. 69; Berliner Zeitung 25.1.1990; Berliner Zeitung 1.2.1990.

[125] Vgl. Ministerium für Naturschutz, Umweltschutz und Wasserwirtschaft (1990), Konzeption für die Entwicklung der Umweltpolitik; Berliner Zeitung 9.3.1990.

[126] Vgl. RÖSLER, Markus (1998), Das Nationalparkprogramm der DDR, S. 568-569.

[127] So übte die Grüne Partei auf ihrem Parteitag im Februar heftige Kritik daran, dass Fragen des Umweltschutzes im Wahlkampf nur ein Randthema darstellten. Berliner Zeitung 10.2.1990.

und der Grünen Liga weder vor noch nach der Wahl, was darunter zu verstehen sei.[128]

Der Wahlsieg der „Allianz für Deutschland" aus CDU, DSU und DA mit 48,1 % der Stimmen war ein deutliches Votum für eine rasche Vereinigung.[129] Dagegen fanden sich das Wahlbündnis der Bürgerbewegung, Bündnis 90, mit 2,9 % der Stimmen und die Grüne Partei mit 2,0 % der Stimmen mit ihren Reformansätzen im politischen Abseits wieder.[130] Die Grüne Partei hatte eine umfassende ökologische Umgestaltung der DDR-Wirtschaft und –Politik gefordert. Ihr niedriges Wahlergebnis war ein Zeichen dafür, dass die Bevölkerung bei dieser Wahl dem Umweltschutz keinen hohen Stellenwert einräumte oder den großen, mittlerweile westdeutsch geprägten Volksparteien die Verbindung von ökonomischer und ökologischer Kompetenz eher zutraute als der Grünen Partei. Die DDR-Koalitionsregierung aus CDU, SPD, FDP, DA und DSU unter der Führung von Lothar de Maizière (CDU) verfolgte vorrangig die rasche Vereinigung mit der Bundesrepublik, wobei der Schwerpunkt auf der Angleichung des Rechts- und Wirtschaftssystems der DDR an das bundesdeutsche System lag.

Die Wahlergebnisse der Volkskammerwahlen wurden bei den Kommunalwahlen am 6. Mai 1990 im Wesentlichen bestätigt. Die Grüne Partei erhielt wiederum nur rund 2 % der Stimmen. Bei den Wahlen zu den ostdeutschen Landtagen am 14. Oktober 1990 gewann ebenfalls die CDU, gefolgt von der SPD, während die Grüne Partei nur dort die 5-%-Hürde überwinden konnte, wo sie mit dem Bündnis 90 koalierte, nämlich in Sachsen, Sachsen-Anhalt und Thüringen. Die Phase der Demokratisierung wurde mit den gesamtdeutschen Bundestagswahlen am 2. Dezember 1990 abgeschlossen, bei denen die Koalition aus CDU/CSU und FDP gewann. Das Wahlbündnis von Bündnis 90 und Die Grünen konnte in Ostdeutschland knapp die 5 %-Hürde überspringen.

Umweltpolitik spielte in dieser zweiten Phase der Wendezeit, das muss ausdrücklich hervorgehoben werden, nur eine untergeordnete Rolle und wurde maßgeblich von westdeutschen Vorgaben geprägt. Neuer Minister für Umwelt, Naturschutz, Energie und Reaktorsicherheit wurde Karl-Hermann Steinberg (CDU), der im Kabinett Modrow stellvertretender Minister für Schwerindustrie gewesen war und kein ausgeprägtes umweltpolitisches Profil entwickelte. Zwar

---

[128] Vgl. GILSENBACH, Reimar (1989), Der Minister blieb, die Grünen kommen, S. 115; HÜBLER, Karl-Hermann (1990), DDR-Umweltpolitik, S. 248. Z. B. war das Umweltprogramm der CDU weitgehend nichtssagend vgl. MAIZIÈRE, Lothar de (1990), Öko-Soziale Marktwirtschaft.

[129] Die Wahlergebnisse der Volkskammerwahlen: Allianz für Deutschland 48,1 %, SPD 21,9 %, PDS 16,4 %, FDP 5,3 %, Bündnis 90 2,9 %, Die Grüne Partei 2,0 %. Vgl. JARAUSCH, Konrad H. (1995), Die unverhoffte Einheit 1989-1990, S. 195.

[130] Vgl. WIELGOHS, Jan/SCHULZ, Marianne (1991/92), Von der illegalen Opposition in die legale Marginalität, S. 123. Überraschender Weise erreichten die Grünen in den ökologischen Katastrophengebieten nur sehr niedrige Stimmanteile, während sie in ökologisch intakten Regionen besser abschnitten. Vgl. JORDAN, Carlo (1993), Im Wandel, S. 243.

brachte er ein Umweltschutzprogramm für die Region Bitterfeld auf den Weg, obschon es Betriebsschließungen aus ökologischen Gründen und den Verlust von 1.500 Arbeitsplätzen vorsah.[131] Auch stieg die DDR im Sommer aus Sicherheitsgründen und aus ökonomischen Erwägungen aus der Atomenergie aus.[132] Der größte Erfolg der DDR-Umweltpolitik war die Verabschiedung des Nationalparkprogramms auf der letzten Sitzung des Ministerrates, das der Stellvertretende Umweltminister Succow maßgeblich vorbereitet hatte und das Minister Steinberg erst auf massiven Druck der Umweltbewegung unterstützte. Dadurch wurden 14 Großschutzgebiete, die einen Anteil von 3,7 % der Landesfläche ausmachten, endgültig unter Schutz gestellt.[133]

Aber in den allermeisten grundlegenden Umweltfragen kam Minister Steinberg der (westdeutschen) Industrie weit entgegen. So bot er einem Konsortium westdeutscher Energiekonzerne gegen den erklärten Willen der Volkskammer die gesamte DDR-Energiewirtschaft zum Kauf an. Diese so genannten „Stromverträge" behinderten die Gründung kommunaler Versorgungsunternehmen, die dezentrale Erzeugung von Strom und Heizenergie durch Kraft-Wärme-Kopplung sowie Energiesparmaßnahmen; dadurch wurde die Chance einer umweltfreundlicheren Neustrukturierung der ostdeutschen Energiewirtschaft vergeben.[134]

Das Muster des Institutionentransfers galt auch für die Vereinigung von DDR- und bundesdeutscher Umweltpolitik. Das DDR-Umweltministerium richtete seine Politik nahezu umfassend an bundesdeutschen Vorstellungen aus. Das Ziel der gesamtdeutschen Umweltpolitik war „die Einheitlichkeit der ökologischen Lebensverhältnisse auf hohem, mindestens jedoch dem in der Bundesrepublik Deutschland erreichtem Niveau" (Art. 34 Abs. 1 Einigungsvertrag).

Wie war es angesichts der hier skizzierten politischen Entwicklung um die *umweltpolitischen Partizipations-* und *Kooperationsmöglichkeiten* für lokale Umweltgruppen bestellt? In den Augen der Bevölkerung besaßen auch die lokalen und regionalen Gremien und Verwaltungen des SED-Regimes keine Legitimation mehr. Im Herbst 1989 traten unter dem Druck der Bürgerbewegung und der Massendemonstrationen viele Mandats- und Funktionsträger auf Bezirks-, Kreis- und Gemeindeebene zurück oder meldeten sich krank.

---

[131] Vgl. Tagesspiegel 3.5.1990.

[132] Vgl. STINGLWANGER, Wolfgang (1999), Die Energiepolitik der DDR und ihre wirtschaftlichen und ökologischen Folgen, S. 194-195.

[133] Ausführlich dazu im Fallbeispiel Templin, S. 197-200.

[134] Grundlegend dazu MATTHES, Felix Christian (2000), Stromwirtschaft und deutsche Einheit. Vgl. auch JÄNICKE, Martin/MEZ, Lutz/PÖSCHK, Jürgen (1991), Die Energiesituation in der vormaligen DDR, S. 107-111; NOOKE, Günter (1992), Strukturen einer neuen Energiepolitik nach den Vorstellungen der Volkskammer und der Wirtschaftsministerien der neuen Bundesländer, S. 10-18.

Erst durch die Einbeziehung von VertreterInnen der Bürgerbewegung an lokalen Runden Tischen und die Bildung lokaler „Interimsregierungen“ erfuhr die Tätigkeit der Kommunalverwaltungen eine neue Legitimation.[135] So war Mitte Februar 1990 die Arbeitsfähigkeit der Räte in den Ostberliner Stadtbezirken nach Aussage der Stellvertretenden Bürgermeisterin Pankraz (SED) nur „mit Unterstützung der Runden Tische“ gewährleistet.[136] Eine andere Form der Bürgerbeteiligung war die Bildung so genannter „Bürgerkomitees“, deren Aufgabe es war, die Kommunalverwaltungen zu kontrollieren und Amtsmissbrauch aufzudecken. All diese, im Vergleich zur Zeit vor und nach den Runden Tischen unerhört weitgehenden Partizipationsrechte für weder partei- noch verbandsförmig verfasste Oppositionsgruppen wurden von der Volkskammer und dem Ministerrat nachträglich bestätigt.[137]

Die lokalen Runden Tischen befassten sich vorwiegend und sehr intensiv mit konkreten kommunalen Problemen. Auch einzelne BürgerInnen konnten dort erfolgreich Anträge einbringen. Damit stellten die lokalen Runden Tische eine neue Form der kommunalen Öffentlichkeit dar und waren Gremien, die die alltäglichen Probleme der BürgerInnen schnell wahrnahmen, sie in die politische Diskussion einbezogen und in die formalen Entscheidungsprozesse vermittelten.[138]

Umweltbewegung, Umweltgruppen und BürgerInnen konnten ihre umweltpolitischen Forderungen an den Runden Tischen vorbringen und dort über die Maßnahmen mitentscheiden. Dies lässt sich am Beispiel Ostberlins illustrieren, wo Umweltgruppen in Gesprächen mit dem Ostberliner Umweltstadtrat Tränkner im Dezember 1989 vereinbarten, dass je ein Vertreter des Grünen Netzwerkes Arche, der Grünen Partei und der Grünen Liga in die „Ständige Kommission Umweltgestaltung und Umweltschutz“ des Ostberliner Stadtparlaments berufen wurde und dort Stimmrecht erhielt. Weiter wurde ein unabhängiger Umweltbeirat eingerichtet; Umweltgruppen berieten mit dem Ostberliner Magistrat regelmäßig Sachthemen wie die Wasserversorgung, die Grundwassersanierung, die Müllverbrennungsanlage in Lichtenberg und den Zugang zu Umweltdaten.[139] Wenn Umweltgruppen, Parteien und Verwaltungen die sich bieten-

---

[135] Vgl. LORENZ, Sabine/WEGRICH, Kai (1998), Lokale Ebene im Umbruch, S. 31; TIMMER, Karsten (2000), Vom Aufbruch zum Umbruch, S. 315.

[136] Berliner Zeitung 16.2.1990.

[137] Vgl. KLEINFELD, Ralf (1996), Kommunalpolitik, S. 272.

[138] Vgl. IZEKI, Tadahisa (1999), Das Erbe der Runden Tische in Ostdeutschland, S. 85-89; HAHN, André (1998), Der Runde Tisch, S. 46; Interview mit Steffen HERCHER und Norbert WILKE.

[139] Vgl. Neues Deutschland 7.12.1989; Berliner Zeitung 21.12.1989. Michael Schult vom Grünen Netzwerk Arche umriss die Möglichkeiten wie folgt: „Hier ergibt sich eine konstruktive Möglichkeit, von der Phase des Forderns in die Phase der aktiven Gestaltung von Umweltpolitik überzugehen. Bleibt abzuwarten, wie der Magistrat auf konkrete Vorstellungen

den umweltpolitischen Gelegenheiten entschlossen und kompetent wahrnahmen, konnten sie bemerkenswerte Erfolge erzielen.[140]

Nach den Kommunalwahlen am 6. Mai 1990 lösten sich die meisten lokalen Runden Tische auf, weil die neuen MandatsträgerInnen durch die Wahl demokratisch legitimiert waren. Viele ehemalige Oppositionelle und Mitglieder von Runden Tischen wurden in kommunalpolitische Führungsämter gewählt. In den Kommunalparlamenten gab es eine enge, sachliche Zusammenarbeit über Parteigrenzen hinweg, aber in Abgrenzung zur SED/PDS. Die KommunalpolitikerInnen behielten den konsensorientierten Stil der Runden Tische bei und fällten in den ersten ein, zwei Jahren viele Entscheidungen sehr spontan, ohne Rücksicht auf bestehendes Recht und die später dominante Verwaltungspraxis des Westens zu nehmen.[141] Dieser Politikstil gewährte lokalen Umweltgruppen auch noch nach dem Ende der lokalen Runden Tische einen relativ guten Zugang zu den kommunalen Instanzen.

Insgesamt führten die politischen Entwicklungen in der Umbruchzeit zu einer bemerkenswerten Ausweitung der umweltpolitischen Partizipations- und Kooperationsmöglichkeiten auf lokaler Ebene insbesondere in der Zeit der Runden Tische, aber auch noch nach den Kommunalwahlen im Mai 1990. Die Bedingungen der DDR-Kommunalpolitik waren sehr „bewegungsfreundlich“.[142] Bemerkenswert dabei ist, dass es sich nicht um einklagbare Rechte handelte, sondern dass die Beteiligung der demokratisch nicht legitimierten Umweltgruppen an den Entscheidungsprozessen informeller Natur war und auf einem politischen Konsens beruhte. Dieser Sachverhalt scheint mir für die Einschätzung der rechtlich abgesicherten Partizipationsmöglichkeiten wie die Beteiligungsrechte von Umweltverbänden in der Bundesrepublik, die aber gegen politischen Widerstand ankämpfen müssen, aufschlussreich zu sein.

2.1.2. Der Umbruch der umweltpolitischen Institutionen

Das Umweltrecht, die Umweltverwaltungen sowie der politische Status der lokalen Ebene waren in der Wendezeit einem umfassenden Wandel unterworfen.

---

und Aktionen der ökologischen Gruppen reagiert und ob das angebotene Mitspracherecht auch in der politischen Praxis bestehen wird.“ ARCHE NOVA 5 vom 1.5.1990, S. 484.

[140] So verhinderte der Runde Tisch in Leipzig im Zusammenspiel mit den VertreterInnen der Umwelt- und Bürgerbewegung im Stadtrat sowie mit großen Demonstrationen den Abriss von Altbauten in der Innenstadt, richtete ein Umweltdezernat ein, trieb den Aufbau eines kommunalen Energieversorgungssystems voran und stoppte den Braunkohleabbau im Leipziger Auewald. Vgl. RINK, Dieter (1995), Bürgerbewegung und Kommunalpolitik in Ostdeutschland, S. 85-96.

[141] Vgl. EIßEL, Dieter (1995), Problemfelder und Lösungskapazitäten in den Kommunen Ostdeutschlands, S. 138.

[142] KLEINFELD, Ralf (1996), Kommunalpolitik, S. 320.

Grundlage für die Neuformulierung des *Umweltrechts* in der DDR war der Staatsvertrag, der am 1. Juli 1990 in Kraft trat. Er legte die Bedingungen für die wirtschafts- und sozialpolitische Integration der DDR in die Bundesrepublik fest. Dazu bedurfte es auch umweltrechtlicher Regelungen, die beispielsweise die Zulassung von Neuinvestitionen und die Sanierung von Altanlagen betrafen. Artikel 16 des Staatsvertrags sah die schnelle Verwirklichung einer „Umweltunion" vor. Unter den gegebenen Bedingungen schien die Übernahme der bundesdeutschen Umweltgesetze schneller und einfacher umsetzbar zu sein als die Neuformulierung eines gesamtdeutschen oder speziell ostdeutschen Umweltrechts, obwohl im Frühsommer 1990 in der DDR die Bedingungen für die Umsetzung und Anwendung des komplizierten bundesdeutschen Umweltrechts noch nicht gegeben waren.[143]

Konkret ausgestaltet wurde die Umweltunion durch das „Umweltrahmengesetz", das am 29. Juni von der DDR-Volkskammer verabschiedet wurde und zusammen mit dem Staatsvertrag am 1. Juli 1990 in Kraft trat. Danach galt in der DDR mit einigen qualitativen Abstrichen, Übergangsfristen und Verfahrenserleichterungen das Bundesumweltrecht. Da es zu der Zeit in der DDR noch keine Bundesländer gab – sie existierten erst seit der Vereinigung am 3. Oktober 1990 –, fehlten in der DDR die umweltrechtlichen Regelungen der Länderebene für die Bereiche Abfallrecht, Naturschutzrecht, Wasserrecht und Raumordnung. Für diese Bereiche blieb daher zunächst das bisherige DDR-Umweltrecht in Kraft.[144] Abgesehen davon fanden DDR-Umweltgesetze, trotz unstreitiger Qualitäten einiger DDR-Vorschriften der Umbruchzeit wie das Gesetz zur Umweltverträglichkeitsprüfung oder die progressiven Ansätze im Naturschutz, keinen Eingang in das gesamtdeutsche Umweltrecht.[145] Ergänzend kamen mit dem Einigungsvertrag vom 3. Oktober 1990 weitere bundesdeutsche Regelungen und Gesetze hinzu. Rechtliche Chancengleichheit spielte in der Umbruchphase für Betroffene, Umweltgruppen und –verbände keine Rolle.

In dieser Situation politischer und umweltrechtlicher Unsicherheit vollzog sich der Neuaufbau der *Umweltverwaltungen* in Ostdeutschland. Im Mai waren die DDR-Bezirke, die mit Abstrichen den bundesdeutschen Ländern entspra-

---

[143] Vgl. JÜRK, Willy (1991), Zum Umweltrecht im deutsch-deutschen Einigungsprozess, S. 80-82.

[144] Betroffen waren der Immissionsschutz, die kerntechnische Sicherheit und der Strahlenschutz, die Wasserwirtschaft, die Abfallwirtschaft, das Chemikalienrecht, Naturschutz und Landschaftspflege sowie die Umweltverträglichkeitsprüfung. Vgl. SPRENGER, Rolf-Ulrich/HARTMANN, Martin/WACKERBAUER, Johan (1991), Umweltschutz in den neuen Bundesländern, S. 76-83.

[145] Ein eklatanter Fall war das Gesetzt zur Umweltverträglichkeitsprüfung (UVP) der DDR, das inhaltlich teilweise höhere Anforderungen als das UVP-Gesetz der Bundesrepublik formulierte, aber durch das bundesdeutsche UVP-Gesetzt abgelöst wurde, das aber erst ab dem 1.8.1990 galt. Vgl. JÜRK, Willy (1991), Zum Umweltrecht im deutsch-deutschen Einigungsprozess, S. 83.

chen, aufgelöst worden. Es entstand eine beträchtliche administrative Leerstelle. Daraus ergab sich ein erheblicher Handlungsspielraum beim Aufbau der Landesumweltverwaltungen. In Brandenburg beispielsweise bereitete die bereits aufgelöste Bezirksverwaltung die Organisationsstruktur des Brandenburger Umweltministeriums vor und orientierte sich dabei an den alten Bundesländern, insbesondere dem Partnerland Nordrhein-Westfahlen.[146] Feste Formen konnte der Prozess allerdings frühestens nach den ostdeutschen Landtagswahlen im Oktober 1990 annehmen.

Die Vereinigung der Ost- und Westberliner Verwaltungen ging im Vergleich zum Um- und Neubau der ostdeutschen Umweltverwaltungen rascher, aber auch nicht ohne Reibungen vonstatten. Nach den Kommunalwahlen im Mai 1990 arbeiteten der Ostberliner Magistrat unter Bürgermeister Schwierzina (SPD) und der Westberliner Senat unter Momper (SPD) eng zusammen und tagten gemeinsam. Mit der staatlichen Vereinigung am 3. Oktober 1990 wurden auch Ost- und Westberlin offiziell vereinigt. In einem umfangreichen Gesetzespaket, dem so genannten „Mantelgesetz", übernahm der Ostberliner Magistrat einen Großteil der Westberliner Bestimmungen.[147]

Einige Ostberliner Stadtbezirke schufen noch vor den Kommunalwahlen im Mai 1990 neue Abteilungen für Umwelt- und Naturschutz. Nach den Kommunalwahlen richteten viele der neu gewählten Bezirksparlamente eigenständige Dezernate für den Umwelt- und Naturschutz ein. Um den drängenden Umweltproblemen in Ostberlin wirkungsvoll begegnen zu können, wurden – anders als in den Westberliner Bezirken, wo die Umweltabteilungen anderen Ämtern wie dem Bau- oder Gesundheitsamt zugeordnet waren – starke Dezernate geschaffen, in denen alle relevanten Abteilungen gebündelt waren. Damit wurde die Aufsplitterung der Umwelt-Zuständigkeiten vieler westdeutscher Kommunen vermieden.[148]

Der Einfluss von Umweltgruppen auf die Umweltverwaltungen wurde zum Teil durch gestärkte Beteiligungs- und Partizipationsrechte gerade auf lokaler Ebene gegenüber der späten SED-Zeit deutlich verbessert. Vor allem aber entstanden enge personelle Verbindungen zwischen Umweltverwaltungen und Umweltverbänden, weil viele der vormals ehrenamtlich aktiven UmweltschützerInnen in den Umweltverwaltungen eingestellt wurden. Allein im Naturschutz konnte der Stellvertretende Umweltminister Succow im Februar 1990 auf Kreis-

[146] Vgl. EISEN, Andreas (1996), Institutionenbildung im Transformationsprozess, S. 85, 173-197.
[147] Vgl. MOMPER, Walter (1991), Grenzfall, S. 362-375, 418-425.
[148] Vgl. NABROWSKY, Heinz (1992), Den Bock zum Gärtner machen?, S. 33.

und Bezirksebene rund 1.000 Stellen schaffen, die vorwiegend mit NaturschützerInnen aus der GNU besetzt wurden.[149]

Der *Status der lokalen Ebene* wurde zu Beginn der Umbruchzeit im Vergleich zur nationalen oder Bezirksebene noch am wenigsten von der bundesdeutschen „Außensteuerung" im Vereinigungsprozess berührt.[150] Die Städte, Gemeinden und Kreise überlebten als einzige Ebene die Auflösung der DDR. Aber der Übergang von der zentralistischen DDR-Staatsorganisation zum föderativen Verfassungs- und Rechtsmodell der Bundesrepublik zog einen fundamentalen institutionellen Wandel nach sich. Die lokalen Verwaltungen und Sachgebietsgliederungen mussten völlig neu geordnet, vor allem aber sollten möglichst rasch handlungsfähige Strukturen geschaffen werden.[151]

Der personelle und institutionelle Umbau begann mit der Einsetzung der lokalen Runden Tische im Winter 1989 und trat nach der Kommunalwahl im Mai 1990 in seine entscheidende Phase. Am 17. Mai 1990 verabschiedete die DDR-Volkskammer die Kommunalverfassung, die den ostdeutschen Städten und Gemeinden wieder das Selbstverwaltungsrecht und den Status einer eigenständigen Körperschaft einräumte.[152] Die Kommunalverfassung richtete sich dabei am Kommunalmodell der Bundesrepublik aus, knüpfte aber auch an etliche basisdemokratische und partizipative Elemente wie Bürgerantrag, Bürgerentscheid und Bürgerbegehren vom Herbst 1989 an.[153]

Die Kommunen mussten viele neue umweltpolitische Aufgaben in den Bereichen Abfallwirtschaft, Wasser, Abwasser, Verkehr, Öffentlicher Personennahverkehr (ÖPNV), Stadtplanung und Genehmigungen wahrnehmen und umweltrelevante Entscheidungen treffen. Da der Aufbau der Länderverwaltungen erst nach der Bildung der Länderregierungen Ende Oktober 1990 in Gang kam, agierten die ostdeutschen Kommunen vom Winter 1989/90 bis mindestens Oktober 1990, insbesondere in der Zeit zwischen Mai und Oktober 1990, praktisch ohne staatliche Aufsicht und Anleitung.[154] Die wichtigsten Aufgabenbereiche des kommunalen Umweltschutzes waren die Reparatur und Modernisierung der

---

[149] Vgl. RÖSLER, Markus (1998), Das Nationalparkprogramm der DDR, S. 567; Rat von Sachverständigen für Umweltfragen (SRU) (1996), Umweltgutachten 1996, S. 229; Interview mit Michael SUCCOW.

[150] Vgl. NASSMACHER, Hiltrud (1994), Transformationsprozesse aus regionaler und lokaler Perspektive, S. 14-15.

[151] Vgl. SCHEYTT, Oliver (1992), Reorganisation der kommunalen Selbstverwaltung; SCHEYTT, Oliver (1993), Die Kommunen der neuen Bundesländer im Umbau; SCHLIESING, Helmut (1993), Praxisbericht, S. 21.

[152] Vgl. BULLMANN, Udo/SCHWANENGEL, Wito (1995), Zur Transformation territorialer Politikstrukturen, S. 208-211.

[153] Vgl. LORENZ, Sabine/WEGRICH, Kai (1998), Lokale Ebene im Umbruch, S. 30-31.

[154] Vgl. WEGRICH, Kai/JAEDICKE, Wolfgang/LORENZ, Sabine/WOLLMANN, Hellmut (1997), Kommunale Verwaltungspolitik in Ostdeutschland, S. 27; WOLLMANN, Hellmut (1998), Um- und Neubau der Kommunalstrukturen in Ostdeutschland, S. 153-154.

maroden Infrastruktur, vor allem bei der Trinkwasserbereitstellung und den Abwasseranlagen. Auch schufen die rasant ansteigende individuelle Motorisierung auf Kosten des ÖPNV und wachsende Müllberge neue kommunale Umweltprobleme.[155]

In Anbetracht der in Auflösung und im Fluss befindlichen institutionellen Strukturen verwundert es nicht, dass es in Ostdeutschland zu erheblichen *Vollzugsdefiziten* im Umweltbereich kam.[156] Das Überstülpen des höchst komplizierten westdeutschen Umweltrechts auf die DDR führte nahezu zwangsläufig zu Umsetzungs- und Akzeptanzproblemen, weil die entsprechenden administrativen Strukturen und das Personal fehlten und die neuen Institutionen auf ein anderes Wertesystem, ein anderes Umweltbewusstsein, einen anderen Wissensstand und eine andere gesellschaftliche Situation als in der Bundesrepublik trafen.[157] Besonders schwer wog, dass im bundesdeutschen System der Vollzug der Umweltpolitik im Wesentlichen Ländersache war, die ostdeutschen Bundesländer aber noch nicht existierten.

Dennoch konnten die DDR-Umweltverwaltungen wegen des Engagements ihrer MitarbeiterInnen und auf Grund ihrer Improvisationsfähigkeit im lokalen Bereich „teilweise beachtenswerte Aktivitäten" entfalten.[158] Trotzdem wurde vielerorts gegen Umweltrecht verstoßen. So wurden Häuser und Produktionsanlagen, aber auch Infrastrukturmaßnahmen ohne die umweltrechtlichen Prüfungen und Genehmigungen geplant und errichtet. Die Umweltbehörden mussten dieses Vorgehen nachträglich tolerieren, weil ein Verbot oder gar ein Abriss von Häusern und Anlagen politisch nicht durchsetzbar gewesen wäre.

Lokale Umweltgruppen und Bürgerinitiativen nahmen teilweise eine Kontrollfunktion ein. Sie beschafften sich Umweltinformationen beispielsweise über die Emissionen von Betrieben und konnten vor allem an Runden Tischen den Verstoß gegen Umweltgesetze anprangern und die Umweltbehörden auf Verstöße aufmerksam machen.[159] Aber die lokalen Umweltgruppen waren ebenso wie die Umweltbehörden mit dieser Aufgabe wegen der Vielzahl der Fälle überfordert.

Resümierend kann man die politisch-institutionellen Rahmenbedingungen während der Umbruchzeit als sehr günstig für lokale Umweltgruppen bezeich-

---

[155] Vgl. EIßEL, Dieter (1995), Problemfelder und Lösungskapazitäten in den Kommunen Ostdeutschlands, S. 123-124.

[156] Der umweltpolitische Vollzug, der in der Untersuchungssystematik den Entscheidungsstrukturen zugerechnet wird, lässt sich erst nach der Erläuterung der institutionellen Bedingungen sinnvoll betrachten.

[157] HÜBLER sieht hier die typischen Fehler einer nachholenden Modernisierung in der Entwicklungspolitik wiederholt, HÜBLER, Karl-Hermann (1992), Möglichkeiten und Grenzen des Transfers westlicher Umweltphilosophien und -strategien in die neuen Bundesländer, S. 7.

[158] EISEN, Andreas (1996), Institutionenbildung im Transformationsprozess, S. 223.

[159] Vgl. WOLLE, Iri (1990), Golfplätze; WOLLE, Iri (1990), Wildwest im Osten; LIEBOLD, Edda (1991), Planungsziel Freizeit-Landschaft; Tagesspiegel 4.4.1990.

nen. Für die Einschätzung der umweltpolitischen Entwicklung der Umbruchzeit ist es sinnvoll, zwischen der kurzfristig realisierten Umweltpolitik und den grundlegenden Weichenstellungen für die Strukturen lokaler Umweltpolitik zu unterscheiden, die sich erst später auswirkten.

Was die kurzfristig realisierte Umweltpolitik angeht, wurden sowohl auf nationaler als auch auf lokaler Ebene bei der Vermeidung von Umweltbelastungen und beim Umweltschutz enorme Fortschritte erzielt, oftmals gerade wegen der weitreichenden Partizipation von Umweltgruppen. Angesichts der großen lokalpolitischen Freiräume handelte es sich um „die große Zeit kommunaler Projekte", weil seit dem Sturz des SED-Regimes „die Einflussmöglichkeiten politischer, wirtschaftlicher und kultureller Art auf kommunaler Ebene so groß" wie selten in der deutschen Geschichte waren.[160] Aber nur ein Teil der umweltpolitischen Akteure verfügte über die erforderlichen Handlungskapazitäten, um die vorhandenen Spielräume nutzen zu können.

Bei den grundlegenden, langfristigen Weichenstellungen umweltpolitischer Strukturen wie dem Umweltrecht, dem Aufbau von Umweltverwaltungen und den Grundsatzentscheidungen in der Energie-, Verkehrs-, Industrie- und Agrarpolitik bestanden ebenfalls gewisse Spielräume, weil die alten umweltpolitischen Strukturen der SED-Zeit im Zuge des Systemwechsels umfassend erneuert bzw. neu geschaffen werden mussten. Allerdings war es unrealistisch, auf eine ökologische Wende in der DDR bzw. in Ostdeutschland zu hoffen, die über das westdeutsche Niveau hinausgegangen wäre. Das Vorbild der Bundesrepublik war zugleich Hemmschuh einer weitergehenden umweltpolitischen Entwicklung, weil, wie Hübler kritisch anmerkt, eine in der Bundesrepublik nur begrenzt erfolgreiche Umweltpolitik auf die DDR bzw. die neuen Bundesländer übertragen wurde, der zudem die institutionellen Voraussetzungen fehlten.[161] Die für eine fortschrittliche Umweltpolitik wichtigen Elemente wie Vorsorge, integrierter Umweltschutz, geschlossene Stoffkreisläufe und eine Integration der Umweltpolitik in andere Politikfelder wurden im Vereinigungsprozess vernachlässigt.

2.2. Die umweltpolitische Öffentlichkeit erwacht

Nach der Geheimhaltung von Umweltdaten und der strengen Medienzensur während der achtziger Jahre verbesserten sich die Bedingungen der umweltpolitischen Öffentlichkeit in der Umbruchzeit deutlich. Das lässt sich erstens an Hand des Zugangs zu Umweltinformationen sowie der staatlichen Informations-

[160] ERD, Rainer (1992), Neue Politikräume auf kommunaler Ebene, S. 21.

[161] Vgl. HÜBLER, Karl-Hermann/CASSENS, Hans-Jürgen (1991), Umweltpolitik in den neuen Bundesländern, S. 61.

politik und zweitens an der Herausbildung einer umweltpolitischen Öffentlichkeit in der DDR zeigen.

Eine der ersten politischen Forderungen von Umweltgruppen, Bürgerbewegung und Bevölkerung im Herbst 1989 betraf die Freigabe und Veröffentlichung von Umweltinformationen. So verlangten Ende Oktober rund 400 ZuhörerInnen auf einer Veranstaltung von Umweltminister Reichelt „eine reelle Einschätzung der Umweltbelastungen und mehr Informationen über den Zustand von Wasser, Luft und Boden."[162] Ebenfalls ein Novum war, dass diese Forderungen in der „Berliner Zeitung", dem damaligen Organ der Ostberliner SED-Bezirksleitung, abgedruckt wurden. Beispiele dieser Art kündigten das Aufflammen einer lebhaften, öffentlichen Umweltdebatte an.

Am 2. November 1989 beschloss der DDR-Ministerrat, dass Daten über den Zustand der natürlichen Lebensumwelt grundsätzlich öffentlich seien sollten. Damit wollte er einem demokratischen Recht der BürgerInnen entsprechen, sie zu mehr persönlicher Verantwortung motivieren und die umweltpolitischen Beteiligungsmöglichkeiten für BürgerInnen und gesellschaftliche Organisationen verbessern. Die Ostberliner Stadtverordnetenversammlung beschloss am 3. November 1989 ebenfalls die Freigabe und Veröffentlichung von Umweltdaten.[163] Nicht nur das DDR-Umweltministerium gab daraufhin nationale Umweltberichte heraus, sondern auch eine Reihe von regionalen und lokalen Behörden legten eigene Umweltberichte und -informationen vor, um den Forderungen von BürgerInnen, Volksvertretungen oder Runden Tischen nach Offenlegung spezifischer Umweltbelastungen nachzukommen.[164] Insbesondere an den Runden Tischen gab es große Fortschritte hinsichtlich der Bekanntgabe von Umweltdaten, der Transparenz von Entscheidungen und der Beteiligung der Öffentlichkeit. Auf der lokalen Ebene ergaben sich dort oder direkt zwischen Umweltgruppen und staatlichen Stellen oder Betrieben viele, auch informelle Kontakte, über die lokale Umweltgruppen wichtige Umweltdaten zum Beispiel aus der Produktion erhielten.[165] Damit war für lokale Umweltgruppen eine hohe *Umwelttransparenz* gegeben, abgesehen von der politischen und rechtlichen Unsicherheit, die aber alle Akteure betraf.

Die Medien übernahmen nach dem Ende der Zensur eine ganz neue Rolle in der Umweltberichterstattung. Tagespresse, Radio und Fernsehen veröffentlichten regelmäßig Umweltdaten und berichteten immer offener und kompetenter über Ökologie im Allgemeinen, über Umweltpolitik sowie das Ausmaß der

---

162 Berliner Zeitung 26.10.1989. Vgl. auch Berliner Zeitung 30.10.1989.

163 Vgl. Berliner Zeitung 4.11.1989.

164 Vgl. MATTHES, Felix Christian (2000), Stromwirtschaft und deutsche Einheit, S. 219.

165 Vgl. HEINISCH, Emanuel (1992), Umweltbelastung in Ostdeutschland, S. 3, 16; KUNERT, Christine (1992), Umweltverträglichkeitsprüfung in Raumordnung und Landesplanung, S. 91; Interview mit Ernst PRIES.

Umweltzerstörung in der DDR.[166] Seit der Maueröffnung am 9. November 1989 waren auch westdeutsche Zeitungen, Zeitschriften und Bücher verfügbar, die ausführlich über den Zustand der DDR-Umwelt berichteten. Schließlich schossen mit der Entfaltung der DDR-Umweltbewegung im Herbst 1989 zahlreiche Informationsblätter und Flugschriften aus dem Boden, die Aktionen ankündigten, Alltagsinformationen über die Umweltverträglichkeit bestimmter Waren verbreiteten oder sich einem bestimmten Anliegen des Natur- und Umweltschutzes verpflichtet sahen. Sie waren aber mit einer Flut anderer politischer Informationen konfrontiert, gegen die sie sich nur schwer behaupten konnten.[167] Insgesamt nahm die umweltpolitische Kapazität des Mediensystems mit einer breiten Darstellung von Umweltproblemen in allen Medien sprunghaft zu.

Die Medienberichterstattung und die betroffene Bevölkerung richteten ihre Aufmerksamkeit vor allem auf die Veröffentlichung extrem hoher, aber meist lokal begrenzter Umweltbelastungen.[168] Die Darstellung solcher Umweltskandale führte dazu, dass das Bild über den Zustand der DDR-Umwelt trotz zweifellos erheblicher lokaler und regionaler Belastungen negativ überzeichnet wurde. Zugleich konnten Meldungen über Umweltskandale für Umweltgruppen sehr hilfreich sein, wenn es um ihre Themen und Forderungen ging.[169] Auch hatten sie in der Wendezeit auf Grund ihres Fachwissens einen guten Zugang zu den lokalen Medien.

2.3. Die Transformation des DDR-Wirtschaftssystems

Der Zustand der DDR-Ökonomie war am Ende der SED-Ära im Herbst 1989 äußerst schlecht.[170] Die DDR war faktisch, wenn auch nicht im juristischen Sinne, bankrott. Sie hatte jahrelang über ihre Verhältnisse gelebt, was die innere und äußere Verschuldung sowie der Verfall des Kapitalstocks dokumentieren. Insofern war der wirtschaftliche Zusammenbruch ohne durchgreifende Veränderungen der ökonomischen Strukturen abzusehen.[171] Die Modrow-Regierung begann sehr zögerlich mit der Umwandlung der DDR-Planwirtschaft in eine Marktwirtschaft. Sie beschloss am 1. März 1990 die Einrichtung der Treuhand-

---

166 Vgl. Berliner Zeitung 2.11.1989; Berliner Zeitung 4.11.1989; Neues Deutschland 15.11.1989. Ab März 1990 gab es regelmäßig eine Umweltseite in der Berliner Zeitung.

167 „Man wurde erschlagen von der Flut der Informationen." Interview mit André BOWE. Ebenso TIMMER, Karsten (2000), Vom Aufbruch zum Umbruch, S. 375.

168 Vgl. BACHMANN, Günther (1991), Umweltsanierung zwischen Großversuch und Illusion, S. 1067.

169 Vgl. das Fallbeispiel der Mülldeponie in Schöneiche.

170 Auch bei der Darstellung der sozio-ökonomischen Bedingungen weiche ich von der Reihenfolge der Untersuchungskriterien ab und stelle die Wirtschaftspolitik voran, die mit ihren Entscheidungen die Konjunktur und die Wirtschaftsstruktur prägte.

171 Vgl. AHRENS, Ralf (2000), Gegenseitige Wirtschaftshilfe?, S. 330; STEINER, André (1999), Zwischen Konsumversprechen und Innovationszwang.

anstalt, mittels derer die „volkseigenen“ Kombinate, Betriebe und Einrichtungen, die in Kapitalgesellschaften (Aktiengesellschaften und GmbHs) umgewandelt wurden, verwaltet werden sollten. Nach den Volkskammerwahlen wurde die Treuhandanstalt neu organisiert und als ihr Hauptzweck die rasche Privatisierung der DDR-Unternehmen festgelegt.[172]

Mit der Wirtschafts- und Währungsunion vom 1. Juli 1990 und der damit verbundene Einführung der DM in der DDR wurde die Umwandlung des Wirtschaftssystems unumkehrbar. Gleichzeitig wurden als wirtschaftspolitische „Schocktherapie“ die Preise in der DDR freigegeben, der Marktzugang geöffnet und Subventionen abgebaut, was die marode Volkswirtschaft der DDR von einem Tag auf den anderen der Weltmarktkonkurrenz aussetzte. Doch die DDR-Währung wurde durch die Währungsunion nicht abgewertet, wie es angesichts der niedrigen Leistungskraft der DDR-Wirtschaft ökonomisch sinnvoll gewesen wäre, sondern um mehr als 300 % aufgewertet; die Löhne stiegen. Das senkte die Wettbewerbsfähigkeit der DDR-Betriebe noch zusätzlich. Die bei diesem wirtschaftspolitischen Vorgehen notwendigen Transferzahlungen an die DDR wurden durch eine Kreditaufnahme der Bundesrepublik finanziert.[173]

Die Aufwertung der DDR-Währung, die Lohnsteigerungen, die veralteten technischen Standards, das Wegbrechen der traditionellen osteuropäischen Absatzmärkte und empfindliche Absatzverluste auf dem ostdeutschen Markt – die ostdeutsche Bevölkerung kaufte fast ausschließlich westliche Waren –, all dies führte zum Bankrott großer Teile der DDR-Industrie. Die bereits stark angeschlagene DDR-Wirtschaft geriet in eine tiefe Krise, die DDR-Produktion sackte 1990 auf das Niveau von 1985 ab. Im Frühling 1990 setzte die Arbeitslosigkeit ein, ein bis dahin in der DDR unbekanntes Phänomen. Bis Dezember 1990 stieg die Zahl der Arbeitslosen auf 642.000 an, das entsprach einer Arbeitslosenquote von 7,3 %. Weitere 2,2 Millionen Beschäftigte verloren ihre Arbeit und gingen in Kurzarbeit, in den Vorruhestand oder ließen sich umschulen.[174]

Der Zusammenbruch der DDR-Industrie führte zur Stilllegung umweltbelastender Betriebe, die die umweltpolitisch motivierten Betriebsschließungen bei Weitem in den Schatten stellte.[175] Gerade die besonders umweltbelastenden und energieintensiven Unternehmen waren in der Regel wenig wettbewerbsfähig. Die Schließungen führten zu einem deutlichen Emissionsrückgang bei Treibhausgasen, Staub, Schwefeldioxid, giftigen Abwässern und radioaktiver Strahlung. Diese ökologischen „wall fall profits“ waren eine unbeabsichtigte Nebenwirkung der ökonomischen Transformation und trugen zu einer deutlichen Um-

---

[172] Vgl. FISCHER, Wolfram/SCHRÖTER, Harm (1993), Die Entstehung der Treuhandanstalt; FREESE, Christopher (1995), Die Privatisierungstätigkeit der Treuhandanstalt, S. 42-70.
[173] Vgl. WIESENTHAL, Helmut (1995), Die Transformation Ostdeutschlands, S. 136-140.
[174] Vgl. JARAUSCH, Konrad H. (1995), Die unverhoffte Einheit 1989-1990, S. 150-163, 230-242.
[175] Vgl. TÖPFER, Klaus (1991), Umweltsanierung in den fünf neuen Ländern, S. 473.

weltverbesserung bei. In der Umbruchzeit wurde die erst einsetzende Arbeitslosigkeit – noch – nicht als Argument gegen umweltpolitische Maßnahmen vorgebracht, die in Konkurrenz zu ökonomischen Interessen standen. Doch sie sollte sich nach der Vereinigung als schwere Hypothek für die Umweltpolitik erweisen.

Auf der *lokalen Ebene* lässt sich für die Umbruchzeit trotz der beginnenden Arbeitslosigkeit kaum die Konstellation einer „Beschäftigungsfalle“ erkennen. Denn bei den Betriebsschließungen standen meist die ökonomischen und weniger die ökologischen Notwendigkeiten im Vordergrund. Die Beschäftigten erhofften sich zu Beginn der ökonomischen Transformation von der versprochenen wirtschaftlichen und ökologischen Modernisierung neben den „blühenden Landschaften“ auch neue, saubere Arbeitsplätze. Ökonomie und Ökologie wurden zum damaligen Zeitpunkt von der Bevölkerung nicht als Widerspruch, sondern eher als Einheit angesehen.[176]

Allerdings begann sich in der Umbruchzeit auf der lokalen Ebene ein für die DDR neuartiges Umweltproblem abzuzeichnen, das dem Konflikttyp der Beschäftigungsfalle sehr ähnelte. Es handelte sich um die Schaffung von Gewerbeflächen auf ökologisch wertvollen Flächen. Da die damit verbundenen Umweltkonflikte aber zum größten Teil erst nach der Vereinigung auftraten, wird das Problem hier nur kurz skizziert.[177]

Vor allem westdeutsche Investoren versuchten, in der rechtlich und politisch kaum reglementierten Zeit des „wilden Ostens“, Gemeindeland zu kaufen, um sich wertvollen Grund und Boden für wenig Geld zu sichern. Um von den Gemeinden den Zuschlag zu erhalten, versprachen sie Investitionen, mit denen sie eine unrealistisch hohe Zahl von Arbeitsplätzen schaffen und den Kommunen hohe Steuereinnahmen bescheren wollten. Die neu gewählten LokalpolitikerInnen gerieten mit der aufkommenden Arbeitslosigkeit und der Finanznot der Gemeinden unter einen großen Handlungsdruck, solchen Landverkäufen auch in ökologisch schützenswerten Gebieten zuzustimmen. Wenn entsprechende Pläne bekannt wurden, regte sich aber mitunter in der Bevölkerung umweltpolitischer Protest.[178] Lokalen Umweltgruppen und Bürgerinitiativen kam dabei die Aufgabe zu, vor Ort Umweltinteressen zu vertreten.

Zusammenfassend betrachtet führten die Betriebsschließungen zu einem Rückgang der industriebedingten Emissionen in der Luft und in Oberflächengewässern. Zugleich waren die meisten Unternehmen mit den wirtschaftlichen Folgen der Transformation beschäftigt. Der dadurch verursachte Verlust an institutionellem Kapital und Wissen führte dazu, dass die Betriebe weder national

---

176 Interviews mit Steffen HERCHER und Norbert WILKE; Ernst PRIES.

177 Vgl. die ähnliche Einschätzung bei RÖSLER, Markus (1998), Das Nationalparkprogramm der DDR, S. 587; Interview mit Roland RESCH und Norbert BUKOWSKY.

178 Vgl. WOLLE, Iri (1990), Golfplätze; WOLLE, Iri (1990), Wildwest im Osten; LIEBOLD, Edda (1991), Planungsziel Freizeit-Landschaft; Tagesspiegel 4.4.1990.

noch regional organisiert und nicht in der Lage waren, den Forderungen von Umweltbewegung und Umweltgruppen Paroli zu bieten. Deswegen waren die Wirtschaft allgemein sowie einzelne Unternehmen bei umweltpolitischen Auseinandersetzungen machtpolitisch geschwächt. Das Kräfteverhältnis in den lokalen Akteurkonstellationen verschob sich für die kurze Umbruchzeit zu Gunsten der Umweltgruppen.

2.4. Der Aufbruch der DDR-Umweltbewegung

In der Umbruchzeit entwickelte sich sehr rasch eine DDR-Umweltbewegung. Sie differenzierte sich inhaltlich und organisatorisch in kürzester Zeit aus, fand Beachtung in der Öffentlichkeit und gewann an umweltpolitischer Durchsetzungskraft, womit die allgemeinen Kriterien einer Umweltbewegung erfüllt waren. Voraussetzung dafür war der Aufbruch der Bürgerbewegung im Herbst 1989 gewesen, der den Umweltgruppen nach jahrelanger Einschränkung, Behinderung und Unterdrückung politische Freiräume eröffnete. Damit schuf der Umbruch sehr bewegungsfreundlichen Bedingungen.

Die Folge war eine „Boomphase" der Zivilgesellschaft, wie sie für einen Systemwechsel typisch ist.[179] BürgerInnen und Umweltgruppen konnten öffentlich für ihre Forderungen mobilisieren. Sie fanden Widerhall in den Medien und waren selbst an den Entscheidungsgremien beteiligt. Die herrschende Elite zerfiel, die Regierung Modrow unterstützte sogar die oppositionellen Parteien und Gruppen finanziell. Es herrschte eine ungeheure Aufbruchstimmung, die wahrgenommenen Erfolgsaussichten der DDR-Umweltbewegung waren riesig, wie Norbert WILKE von der Grünen Liga beschreibt:

> „Das Besondere an dieser Zeit war der Glaube, dass man nun mit ganz einfachen demokratischen Mitteln Verbesserungen im Umweltbereich erzielen könnte. Und anfänglich war das ja auch so. Es wurde das Nationalparkprogramm verabschiedet. Es wurden Anträge auf Unterschutzstellung eingereicht, bei denen es zu SED-Zeiten wenig Chancen gab."[180]

Bürgerbewegung und Umweltbewegung waren im Herbst 1989 inhaltlich, personell und organisatorisch nicht voneinander getrennt und profitierten wechselseitig voneinander. Die Umweltbewegung erhielt einen großen Zulauf von BürgerInnen, die „aktiv etwas machen wollten" gegen die Umweltverschmutzung.[181] Während die Mobilisierungsphase der Bürgerbewegung zur Jahreswende 1989/90 auslief und die direkte Politikgestaltung durch Runde Tische und De-

---

[179] Vgl. CROISSANT, Aurel/LAUTH, Hans-Joachim/MERKEL, Wolfgang (2000), Zivilgesellschaft und Transformation, S. 33.

[180] Interview mit Steffen HERCHER und Norbert WILKE. Ähnlich auch Interview mit Carlo JORDAN.

[181] Interview mit Steffen HERCHER und Norbert WILKE. Ähnlich auch Interview mit Ernst PRIES.

monstrationen im Frühjahr 1990 endete,[182] bildete sich aus der Bürgerbewegung und aus den zahlreichen, meist neu gegründeten Umweltgruppen eine eigenständige Umweltbewegung heraus und stellte sich auf die neue politische und gesellschaftliche Situation ein. Dieser Prozess lässt sich als Demobilisierung, Spezialisierung und beginnende Institutionalisierung der Umweltbewegung charakterisieren.[183] Mit dem Ende der Runden Tische und durch den weitgehend fremdbestimmten Einigungsprozess ging der Einfluss von Umweltgruppen und der Umweltbewegung gegen Ende der Wendezeit wieder zurück. Ihre Vorstellungen von einer „ökologischen Wende" wurden im Herbst 1990 von der Öffentlichkeit kaum noch angenommen.[184]

Der rasante Aufschwung *der Organisationsstruktur* der DDR-Umweltbewegung lässt sich am Beispiel der Bildung der Grünen Partei, der beiden Umweltverbände der Grünen Liga und des Naturschutzbunds sowie der lokalen Umweltgruppen organisatorisch nachvollziehen.[185] Im Herbst 1989 hegten die meisten AnhängerInnen der Ökologiebewegung die Hoffnung, die bestehenden Umweltgruppen unter dem Dach einer einzigen, schlagkräftigen Sammlungsbewegung, nämlich der Grünen Liga, formieren zu können.[186] Aus dem gleichen Kontext entstand parallel und teilweise in Konkurrenz dazu die Initiative zur Gründung der Grünen Partei. Das Engagement in Parteien und die Übernahme von Ämtern in Politik und Verwaltung lag für diejenigen UmweltaktivstInnen auf der Hand, die politischen Einfluss nehmen wollten.[187]

Als der Versuch scheiterte, eine „Grüne Liste" im Neuen Forum zu etablieren, und das Thema Ökologie in den allgemeinen Aktivitäten der Bürgerbewegung unterzugehen drohte, bildeten VertreterInnen der Umweltbewegung am 5. November 1989 eine Initiativgruppe zur Gründung der *Grünen Partei* in der DDR. Die UmweltaktivistInnen, die zum größten Teil aus oppositionellen Umweltgruppen kamen, wollten das Thema Ökologie besetzen und als Interessenvertretung in den DDR-Parlamenten geltend machen. Am 24. November wurde die Grüne Partei auf dem 6. Berliner Ökologieseminar, auf dem sich ein Gutteil der Umweltgruppen aus dem kirchlich-unabhängigen Spektrum traf, gegründet.

Sie baute bis zum Frühjahr 1990 eine landesweite, leistungsfähige Organisationsstruktur auf. Kernpunkt ihres auf dem ersten Parteitag am 10. Februar 1990 in Halle beschlossenen Programms waren detailliert ausgearbeitete Forderungen

---

[182] Vgl. FINDEIS, Hagen/POLLACK, Detlef/SCHILLING, Manuel (1994), Die Entzauberung des Politischen, S. 270-279.

[183] Vgl. HAMPELE, Anne (1996), Die Organisationen der Bürgerbewegung, S. 151-152.

[184] Vgl. BEHRENS, Hermann/BENKERT, Ulrike/HOPFMANN, Jürgen/MAECHLER, Uwe (1993), Wurzeln der Umweltbewegung, S. 18.

[185] Diese Einteilung nimmt auch vor RINK, Dieter (2001), Die ostdeutsche Umwelt- und Naturschutzbewegung, S. 17-21.

[186] Vgl. ARCHE NOVA 5 vom 1.5.1990, S. 475-480; KÜHNEL, Wolfgang/SALLMON-METZNER, Carola (1991), Grüne Partei und Grüne Liga, S. 187.

[187] Interview mit Carlo JORDAN.

zur Umgestaltung der Energie- und Rohstoffwirtschaft, der Abfallwirtschaft, der Land-, Forst- und Wasserwirtschaft, des Naturschutzes und der Verkehrspolitik. Dagegen blieb das Programm bezüglich der Transformationsprobleme in Wirtschaft und Gesellschaft eher blass.[188] Bei den verschiedenen Wahlen 1990 errang die Grüne Partei jeweils nur rund zwei Prozent der Stimmen und war weder in der DDR-Regierung noch in den neuen Landesregierungen vertreten. Auf kommunaler Ebene beteiligte sich die Grüne Partei an breiten Koalitionen mit CDU, SPD und Bündnis 90 gegen die SED/PDS. In den Gemeinde- und Kreistagen konnten kompetente und anerkannte „grüne" PolitikerInnen hin und wieder Mehrheiten für ihre Politik finden.

Zeitgleich, aber in eine ganz andere Richtung entwickelte sich die *Grüne Liga*, die aus den Gruppen der IG Stadtökologie der GNU und aus kirchlichen Umweltgruppen, die seit dem Sommer 1989 verstärkt zusammengearbeitet hatten, hervorging.[189] Am 18. November riefen Gruppen der IG Stadtökologie erstmals zur Bildung einer Grünen Liga als Netzwerk unabhängiger Umweltgruppen auf, am 3. Februar 1990 fand der Gründungskongress statt. Die Mitglieder der Grünen Liga dürften sich 1989/90 ungefähr zu 80 % aus den früheren IG Stadtökologie-Gruppen und zu 20 % aus kirchlichen Umweltgruppen und lokalen Naturschutz-Initiativen rekrutiert haben.

Die Grüne Liga verstand sich als überparteiliches, nicht-hierarchisches Netzwerk eigenständiger ökologischer Gruppen, Verbände und Bürgerinitiativen, das sich den Prinzipien der Dezentralität, Hierarchiefreiheit und Basisdemokratie verpflichtet sah. Organisatorisch schuf die Grüne Liga ein Netz regionaler und lokaler Anlaufstellen für ihre Mitglieder. Am Anfang existierten Umweltzentren in 14 Städten der DDR, die als Koordinierungsstellen der Umweltbewegung dienen sollten. Die Mitwirkung am zentralen Runden Tisch und am Volkskammer- und Kommunalwahlkampf blieb eine kurze Episode, da eine solche direkte politische Beteiligung die Gemeinnützigkeit und damit die staatliche Förderung der Grünen Liga gefährdet hätte. Ab Sommer 1990 rückte der Aufbau eines Netzwerks ökologischer Basisgruppen in den Mittelpunkt der Arbeit. Die DDR-weiten thematischen Arbeitsgruppen traten in den Hintergrund, die lokal ausgerichtete Projektarbeit gewann an Gewicht. Die Grüne Liga setzte den Schwerpunkt ihrer Aktivitäten im kommunalen Bereich sowie in der Zusammenarbeit mit den öffentlichen Verwaltungen und Parlamenten.[190]

---

[188] Vgl. KÜHNEL, Wolfgang/SALLMON-METZNER, Carola (1991), Grüne Partei und Grüne Liga, S. 184-205.

[189] Zur Grünen Liga vgl. GRÜNE LIGA (Hg.) (1991), Grüne Liga; HAMPELE, Anne (1997), „Dem Aufschwung Ost ökologisch auf die Beine helfen"; HAMPELE, Anne (1996), Die Organisationen der Bürgerbewegung.

[190] Vgl. KÜHNEL, Wolfgang/SALLMON-METZNER, Carola (1991), Grüne Partei und Grüne Liga, S. 196; Interview mit Steffen HERCHER und Norbert WILKE.

Einen anderen Weg als die Grüne Partei und die Grüne Liga ging die GNU. Diese mit Abstand mitgliederstärkste Umweltorganisation der DDR löste sich auf und ging größtenteils im *Naturschutzbund* (NABU) auf. Eine der ganz wenigen umweltpolitischen Initiativen der GNU in der Wendezeit war ein Aufruf zum ökologischen Umbau der DDR.[191] Vorrangig aber war die GNU mit internen Problemen beschäftigt. Im November 1989 spalteten sich die Stadtökologiegruppen ab und engagierten sich beim Aufbau der Grünen Liga. Danach zerfiel die GNU rasch, weil sie nicht die Kraft zum notwendigen Neubeginn aufbrachte. Angesichts der Reformunfähigkeit und der ausbleibenden staatlichen Förderung der GNU traten viele Mitglieder aus, etliche von ihnen, darunter ganze Orts- und Fachgruppen, traten in andere Umweltverbände ein oder ließen sich als eigenständige Vereine eintragen.[192]

Im Winter 1989/1990 begannen die großen westdeutschen Umweltorganisationen, massiv um die Mitglieder und Umweltgruppen in der GNU zu werben. Um die Orientierungslosigkeit vieler Naturschutzgruppen aufzuhalten und die bewährte Arbeit der Fachgruppen zu erhalten, entschieden sich führende Vertreter der GNU für eine Kooperation mit dem eher konservativen, auf Naturbewahrung ausgerichteten Deutschen Bund für Vogelschutz (DBV), dessen Betonung der naturschutzfachlichen Arbeit am besten zu den Gruppen der GNU passte. Am 10. März 1990 gründeten Mitglieder der GNU in Potsdam den „Naturschutzbund der Deutschen Demokratischen Republik“. Mit finanzieller Hilfe der DDR und der Unterstützung des westdeutschen DBV wurden Organisationsstrukturen aufgebaut, Landesverbände gegründet und Geschäftsstellen eingerichtet, noch bevor die ostdeutschen Bundesländer wiedergegründet worden waren.

Am 14. Juli wurde Michael Succow Sprecher der ostdeutschen Landesverbände des Naturschutzbunds in Deutschland, wie die Organisation inzwischen hieß. Im September 1990 gab es in Brandenburg bereits 14 Kreisverbände, neun weitere waren in Gründung. Im Oktober 1990 zählte der Landesverband Brandenburg 1.500 Mitglieder und war damit der größte NABU-Landesverband in Ostdeutschland. In dem Maße, wie die GNU ins Wanken geriet, wechselten immer mehr Gruppen zum NABU.

Die Kooperation von GNU und DBV war trotz einiger Ungereimtheiten wohl einer der ganz wenigen Fälle gleichberechtigter Zusammenarbeit und Verschmelzung von ost- und westdeutschen Organisationen. Im Zuge der Fusion wurde nämlich auch der DBV reformiert und die GNU-Strukturen der Fachgruppen und Fachausschüsse ebenso wie Fachtagungen und Fachpublikationen

[191] Vgl. Berliner Zeitung 28.12.1989, Tagesspiegel 28.12.1989.

[192] Vgl. BEHRENS, Hermann/BENKERT, Ulrike (1992), Das Schicksal der Gesellschaft für Natur und Umwelt im Kulturbund der DDR, S. 366-369; BEHRENS, Hermann/BENKERT, Ulrike/HOPFMANN, Jürgen/MAECHLER, Uwe (1993), Wurzeln der Umweltbewegung, S. 69-84; GILSENBACH, Reimar (1989), Der Minister blieb, die Grünen kommen, S. 113.

als bewährtes Rückgrat der fachlichen Arbeit übernommen. Auch der westdeutsche DBV änderte seinen Namen in Naturschutzbund.[193]

Andere westdeutsche Umweltorganisationen wie der Bund für Umwelt und Naturschutz Deutschland (BUND) und Greenpeace bauten ebenfalls in der DDR ihre Organisationen auf und warben Mitglieder, waren aber weniger erfolgreich als der NABU.[194] Damit waren in der DDR in der Umbruchzeit handlungsfähige Umweltverbände entstanden oder im Entstehen begriffen.

Diejenigen *Umweltgruppen*, die vor 1989 gegründet worden waren, verloren durch den Umbruch ihre umweltpolitische Stellvertreterfunktion an Parteien und Verbände und wurden durch den Weggang engagierter UmweltschützerInnen in Politik und Verwaltung ausgedünnt. Sie überlebten meist nur dort, wo sie bereits eine institutionalisierte Form wie in den Umweltbibliotheken angenommen hatten.[195] Im Laufe der Zeit entstanden aber zahlreiche neue Umweltgruppen und Initiativen, die spezifische ökologische Missstände zu beseitigen versuchten und themenspezifisch, projektorientiert und pragmatisch arbeiteten. Sie lassen sich dem Typ der Projektgruppen zuordnen, die in und nach der Wendezeit von BürgerInnen gegründet wurden, die vorher kaum in oppositionellen Gruppen aktiv gewesen waren.[196] RINK charakterisiert den Zeitraum von Herbst 1989 bis Mitte 1991 folgendermaßen:

> „Diese Phase war durch ein relativ großes freiwilliges Engagement und eine Emphase geprägt, die sich insbesondere auf die Realisierung langgehegter und aufgestauter Hoffnungen richtete. Sie wurde zugleich befördert durch die Erfahrungen eines starken zahlenmäßigen Wachstums der Gruppen und eines Zustroms von aktiven Mitgliedern."[197]

Organisatorisch setzte sich die DDR-Umweltbewegung also erstens aus der Grünen Partei und dem Bündnis 90, zweitens aus überregionalen Umweltverbänden wie der Grünen Liga, dem NABU und dem BUND sowie drittens aus lokalen Umweltgruppen zusammen, die jeweils spezielle Funktionen erfüllten und Zielsetzungen verfolgten. Damit hatte sich in der DDR eine ganz ähnliche

---

[193] Vgl. LITZBARSKI, Heinz (2000), Naturschutz im Aufbruch; Naturschutzbund Deutschland. Landesverband Brandenburg (Hg.) (1995), Der Naturschutzbund (NABU) in Brandenburg; Interview mit Michael SUCCOW.

[194] Zum BUND vgl. BEHRENS, Hermann/BENKERT, Ulrike (1992), Das Schicksal der Gesellschaft für Natur und Umwelt im Kulturbund der DDR, S. 368-369. Zu Greenpeace vgl. Interview mit Matthias VOIGT.

[195] Vgl. Rat von Sachverständigen für Umweltfragen (SRU) (1996), Umweltgutachten 1996, S. 228. So löste sich das Netzwerk Arche faktisch auf, seine formalen Restbestände hatten keine Bedeutung mehr; Interview mit Carlo JORDAN.

[196] Zur Typisierung von „Oppositionsgruppen" der SED-Zeit, „Bürgergruppen" der Wendezeit und „Projektgruppen" vgl. RUCHT, Dieter/BLATTERT, Barbara/RINK, Dieter (1997), Soziale Bewegungen auf dem Weg zur Institutionalisierung, S. 143-144.

[197] RINK, Dieter (1999), Mobilisierungsschwäche, Latenz, Transformation oder Auflösung?, S. 188.

Struktur etabliert, wie sie für die Umweltbewegung in Westdeutschland kennzeichnend war. Für die Umweltbewegung muss daher die Aussage von Findeis, Pollack und Schilling über die Bürgerbewegung korrigiert werden. Ihrer Ansicht nach hätten sich am Ende des Institutionalisierungsprozesses nur zwei Organisationsformen gegenüber gestanden, nämlich die Partei Bündnis 90/Die Grünen und die Vielzahl der lokalen Projektgruppen, Initiativen und Vereine.[198] Damit übersehen sie in Bezug auf die Umweltbewegung die wichtige Rolle der Umweltverbände.

Die Grüne Partei und die Umweltverbände arbeiteten mit professionellen Strukturen, erhielten staatliche Förderung, führten die aus der Vorwendezeit bewährte natur- und umweltschützerische Facharbeit weiter, nahmen neue inhaltliche Impulse auf und umweltpolitische Herausforderungen an. Angesichts der kurzfristig zu bewältigenden organisatorischen und politischen Aufgaben rückte zwar die Natur- und Umweltschutzarbeit der Umweltgruppen und –verbände in der Wendezeit in den Hintergrund, bildete jedoch weiter das inhaltliche Rückgrat vieler Gruppen. Die Fachleute, die sich vorher in der GNU und den oppositionellen Umweltgruppen engagiert hatten, waren sowohl mit politischen Forderungen als auch mit Expertise und Vorschlägen für Umweltprogramme rasch zur Stelle.[199]

Da sich die überregionalen Organisationen der Parteien und Verbände erst im Aufbau befanden, waren die lokalen Umweltgruppen streckenweise die treibende Kraft der DDR-Umweltbewegung. Sie setzten die vielen kleinen und großen Umweltprobleme auf die politische Tagesordnung, speisten das notwendige Fachwissen in die überregionalen Organisationen ein, waren der Motor der umweltpolitischen Mobilisierung, die weitgehend dezentral erfolgte, und stellten die VertreterInnen für die Runden Tische.

Wie setzten die DDR-Umweltbewegung und die Umweltorganisationen die *Aktionsformen* Öffentlichkeitsarbeit, Mobilisierung und umweltpolitische Kooperation ein, um ihre Ziele zu erreichen? Die Presse- und Meinungsfreiheit sowie der Zugang zu Umweltdaten waren wesentliche Voraussetzungen für die *Öffentlichkeitsarbeit* von Umweltgruppen und -verbänden. Sie waren in der Umbruchzeit die ersten und lange Zeit die einzigen Akteure, die über anerkannte, unabhängige Umweltinformationen und über ökologisches Fachwissen verfügten. Durch ihr oft risikoreiches Engagement vor der Wende hatten ihre Umweltinformationen sowie ihre umweltpolitischen Forderungen eine hohe Glaubwürdigkeit. Das Sammeln, Auswerten und Verbreiten der neu zugänglichen Umweltinformationen bildeten einen Schwerpunkt der Arbeit. Erste Formen der

---

[198] Vgl. FINDEIS, Hagen/POLLACK, Detlef/SCHILLING, Manuel (1994), Die Entzauberung des Politischen, S. 280-281.

[199] Z. B. legte der NABU Brandenburg bereits Mitte August 1990 ein Positionspapier gegen den Ausbau der ICE-Strecke Hannover-Berlin vor, der die letzten größeren Populationen von Großtrappen bedrohte. Vgl. LITZBARSKI, Heinz (2000), Naturschutz im Aufbruch, S. 47.

Öffentlichkeitsarbeit waren Flugblätter und eine Vielzahl neuer Publikationen. Rasch erhielten Umweltgruppen und –verbände ein breites Forum in den Medien. Dank dieses Resonanzbodens gingen zahlreiche öffentlichkeitswirksame Aktionen Hand in Hand mit der Mobilisierung für ihre Forderungen.

Auch die Voraussetzungen für eine *umweltpolitische Mobilisierung* waren äußerst günstig, denn zwischen Herbst 1989 und etwa Sommer 1991 bestand eine rasch aktivierbare „Protest-Öffentlichkeit", die punktuell auch noch nach dem Ende der Massendemonstrationen im November/Dezember 1989 massenwirksam mobilisiert werden konnte.[200] Die Mobilisierung diente der Öffentlichkeitsarbeit der Umweltbewegung, verschaffte ihr Zulauf an Mitgliedern und entfaltete einen teilweise erheblichen politischen Druck. Das Spektrum an Aktionsmöglichkeiten erweiterte sich enorm. Umweltgruppen und Umweltschützer schrieben Eingaben, offene Briefe und Leserbriefe, sammelten Unterschriften,[201] demonstrierten gegen Umweltverschmutzung[202] oder für die Einrichtung von Nationalparks, blockierten Mülldeponien, kletterten auf Schornsteine,[203] organisierten Umwelt-Gottesdienste und Diskussions- sowie Informationsveranstaltungen.

PolitikerInnen und die zuständigen Verwaltungen konnten sich der Konfrontation nur selten entziehen und reagierten auf die Aktionen meist mit Gesprächsangeboten. Nicht selten kamen sie den Forderungen der Umweltgruppen nach. Andere Umweltgruppen beteiligten sich an den Wahlkämpfen des Jahres 1990, was auch eine Form der Mobilisierung war. Besondere Mobilisierungserfolge verzeichnete die DDR-Umweltbewegung bei der Enthüllung der skandalösen Müll- und Giftmüllimporte aus der Bundesrepublik und bei extrem umwelt- und gesundheitsschädlichen Betrieben. So bereiteten BürgerInnen des Kreises Bitterfeld RegierungsvertreterInnen einen „heißen" Empfang und brachten mit Transparenten ihre Empörung über gesundheitsgefährdende Lebensumstände im Umfeld der Chemiewerke zum Ausdruck.[204] Dagegen blieben Proteste gegen Betriebsschließungen aus ökologischen Gründen und den damit verbundenen Wegfall von Arbeitsplätzen eine Ausnahme.[205] Das Konfliktpotenzial von Umweltgruppen und –organisationen war erheblich, weil Betroffene und Bevölkerung

---

[200] RINK, Dieter (1999), Mobilisierungsschwäche, Latenz, Transformation oder Auflösung?, S. 188-189.

[201] Der NABU sammelte zwischen Januar und August 1990 63.000 Unterschriften für eine bessere Naturschutzpolitik. Vgl. LITZBARSKI, Heinz (2000), Naturschutz im Aufbruch, S. 45.

[202] Vgl. Berliner Zeitung 31.10.1989.

[203] 10 Mitglieder der Umweltbibliothek, der Grünen Liga und von Robin Wood kletterten auf den Schornstein des Müllverbrennungs- und Heizkraftwerks in Berlin-Lichtenberg. Vgl. Berliner Zeitung 4.5.1990.

[204] Vgl. Berliner Zeitung 8.2.1990.

[205] Z. B. bei der Schließung des Kernkraftwerks Greifswald. Interview mit Carlo JORDAN.

die Forderungen und Aktionen unterstützen. PolitikerInnen und Umweltverwaltungen hatten großen Respekt vor diesen Protesten.[206]

Auch für eine erfolgversprechende *umweltpolitische Kooperation* waren wesentliche Voraussetzungen erfüllt. Die Umweltgruppen verfügten auf Grund der Mobilisierung über eine mächtige Verhandlungsposition. Die verantwortlichen Instanzen und Akteure zeigten sich in der Regel zur Zusammenarbeit mit den Umweltgruppen bereit, insbesondere an den Runden Tischen und ähnlichen konsensorientierten Gremien der Umbruchzeit. Diese bildeten einen sehr günstigen Rahmen für umweltpolitische Kooperation.

Auf der Basis eines großen Konflikt- und Mobilisierungspotenzials konnte die Umweltbewegung in einer weitreichenden, informellen, aber von der Bevölkerung als legitim angesehenen Kooperation mit Betrieben, Behörden und PolitikerInnen Lösungsvorschläge ausarbeiten und auf deren rasche Umsetzung drängen. Das galt vor allem für die lokalen Runden Tische in der Zeit vom Winter 1989 bis zum Sommer 1990 und in abgeschwächter Form für die Kreis- und Gemeinderäte in der Zeit danach. In dieser Zeit erhielten die Umweltgruppen viele Zusagen von Behörden und PolitikerInnen, deren Verwirklichung später auf Probleme stieß, weil die Verantwortlichen in der Zwischenzeit abgesetzt worden waren.

Wie bereits erwähnt war nicht nur die Gelegenheitsstruktur für die DDR-Umweltbewegung günstig, sondern sie konnte sich bei ihren Aktionen und Forderungen auch auf eine leicht zu mobilisierende Protestöffentlichkeit, die Zustimmung in der Bevölkerung und eine positive Resonanz in den Medien stützen. Das umweltpolitische Konfliktniveau war hoch und bot selbst kleinen Umweltgruppen hervorragende Anknüpfungspunkte für lokale Aktivitäten.

Alles in allem entstand in der Wendezeit eine kompetente, mobilisierungs- und durchsetzungsfähige DDR-Umweltbewegung, die auf Grund ihrer Organisationsstruktur und des Zusammenspiels von lokalen Gruppen, Umweltverbänden und Parteien handlungsfähig war. Medien und Öffentlichkeit nahmen ihre Anliegen und Forderungen wahr, diskutierten sie ausführlich und mit positiver Resonanz. Vor allem gab es durch die Runden Tische für Umweltgruppen und –organisationen einen direkten Zugang zu politischen Entscheidungsprozessen auf allen Ebenen. Viele UmweltschützerInnen übernahmen Ämter in Politik und Umweltverwaltungen. Deswegen konnte die Umweltbewegung die DDR-Umweltpolitik bis zum Frühsommer 1990 auf der nationalen Ebene mitgestalten

---

[206] Zwei Beispiele: 1.) Nach Ansicht der für Abfallwirtschaft zuständigen Mitarbeiter des Ostberliner Magistrats war es im Frühjahr 1990 „undenkbar, irgendwo eine Anlage zu errichten, bei der der Aspekt des Umweltschutzes zu berücksichtigen ist, ohne dass man sich mit den örtlichen Bürgerkomitees einigt." SCHRÖDER, Thies (1990), Berliner Abfälle, S. 5. 2.) Als BürgerInnen in Saarmund (Kreis Potsdam) im Februar 1990 gegen die örtliche Schweinemastanlage protestierte, weil deren anfallende Gülle das Grundwasser der Gemeinde verseuchte, ließ der Rat des Kreises den Betrieb sofort schließen. Vgl. Tagesspiegel 5.4.1990.

und verfügte auf lokaler Ebene über teilweise sehr große Handlungsspielräume. Von diesen Bedingungen profitierten die lokalen Umweltgruppen nicht nur, sie schufen diese Spielräume durch ihr Engagement teilweise selbst.

2.5. Fazit: Die „euphorische Phase" lokaler Umweltgruppen

Auf Grund der neu gewonnenen politischen Freiheiten wurden die Umweltgruppen und die DDR-Umweltbewegung handlungsfähig. Sie stellten praktisch die einzig kompetenten und öffentlich akzeptierten Fachleute in dieser neuen Phase der Umweltpolitik. Wegen der Umweltskandale und wegen ihres mutigen Eintretens für Umweltbelange in der SED-Zeit verfügten sie über eine große Legitimität und genossen eine breite, positive Resonanz in den Medien und der Öffentlichkeit. Mit ihren Aktionen konnte die Umweltbewegung massenwirksam mobilisieren und politischen Druck erzeugen. Ebenfalls günstig für die im Vergleich zu anderen gesellschaftlichen Gruppen gut organisierte Umweltbewegung wirkte sich die für die Wendezeit charakteristische Erosion von Institutionen aus. Durch diese Entwicklung wurden die alten politischen Eliten und die Wirtschaft, die bis dahin umweltpolitische Reformen zu verhindern wussten, entscheidend geschwächt, so dass sich das Kräfteverhältnis zwischen Verursacher- und Umweltinteressen zu Gunsten der Umweltbewegung und der Umweltpolitik verschob.

Es öffnete sich für die Umweltpolitik ein einmaliges *window of opportunity*. Die großen Umweltprobleme (*problem stream*) wurden in Medien, Öffentlichkeit, Politik, Verwaltung und Wirtschaft diskutiert und ihre Dringlichkeit anerkannt, womit die Umweltbewegung ihre Problemdeutung weitgehend durchgesetzt hatte. Die Umweltbewegung und auch einige Umweltverwaltungen konnten – auf Grund ihrer Vorarbeit in der SED-Zeit – sofort umweltpolitische Handlungskonzepte (*policy stream*) vorlegen. Andere Konzepte wurden aus der Bundesrepublik übernommen, allen voran die Umweltgesetzgebung.

Der stärkste Impuls für umweltpolitisch fortschrittliche Reformen ging von der Politik aus (*political stream*). Es lässt sich festhalten, dass Umweltpolitik zwischen Herbst 1989 und Frühjahr 1990 kurzfristig in den Rang eines wichtigen Politikfeldes aufstieg, während die wirtschaftspolitischen Gegenkräfte geschwächt waren. Die Umweltbewegung übte mit ihrer Mobilisierung gesellschaftlichen und politischen Druck aus. Von einer Position der Stärke aus kooperierten die Umweltgruppen mit maßgeblichen EntscheidungsträgerInnen aus Politik, Verwaltung und Wirtschaft. An Runden Tischen, in Bürgerkomitees, bei politischen Versammlungen und anfangs auch in kommunalen Parlamenten, die den konsensorientierten Politikstil der Runden Tische beibehielten, ergab sich für die Umweltgruppen ein direkter, wenn auch nicht formell abgesicherter Zugang zu umweltpolitischen Entscheidungen. Die Phase der lokalen Runden Tische lief allerdings im Sommer 1990 aus.

Als sich wegen des Institutionentransfers aus der Bundesrepublik der institutionelle Kontext zunehmend stabilisierte und der Vereinigungsprozess immer konkretere Formen annahm, verengten sich die umweltpolitischen Spielräume für die DDR-Umweltbewegung und die lokalen Umweltgruppen wieder. Deswegen waren in erster Linie kurzfristig umsetzbare Entscheidungen, vor allem die Einschränkung oder Beendigung akuter Umweltbelastungen, erfolgreich. Beschleunigend wirkte dabei die ökonomische Entwicklung, die zu massenhaften Betriebsschließungen führte. Dagegen ließ sich eine langfristige, vorsorgende Umweltpolitik in dieser Situation nicht verwirklichen.

Trotz dieser Einschränkungen kann die Umbruchzeit in der DDR zweifellos als „euphorische Phase" für lokale Umweltgruppen, die DDR-Umweltbewegung und die Umweltpolitik allgemein charakterisiert werden.[207]

3. Die umweltpolitischen Rahmenbedingungen nach der Vereinigung (1991-2000)

Die Zeit nach der Vereinigung der beiden deutschen Staaten war gekennzeichnet durch den Aufbau und die Etablierung neuer Institutionen und die Aneignung der neuen Regeln seitens der Akteure in Ostdeutschland. Die Transformationsforschung bezeichnet dies als Phase der *Konsolidierung*, in der sich das neue demokratische System stabilisiert. Sie schließt den Transformationsprozess der DDR ab. Ihr Endpunkt lässt sich zeitlich nicht exakt bestimmen.[208] Die Konsolidierungsphase dauerte beim Aufbau der neuen Institutionen mehrere Jahre, bezüglich der Akzeptanz und Verlässlichkeit der neuen Regeln im Sinne eines institutionellen Kontextes noch länger.

Ebenso wie der Vereinigungsprozess wurde auch die Konsolidierung von westdeutschen Akteuren und Institutionen auf drei Ebenen geprägt: Erstens erfolgte die Institutionenbildung in den neuen Bundesländern weitgehend nach den institutionellen Mustern und Erfahrungen der alten Bundesrepublik (Institutionentransfer). Zweitens gestalteten westdeutsche VerwaltungshelferInnen und LeihbeamtInnen den Neuaufbau und Umbau wesentlich mit (Personaltransfer). Drittens nahmen westdeutsche Akteure durch die Finanzmittel in „gigantischer Größenordnung", die nach Ostdeutschland flossen, Einfluss (Finanztransfer).[209] Insbesondere der Personal- und Finanztransfer erfolgte zum größten Teil nach der Vereinigung.

---

207 SCHIEFERDECKER, Helmut (1991), Konzept, Erfolge und Defizite bisheriger Umweltpolitik in der DDR, S. 32-33.

208 Vgl. EISEN, Andreas/KAASE, Max (1996), Transformation und Transition, S. 8-9.

209 WOLLMANN, Hellmut (1998), Um- und Neubau der Kommunalstrukturen in Ostdeutschland, S. 153.

Nachdem die zentralen Fragen des institutionellen Modells auf nationaler Ebene in der Umbruchzeit entschieden worden waren, eröffneten sich auf regionaler und lokaler Ebene für die ostdeutschen Akteure bei dessen Ausgestaltung neue Handlungsspielräume, während andere eingeschränkt wurden.[210] Wie diese Spielräume in der lokalen Umweltpolitik genutzt wurden und wie sie die Handlungsbedingungen lokaler Umweltgruppen bestimmten, wird im folgenden Kapitel beschrieben.

3.1. Die politisch-institutionellen Handlungsbedingungen

3.1.1. Der Aufbau der umweltpolitischen Institutionen

Der Institutionentransfer von West- nach Ostdeutschland schuf auch beim Umweltrecht, den Umweltverwaltungen und dem Status der lokalen Ebene innerhalb von Monaten bzw. wenigen Jahren wieder einen stabilen institutionellen Kontext. Mit dem Inkrafttreten des Umweltrahmengesetzes (1. Juli 1990) und der Vereinigung galten, abgesehen von mehreren Übergangsregelungen, in Ostdeutschland die *Umweltgesetze* der alten Bundesrepublik. Mit der staatlichen Vereinigung erfolgte – allerdings mit Übergangsfristen – auch die Übernahme des EU-Umweltrechts, was in einigen Bereichen zu Verbesserungen führte.[211] 1991 wurde das Verkehrswegebeschleunigungsgesetz verabschiedet, das die vorgeschriebene Bürgerbeteiligung bei der Planung von Verkehrswegen in Ostdeutschland einschränkte, um die Planungsverfahren zu verkürzen und so den „Aufbau Ost“ angeblich effizienter zu machen. In der Folgezeit wurden mit der gleichen Argumentation weitere Beteiligungsrechte zurückgenommen und die umweltrechtliche Chancengleichheit von Betroffenen und Umweltgruppen beschnitten, und zwar in der gesamten Bundesrepublik.[212]

Neben der EU- und der Bundesgesetzgebung spielten die neuen ostdeutschen Landesumweltgesetze eine große Rolle. Das Brandenburger Umweltgesetz, an dessen Erarbeitung die Umweltverbände beteiligt wurden, wurde im Juni 1992 verabschiedet und gilt in Fachkreisen als das „modernste und fortschrittlichste“ Umweltgesetz der Bundesrepublik.[213] Unter anderem gewährt es den staatlich

---

[210] Vgl. WOLLMANN, Hellmut (1998), Um- und Neubau der politischen und administrativen Landesstrukturen in Ostdeutschland, S. 27.

[211] So verweisen HERCHER/WILKE darauf, dass die Flora- und Faunahabitat Richtlinie (FFH) der EU die Position der Umweltverbände bei der Ausweisung von Schutzgebieten stärkte. Interview mit Steffen HERCHER und Norbert WILKE.

[212] Z. B. im Investitionserleichterungs- und Wohnbaulandgesetz von 1993 sowie im Abfall- und Immissionsschutzrecht. Vgl. FISAHN, Andreas (1996), Beschleunigungsgesetzgebung und Bürgerbeteiligung.

[213] EISEN, Andreas (1996), Institutionenbildung im Transformationsprozess, S. 172. Vgl. auch Ministerium für Umwelt, Naturschutz und Raumordnung des Landes Brandenburg

anerkannten Umweltverbänden ein Verbandsklagerecht (§ 65), so dass die rechtliche Chancengleichheit in Brandenburg eher gegeben war als in anderen Bundesländern.[214]

Dagegen führte die Ausweitung des Westberliner Umweltrechts auf ganz Berlin in zwei Punkten zu Rückschritten. Erstens hatten die Ostberliner Schutzgebiete auf Grund eines juristischen Formfehlers im Berliner Einigungsvertrag ihren Schutzstatus verloren und mussten wieder neu unter Schutz gestellt werden. Zweitens durften die ehrenamtlichen NaturschützerInnen die Schutzgebiete in Ostberlin nicht mehr ohne Sondergenehmigung betreten, wie sie es vorher in Ausübung ihrer naturschützerischen Arbeit getan hatten.[215]

Beim Aufbau der *Umweltverwaltungen* waren die neuen Bundesländer mit einer geringen Finanzausstattung, unzureichenden organisatorischen, rechtlichen und personellen Voraussetzungen sowie Konflikten zwischen Effizienzmaßstäben und neu gewonnenen demokratischen Rechten konfrontiert.[216] Vor diesem Hintergrund begannen in Brandenburg die Umweltabteilungen der aufgelösten DDR-Bezirksverwaltungen mit der Unterstützung von Leihbeamten aus Nordrhein-Westfahlen noch vor der Wiedergründung der ostdeutschen Bundesländer mit den Vorarbeiten.[217] Vordringlichste Aufgabe des Brandenburger Umweltministeriums war Anfang 1991, so rasch wie möglich neue Verwaltungsstrukturen zu schaffen. Auf der Grundlage der alten DDR-Umweltverwaltung wurde das Brandenburger Landesumweltamt geschaffen, wobei Umweltminister Platzeck Wert darauf legte, möglichst viele Stellen mit UmweltschützerInnen aus Brandenburg zu besetzen. Während die Landesumweltbehörden in Brandenburg nach ungefähr einem Jahr arbeitsfähig waren, hatten sich die Arbeitsabläufe in den kommunalen Umweltverwaltungen erst nach einigen Jahren eingespielt, auch wenn der akute Problemdruck bereits 1991/92 etwas nachgelassen hatte.[218]

Im vereinigten Berlin setzte der Senat der Aufbruchstimmung in den Umweltverwaltungen der Ostberliner Stadtbezirke ein jähes Ende. Diese hatten in

---

(MUNR) (Hg.) (1992), Umweltbericht 1992, S. 132-133; Z[SCH]IESCHE, Michael (1993), Naturschutzgesetze in den neuen Bundesländern; Grünstift 6/1992, S. 19; Berliner Zeitung 27.11.1991; Tageszeitung 3.7.1992; Interview mit Steffen HERCHER und Norbert WILKE.

214 Allerdings blieben die Klagemöglichkeiten auf das Naturschutzrecht und Verfahrensfehler beschränkt, andere umweltrelevante Bereiche wie das Baurecht blieben ausgeklammert. Vgl. Tageszeitung 3.7.1992; Interview mit Steffen HERCHER und Norbert WILKE.

215 Vgl. BOTH-KREITER, Thomas/DEGEN, Günter/LUDWIG, Ingo/SCHARMANN, Annette (1992), Wenn Juristen den Naturschutz regeln...; Interview mit Reinhard ROGGISCH.

216 Vgl. KLEINFELD, Ralf (1996), Kommunalpolitik, S. 266-271.

217 Ausführlich zum Aufbau der Brandenburger Umweltverwaltungen EISEN, Andreas (1996), Institutionenbildung im Transformationsprozess; Ministerium für Umwelt, Naturschutz und Raumordnung des Landes Brandenburg (MUNR) (Hg.) (1992), Umweltbericht 1992, S. 9-17.

218 Vgl. LAHL, Uwe (1993), Kommunale Umweltpolitik in beiden deutschen Staaten, S. 71-72; SCHLEGELMILCH, Kai (1992), Umweltschutz vor Ort, S. 45.

der Wendezeit damit begonnen, starke, eigenständige Umweltverwaltungen zu schaffen. 1991 forderte der Senat jedoch die Ostberliner Bezirke auf, die Westberliner Ämterstruktur zu übernehmen, welche geringere Kompetenzen für die Umweltabteilungen vorsah. Darüber hinaus halbierte der Senat im Frühjahr 1991 die Stellenzahl der noch im Aufbau befindlichen Ostberliner Umweltabteilungen und -ämter.[219] Insgesamt hatten Umweltverbände, weniger lokale Umweltgruppen durch die formellen Beteiligungsrechte und personelle Verbindungen einen begrenzten Zugang zu den Umweltverwaltungen.

Die föderale Staatsstruktur der Bundesrepublik garantierte den ostdeutschen Kommunen einen örtlichen Parlamentarismus und das Recht auf Selbstverwaltung als eigenständige Gebietskörperschaft. Nicht zuletzt durch die Einführung von Elementen direkter Demokratie auf der lokalen Ebene als Erbe der Wende verfügten die Kreise, Städte und Gemeinden über einen vergleichsweise hohen formellen *Status*.[220] In der Praxis aber wurde die Handlungsfähigkeit der ostdeutschen Kommunen durch permanente Reformen und Finanznöte begrenzt. Nachdem sich die politischen und administrativen Strukturen nach der Gründungsphase 1990 einigermaßen konsolidiert hatten, folgte eine „zweite Veränderungswelle" mit weiteren einschneidenden organisatorischen Änderungen. Die neuen Bundesländer verabschiedeten Kommunalverfassungen und führten eine Kreisgebietsreform durch, bei der die sehr kleinen DDR-Gemeinden zu größeren Einheiten zusammengefasst wurden. Begleitet wurde dies durch eine Gemeindeverwaltungsreform und teilweise eine Funktionalreform, bei der Verwaltungsaufgaben des Landes an die Kommunen übertragen wurden.[221] In Brandenburg waren die Gemeindegebiets-, die Kreisgebiets- und die Verwaltungsreform im Dezember 1992 abgeschlossen.[222]

Die größte Einschränkung für die Autonomie der ostdeutschen Gemeinden stellte ihre enorme Finanznot dar. Sie verfügten über deutlich geringere Einnahmen aus Steuern und Gebühren als vergleichbare westdeutsche Kommunen.[223] Sie konnten nur etwa ein Drittel ihrer Ausgaben aus eigenen Mitteln decken und waren zu zwei Dritteln auf Bundes- und Landeszuweisungen sowie

---

[219] Vgl. KRÖGER, Susanne (1992), Ostberliner Umweltämter alarmiert; NABROWSKY, Heinz (1992), Den Bock zum Gärtner machen?

[220] Vgl. WOLLMANN, Hellmut (2000), Local Government Systems, S. 48-50.

[221] Vgl. WOLLMANN, Hellmut (1994), Kommunalpolitik und -verwaltung in Ostdeutschland im Umbruch und Übergang, S. 164-167; WOLLMANN, Hellmut (1998), Um- und Neubau der Kommunalstrukturen in Ostdeutschland, S. 164-167.

[222] Vgl. EISEN, Andreas (1996), Institutionenbildung im Transformationsprozess, S. 154-157; SCHMIDT-EICHSTAEDT, Gerd (1993), Kommunale Gebietsreform in den neuen Bundesländern, S. 36.

[223] Die Steuereinnahmen der Kommunen betrugen 1992 in Westdeutschland 3.633 DM und in Ostdeutschland 1.545 DM pro Kopf. Vgl. EIßEL, Dieter (1995), Problemfelder und Lösungskapazitäten in den Kommunen Ostdeutschlands, S. 132-133; KLEINFELD, Ralf (1996), Kommunalpolitik, S. 298-312.

Kredite angewiesen. Der Bund und die Länder hatten durch die Vergabe von Fördergeldern aus dem Fonds „Deutsche Einheit“ oder der „Gemeinschaftsaufgabe kommunale Wirtschaftsförderung“ ebenso wie die Treuhandanstalt großen Einfluss auf die Kommunalpolitik.[224] Der faktische Handlungsspielraum in Ostdeutschland war daher, wie MCGOVERN beschreibt, denkbar gering:

> „Die restriktiven Rahmenbedingungen für die kommunale Selbstverwaltung in Folge des umfassenden gesellschaftlichen Transformationsprozesses und des Anschlusses an Westdeutschland engen den Handlungsspielraum vor Ort massiv ein. Daraus resultieren enorme Anforderungen an die Verwaltungen bei gleichzeitig stark eingeschränkten Kapazitäten, so dass stets nur einige der in großer Zahl vorliegenden dringenden Aufgaben erledigt werden können.“[225]

3.1.2. Der zunehmende Druck auf die Umweltpolitik

Die Entwicklung der *Umweltpolitik* in Ostdeutschland seit der Vereinigung wird hier entsprechend der föderalen Struktur für die „nationale“ bzw. ostdeutsche, die Länder- und die kommunale Ebene analysiert.

Nach der gesamtdeutschen Bundestagswahl im Dezember 1990 übernahm der westdeutsche Umweltminister Klaus Töpfer (CDU) die Zuständigkeit für die Umweltpolitik auch in *Ostdeutschland.* Bereits am 15. November 1990 hatte er die „Eckwerte der ökologischen Sanierung und Entwicklung in den neuen Bundesländern“ vorgestellt, in denen er Ziele und Maßnahmen der Umweltpolitik konkretisierte und als Zeitpunkt für die Angleichung der Umweltbedingungen in West- und Ostdeutschland das Jahr 2000 nannte. Die vorrangigen Aufgaben in den neuen Bundesländern waren die unmittelbare Gefahrenabwehr, der Abbau von Schadstoffpotenzialen in Wasser, Boden, Natur und Landschaft, die systematische Sanierung von Produktionsanlagen, der Ver- und Entsorgungsinfrastruktur und die umweltorientierte Gestaltung des Aufbaus in Ostdeutschland.[226]

Zur Bekämpfung der akuten Umweltprobleme legte die Bundesregierung 1990 und 1991/92 zwei Sofortprogramme mit einem Gesamtvolumen von 1,3 Milliarden DM auf. Damit wurden vor allem kommunale Umweltschutzinvestitionen in den Bereichen Abwasserentsorgung, Abfallwirtschaft und Trinkwasserversorgung gefördert. Es gab eine große Zahl an weiteren Finanzierungshilfen für Umweltschutzmaßnahmen, darunter ein spezielles Kommunalkreditpro-

---

[224] Vgl. EIßEL, Dieter (1995), Problemfelder und Lösungskapazitäten in den Kommunen Ostdeutschlands, S. 138; MCGOVERN, Karsten (1992), Ökologieorientierte kommunale Gewerbepolitik, S. 196-198.

[225] MCGOVERN, Karsten (1995), Kommunale Umweltpolitik in den neuen Bundesländern, S. 186.

[226] Vgl. Bundesministerium für Umwelt, Naturschutz und Reaktorsicherheit (BMU) (Hg.) (1990), Eckwerte der ökologischen Sanierung und Entwicklung in den neuen Ländern.

gramm.[227] Die öffentliche Hand trug die Hauptlast der Umweltsanierung. Allein in die Entsorgungsinfrastruktur investierten die ostdeutschen Gemeinden, Gemeinde- und Zweckverbände von 1991 bis 1997 etwa 13 Milliarden DM. Trotz dieser finanziellen Anstrengungen bestand im Jahr 2000 noch ein erheblicher Investitionsbedarf beim Ausbau der öffentlichen Kanalisation und bei der Abfallvorbehandlung, um geltende Umweltnormen zu erfüllen. Umso bedenklicher ist der deutliche Rückgang der kommunalen Investitionen seit 1995 einzustufen (vgl. Tabelle 4), der eintrat, weil das Kommunalkreditprogramm des Bundes ausgeschöpft war.[228]

Umweltschutzinvestitionen in Ostdeutschland 1992-1997 im Bereich der öffentlichen Entsorgung (Abwasser, Abfall)

Jahr	1992	1993	1994	1995	1996	1997
Investitionen in die Entsorgung im Mio. DM	2.500	2.850	2.561	1.846	1.680	1.404

Tab. 4. Quelle: HENTRICH, Steffen et al. (2000), S. 479.

Aufgrund der westdeutschen Finanzmittel und Technologien ging die ökologische Sanierung und Modernisierung Ostdeutschlands in den ersten Jahren nach der Vereinigung rasch voran. Auch die Übernahme der westdeutschen Institutionen und Regelungen beschleunigte diesen Prozess, wodurch aber „der Spielraum für eigenständige Ansätze“ entfiel.[229] Auch wurde die Umweltsituation in Ostdeutschland nicht differenziert beurteilt, sondern pauschal an Hand der schlimmsten Auswüchse und Fehlentwicklungen eingestuft. Daher fanden positive Ansätze der DDR-Umweltpolitik aus der Umbruchzeit kaum Eingang in die gesamtdeutsche Umweltpolitik. Der Sachverstand der DDR-Umweltbewegung wurde ebenfalls nicht gebührend berücksichtigt; Umweltstudien und –gutachten wurden meist von westdeutschen Büros erstellt.

Umweltpolitische Spielräume wurden aber in erster Linie durch die bereits vor der Vereinigung einsetzende schwere Wirtschaftskrise und die hohe Arbeitslosigkeit in Ostdeutschland eingeschränkt. Unter dem Druck der „Standortdebatte“ geriet Umweltpolitik in die Defensive. In Anbetracht dieser Situation waren Weichenstellungen in Richtung einer umweltpolitischen Vorsorge und einer dauerhaft-zukunftsfähigen Entwicklung in den neuen – und auch in den alten –

[227] Vgl. Umweltbundesamt (Hg.) (1995), Ökologische Aufbaupolitik in den neuen Ländern, S. 47-55. Zu den Schwierigkeiten der Umweltsanierung vgl. PLASSMANN, Eberhard (1992), Ökologische Sanierungs- und Entwicklungskonzept für den Raum Halle/Leipzig/Bitterfeld/Merseburg.

[228] Vgl. HENTRICH, Steffen/KOMAR, Walter/WEISHEIMER, Martin (2000), Zehn Jahre ökologischer Aufbauprozess in den neuen Ländern, S. 476-481.

[229] WELFENS, Maria J. (1993), Umweltprobleme und Umweltpolitik in Mittel- und Osteuropa, S. 232.

Bundesländern weder in der Wirtschaftspolitik noch in der Verkehrspolitik, beim Tourismus oder dem Städtebau möglich.[230] Einige Autoren sprechen daher für die Phase bis Mitte der neunziger Jahre von einem umweltpolitischen „Roll-Back".[231] Diese Entwicklungen führten dazu, dass viele engagierte DDR-UmweltschützerInnen nicht mit der westdeutsch dominierten Umweltpolitik einverstanden waren und sich enttäuscht zurückzogen.[232]

Als neue umweltpolitische Ebene in Ostdeutschland kamen die *neuen Bundesländer* hinzu,[233] wobei ich mich hier auf die Entwicklungen in Brandenburg und im vereinigten Berlin konzentrieren möchte. Der umweltpolitische Schwerpunkt der Bundesländer lag und liegt beim Vollzug. Aber die Gestaltungsmöglichkeiten der ostdeutschen Bundesländer ging noch darüber hinaus, weil sie das Feld der Umweltpolitik völlig neu strukturierten, Landesumweltgesetze erließen und Umweltverwaltungen aufbauten.

In Brandenburg regierte 1990-1994 eine Koalition aus SPD, FDP und Bündnis 90. Damit war Brandenburg das einzige Bundesland, in dem die Bürgerbewegung anfänglich in der Regierung vertreten war. Bündnis 90 stellte mit Matthias Platzeck (parteilos), der ein exponierter Vertreter der DDR-Umweltbewegung war, den Minister für Umwelt, Naturschutz und Raumordnung. Er setzte mit der Unterstützung durch die Regierungsfraktion von Bündnis 90 in Brandenburg im Vergleich zu anderen ostdeutschen Bundesländern weitreichende umweltpolitische Maßnahmen durch.

So wurde auf seine Initiative hin die Raumordnung dem Umweltministerium zugeordnet, um damit im Bereich der Planung ein Zeichen für eine vorsorgende Umweltpolitik zu setzen. Der Schutz der natürlichen Umwelt wurde in der Brandenburger Landesverfassung (Art. 2 Abs. 1 und Art. 39 und 40) verankert. Als besondere Erfolge der Umweltpolitik in Brandenburg können die Sicherung und der Ausbau der Großschutzgebiete, der Aufbau einer funktionierenden Umweltverwaltung, ein nahezu komplettes neues Umweltgesetzwerk, das bundesweit Maßstäbe setzte, sowie eine vergleichsweise ökologisch ausgerichtete Landesplanung genannt werden.[234] Die größten umweltpolitischen Herausforderungen und Konflikte in Brandenburg lagen beim Nutzungsdruck auf ökologisch

---

[230] Vgl. HÜBLER, Karl-Hermann (1993), Eine ökologische Gewinn- und Verlustrechnung für die fünf neuen Bundesländer und Berlin, S. 181; PLATZECK, Matthias (1995), Die Praxis von oben verändern, S. 242.

[231] PETSCHOW, Ulrich (1991), Der ökologische Roll-Back.

[232] Vgl. DÖRFLER, Marianne/DÖRFLER, Ernst (1992), Die Umweltunion aus ostdeutscher Sicht; HÜBLER, Karl-Hermann (1993), Eine ökologische Gewinn- und Verlustrechnung für die fünf neuen Bundesländer und Berlin, S. 176-177.

[233] Zur Bildung der neuen Bundesländer vgl. HAUSCHILD, Christoph (1991), DDR, S. 217-223.

[234] Vgl. Ministerium für Umwelt, Naturschutz und Raumordnung des Landes Brandenburg (MUNR) (Hg.) (1992), Umweltbericht 1992, S. 135; PLATZECK, Matthias (1995), Die Praxis von oben verändern, S. 235.

wertvolle und sensible Gebiete durch Wohnbebauung und Gewerbe (Freizeitanlagen, Einkaufszentren und Gewerbeparks „auf der grünen Wiese"), beim Ausbau der Verkehrsinfrastruktur (Straßen, Wasserstraßen/Havelausbau, Transrapid, Berliner Großflughafen) sowie beim Abbau der Braunkohle in der Lausitz.

Durch die Arbeitslosigkeit, von der insbesondere die ländlichen Gebiete und das Lausitzer Braunkohlerevier betroffen waren, geriet auch in Brandenburg die Umweltpolitik unter Druck. Selbst Investitionen, die ökologisch äußert schädlich waren, enorme öffentliche Zuschüsse verschlangen und nur wenige Arbeitsplätze versprachen, waren mit dem Argument des Umweltschutzes politisch nicht zu verhindern. In diesem Zusammenhang wird von Umweltminister Platzeck die Aussage kolportiert: „Alles was gegen Arbeitsplätze geht, ist tödlich."[235]

Bei den Landtagswahlen in Brandenburg im September 1994 gewann die SPD die absolute Mehrheit und regierte allein weiter. Nach den Landtagswahlen 1999 regierte eine Koalition aus SPD und CDU. Das Umweltministerium wurde aufgelöst und dem Landwirtschaftsministerium zugeschlagen. In der Folge waren die Umweltpolitik und die Umweltverwaltungen überproportional von Haushaltskürzungen betroffen und die fortschrittlichen Regelungen wie das Brandenburger Naturschutzgesetz sollten revidiert werden.[236]

Im vereinigten Berlin regierte von 1991 bis zum Sommer 2001 eine große Koalition aus CDU und SPD, die sich vorrangig mit der Zusammenführung der beiden Stadthälften, dem Umbau der Infrastruktur, der Olympia-Bewerbung und dem Umzug der Bundesregierung nach Berlin befasste. In dieser Phase des städtischen Umbruchs betrachtete der Berliner Senat Umweltpolitik als zweitrangig und nutzte die sich ergebenden Möglichkeiten für einen ökologischen Stadtumbau nicht.[237] Die massive Verschuldung der Stadt schränkte die umweltpolitischen Spielräume zusätzlich ein.

Die meisten *ostdeutschen Kommunen* räumten der Beschäftigungspolitik und der Wirtschaftsförderung Priorität ein und maßen der Umweltpolitik nur geringe Bedeutung zu.[238] Dringliche umweltpolitische Aufgabenfelder bildeten die Aufrechterhaltung des Öffentlichen Personennahverkehrs, die Umstellung der lokalen Energieversorgung, die Altlasten, die Wasserversorgung und -entsorgung sowie eine geordnete Müllentsorgung. Wollten die Kommunen eine vorsorgende Umweltpolitik betreiben und Umweltaspekte in den lokalen Planungs- und Investitionsprozessen berücksichtigen, traten teils massive Konflikte mit anderen umweltrelevanten Politikfeldern wie Verkehr, Energie, Wirtschaftsförderung, Stadtplanung und Tourismus auf.

---

[235] Interview mit Harald WILKEN, Vorsitzender des Brandenburger Umweltbeirates, in: Grünstift 1/1996, S. 27.

[236] Vgl. KIRSCHEY, Tom (2001), Saturiertheit und Dekadenz, S. 12; KLEMM, Holger (2001), Novelle in Brandenburg; Interview mit Steffen HERCHER und Norbert WILKE.

[237] Vgl. FICHTER, Heidi (1996), Unterwegs zur ökologischen Wirtschaftspolitik, S. 270-273.

[238] Vgl. KLEINFELD, Ralf (1996), Kommunalpolitik, S. 279.

In solchen Situationen ließ sich Umweltschutz in der Regel nur dort realisieren, wo er mit finanziellen Interessen Hand in Hand ging, beispielsweise bei der Rückübertragung der Stadtwerke an die Kommunen. Demgegenüber gab es in der Verkehrspolitik häufig Auseinandersetzungen zwischen dem Ausbau von Straßen für den Individualverkehr und dem Erhalt des öffentlichen Personennahverkehrs.[239] Noch schärfer waren die Konflikte, wenn zu ökonomischen Zwecken in ökologisch wertvollen Gebieten sowie unzerschnittenen Naturräumen gebaut werden sollte. Angesichts dieser Schwierigkeiten hatte vorsorgende Umweltpolitik „einen marginalen Stellenwert".[240] Norbert WILKE von der Grünen Liga charakterisiert die Situation in Brandenburg folgendermaßen:

> „So ab 1993 kippte die Stimmung, da kamen die ganzen Großprojekte, die ganzen Freizeitparks und Gewerbeansiedlungen. Natur- und Umweltschützer wurden als Verhinderer dargestellt. [...] Der politische Druck ist so stark, diese Gebiete zu nutzen, dass man als Naturschützer kaum etwas dagegen machen kann. Etwas kann man machen, aber die Möglichkeiten sind beschränkt."[241]

Als Folge dieser umweltpolitischen Entwicklungen gingen die *umweltpolitischen Partizipations-* und *Kooperationsmöglichkeiten* auf der lokalen Ebene im Vergleich zur Umbruchzeit 1989/90 wieder zurück. In den ersten Jahren nach der Vereinigung wirkte das Erbe der Umbruchzeit und der Stil der konsensorientierten Runden Tische auf der lokalen Ebene noch fort. Politik, Verwaltung und BürgerInnen waren zu einer stärker an der Sache und weniger an den Verwaltungsvorschriften orientierten, produktiven Zusammenarbeit bereit.[242] Dieser Politikstil mit seiner Offenheit gegenüber neuen Ideen und Impulsen von außen war prinzipiell günstig für umweltpolitische Partizipation. Auch der noch aus der Umbruchzeit anhaltende umweltpolitische Schwung ermöglichte umweltpolitische Erfolge, wie bei der Ausweisung von Flächennaturdenkmalen oder Landschaftsschutzgebieten auf Kreisebene oder bei der Verhinderung umweltgefährdender Investitionen und Planungen.[243]

---

[239] Vgl. EIßEL, Dieter (1995), Problemfelder und Lösungskapazitäten in den Kommunen Ostdeutschlands, S. 126; MCGOVERN, Karsten (1995), Kommunale Umweltpolitik in den neuen Bundesländern, S. 172-173.

[240] HÜBLER, Karl-Hermann (1992), Möglichkeiten und Grenzen des Transfers westlicher Umweltphilosophien und -strategien in die neuen Bundesländer, S. 12.

[241] Interview mit Steffen HERCHER und Norbert WILKE.

[242] Vgl. GILLWALD, Katrin (1992), Hoffnungsträger Ost, S. 18-19; MCGOVERN, Karsten (1994), Koordinationsprobleme einer ökologisch orientierten Industriepolitik in den neuen Bundesländern, S. 150; RINK, Dieter (1995), Bürgerbewegung und Kommunalpolitik in Ostdeutschland, S. 91.

[243] Interviews mit Steffen HERCHER und Norbert WILKE; Ernst PRIES; Roland RESCH und Norbert BUKOWSKY. Zu Mecklenburg-Vorpommern vgl. WEGRICH, Kai/JAEDICKE, Wolfgang/LORENZ, Sabine/WOLLMANN, Hellmut (1997), Kommunale Verwaltungspolitik in Ostdeutschland, S. 91-92.

Diese Form informeller Beteiligungs- und Kooperationsmöglichkeiten wurde nach zwei, drei Jahren durch zwei Entwicklungen weitgehend zurückgedrängt. Erstens sank wegen des ökonomischen Drucks die Bereitschaft von Politik, Verwaltungen und Wirtschaft zur Zusammenarbeit mit Umweltgruppen und -verbänden. Zweitens wurden die neu aufgebauten Umweltverwaltungen handlungsfähig und nahmen im lokalen Umweltschutz eine immer wichtigere Rolle ein. Mit der fortschreitenden Konsolidierung der Verwaltungen dominierten die hauptamtlichen BeamtInnen und administrativen Führungskräfte die unerfahrenen und oft überlasteten LokalpolitikerInnen.[244] Die Umweltverwaltungen handelten zunehmend nach bürokratischen Gesichtspunkten und entschieden nach gesetzlichen und formalen Vorgaben.

Die informelle Beteiligung von Umweltgruppen an umweltrelevanten Verfahren durch die LokalpolitikerInnen und die Umweltverwaltungen fiel weg. Die in der Wendezeit erfolgreiche umweltpolitische Kooperation zwischen Umweltgruppen, Betroffenen, Politik, Verwaltung und VerursacherInnen ließ nach, weil die Verwaltungen die Verfahren an sich zogen und Umweltgruppen keinen ausreichenden Druck mehr erzeugen konnten, um ihre Beteiligung an den umweltpolitischen Entscheidungen und deren Umsetzung zu erzwingen. Damit waren grundlegende Voraussetzungen für eine erfolgreiche Kooperation nicht erfüllt.

Zwar wurden den Umweltverbänden und lokalen Umweltgruppen nach der Vereinigung verbindliche Beteiligungsrechte zugesprochen, aber diesen wurden im Vergleich zu den Runden Tischen eng definierte Grenzen gesetzt. Die Beteiligungsrechte wurden bereits kurze Zeit nach der Vereinigung durch das „Beschleunigungsgesetzt" wieder beschnitten und durch den Widerstand der Verursacherinteressen gegen die Umweltpolitik unterlaufen. Deswegen konnten sich Umweltverbände und Umweltgruppen nur noch selten in umweltpolitischen Konflikten behaupten und waren zunehmend auf Klagen angewiesen.

Der *Vollzug* der neuen Umweltgesetze durch die im Aufbau befindlichen Umweltverwaltungen stellte in den ersten Jahren nach der Vereinigung ein enormes Problem dar. Die lokalen Akteure gingen nahezu zwangsläufig flexibler mit dem Recht um als in Westdeutschland und nutzen aktiv Grauzonen aus.[245] Zwar hatten etliche Mitglieder der DDR-Umweltbewegung eine Anstellung in der Umweltverwaltung gefunden, hatten Sachverstand und waren hoch motiviert, aber sie mussten erst für die ihnen völlig unbekannten Rechts- und Verwaltungsverhältnisse qualifiziert werden. Unter diesen Umständen wurde in der Regel ein recht pragmatisches Herangehen an die lokal jeweils sehr unterschiedlichen Umweltprobleme gewählt. Im Laufe der Jahre konnten die Umweltverwaltungen die Umweltgesetze zunehmend besser durchsetzen. Demgegenüber wirkte sich der steigende wirtschaftspolitische Druck auf die Umweltpolitik ne-

---

244 Vgl. KLEINFELD, Ralf (1996), Kommunalpolitik, S. 320; MCGOVERN, Karsten (1995), Kommunale Umweltpolitik in den neuen Bundesländern, S. 182-186.

245 Vgl. LORENZ, Sabine/WEGRICH, Kai (1998), Lokale Ebene im Umbruch, S. 37.

gativ auf den Vollzug aus, weil die Umweltverwaltungen immer weniger Rückendeckung von der politischen Führung erhielten und ökonomisch motivierte Regelverstöße tolerieren mussten.

Der Einfluss der lokalen Umweltgruppen auf den Vollzug und die Umweltverwaltung schwand in dem Maße, in dem jene immer mehr nach den juristisch und technisch komplexen Verwaltungsverfahren sowie Gesetzesvorgaben und immer weniger entsprechend politischer Kompromisslösungen entschieden. Diese Tendenz konnte nur bedingt durch die zahlreichen UmweltschützerInnen in den Umweltverwaltungen kompensiert werden.[246]

Für die politisch-institutionellen Handlungsbedingungen lässt sich zusammenfassen, dass die Umweltpolitik in Ostdeutschland – anders als der stark politisch geprägte Umweltschutz der Umbruchzeit – in den ersten Jahren auf den Finanzmitteln des Bundes und zunehmend auf dem Vollzug durch die neu aufgebauten Umweltverwaltungen beruhte. Charakteristisch war weiterhin, dass der umweltpolitische Schwung der Umbruchzeit nur kurze Zeit nach der Vereinigung andauerte. Nach zwei, drei Jahren führte die Wirtschaftskrise in Ostdeutschland dazu, dass umweltpolitische Reformen zurückgedrängt und Mittel für den Umweltschutz beschnitten wurden. Umweltpolitik kam meist nur noch dann zum Zug, wenn sie wirtschaftlichen Interessen dienlich war. Selbst die engagierte Umweltpolitik in Brandenburg geriet in die Defensive.

Zusammen mit der Finanznot der ostdeutschen Gemeinden führte dies dazu, dass auch auf lokaler Ebene fortschrittliche umweltpolitische Ansätze und Ideen der Wendezeit unter den (Runden) Tisch fielen. In lokalen Umweltkonflikten warfen Wirtschaft und Bevölkerung den Umweltgruppen oft vor, die Schaffung von Arbeitsplätzen zu verhindern. Die informelle umweltpolitische Partizipation der Runden Tische in der Umbruchzeit wurde durch formale, rechtlich abgesicherte Verfahren ersetzt, die die Beteiligungsmöglichkeiten von Umweltgruppen und ihren Zugang zu umweltpolitischen Entscheidungsprozessen aber eher begrenzten. Damit verengten sich die Handlungsspielräume lokaler Umweltgruppen gegenüber der Umbruchzeit 1989/90 wieder.

3.2. Das zurückgehende umweltpolitische Interesse der Öffentlichkeit

Nach der Vereinigung wurde der Zustand der Umwelt in Ostdeutschland systematisch wissenschaftlich erfasst. Die Betrachtung der ostdeutschen Umweltsituation wurde differenzierter und man erkannte neben den unzweifelhaften Missständen auch die Vorzüge an, wie die großflächigen, unzerschnittenen Biotope. Ein Beispiel ist die flächendeckende Untersuchung und Erfassung von rund 96.000 Altlastenverdachtsfällen in Ostdeutschland. Dabei stellte sich heraus, dass die Altlastenschäden zwar punktuell schwerwiegend waren, aber insgesamt

[246] Interview mit Michael SUCCOW.

nicht so gravierend wie zunächst befürchtet und in der Öffentlichkeit dargestellt.[247]

Einige ostdeutsche Städte und Kommunen betrieben eine ehrgeizige Umweltinformationspolitik mit ausführlichen Umweltberichten (z. B. in Dresden und Leipzig), Umweltbüros und dem Aufbau von Umweltinformationssystemen. Trotz begrenzter finanzieller Möglichkeiten engagierten sich Kommunen in der ökologischen Öffentlichkeitsarbeit, indem sie Informationsbroschüren herausgaben, „Umwelttelefone" einrichteten, die Umwelterziehung an Schulen förderten, Energiesparberatung anboten oder über Müllvermeidung aufklärten. Umweltgruppen und –verbände bemängelten, dass im Vergleich zur Zeit der Runden Tische Umweltdaten nach der Vereinigung schwerer zugänglich waren. Die Umweltverwaltungen wurden deutlich zurückhaltender bei der Weitergabe von Informationen an lokale Umweltgruppen.[248] McGovern bezeichnet aber insgesamt den Zugang zu Umweltinformationen auf der lokalen Ebene als „recht gut".[249] Damit herrschte überwiegend Umwelttransparenz.

Die Medien berichteten in der ersten Zeit nach der Vereinigung offen und ausführlich über Umweltfragen. Im Zuge der Wirtschaftskrise folgten sie dann aber bei Konflikten zwischen Ökologie und Ökonomie eher der wirtschaftlichen Argumentation.[250] Das umweltpolitische Interesse der Bevölkerung ging gegenüber der Umbruchzeit langsam zurück, so dass den lokalen Umweltgruppen und Umweltverbänden für ihre Öffentlichkeitsarbeit und ihre Mobilisierung der Resonanzboden der umweltpolitischen Öffentlichkeit fehlte.[251] Ihnen gelang es angesichts des sozialen „Skandals" der Massenarbeitslosigkeit und in Anbetracht der spürbaren Verbesserung des Umweltzustands nicht, ökologische Missstände überregional öffentlichkeitswirksam anzuprangern und die öffentliche Meinung für ihre Forderungen zu gewinnen. Allerdings hatten viele Umweltgruppen einen recht guten Zugang zu lokalen Medien.[252]

Alles in allem war also der Zugang der Umweltgruppen zu Umweltinformationen auf der lokalen Ebene gut. Aber ihre Chancen, die Öffentlichkeit für ihre

---

[247] Im Gegensatz dazu steht eine ähnlich gründliche Erkundung der Altlasten in Westdeutschland immer noch aus, so dass die Unterschiede zwischen Ost- und Westdeutschland wahrscheinlich viel geringer sind als ursprünglich gemutmaßt. Vgl. PETSCHOW, Ulrich (1995), Transformationen, S. 309-310.

[248] Vgl. KUNERT, Christine (1992), Umweltverträglichkeitsprüfung in Raumordnung und Landesplanung, S. 91-92; HEINISCH, Emanuel (1992), Umweltbelastung in Ostdeutschland, S. 3, 16; Interview mit Ulrich WOLTER.

[249] MCGOVERN, Karsten (1995), Kommunale Umweltpolitik in den neuen Bundesländern, S. 168-169.

[250] Interviews mit Steffen HERCHER und Norbert WILKE; Klaus MUCHE und Christiane JURKE.

[251] Vgl. FISCHER, Corinna (2002), „Das gehört jetzt einfach zu mir.", S. 25-27.

[252] WEINBACH, Kerstin (1998), Umweltpolitisches Engagement im Vereinigungsprozess, S. 166; ZSCHIESCHE, Michael (1996), Vom Alltag der Bürgerbeteiligung, S. 279.

Sicht der Umweltprobleme zu gewinnen, Widerhall in den Medien zu finden und die Bevölkerung für ihre Forderungen zu mobilisieren, schwanden gegenüber der Umbruchzeit deutlich.

3.3. Die Arbeitslosigkeit und die Modernisierung der ostdeutschen Wirtschaft

Der schlechte Zustand der DDR-Ökonomie 1989 und die Transformation der DDR-Planwirtschaft zur Marktwirtschaft stürzten Ostdeutschland in eine schwere *Wirtschaftskrise*, deren Auswirkungen erst in den Jahren nach der Vereinigung mit voller Wucht spürbar wurden. Gegen Ende 1990 trat ein abrupter Rückgang der Wirtschaftstätigkeit ein und setzte sich bis 1992 fort. Die Zahl der Erwerbstätigen schrumpfte in den ersten drei Jahren nach der Maueröffnung von 9,7 Millionen auf 6,1 Millionen, das Bruttoinlandsprodukt um 40 %, die Industrieproduktion sogar um mehr als 60 %.[253] 1992 gab es 1,0 Millionen Arbeitslose in Ostdeutschland und weitere 1,6 Millionen KurzarbeiterInnen.[254]

Die Transformation und die wirtschaftliche Entwicklung schlugen sich in einem rasanten *Strukturwandel* der ostdeutschen Wirtschaft nieder. Wettbewerbsbedingt gingen der Anteil der ressourcen- und emissionsintensiven Branchen Bergbau, Energieversorgung, Chemie, Metallurgie und Landwirtschaft zurück, während das Anwachsen des Dienstleistungssektors zu einer deutlichen Umweltentlastung beitrug.[255] Rink beschreibt diese Entwicklung als Modernisierungspfad, der durch eine weitgehende Deindustrialisierung mit Elementen einer ökologischen Modernisierung gekennzeichnet war.[256] Allerdings erreichte eine solche, in erster Linie auf Entsorgung konzentrierte technologische Modernisierung nicht das Niveau eines auf Vorsorge bedachten ökologisch-zukunftsfähigen Umweltschutzes.[257] Dies wird daran deutlich, dass in Ostdeutschland die westdeutschen Konsum- und Produktionsmuster übernommen wurden, was zum Anstieg von Umweltbelastungen durch die Zunahme des Individual- und Güterverkehrs auf der Straße, durch den Zusammenbruch des Müllrecycling-Systems

---

[253] Vgl. EIßEL, Dieter (1995), Problemfelder und Lösungskapazitäten in den Kommunen Ostdeutschlands, S. 127.

[254] Vgl. JARAUSCH, Konrad H. (1995), Die unverhoffte Einheit 1989-1990, S. 241.

[255] Vgl. HENTRICH, Steffen/KOMAR, Walter/WEISHEIMER, Martin (2000), Zehn Jahre ökologischer Aufbauprozess in den neuen Ländern, S. 476.

[256] Vgl. RINK, Dieter (1999), Mobilisierungsschwäche, Latenz, Transformation oder Auflösung?, S. 190.

[257] Vgl. BLAZEJCZAK, Jürgen/KOMAR, Walter (1995), Ökologische Sanierung Ostdeutschlands nach dem westdeutschen Modell, S. 302-305.

SERO, durch das Anwachsen des Müllaufkommens, durch Bodenversiegelung und die Zerschneidung großflächiger zusammenhängender Naturräume führte.[258]

Die Antwort der *Wirtschaftspolitik* auf die Folgen der Transformation und die schlechte Konjunktur war umweltpolitisch zumindest zwiespältig, wenn nicht nachteilig. In der ersten Zeit nach der Vereinigung war die Treuhandanstalt wichtigster wirtschaftspolitischer Akteur. Zwar konnte sie durch die Verkäufe der ehemals staatlichen Betriebe schnell private Wirtschaftsakteure in Ostdeutschland schaffen, doch der Preis dafür war der ökonomische Zusammenbruch ganzer Branchen und Regionen.[259] Hickel und Priewe kritisieren dieses Vorgehen als „Gesundschrumpfen durch Kahlschlagsanierung".[260] Auf Druck der ostdeutschen Landesregierungen änderte die Treuhandanstalt nach etwa zwei Jahren ihre Strategie und legte den Schwerpunkt ihrer Tätigkeit nicht mehr auf hohe Verkaufserlöse und rasche Privatisierung, sondern auf maximale Beschäftigung und regionalwirtschaftliche Ziele.[261] Gleichwohl bildete die andauernd hohe Arbeitslosigkeit eine schwere Belastung für die Durchsetzung ökologischer Ziele.

Treuhandanstalt und Bundesregierung setzten riesige Summen für die Modernisierung der ostdeutschen Infrastruktur und Wirtschaft ein. Darunter befanden sich viele ökologisch bedenkliche Projekte insbesondere beim Straßenbau und bei der Gewerbeerschließung an ungeeigneten Standorten.[262] Darüber hinaus forderten Interessenvertreter der Wirtschaft letztlich erfolgreich die Absenkung von Umweltstandards (Beschleunigungsgesetze), was angeblich die Voraussetzungen für Investitionen in Ostdeutschland verbessern würde.

Es gab jedoch keine nennenswerten Anzeichen dafür, dass Unternehmensgründungen oder -ansiedlungen in den neuen Bundesländern durch die Umweltschutzanforderungen verhindert worden wären. Umgekehrt stellten vorhandene Umweltbelastungen (Altlasten) oft ein erhebliches Investitionshindernis dar, das nur auf der Basis großer finanzieller Anstrengungen der öffentlichen Hand be-

---

[258] Der Anteil der Verkehrsleistungen der Eisenbahn sank in den neuen Bundesländern zwischen 1989 und 1993 von 75 % auf 33 %. Der Anteil des motorisierten Individualverkehrs stieg im gleichen Zeitraum von 60 % auf 83 % zu Lasten des öffentlichen Verkehrs. Vgl. Umweltbundesamt (Hg.) (1995), Ökologische Aufbaupolitik in den neuen Ländern, S. 97-98. Siehe auch HÜBLER, Karl-Hermann (1993), Eine ökologische Gewinn- und Verlustrechnung für die fünf neuen Bundesländer und Berlin, S. 178-181.

[259] Vgl. BENZLER, Susanne (1995), Chancen der Zivilgesellschaft in den neuen Bundesländern, S. 30-32; FREESE, Christopher (1995), Die Privatisierungstätigkeit der Treuhandanstalt.

[260] HICKEL, Rudolf/PRIEWE, Jan (1991), Der Preis der Einheit, S. 171.

[261] Vgl. WIESENTHAL, Helmut (1995), Die Transformation Ostdeutschlands, S. 141-143.

[262] Vgl. HÜBLER, Karl-Hermann (1992), Möglichkeiten und Grenzen des Transfers westlicher Umweltphilosophien und -strategien in die neuen Bundesländer, S. 12.

hoben werden konnte.[263] Diese Vereinbarkeit von ökologischen, so genannten „weichen“ Standortfaktoren und Ökonomie wurde jedoch in den öffentlich ausgetragenen Konflikten vernachlässigt.

Ökologisch positiv wirkte sich aus, dass die Bundesregierung in Ostdeutschland in erheblichem Umfang Beschäftigungsmaßnahmen zur ökologischen Sanierung förderte. Bis zu 30 % aller öffentlich beschäftigten Personen arbeiteten im Umweltbereich; das waren 1991 55.000, 1992 116.000 und 1993 60.000 Beschäftigte.[264]

Die makroökonomischen Rahmenbedingungen stärkten die Verursacherinteressen, die sich einer breiten Unterstützung durch Politik, Medien und Bevölkerung gewiss sein konnten, gegenüber den Umweltinteressen. Das wirkte sich auch in den lokalen Akteurkonstellationen nachteilig für Umweltgruppen aus, denn auf der lokalen Ebene brach der Zielkonflikt Umweltschutz contra Arbeitsplätze meist in aller Schärfe aus. Die Schaffung neuer Arbeitsplätze genoss Priorität vor umweltrechtlichen Vorschriften.[265] Der Wettbewerb der Kommunen um Investoren und die extensive Ausweisung von Gewerbegebieten führten zu einer Aushöhlung kommunaler Umweltstandards und entsprach der Konstellation einer *Beschäftigungsfalle*, was am Beispiel Brandenburgs genauer ausgeführt werden soll.

Im Mai 1991 lagen beim Brandenburger Ministerium für Umwelt, Naturschutz und Raumordnung 43 Anträge für die Errichtung von Golfplätzen vor, von denen elf zu diesem Zeitpunkt genehmigt waren, 27 Anträge für Freizeitparks und 54 Anträge für Wirtschafts- und Gewerbeparks. Insgesamt wurden in Brandenburg in den neunziger Jahren über 90 Anträge zum Bau von Golfplätzen gestellt, von denen etwa die Hälfte genehmigt wurde. Diese Planungen überschritten bei weitem die Nachfrage nach Freizeitanlagen.[266] Die meisten Vorhaben waren unseriös kalkuliert; viele der in der Regel westdeutschen InvestorInnen wollten sich vor allem den Zugriff auf billiges Gemeindeland sichern.[267] Die

---

[263] Vgl. HORBACH, Jens (1993), Fördermaßnahmen und Umweltschutzinvestitionen in den neuen Bundesländern, S. 398; Umweltbundesamt (Hg.) (1995), Ökologische Aufbaupolitik in den neuen Ländern, S. 119.

[264] Vgl. Umweltbundesamt (Hg.) (1995), Ökologische Aufbaupolitik in den neuen Ländern, S. 72-75, 115; Z[SCH]IESCHE, Michael (1995), Zwischen Müsli und Eisbein, S. 277-278.

[265] Vgl. SCHLEGELMILCH, Kai (1992), Umweltschutz vor Ort, S. 42.

[266] Vgl. KUNERT, Christine (1994), Naturschutz contra Aufschwung Ost?, S. 109; LIEBOLD, Edda (1991), Planungsziel Freizeit-Landschaft, S. 8-9; Interview mit Steffen HERCHER und Norbert WILKE.

[267] Norbert WILKE: „Die Investoren haben Steuererleichterungen für die Investitionen in Ostdeutschland bekommen. Aber weil sie von den Gemeinden das Land nicht einfach so kaufen konnten, haben sie das gesagt, was alle behauptet haben, nämlich dass sie einen Golfplatz oder eine Freizeitanlage bauen wollten. Aber die meisten Projekte sollten nie verwirklicht werden, die wollten nur das Land kaufen. Zum Teil gab es Knebelverträge, nach denen die Verkäufer ihr Geld erst bekommen, wenn das Projekt verwirklicht worden ist. Damit sind die

Öffentlichkeit wurde wegen der kurzen Planungszeiträume nicht an den Planungen beteiligt.

Die meisten Gemeinden bemühten sich ihrerseits darum, potenzielle Arbeitgeber und Steuerzahler bei sich anzusiedeln und klammerten sich selbst an noch so vage Versprechungen der InvestorInnen zur Schaffung von Arbeitsplätzen. Zu diesem Zweck wiesen die Kommunen neue Gewerbegebiete aus und errichteten Gewerbe- und Industrieparks in einem Umfang, der weit über den Bedarf hinausging.[268] Zwischen 1990 und 1995 wurden in den neuen Bundesländern mehr Hektar Gewerbefläche ausgewiesen als in ganz Westdeutschland seit 1950.[269] Das Land Brandenburg verfügte 1995 mit rund 12.000 ha über doppelt so viel ausgewiesene Gewerbefläche wie Baden-Württemberg.[270] Die üppigen Förderprogramme des Bundes und der Länder im Zuge des „Aufbau Ost" förderten dieses ökologisch und meist auch ökonomisch bedenkliche Vorgehen der Kommunen.[271] Erst nach Kritik von Seiten der EU und der ostdeutschen Bundesländer an der Ausrichtung der Wirtschaftsförderung änderte die Bundesregierung 1995 die Förderkriterien und schloss in der Folge auch Umweltschutzmaßnahmen, Altlastensanierung und Bildungsmaßnahmen in die Förderung ein.[272]

Das ökologische Problem bestand darin, dass die InvestorInnen und die Kommunen Flächen auf der „grünen Wiese" für die Bebauung bevorzugten, weil dort keine Altlasten und keine Rechtsansprüche von Alteigentümern zu befürchten waren und deshalb die Genehmigungsverfahren schnell durchgeführt werden konnten.[273] Diese Entwicklung bedrohte viele ökologisch wertvolle Gebiete, teilweise sogar Schutzgebiete. Darüber hinaus waren die Standorte auf der grünen Wiese oft ohne städtische Anbindung, zogen erhebliche Verkehrsströme und einen weiteren Straßenausbau nach sich. Gerade im bis 1989 wenig zersie-

---

Investoren Besitzer des Bodens, ohne einen Pfennig dafür zu zahlen. Es gab Gemeinden, die dadurch fast ihre gesamte Gemarkung verloren haben." Interview mit Steffen HERCHER und Norbert WILKE. Vgl. auch WOLLE, Iri (1990), Golfplätze, S. 11.

268 Norbert WILKE: „Es gibt in Brandenburg viel zu viele Gewerbegebiete. Es gibt Gewerbegebiete, die für drei bis sechs Millionen DM errichtet worden sind. Dort gibt es nur Straßen, Laternen und Abwasserleitungen, ansonsten weiden da Pferde." Interview mit Steffen HERCHER und Norbert WILKE.

269 Vgl. MCGOVERN, Karsten (1995), Kommunale Umweltpolitik in den neuen Bundesländern, S. 171.

270 Vgl. KLEINFELD, Ralf (1996), Kommunalpolitik, S. 279.

271 Hervorzuheben ist hier der Fonds der Bund-Länder-Gemeinschaftsaufgabe „Verbesserung der regionalen Wirtschaftsstruktur". Aus diesem und ähnlichen Fonds wurden zwischen 5,2 (1991) und 9,1 (1995) Milliarden DM jährlich bereitgestellt. Vgl. TETSCH, Friedemann/ BENTERBUSCH, Ulrich/LETIXERANT, Peter (1996), Die Bund-Länder-Gemeinschaftsaufgabe „Verbesserung der regionalen Wirtschaftsstruktur", S. 12.

272 Vgl. VOELZKOW, Helmut/HOPPE, Andrea (1996), „Druck von oben und von unten", S. 121-124.

273 Vgl. LIEBOLD, Edda (1991), Planungsziel Freizeit-Landschaft, S. 8.

delte Umland Berlins führte dies zur großflächigen Bodenversiegelung und zur Zerschneidung großer zusammenhängender Naturräume.[274]

Es entbrannte ein Konkurrenzkampf der Kommunen um InvestorInnen, den ich in Anlehnung an die Beschäftigungsfalle als „Ansiedlungsfalle" bezeichne. Dabei lehnten die Kommunen regionalplanerische Vorgaben des Landes ab, weil sie sich von einem eigenmächtigen Vorgehen Vorteile gegenüber anderen Kommunen versprachen. Dennoch konnten die Brandenburger Umwelt- und Planungsbehörden mehrere ökologisch und planerisch fragwürdige Projekte stoppen.[275] Dies führte zu dem unsinnigen Vorwurf gegen Umweltminister Platzeck, dessen Ministerium bis Mai 1992 die Umwandlung von 2.800 ha Gemeindeland in Gewerbeflächen aus ökologischen und ökonomischen Gründen abgelehnt hatte, er wolle „das Land Brandenburg zur industriefreien Zone machen".[276]

Unternehmen verfügten unter diesen Bedingungen über eine hervorragende Verhandlungsposition gegenüber den Gemeinden. Sie erhielten meist alle erdenkliche politische und finanzielle Unterstützung und befanden sich in einer sehr starken Position gegenüber lokalen Umweltgruppen, wenn diese ökologische Bedenken formulierten und die Einhaltung von Umweltstandards forderten. So wurde auf der lokalen Ebene im Konfliktfall meist zu Gunsten der Ökonomie und auf Kosten des Umweltschutzes entschieden. Einkaufszentren und riesige Gewerbegebiete auf der grünen Wiese, Golfplätze in vormals unberührter Natur sowie die Modernisierung und der Neubau von Braunkohlekraftwerken, die wesentlich zu einer Erhöhung des bundesdeutschen CO_2-Ausstoßes beitragen, zeugen davon.

Damit waren die sozio-ökonomischen Handlungsbedingungen für lokale Umweltgruppen sowohl was die makroökonomischen Strukturen betraf als auch auf lokaler Ebene sehr ungünstig, weil dort die „Ansiedlungsfalle" das Kräfteverhältnis in der lokalen Akteurkonstellation zu Gunsten der VerursacherInnen verschob.

3.4. Von der ostdeutschen Umweltbewegung zu professionellen Umweltverbänden

Nach dem von großen Hoffnungen getragenen, dynamischen Aufbruch während der Wendezeit musste sich die ostdeutsche Umweltbewegung nach der Vereinigung auf neue Rahmenbedingungen einstellen. Zwar genoss die Umweltbewegung alle politischen Grundrechte, aber auf Grund der Wirtschaftskrise wurden

---

[274] Vgl. FRITZ, Peter (1995), Zur aktuellen Umweltsituation in den neuen Bundesländern, S. 298.

[275] Vgl. PLATZECK, Matthias (1995), Die Praxis von oben verändern, S. 241-242; Interview mit Steffen HERCHER und Norbert WILKE.

[276] Grünstift 6/1992, S. 19.

Umweltkonflikte immer erbitterter geführt. Politik, Wirtschaft und große Teile der Bevölkerung standen den ökologischen Forderungen der Umweltbewegung ablehnend gegenüber.

Zugleich kam es in den Jahren nach der Vereinigung zum Abschwung zivilgesellschaftlicher Mobilisierung, wie ihn die Transformationsforschung für die meisten Systemwechsel beschrieben hat. Dafür benennt sie drei Gründe: Erstens verringert die Einführung formaler demokratischer Verfahren die temporären Handlungsspielräume zivilgesellschaftlicher Akteure; politische Parteien verdrängen oder kooptieren diese. Zweitens verschwindet mit dem Ende des autoritären Regimes das wichtigste Motiv für ein zivilgesellschaftliches, demokratisches Engagement. Drittens bringt die nüchterne politische Wirklichkeit die Enttäuschung der hochfliegenden Erwartungen der BürgerInnen mit sich und trägt zu einem Rückzug ins Private bei.[277] Damit verschlechterte sich die Gelegenheitsstruktur für neue soziale Bewegungen wie die Umweltbewegung im Vergleich zur Wendezeit wieder, stabilisierte sich jedoch auf einem deutlich günstigeren Niveau als vor 1989 in der DDR.

Die ostdeutsche Umweltbewegung differenzierte ihre *Organisationsstruktur* in relativ kurzer Zeit aus. Es gab die Grüne Liga, Umweltzentren, Umweltinstitute, Umweltstiftungen, Biohöfe, Bioläden sowie lokale Umwelt- und Stadtteilinitiativen in großer Zahl, die sich meist neu gegründet hatten, teilweise aber auch an die Umweltarbeit kirchlicher Gruppen und der GNU anknüpften.[278] Diese Neustrukturierung verlief bei den lokalen Umweltgruppen, den Umweltverbänden und der Partei Bündnis 90/Die Grünen, die in der Wendezeit die drei Säulen der DDR-Umweltbewegung ausgemacht hatten, sehr unterschiedlich.

Die Entwicklung der ostdeutschen *Umweltgruppen* lässt sich in Anlehnung an die Periodisierung von Rink für soziale Bewegungen in Ostdeutschland beschreiben. Er unterscheidet zwischen einer „Gründerphase“, einer „Phase der Professionalisierung“ und einer „Stagnationsphase“.[279]

Die Gründerphase der Umweltgruppen dauerte vom Herbst 1989 bis Mitte 1991. Die Motivation und Euphorie der Aktiven und Gruppen wirkte noch in der ersten Zeit nach der Vereinigung fort. Die meisten neuen Umweltgruppen verfügten noch über keinen organisch gewachsenen und eingespielten Mitgliederbestand. Sie waren erst dabei, ihre Ziele zu bestimmen, sich zu organisieren, hatten kaum Erfahrungen mit Aktionen und kannten sich in der neuen Gesetzge-

---

[277] Vgl. CROISSANT, Aurel/LAUTH, Hans-Joachim/MERKEL, Wolfgang (2000), Zivilgesellschaft und Transformation, S. 33-34.

[278] Vgl. die lokalen Initiativen bei GROBER, Ulrich (1998), Ausstieg in die Zukunft; Z[SCH]IESCHE, Michael (1995), Zwischen Müsli und Eisbein, S. 279-286 sowie den Wettbewerb TAT-Orte – Gemeinden im ökologischen Wettbewerb der Deutschen Bundesstiftung Umwelt und des Deutschen Instituts für Urbanistik (http://www.difu.de/tatorte/).

[279] RINK, Dieter (1999), Mobilisierungsschwäche, Latenz, Transformation oder Auflösung?, S. 188-189.

bung nicht aus. Gleichzeitig stellte die rasante Entwicklung in Ostdeutschland die Umweltbewegung sofort vor enorme Herausforderungen. Es standen umweltpolitische Entscheidungen zur Energieversorgung, zu Abfallbeseitigungskonzepten, zum Nationalparkprogramm und zur Eisenbahnstilllegung an, auf die die Umweltbewegung und die Umweltgruppen Einfluss nehmen wollten, weil durch diese Entscheidungen umweltrelevante Strukturen für lange Zeiträume festgeschrieben wurden. Um sich wirkungsvoll in die umweltpolitischen Debatten einschalten zu können, mussten sie in kürzester Zeit intelligente Formen der Öffentlichkeitsarbeit erlernen und aktuelle Umweltthemen besetzen.[280]

Die zweite Phase der Professionalisierung in der Zeit von 1991 bis 1993 wurde von der großzügigen Gewährung von Arbeitsbeschaffungsmaßnahmen (ABM) durch die Bundesanstalt für Arbeit geprägt. Die Beantragung von ABM-Stellen setzte einen formal eingetragen Verein und eine bürokratische Vereinsstruktur voraus. Der Schwerpunkt der Vereinsarbeit verlagerte sich vom ehrenamtlichen Engagement zur hauptamtlichen Tätigkeit und zwang die Vereine zu einer rentablen Betriebsführung.[281] Umweltgruppen und –verbände nahmen in großer Zahl ABM-Stellen in Anspruch, die aber 1993 massiv gekürzt wurden, woraufhin etliche Gruppen und Initiativen ihre Arbeit wieder einschränkten oder ganz einstellten.[282]

Die dritte Phase der Stagnation setzte bei den Umweltgruppen ungefähr 1993 ein.[283] Die Handlungsbedingungen für lokale Umweltgruppen verschlechterten sich, die Akzeptanz ökologischer Forderungen in der ostdeutschen Bevölkerung sank. Der Vertrauensbonus der Umweltgruppen schwand, sie wurden zunehmend als Hindernis bei der Schaffung von Arbeitsplätzen angesehen. Aus den lokalen Umweltgruppen und Bürgerinitiativen traten enttäuschte Mitglieder aus, neue Mitglieder ließen sich kaum anwerben. Die Gruppenzahlen stagnierten, in den Gruppen arbeiteten weniger Aktive mit und nach dem Auslaufen der Arbeitsförderungen gab es nur noch sehr wenige hauptamtliche MitarbeiterInnen. Die lokalen Umweltgruppen schränkten ihre Arbeitsfelder ein, waren vor allem bei der Abwehr akuter, lokal spürbarer Umweltgefahren oder als Träger von Umweltprojekten aktiv und konnten nur noch fallweise ein öffentlich wahr-

---

[280] Vgl. GENSICHEN, Hans-Peter (1992), Wie geht es der Umweltbewegung in Ostdeutschland?, S. 24.

[281] Vgl. FINDEIS, Hagen/POLLACK, Detlef/SCHILLING, Manuel (1994), Die Entzauberung des Politischen, S. 280-283.

[282] Vgl. RUCHT, Dieter/BLATTERT, Barbara/RINK, Dieter (1997), Soziale Bewegungen auf dem Weg zur Institutionalisierung, S. 152-167, 201-204; GENSICHEN, Hans-Peter (1992), Wie geht es der Umweltbewegung in Ostdeutschland?, S. 24-25.

[283] Hier weiche ich von der Periodisierung von RINK ab, nach der die Stagnationsphase erst 1994 begann.

nehmbares Potenzial mobilisieren, das über einen eng begrenzten lokalen Zusammenhang hinausreichte.[284]

Eine andere organisatorische Entwicklung ergab sich bei den überregionalen *Umweltverbänden*, die am Beispiel der Grünen Liga und des Naturschutzbundes und mit einem besonderen Augenmerk auf die Situation in Brandenburg und (Ost-)Berlin dargestellt wird.

Die Grüne Liga etablierte sich nach der Vereinigung als eine der wenigen eigenständigen Organisationen der Umbruchzeit dauerhaft in Ostdeutschland, konnte aber in Westdeutschland nicht Fuß fassen.[285] Als Netzwerk bot die Grüne Liga ein Dach zur selbstbestimmten Arbeit für Umweltgruppen. Insbesondere kleinere Vereine und Bürgerinitiativen konnten das Know-how und die Infrastruktur der Grünen Liga für ihren Auftritt nach außen nutzen und sich so stärker auf ihre inhaltlichen Anliegen konzentrieren. Damit leistete die Grüne Liga einen Beitrag zu einer basisnahen, demokratischen Umweltpolitik.

Nach ihrem Selbstverständnis legte die Grüne Liga großen Wert darauf, regional und transparent zu entscheiden und Strukturen „von unten" zu entwickeln. Dies schlug sich in einer dezentralen Organisation nieder. Zwischen 1991 und 1994 bildeten sich sechs ostdeutsche Landesverbände, die den organisatorischen Kern der Grünen Liga ausmachten. Die Landesverbände und die Basisgruppen richteten ihre Arbeit zunehmend regional und lokal aus und akquirierten ihre Fördermittel selbstständig.

Die Angaben zur Mitgliederzahl sind nur vage, weil sowohl Einzelpersonen als auch Gruppen Mitglied sein können, sie liegen jedoch deutlich niedriger als beim NABU. Die Fluktuation der Mitgliedsgruppen in Brandenburg war hoch, weil sich die meisten lokalen Initiativen und Umweltgruppen zu einem bestimmten Anlass bildeten und nach dessen erfolgreicher oder vergeblicher Bearbeitung wieder auflösten. Nur wenige Gruppen bestanden über viele Jahre hinweg. Die Initiative für die Zusammenarbeit ging sowohl von den lokalen Umweltgruppen als auch von der Grünen Liga aus.

In Brandenburg lag der Schwerpunkt auf dem Naturschutz sowie der Verhinderung umweltschädlicher Projekte, die vom Havelausbau für die Schifffahrt bis zum Kiesabbau reichten. Die Grüne Liga Berlin engagierte sich vor allem für die Lokale Agenda 21 und den öffentlichen Nahverkehr. Eine wichtige Aufgabe der hauptamtlichen MitarbeiterInnen der Grünen Liga bildete darüber hinaus die politische Lobbyarbeit sowie die Teilnahmen bei Anhörungen der Umweltver-

---

[284] Vgl. MCGOVERN, Karsten (1995), Vorsorgender Umweltschutz als Verhandlungsproblem, S. 127-130; RINK, Dieter (1999), Mobilisierungsschwäche, Latenz, Transformation oder Auflösung?, S. 189; WEINBACH, Kerstin (1998), Umweltpolitisches Engagement im Vereinigungsprozess, S. 161; ZSCHIESCHE, Michael (1996), Vom Alltag der Bürgerbeteiligung; Interviews mit Steffen HERCHER und Norbert WILKE; Ralf ZECH.

[285] Vgl. HAMPELE, Anne (1997), „Dem Aufschwung Ost ökologisch auf die Beine helfen", S. 5-11; HAMPELE, Anne (1996), Die Organisationen der Bürgerbewegung, S. 153-158.

waltung. Die Beteiligung an diesen Verfahren konnte von ehrenamtlichen UmweltschützerInnen in der Regel nicht geleistet werden, weil sie nicht über das spezifische Fachwissen verfügten und jederzeit abkömmlich waren.[286]

Der Naturschutzbund (NABU) war anfangs ein klassischer Naturschutzverband, stark auf die fachliche Naturschutzarbeit ausgerichtet und hierarchisch organisiert. Der Schwerpunkt des Brandenburger Landesverbandes lag beim Schutz der wertvollen Natur- und Kulturlandschaften Brandenburgs. Der NABU Berlin engagierte sich vor allem in der Umweltbildungsarbeit, der Öffentlichkeitsarbeit und der praktischen Naturschutzarbeit in der Stadt. Beide Landesverbände verstärkten kontinuierlich ihre politische Arbeit, um Einfluss auf die regionale und lokale Umweltpolitik zu nehmen.[287] Allerdings zogen sich etliche Mitglieder nach enttäuschten Erwartungen und umweltpolitischen Rückschlägen wieder auf die rein fachliche Naturschutzarbeit zurück.[288]

Die ostdeutschen Landesverbände gewannen eine Vielzahl ehemaliger GNU-Mitglieder und stützten sich auf die bereits in der GNU bewährte Struktur der Fachgruppen, die meist wie lokale Umweltgruppen arbeiteten. Der Landesverband Brandenburg des NABU konnte seine Mitgliederzahl kontinuierlich auf knapp 6.000 Mitglieder im Jahr 2000 steigern und war der mit Abstand mitgliederstärkste Umweltverband in Brandenburg.[289] Dank der großen Anzahl an Mitgliedern, einer professionellen Spendenwerbung und externen Finanzierungen verfügte der NABU über finanzielle Ressourcen.

Insgesamt konnten die neu entstandenen Umweltverbände in Ostdeutschland bis Ende 1991 etwa 10.000 der etwa 60.000 Mitglieder, die Ende der achtziger Jahre bei der GNU waren, übernehmen. Dies bedeutete für den ehrenamtlichen Umweltschutz einen Verlust an Aktiven, an ökologischem Wissen und an Engagement.[290] Aber im Verlauf der neunziger Jahre konnten die überregionalen Umweltverbände vor allem mittels gezielter Kampagnen neue Mitglieder werben.[291]

---

[286] Vgl. SEIDE, Corinna/MWAUNGULU, Gisela/SCHÄFER, Ute (1998), Grüne Liga Berlin e.V.; Interview mit Steffen HERCHER und Norbert WILKE.

[287] Vgl. Naturschutzbund Landesverband Berlin (Hg.) (1999), 100 Jahre Bürger im Naturschutz, S. 30-31; SCHMITZ-JERSCH, Friedhelm (2000), Grußwort zum 10jährigen Bestehen des Landesverbandes Brandenburg des NABU; SEEGER, Johann-Joachim (2000), Der NABU Brandenburg im Spannungsfeld der heutigen Gesellschaft.

[288] Interview mit Ralf ZECH.

[289] Vgl. Naturschutzbund Deutschland. Landesverband Brandenburg (Hg.) (1997), Naturschutz in Brandenburg, S. 2. Der NABU hatte damit mehr Mitglieder in Brandenburg als SPD und CDU zusammen, KIRSCHEY, Tom (2001), Saturiertheit und Dekadenz, S. 12.

[290] Vgl. BEHRENS, Hermann/BENKERT, Ulrike (1992), Das Schicksal der Gesellschaft für Natur und Umwelt im Kulturbund der DDR, S. 369-370.

[291] Einen kurzen Überblick über die Umweltverbände in Ostdeutschland (NABU, BUND, Grüne Liga, Allgemeiner Deutscher Fahrradclub/ADFC und Verkehrsclub Deutschland/VCD)

Nachdem in der Umbruchzeit verschiedene Umweltorganisationen gegründet worden waren, was von Umweltaktivisten als Zersplitterung der Umweltbewegung kritisiert wurde, arbeiteten die Umweltverbände in Ostdeutschland in den neunziger Jahren bei allen ihren Unterschieden in der Regel eng zusammen und versuchten, ihre Kräfte in Anbetracht des umweltpolitischen Gegenwinds zu bündeln.[292] Auch lässt sich bei den ostdeutschen Umweltverbänden eine Professionalisierung und Spezialisierung beobachten, die typisch war für die Umweltbewegung in der gesamten Bundesrepublik.[293] Auf Grund ihrer spezifischen Erfahrungen brachten die ostdeutschen Umweltorganisationen Reformimpulse in die gesamtdeutsche Verbändelandschaft ein; zu nennen sind hier insbesondere die engere Kooperation zwischen den Umweltverbänden, der hohe Stellenwert fachlicher Kompetenz in ihrer Arbeit, ein innovativer Naturschutz und Erfahrungen mit kooperativen Handlungsstrategien bei gleichzeitiger Distanz gegenüber staatlichen Vereinnahmungsversuchen.[294]

Die *Partei* Bündnis 90/Die Grünen, die in der Umbruchzeit noch eine dritte Ebene der Umweltbewegung gebildet hatte, verlor im Laufe der neunziger Jahre an politischer Bedeutung, sank in den meisten ostdeutschen Bundesländern unter die Fünf-Prozent-Hürde und war in den Kreistagen und Kommunalparlamenten nur noch schwach vertreten. Ihre Beteiligung an der Umweltbewegung und ihr Einfluss waren am Ende der neunziger Jahre gering.

Damit konnten sich die Umweltverbände in Ostdeutschland im Vergleich zu den unabhängigen lokalen Umweltgruppen und Bürgerinitiativen nicht nur stabilisieren, sondern ihre Organisationsstruktur bis Ende der neunziger Jahre ausbauen. Hingegen schwächte der Wegfall von Bündnis 90/Die Grünen die ostdeutsche Umweltbewegung.

Der Trend zur Professionalisierung lässt sich an den *umweltpolitischen Aktivitäten* der Umweltbewegung ablesen. Die Umweltverbände verfügten für die *Öffentlichkeits-* und *Pressearbeit* über hauptamtliche MitarbeiterInnen und boten eine breite Palette umweltpolitischer Informationen in Zeitschriften, wissenschaftlichen und populärwissenschaftlichen Publikationen, bei Veranstaltungen, in Form von Bildungsarbeit und im Internet an. Dennoch konnten sie mit ihren Themen nur begrenzt in den Medien und der Öffentlichkeit durchdringen. Lokale Umweltgruppen konnten nur sehr selten auf solch eine professionelle Öffentlichkeitsarbeit zurückgreifen. Sie fanden mit ihren Themen keinen Widerhall in

---

gibt WEINBACH, Kerstin (1998), Umweltpolitisches Engagement im Vereinigungsprozess, S. 79.

[292] Zur Situation in Brandenburg vgl. Interview mit Steffen HERCHER und Norbert WILKE.

[293] Vgl. BRAND, Karl-Werner (1999), Transformation der Ökologiebewegung, S. 250-251.

[294] Vgl. Rat von Sachverständigen für Umweltfragen (SRU) (1996), Umweltgutachten 1996, S. 229-230.

den regionalen und nationalen Medien, wohl aber berichteten Lokalzeitungen über die Punkte, die lokale Gruppen aufwarfen.[295]

Die umweltpolitische *Mobilisierung* der Bevölkerung wurde nach der Vereinigung wegen der Arbeitslosigkeit sehr schwierig. Wenn Umweltverbände bei Investitionsvorhaben die Einhaltung von Umweltschutzgesetzen einforderten, sahen sie sich oft massivem Widerstand gegenüber, selbst wenn Umweltorganisationen wie die Grüne Liga nur dort protestierten, wo die schwersten Umweltschäden zu befürchten waren.[296] Den Umweltgruppen vor Ort kam eine Schlüsselrolle bei der Mobilisierung zu, weil sie auf die möglichen Umweltprobleme aufmerksam machten. Bei konkreten lokalen Umweltproblemen waren die BürgerInnen noch am ehesten bereit, sich in entsprechenden Initiativen zu organisieren. Ihr Themenspektrum war breit gefächert: überhöhte Abwasserpreise, Widerstand gegen Gesteins- und Braunkohleabbau, Proteste gegen Truppenübungsplätze und Tieffluggebiete, Widerstand gegen Abfallverbrennungsanlagen, Mülldeponien, Straßenbau, Wasserstraßenausbau etc.[297]

In solchen Umweltkonflikten mussten sich die ostdeutschen Umweltgruppen anfangs auf eine für sie ungewohnte Konfliktkultur einstellen, wie es Hans-Peter GENSICHEN aus der kirchlichen DDR-Umweltbewegung beschreibt:

> „In der alten DDR wurde Umweltengagement im Allgemeinen nur als Vorbringen kleiner Einwände betrieben. Bloß keine Konflikte! Ähnlich noch an den Runden Tischen: ‚Konsens' hieß das große Wort. Aber diese psychische Ausstattung erlaubt es in der westdeutsch dominierten Gesellschaft nicht, irgendwas durchzusetzen. Dort muss vielmehr ein Anliegen demokratisch, aber ohne große Scheu vor Konfrontationen und mit großer Sturheit durchgezogen werden."[298]

Die Umweltgruppen stellten sich bald auf die neuen Verhältnisse ein. Im Zuge des wirtschaftlichen Aufbauprogramms in Ostdeutschland hatte ihr Einsatz oft den Charakter eines Protest- und Abwehrkampfes. So fanden sie sich in der Rolle als Verteidiger des bestehenden Zustands wieder und wurden von Seiten der Verursacher als Verhinderer, Nörgler und Querulanten bezichtigt.[299] In dieser Konstellation beruhte die erfolgreiche Ablehnung eines umweltgefährdenden Projektes Ansicht von Norbert Wilke von der Grünen Liga Brandenburg in der Regel auf einer Kombination aus umweltrechtlichen Hürden, fehlenden Fördermitteln und dem Widerstand lokaler Gruppen. Umweltpolitische Mobilisierung,

---

[295] Vgl. ZSCHIESCHE, Michael (1996), Vom Alltag der Bürgerbeteiligung, S. 279.

[296] Vgl. Naturschutzbund Landesverband Brandenburg (Hg.) (2000), 10 Jahre NABU Landesverband Brandenburg, S. 3; Interview mit Steffen HERCHER und Norbert WILKE.

[297] Vgl. ZSCHIESCHE, Michael (1996), Aktuelle Konfliktlinien bei der Auseinandersetzung von Bürgerinitiativen im Umweltschutz in den neuen Ländern; ders. (1996), Vom Alltag der Bürgerbeteiligung.

[298] GENSICHEN, Hans-Peter (1992), Wie geht es der Umweltbewegung in Ostdeutschland?, S. 25.

[299] Vgl. ZSCHIESCHE, Michael (1996), Aktuelle Konfliktlinien bei der Auseinandersetzung von Bürgerinitiativen im Umweltschutz in den neuen Ländern, S. 39.

außerparlamentarischer Druck und eine breite umweltpolitische Öffentlichkeit bildeten eine notwendige Voraussetzung für den Erfolg.[300]

In einigen, aus Sicht der Umweltverbände strategischen Problemfeldern waren die Umweltverbände in Brandenburg und Berlin auf Grund ihrer professionellen Organisation und ihrer finanziellen Ressourcen kampagnenfähig, wie deren Proteste gegen den Havelausbau, den geplanten Berliner Großflughafen oder den Transrapid zeigen. Ein zunehmend wichtigeres Mittel in umweltpolitischen Konflikten wurden trotz der hohen Kosten und der langen Verfahrensdauer Klagen, vor allem Verbandsklagen, gegen umweltgefährdende Projekte. Die steigende Zahl von Verbandsklagen des Brandenburger NABU Ende der neunziger Jahre deutet darauf hin, dass die Landespolitik kaum noch auf die fachlichen Argumente und die umweltpolitische Mobilisierung reagierte.[301]

Dies ist ein Anzeichen für eine veränderte Form umweltpolitischer Auseinandersetzung, weg von massenwirksamer, umweltpolitischer Mobilisierung und öffentlichen Debatten hin zu juristischen Auseinandersetzungen und professionalisierter Lobbyarbeit. Entsprechend hatte die *umweltpolitische Kooperation* der Umweltverbände in Ostdeutschland eine große Bedeutung. Anfang der neunziger Jahre gab es in Brandenburg eine sehr gute Zusammenarbeit zwischen Umweltminister Platzeck und den Umweltverbänden. Ausdruck dafür war die Bildung eines Umweltbeirats durch den Umweltminister im Dezember 1990, in dem VertreterInnen von Umweltorganisationen und von anderen gesellschaftlichen Gruppierungen den Umweltminister informierten und mit ihm über Großprojekte oder die Umweltgesetzgebung berieten.[302] Als die Umweltpolitik ungefähr 1993 in die Defensive geriet, gingen die Einflussmöglichkeiten der Umweltverbände bei dieser informellen, auf dem gutem Willen der Politik beruhenden Kooperation stark zurück.

Formal hatten die staatlich anerkannten Umweltverbände als „Träger öffentlicher Belange“ zwar das Recht, eine Stellungnahme zu öffentlichen Bauvorhaben in Brandenburg abzugeben. Aber die weit überwiegende Mehrheit ihrer ökologisch begründeten Einwände, UmweltschützerInnen sprechen von über 90 Prozent, wurde abgewiesen. Selbst in Detailfragen oder mit Kompromissvorschlägen fanden die Umweltverbände kein Gehör. Ralf Zech vom NABU Cottbus beurteilt daher diese Form der Beteiligung skeptisch. Zwar würden die Umweltverbände über die Planungen informiert, aber die Erarbeitung der Stellung-

300 Interview mit Steffen HERCHER und Norbert WILKE.

301 Vgl. SEEGER, Johann-Joachim (2000), Der NABU Brandenburg im Spannungsfeld der heutigen Gesellschaft, S. 50.

302 Vgl. Ministerium für Umwelt, Naturschutz und Raumordnung des Landes Brandenburg (MUNR) (Hg.) (1992), Umweltbericht 1992, S. 21-22.

nahmen sei sehr arbeitsintensiv und zeige, abgesehen von einer Verzögerung der Planung, kaum Wirkung.[303]

Der umweltpolitische Erfolg der gesetzlich vorgeschriebenen Bürgerbeteiligung bei Zulassungsverfahren beispielsweise für umweltgefährdende Industrieanlagen oder Müllverbrennungsanlagen war begrenzt. Zwar nahmen relativ viele Umweltgruppen und Bürgerinitiativen diese Verfahren war, um Einwände gegen die Planungen vorzubringen, aber inwieweit diese berücksichtigt wurden, hing stark von der Bereitschaft der Behörden und der Kommunalpolitik ab. Auch bot die Öffentlichkeitsbeteiligung den lokalen Umweltgruppen keine Möglichkeiten, um ihre Forderungen notfalls gerichtlich durchsetzen zu können, so dass es immer wieder vorkam, dass Bürgerbeteiligung zum „bloßen Ritual" verkam.[304]

Deswegen verstärkten die Umweltverbände als eine Strategie umweltpolitischer Kooperation die umweltpolitische Lobbyarbeit.[305] Sie entwickelten zu drängenden Umweltproblemen und umweltrelevanten Gesetzesvorhaben umweltpolitische Alternativen und versuchten, die EntscheidungsträgerInnen in Politik und Verwaltung von ihren Konzepten zu überzeugen. Ein Beispiel dafür ist der Ansatz der Grünen Liga, den sanften Tourismus an Stelle eines umweltschädlichen Massentourismus in Brandenburg zu fördern. Eine solche Lobbyarbeit setzt gerade bei der Bewertung und Formulierung von Gesetzen ein hochspezifisches Wissen und gute Kontakte voraus und konnte deswegen nur von hauptamtlichen MitarbeiterInnen der Umweltverbände geleistet werden.

Insgesamt gelang es der ostdeutschen Umweltbewegung als ganzer im Verlauf der neunziger Jahre immer weniger, die gesellschaftlichen Schwellen der öffentlichen Wahrnehmung und der politischen Mitwirkung zu überschreiten. Das umweltpolitische Konfliktniveau sank. Das Bild, das RINK für die Entwicklung neuer sozialer Bewegungen in Ostdeutschland zeichnet, trifft mit einigen Einschränkungen auch auf die ostdeutsche Umweltbewegung und die lokalen Umweltgruppen zu:

> „Aus der heutigen Perspektive stellt sich die Gesamtentwicklung von Opposition, Bürgerbewegung und neuen Gruppen als eine Entwicklung von der Marginalität in die Marginalität dar [...]. Die jetzt existierenden Bewegungsreste und neuen Gruppen sind zwar nicht mehr ausgegrenzt, geschweige denn politisch verfolgt wie die Oppositions-

[303] Interview mit Ralf ZECH. Vgl. auch Interview mit Steffen HERCHER und Norbert WILKE.

[304] ZSCHIESCHE, Michael (1996), Vom Alltag der Bürgerbeteiligung, S. 284.

[305] Der NABU Brandenburg formulierte die Gründe dafür wie folgt: „Die allgemeine Umweltschutzeuphorie der Nach-Wende-Jahre ist inzwischen einer Arbeitsplatz- und Standort-Diskussion gewichen. Fachargumente aus Naturschutzkreisen finden oft kaum noch Gehör. Umso wichtiger ist es dem NABU daher, Probleme des Natur- und Artenschutzes direkt an Entscheidungsträger heranzutragen. Lobbyarbeit, wie es auf Neudeutsch heißt, ist für den Landesvorstand [...] ein unverzichtbarer Bestandteil der Arbeit geworden." Naturschutzbund Landesverband Brandenburg (Hg.) (2000), 10 Jahre NABU Landesverband Brandenburg, S. 2.

gruppen des Vorherbstes, aber sie werden von der Öffentlichkeit kaum beachtet und finden mit ihren Anliegen keine Zugänge zu breiteren Teilen der ostdeutschen Bevölkerung."[306]

Diese Einschätzung muss in Hinblick auf die Umweltbewegung in zweierlei Hinsicht ergänzt und korrigiert werden. Erstens gab es durchaus eine Vielzahl lokaler Umweltgruppen und Initiativen, die sich für den Umweltschutz engagierten. Aber ihre Wirkung blieb auf das jeweilige Umweltthema und den unmittelbaren lokalen Rahmen begrenzt. Zweitens hatten sich handlungs- und kampagnenfähige Umweltverbände mit einer stabilen Mitgliederstruktur herausgebildet. Mit ihrer professionellen Öffentlichkeits- und Kampagnenarbeit sowie der Mitgliederbetreuung stellten sie ein tragfähiges Gerüst für umweltpolitisches Engagement in Ostdeutschland dar. Damit leisteten sie im Sinne der Transformationsforschung „als Konstrukteure demokratischer Öffentlichkeit sowie als Vermittler sozialer und politischer Interessen" einen Beitrag zur demokratischen Konsolidierung.[307] Mit der Institutionalisierung der Umweltverbände ging eine Veränderung ihrer Strategie einher. An die Stelle der stark umwelt*politisch* geprägten und auf die umweltpolitische Öffentlichkeit zielende Arbeitsweise kurz nach der Vereinigung, die zunehmend weniger Erfolg zeitigte, traten eine eher fachbezogene Arbeit, Politikberatung, Lobbyarbeit und juristische Auseinandersetzungen.

Von der Kompetenz der Umweltverbände konnten lokale Umweltgruppen zwar profitieren. Andererseits klafften das umweltpolitische Engagement auf der lokalen Ebene und die Fachkompetenz der Verbände immer weiter auseinander, weil ein Großteil der Funktionen nur noch von hauptamtlichen MitarbeiterInnen wahrgenommen werden konnte, was die Möglichkeiten lokaler Umweltgruppen überstieg.[308] Als Resümee lässt sich festhalten, dass die Gestaltungsmöglichkeiten der Umweltbewegung, insbesondere aber der lokalen Umweltgruppen in Ostdeutschland in den neunziger Jahren abnahmen.

3.5. Fazit: Der Rückgang umweltpolitischer Beteiligungsmöglichkeiten

Im Verlauf der neunziger Jahre sank der Stellenwert der Umweltpolitik in Ostdeutschland, weil soziale Probleme, Arbeitslosigkeit und knappe Kassen von Bund, Ländern und Gemeinden die Umweltthematik überlagerten. Die neu auf-

---

306 RINK, Dieter (1999), Mobilisierungsschwäche, Latenz, Transformation oder Auflösung?, S. 192-193.

307 CROISSANT, Aurel/LAUTH, Hans-Joachim/MERKEL, Wolfgang (2000), Zivilgesellschaft und Transformation, S. 36.

308 Vgl. Rat von Sachverständigen für Umweltfragen (SRU) (1996), Umweltgutachten 1996, S. 232. Auf die steigende Bedeutung der überregionalen Umweltverbände gegenüber lokalen Umweltgruppen verweist auch WEINBACH, Kerstin (1998), Umweltpolitisches Engagement im Vereinigungsprozess, S. 177.

gebauten Umweltverwaltungen konnten das Zurückweichen der Umweltpolitik nur zum Teil kompensieren.

Die punktuell skandalösen Umweltbelastungen aus der SED-Zeit fielen durch den Zusammenbruch der ostdeutschen Wirtschaft weg. Dieser ökologische Gratiseffekt verbesserte die Umweltqualität der Luft und der Gewässer spürbar. Dagegen fanden die „schleichenden Katastrophen“[309] des Flächenverbrauchs und der Zunahme des Verkehrs keine Beachtung.

Öffentlichkeit und Politik nahmen daher die Umweltprobleme nur noch begrenzt wahr (*problem stream*). Mit dem Transfer der westdeutschen Umweltpolitik und Umweltverwaltungen lag zwar ein umfassendes umweltpolitisches Handlungskonzept vor (*policy stream*), das jedoch in wichtigen Punkten nicht auf die spezifischen Umweltprobleme und Möglichkeiten des ökologischen Umbaus in Ostdeutschland zugeschnitten war, sondern die westdeutschen Muster nahezu unverändert übertrug. Ostdeutsche Umweltakteure wie PolitikerInnen und die Umweltbewegung konnten nur punktuell darauf Einfluss nehmen. Hauptsächlich aber behinderte das Primat der Wirtschaftspolitik die Realisierung umweltpolitischer Initiativen und Reformprogramme (*political stream*). Damit waren alle drei „Politikströme“ schwach ausgeprägt und vereinigten sich nicht zu einer effektiven Umweltpolitik.

Vielmehr schuf die enge Zusammenarbeit von Politik und Wirtschaft, die von der Mehrheit der Bevölkerung getragen wurde, eine für umweltpolitische Interessen äußerst ungünstige Akteurkonstellation. Die ostdeutsche Umweltbewegung konnte mit ihrer Problemdefinition und ihren Forderungen kaum noch an die Öffentlichkeit dringen. Umweltgruppen wurde als potenziellen Verhinderern der Zugang zu umweltrelevanten Entscheidungsprozessen verwehrt. Bei umweltpolitischen Konflikten setzten sich in der Regel die Verursacherinteressen auf Kosten der Umwelt durch.

Auf Grund dieser Entwicklungen kam es zu einer Demobilisierung der ostdeutschen Umweltbewegung. Viele UmweltaktivistInnen zogen sich enttäuscht aus den Umweltgruppen zurück. Allerdings konnten die Umweltverbände in Ostdeutschland ihre Mitgliederzahlen steigern und eine professionelle Organisationsstruktur aufbauen. Sie bildeten eine handlungsfähige, mittelfristig stabile Struktur für umweltpolitische Aktivitäten. Demgegenüber verengten sich die Handlungsspielräume für lokale, ehrenamtlich arbeitende Umweltgruppen, weil sie nach der Vereinigung nicht mehr über einen direkte Zugang zu umweltpolitischen Entscheidungen verfügten und die neu geschaffenen, formalen Beteiligungs- und Klagemöglichkeiten nur eingeschränkt nutzen konnten, weil ihnen dafür die Handlungskapazitäten fehlten.

[309] Vgl. BÖHRET, Carl (1990), Folgen, S. 35-42.

IV. Die Falluntersuchungen lokaler Umweltgruppen

Nach der Darstellung der umweltpolitischen Rahmenbedingungen folgt nun die Analyse des Handelns lokaler Umweltgruppen an Hand der folgenden vier Falluntersuchungen:

1. Umweltbelastung: Die Mülldeponie und die Sondermüllverbrennungsanlage in Schöneiche,
2. Ressourcennutzung: Der Konflikt um den Braunkohleabbau in Lakoma,
3. Naturschutz: Das Engagement für den Naturschutz im Landkreis Templin und
4. Vorsorgender Umweltschutz: Stadtökologie und die Lokale Agenda 21 in Berlin-Köpenick.

Die vier Fallbeispiele werden getrennt beschrieben. Die einzelnen Darstellungen sind chronologisch in die drei Untersuchungsphasen gegliedert und folgen den Untersuchungskriterien, die im theoretisch-methodischen Teil entwickelt wurden, weichen aber mitunter von dieser Systematik ab, wenn es die Logik der Fälle erfordert. Vorab wird der jeweilige Umweltkonflikt erläutert und in das jeweilige Politikfeld wie z. B. Abfall- oder Naturschutzpolitik eingeordnet. Damit ergibt sich für die Fallbeschreibung folgende Systematik:

1. die Ursachen und die Einordnung des lokalen Umweltkonflikts,
2. die Analyse der lokalen Umweltgruppen an Hand ihrer Organisation und Ressourcen,
3. die lokale Akteurkonstellation und deren Wandel,
4. das strategische Handeln der Umweltgruppen im Konfliktverlauf und
5. die Evaluation des umweltpolitischen Erfolgs bzw. Misserfolgs der Umweltgruppen.

In einem anschließenden Kapitel werden die Ergebnisse der Falluntersuchungen für alle drei Untersuchungsphasen verglichen und unter Berücksichtigung der umweltpolitischen Rahmenbedingungen ausgewertet.

1. Umweltbelastung: Die Mülldeponie und die Sondermüllverbrennungsanlage in Schöneiche

1.1. Die Auseinandersetzungen in der DDR vor 1989

1.1.1. Die Ausgangssituation in Schöneiche

Von der Abfallwirtschaft in der DDR gingen, trotz positiver Elemente wie dem hohen Wiederverwertungsgrad der Abfälle von rund 40 % und einem deutlich geringeren Hausmüllaufkommen pro Kopf als in der Bundesrepublik, erhebliche Belastungen für die Umwelt aus, weil oft nicht einmal minimale Sicherheitsstandards eingehalten wurden.[1] Diese Umweltbelastungen wurden durch umfangreiche Müllimporte noch verschärft. Zur Erwirtschaftung dringend benötigter Devisen deponierte die DDR in steigendem Umfang Müll aus Westeuropa, vor allem aus der Bundesrepublik, unter völlig unzureichenden Bedingungen. Die DDR wurde Ende der siebziger Jahre zum „größten Müllimporteur der Welt".[2] Im Zuge dieser Entwicklung schloss der Westberliner Senat 1974 einen Vertrag mit der DDR, der die Ablagerung großer Mengen Hausmüll, Siedlungsmüll und Bauschutt aus Westberlin in der DDR bis 1994 vorsah. Sondermüll blieb von diesem Vertrag ausgenommen. Die vereinbarten Deponiegebühren waren mit rund 40 DM pro Tonne im Vergleich zu den Preisen in der Bundesrepublik sehr niedrig.[3]

Die DDR beabsichtigte, für die Ablagerung des Westberliner Mülls die Deponie „Schöneiche" in der Nähe der Orte Schöneiche, Kallinchen, Gallun und Telz, 20 Kilometer südlich von Berlin, neu zu errichten (vgl. Abbildung 5).[4] In diesem Gebiet gab es bereits seit den 1920er Jahren die Deponie „Schöneicher Plan", auf der Müll aus Ostberlin abgelagert wurde. Weder diese alte Deponie, noch ihr Betrieb entsprachen internationalen oder bundesdeutschen Standards.[5]

---

[1] Vgl. PETSCHOW, Ulrich/MEYERHOFF, Jürgen/THOMASBERGER, Claus (1990), Umweltreport DDR, S. 75; BUCK, Hannsjörg F. (1999), Umweltbelastung durch Müllentsorgung und Industrieabfälle in der DDR, S. 460-468.

[2] GREENPEACE (Hg.) (1991), Greenpeace-Dossier Müllexport, S. 5-6. Vgl. auch BAUMHEIER, Ralf/SCHMITZ, Stefan/WIEGANDT, Claus-Christian (1991), Umwelt- und Regionalentwicklung, S. 416.

[3] Vgl. JÖRGENSEN, Kirsten (1995), Sonderabfallpolitik in der Bundesrepublik Deutschland, S. 134-138.

[4] Weitere Deponiestandorte für den westberliner Müll waren in Vorketzin, Deetz und Röthehofe, die alle im heutigen Bundesland Brandenburg liegen.

[5] Zur Deponie Schöneicher Plan vgl. VOIGT, Matthias (1990), Neue Erhebung in der Mark Brandenburg, S. 70-71; ARCHE NOVA 5 vom 1.5.1990, S. 486-487; Protokoll der Beratung zur Deponie Schöneicher Plan des VEB Kombinat Stadtwirtschaft Berlin am 5.3.1990 (Akten zum Schöneicher Plan im Umweltamt Teltow-Fläming [im Weiteren: Umweltamt]); Tageszeitung 12.6.1990.

Karte der Deponien Schöneiche und Schöneicher Plan

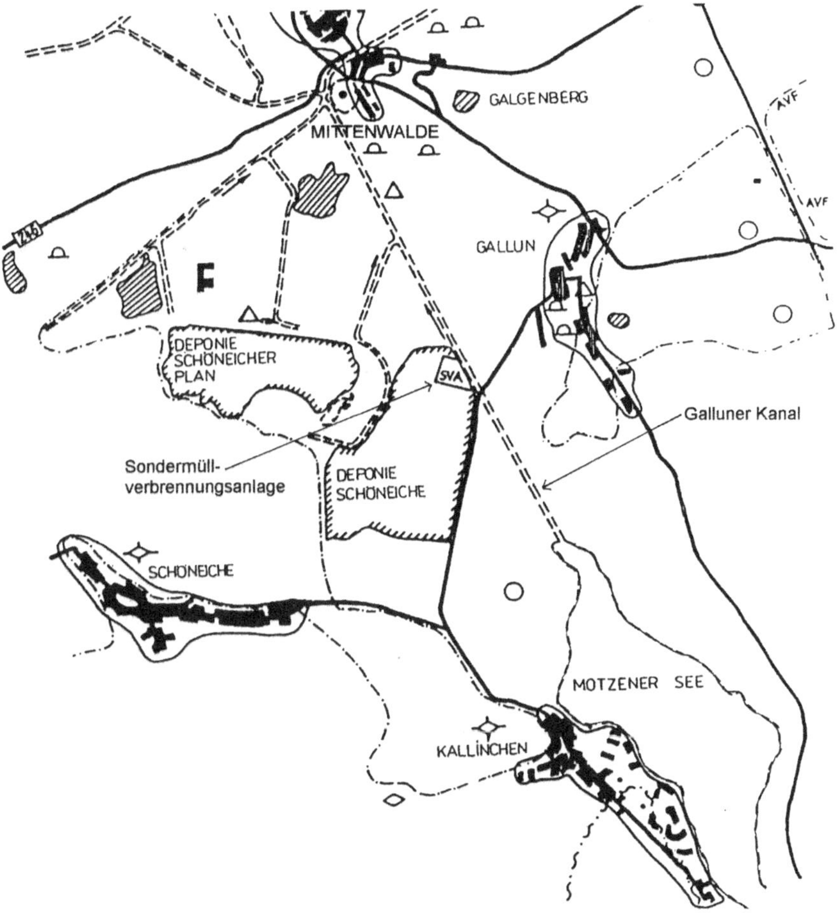

Abb. 5. Quelle: LÜHR, Hans-Peter (1990), Anlage 2; eigene Bearbeitung.

1.1.2. Der Widerstand gegen die „Westmülldeponie“ Schöneiche

Die staatlichen Stellen der DDR verfolgten bei dem Müllvertrag mit Westberlin das Ziel, hohe Deviseneinnahmen mit möglichst geringem Aufwand, also mit niedrigen Umweltstandards, zu erzielen. Der Westberliner Senat war an niedrigen Entsorgungsgebühren interessiert und drängte die DDR nicht zur Einhaltung hoher Entsorgungsstandards.

Diesen Verursacherinteressen standen die Umwelt- und Betroffeneninteressen der örtlichen Bevölkerung gegenüber. Diese war von den DDR-Behörden nicht über die Planungen informiert worden. Erst im Zuge von Vermessungsarbeiten erhielten die AnwohnerInnen im Sommer 1974 zufällig Kenntnis von dem Vorhaben. Sie lehnten den Bau der „Westmülldeponie“ ab, weil sie erhebliche Belästigungen durch umherfliegenden Müll, Gestank, Ratten und Schwerlastverkehr, die ihnen von der Deponie Schöneicher Plan bekannt waren, und die Verunreinigung des Motzener Sees, des Galluner Kanals und des Grundwassers befürchteten. Die BesitzerInnen der zahlreichen Wochenendhäuser am Motzener See und die UrlauberInnen der dortigen Ferienkolonie schlossen sich ihnen an.

Angeführt wurde der lokale Widerstand vom so genannten „Umweltschutzaktiv“ in Kallinchen, ein offizielles Gremium der Gemeindevertretung, in dem sich gewählte Gemeindevertreter, aber auch Anwohnerinnen, Vertreter der Ferienkolonie, Angler und Jäger für den lokalen Umweltschutz engagierten.[6] Das Umweltschutzaktiv schickte bereits am 1. September 1974 eine Eingabe an Erich Honecker persönlich, mit der der Bau der Mülldeponie verhindert werden sollte.

Die Eingabe wurde von einem breiten Bündnis, das von Naturschutzhelferinnen über Urlauber bis hin zu Gemeindevertreterinnen reichte, unterzeichnet. Die Ablehnung der Deponie wurde mit der großen Bedeutung des Motzener Sees für die Trinkwasserversorgung Berlins, mit dem ökonomischen Wert des Ackerlands, das der Deponie weichen sollte, sowie mit dem Erholungswert des Sees und der Freizeitanlagen begründet. Zuletzt verwiesen die UnterzeichnerInnen als „Bürger der DDR, die um die Sicherheit unserer Republik und der sozialistischen Staatengemeinschaft besorgt sind“, darauf, dass die Mülldeponie in einem militärischen Sperrgebiet liegen sollte, was „den westlichen Spionageorganisationen einen Stützpunkt schaffen [würde], wie sie ihn sich idealer gar nicht wünschen könnten“.[7]

Damit erfüllte die Eingabe wesentliche Kriterien, um erfolgreich sein zu können: Sie nutzte persönliche Kontakte, argumentierte entschieden, war aber

---

[6] Ausführlich zum Umweltschutzaktiv in Kallinchen vgl. Interview mit Ulrich WOLTER. An dieser Stelle sei noch einmal auf die Kurzbiographien der InterviewpartnerInnen im Anhang hingewiesen.

[7] Abschrift der Eingabe von Erwin Engelbrecht an Erich Honecker vom 1.9.1974, S. 4-5 (Archiv Wolter).

über jeden Verdacht der Systemkritik erhaben und mobilisierte eine große Anzahl Betroffener. Weil aber höchste Staatsinteressen, nämlich die Deviseneinnahmen und die Einhaltung des Müllvertrags mit Westberlin auf dem Spiel standen, war den Umweltschutz- und Betroffeneninteressen kaum Aussicht auf Erfolg beschieden. So schickte der Rat des Bezirkes Potsdam erst über einen Monat später eine Ablehnung der Eingabe.[8] Zu diesem Zeitpunkt waren grundlegende Entscheidungen bereits gefallen.

Für ihr weiteres Vorgehen sammelten die Mitglieder des Umweltschutzaktivs Informationen über die Planung der Mülldeponie, was angesichts der mangelhaften Umwelttransparenz schwierig war. Schließlich erhielten sie unter der Hand von einem Mitarbeiter bei der Wasserwirtschaftsbehörde in Potsdam Hinweise, mit denen sie schwerwiegende fachliche Mängel im Verfahren für die Standortgenehmigung aufdeckten. Sie wiesen nach, dass die Deponie in einem Landschaftsschutzgebiet errichtet werden sollte und die Gefahr bestand, dass der geplante Müllberg in den nahegelegenen Motzener See rutschen könnte. Aufgrund dieser Argumente revidierten die DDR-Behörden die Planung und verschoben den Deponiestandort um einige hundert Meter weg vom See in Richtung der Deponie Schöneicher Plan.[9] Dies war für das Umweltschutzaktiv, das von den staatlichen Stellen in keiner Form offiziell informiert und in die Entscheidungen einbezogen worden war, ein großer Erfolg.

Der Konflikt gipfelte im September und Oktober 1974 in den Auseinandersetzungen um die Zustimmung der Gemeinde Kallinchen zur Standortgenehmigung für die Deponie, die für den Bau rechtlich erforderlich war. Am 11. September forderte das Umweltschutzaktiv den Rat der Gemeinde Kallinchen, der von der Gemeindevertretung „gewählt“ und mehrheitlich mit SED-Parteimitgliedern besetzt war, auf, der Standortgenehmigung nicht zuzustimmen. Tatsächlich verweigerte der Rat von Kallinchen auf seiner nächsten, nichtöffentlichen Sitzung die Zustimmung, obwohl er von SED-Vertretern des Bezirkes Potsdam und des Kreises massiv unter Druck gesetzt wurde. Damit hatte Kallinchen als einzige der betroffenen Gemeinden die Standortgenehmigung abgelehnt. Der Rat von Kallinchen verschob die Entscheidung auf die öffentliche Gemeindevertreterversammlung, die aber kurzfristig und ohne Begründung abgesagt wurde. Daraufhin forderten neun Gemeindevertreter trotz der Einschüchterungsversuche von Seiten der SED-Kreisleitung die sofortige Einberufung einer Gemeindesitzung, die nach den gesetzlichen Vorschriften für den 9. Oktober anberaumt werden musste. Die Lage änderte sich erneut, als SED-Bezirksfunktionäre aus Potsdam am 25. September doch dem Rat von Kallinchen die Zustimmung zur Standortgenehmigung abpressen konnten.

[8] Vgl. das Schreiben des Rats des Bezirkes Potsdam vom 4.10.1974 an Erwin Engelbrecht (Archiv Wolter).

[9] Vgl. den Brief von Ulrich Wolter an Klaus Sorgenicht (ZK der SED) vom 14.11.1974, S. 5 (Archiv Wolter).

Daraufhin kamen zur Gemeindevertreterversammlung am 9. Oktober über 300 AnwohnerInnen in die Gaststätte von Kallinchen. Im Verlauf der hitzigen Sitzung, die bis morgens um drei Uhr andauerte, versuchten Gemeindevertreter, per Abstimmung die Zustimmung des Rates von Kallinchen zur Standortgenehmigung wieder aufzuheben. Für den „demokratischen Zentralismus" der DDR hätte eine solche Aufhebung des Ratsbeschlusses durch ein untergeordnetes Gremium eine Ungeheuerlichkeit bedeutet. Die SED-Funktionäre wichen der Abstimmung unter formalen Ausflüchten aus und beendeten die Sitzung dadurch, dass sie einfach den Saal verließen. Damit war der Versuch des Umweltschutzaktivs und der Gemeindevertreterversammlung, die Standortgenehmigung für die Mülldeponie zu verweigern, an der Macht der SED-Bezirksfunktionäre gescheitert.

Daraufhin änderten die Mitglieder des Umweltschutzaktivs ihre Strategie, akzeptierten die Entscheidung für die Standortgenehmigung und formulierten stattdessen Auflagen für den Bau und den Betrieb der Mülldeponie. Durch diese Auflagen wollten sie die Standortgenehmigung nachträglich „qualifizieren". Ihr Hintergedanke dabei war, dass der Betreiber die Auflagen nicht würde erfüllen können und daher die Deponie schließen müsste, was nach wie vor das Ziel der UmweltschützerInnen blieb.

Für die Ausarbeitung und Begründung der Auflagen stellten die rund acht AktivistInnen die rechtlichen Anforderungen an den Bau einer Mülldeponie aus aktuellen DDR-Fachpublikationen und DDR-Gesetzen zusammen. In ihrer Argumentation wies das Umweltschutzaktiv nach, „dass sieben Gesetze der DDR mit dem Genehmigungsverfahren und mit der Errichtung der Deponie verletzt wurden", und wandte sich deswegen mit der Bitte um rechtliche Unterstützung in einem Brief an das Zentralkomitee der SED.[10] Fachliche Unterstützung erhielt die Gruppe in informeller Form von Mitarbeitern der staatlichen Gewässeraufsicht und der Geologie. Mit deren Informationen über die speziellen hydrologischen Bedingungen in Kallinchen wies sie eine mögliche Gefährdung des Grund- und Oberflächenwassers durch die Deponie nach. Darüber hinaus stellte das Umweltschutzaktiv Berechnungen über den entstehenden Schaden durch den Verlust wertvollen Ackerlands an.[11]

Mit dieser fachlich, juristisch und ökonomisch äußerst fundierten Argumentation, die die zuständigen DDR-Behörden verblüffte, forderte das Umweltschutzaktiv die Abdichtung der Deponiesohle – eine so genannte Basisabdichtung –, eine Sickerwassererfassung, die Reinigung des giftigen Sickerwassers, einen bepflanzten Schutzwall zwischen der Deponie und den Orten, um Lärm-,

---

[10] Vgl. Interview mit Ulrich WOLTER; sowie den Brief von Ulrich Wolter an Klaus Sorgenicht (ZK der SED) vom 14.11.1974 (Archiv Wolter).

[11] Vgl. die Abschriften „Einige wasserwirtschaftliche Aspekte des Projektes ‚Großdeponie für westberliner Müll'" und „Verwendung von 140 Hektar landwirtschaftlicher Nutzfläche in Kallinchen" vom 14.11.1974 (Archiv Wolter).

Staub- und Geruchsbelästigungen zu vermeiden, Entschädigungen bei Nichteinhaltung der Auflagen und ein Wiederverwendungskonzept des Betreibers.[12]

Die DDR-Behörden konnten diesen Widerstand gegen die Mülldeponie wegen des legalen und systemkonformen Vorgehens nicht übergehen oder kriminalisieren. Zwar setzten SED-Bezirksfunktionäre und die Staatssicherheit die UmweltschützerInnen gewaltig unter Druck, konnten sie aber nicht von ihren Forderungen abbringen.[13] Deswegen akzeptierten der Rat von Kallinchen und der Rat des Bezirkes Potsdam im Herbst 1974 die vom Umweltschutzaktiv formulierten Auflagen. Das war für DDR-Verhältnisse ein großer formeller Erfolg für die Umweltgruppe. Wie wenig er allerdings in der Praxis wert war, zeigte sich in der Folgezeit.

Den Auflagen zum Trotz wurde die Deponie nämlich ohne Basisabdichtung und Sickerwassererfassung gebaut und ging 1977 in Betrieb. Jährlich wurden dort rund 600.000 Tonnen Haus- und Industriemüll aus Westberlin abgeladen. Auch die Auflagen für den Betrieb der Deponie wurden nicht erfüllt.[14] Die Mitglieder des Umweltschutzaktivs kontrollierten den Betrieb so gut es ging mittels vertraulicher Kontakte zu Arbeitern auf der Deponie. Bei Verstößen gegen die Auflagen schrieb die Gruppe Eingaben, was zwei bis drei Mal pro Jahr geschah. Die Behörden nahmen dann zwar Messungen vor, erklärten aber, das es ihnen technisch nicht möglich sei, die Auflagen einzuhalten. Auch Umweltminister Reichelt kam ein oder zwei Mal zu Aussprachen nach Kallinchen, ohne jedoch etwas zu verbessern.[15]

1988 spitzten sich die Auseinandersetzungen um den Deponiebetrieb erneut zu. Grund dafür war, dass Müllcontainer aus Westdeutschland auf der Deponie angeliefert wurden. Deponiearbeiter informierten das Umweltschutzaktiv darüber. Dessen Mitglieder fanden heraus, dass es sich um Klärschlamm aus Hessen von der Firma Hoechst handelte. Auch aus der Schweiz wurden 400 Tonnen Müll in Spezialfahrzeugen angeliefert, bei dem es sich – wie sich nach der Wende herausstellte – um giftige Filterstäube aus Schweizer Müllverbrennungsanlagen handelte. Die Ablagerung von Sondermüll wie Klärschlamm und Filterstäube auf der Deponie Schöneiche war unzulässig und verstieß gegen DDR-

[12] Vgl. den Vorschlag der Kommission Erholungswesen für Auflagen vom 14.11.1974 (Archiv Wolter); Interview mit Ulrich WOLTER.

[13] So die Aussage von Heinz Franke, Mitglied des Umweltschutzaktivs Kallinchen. GREENPEACE (Hg.) (1991), Greenpeace-Dossier Müllexport, S. 9.

[14] Vgl. BREUNINGER, Martin (1990), Der Giftmüllnotstand, S. 14; ARCHE NOVA 5 vom 1.5.1990, S. 486-487.

[15] Zu Wolter vom Umweltschutzaktiv sagte Umweltminister Reichelt bei einer solchen Gelegenheit: „Wolter, ich kann den Namen Kallinchen schon gar nicht mehr hören." Vgl. Interview mit Ulrich WOLTER.

Umweltrecht.[16] Das Umweltschutzaktiv protestierte dagegen, allerdings erfolglos, bei den staatlichen Stellen und erwog sogar eine Klage gegen die Bundesrepublik, was aber als zu riskant verworfen wurde.

Insgesamt konnte das Umweltschutzaktiv also weder den Bau der Deponie verhindern noch hohe Umweltstandards für den Betrieb durchsetzen. Damit hatten die UmweltschützerInnen ihre wichtigsten Ziele nicht erreicht.[17] Immerhin war es ihnen aber unter den restriktiven Bedingungen gelungen, über Verbindungsleute in den Umweltbehörden und auf der Deponie unter der Hand Informationen über die Planungen und den Betrieb der Deponie zu erhalten. Sie hatten die Verlegung des Deponiestandorts durchgesetzt, eine kritische öffentliche Debatte in der Gemeinde über die Standortgenehmigung initiiert und die Auflagen für den Bau und den Betrieb der Deponie durchgesetzt. Damit hatten sie sich für DDR-Verhältnisse einen großen Handlungsspielraum geschaffen, besonders in Anbetracht der Tatsache, dass sie sich äußerst mächtigen Verursacherinteressen gegenüber sahen. Die Umweltgruppe konnte trotz dieser Interessenkonstellation Verbesserungen beim Betrieb der Deponie durchsetzen, was sich an den wesentlich schlechteren Umweltstandards auf der „Ostmüll-Deponie" Schöneicher Plan deutlich ablesen lässt.[18] Sie war damit bedingt erfolgreich.

1.1.3. Der Konflikt um den Bau der Sondermüllverbrennungsanlage

Sondermüll bildete den Anlass für den zweiten Konflikt in Schöneiche. Westberlin hatte Mitte der siebziger Jahre mit der DDR einen zweiten Vertrag über den Export von Sondermüll geschlossen. Dieser wurde zum größten Teil auf der „Sondermülldeponie" Vorketzin bei Potsdam, die nicht einmal über eine Basisabdichtung verfügte, unter äußerst zweifelhaften Bedingungen abgelagert. Anfang der achtziger Jahre forderte die DDR von Westberlin den Bau einer Sondermüllverbrennungsanlage (SVA), um die Deponie in Vorketzin zu entlasten. 1984 verpflichtete sich Westberlin, auf eigene Kosten auf dem Gelände der Hausmülldeponie Schöneiche eine SVA mit einer Jahreskapazität von 15.000 Tonnen zu errichten.

Die Anlage wurde 1987/88 erbaut und sollte nach einer Phase des Probebetriebs unter Westberliner Regie an die DDR-Betreiber übergeben werden. Westberlin zahlte eine Entsorgungsgebühr von 40 DM/t Sondermüll, was im Vergleich zu bundesdeutschen Entsorgungskosten und selbst im Vergleich zu den Betriebskosten einer SVA in der Bundesrepublik sehr niedrig war. Die Emissi-

---

[16] Hoechst hatte zwischen November 1987 und März 1988 9.000 Tonnen Klärschlamm nach Schöneiche gebracht und plante die Einlagerung weiterer 30.000 Tonnen. Vgl. Tageszeitung 19.8.1988; GREENPEACE (Hg.) (1991), Greenpeace-Dossier Müllexport, S. 17.

[17] Vgl. Interview mit Ulrich WOLTER.

[18] Vgl. VOIGT, Matthias (1990), Neue Erhebung in der Mark Brandenburg.

onskontrolle blieb der DDR vorbehalten, eine Datenübermittlung nach Westberlin war nicht vorgesehen. Außerdem sollten die giftigen Aschen und Filterrückstände der SVA direkt auf der dafür ungeeigneten Hausmülldeponie Schöneiche gelagert werden.[19]

Es bildete sich die gleiche Interessenkonstellation wie beim Bau der Deponie Schöneiche heraus: Westberlin, aber auch die DDR-Stellen, die feste Entsorgungsgebühren vereinbart hatten, hatten ein Interesse an einer billigen Entsorgung des Sondermülls und betrachteten hohe Umweltstandards als unerwünschten Kostenfaktor.[20] Ihnen stand die betroffene Bevölkerung gegenüber, die sich möglichen Gesundheitsgefahren durch giftige Emission der Sondermüllverbrennung ausgesetzt sah.

Wieder informierten die DDR-Behörden die AnwohnerInnen nicht über die Planungen, denn nach DDR-Recht reichte die bestehende Standortgenehmigung für die Mülldeponie Schöneiche aus. Eine Zustimmung des Rates von Kallinchen zum Bau der SVA war also nicht erforderlich. Das Umweltschutzaktiv war ungenügend informiert und hatte keine rechtlichen Möglichkeiten, so dass es nicht solche Proteste wie gegen den Bau der Deponie mobilisieren konnte.[21] Dennoch gab es Widerstand gegen den Bau und den Betrieb der SVA in Schöneiche, der von zwei oppositionellen, überregional agierenden DDR-Umweltorganisationen, der Ostberliner Umweltbibliothek und dem ökologischen Netzwerk Arche, getragen wurde. Beide Organisationen nahmen den lokalen Konflikt um die SVA zum Anlass, die Müllimporte aus der Bundesrepublik generell zu kritisieren und deren Einstellung zu fordern.

Die Umweltbibliothek erfuhr vom Bau der Sondermüllverbrennungsanlage (SVA) aus Westberliner Medien. Zusätzlich informierten Abgeordnete der Westberliner Alternativen Liste (AL) und Mitglieder einer Westberliner Umweltgruppe, die Kontakte zur Umweltbibliothek hatten, über Einzelheiten der Planung und über die Müllverträge, die für die Umweltbibliothek in der DDR nicht zugänglich waren. Die Umweltbibliothek verurteilte in ihrer Zeitschrift „Umweltblätter" erstmals 1987 den Bau der SVA. Einige ihrer Mitglieder machten illegale Videoaufnahmen von der „Sondermülldeponie" Vorketzin, der Deponie Schöneiche und der im Bau befindliche SVA. Am 13. Januar 1988 zeigte die ARD-Sendung „Kontraste" diese Bilder im westdeutschen Fernsehen und kritisierte die unzureichenden Sicherheitsstandards.[22]

---

[19] Vgl. BREUNINGER, Martin (1990), Der Giftmüllnotstand, S. 14; JÖRGENSEN, Kirsten (1995), Sonderabfallpolitik in der Bundesrepublik Deutschland, S. 174; VOIGT, Matthias (1990), Neue Erhebung in der Mark Brandenburg, S. 72; Tageszeitung 1.11.1988.

[20] Zur Sonderabfallpolitik Westberlins vgl. JÖRGENSEN, Kirsten (1995), Sonderabfallpolitik in der Bundesrepublik Deutschland, S. 171-178.

[21] Vgl. Interview mit Ulrich WOLTER.

[22] Vgl. RÜDDENKLAU, Wolfgang (Hg.) (1992), Störenfried, S. 128, 199.

Die Sendung löste in Westberlin eine heftige Auseinandersetzung zwischen dem CDU-FDP-Senat und der oppositionellen Alternative Liste aus, die die Gestaltung der Verträge und insbesondere die technische Auslegung der Anlage kritisierte, die ihrer Ansicht nach bundesdeutschen Standards nicht genügen würde. In der Debatte bestätigte der Senat indirekt, den Standort für die SVA in der DDR gewählt zu haben, weil sie dort ohne Bürgerproteste einfacher durchzusetzen sei und der Betrieb billiger wäre als in Westberlin.[23]

Die Umweltbibliothek und das Netzwerk Arche kritisierten nicht nur die DDR-Behörden, sondern auch den Westberliner Senat. Die Projektgruppe „Luft" der Arche unter Leitung von Matthias Voigt protestierte im Januar 1988, als sich die Anlage noch im Bau befand, in einem offenen Brief an den Senat gegen die SVA und forderten ihn auf, „mit dem Problemmüll die erforderliche Technik gleich mitzuliefern".[24] Denn auf Grund der Geheimhaltung von Umweltdaten und der fehlenden demokratischen Beteiligungsrechte in der DDR sei eine umweltgerechte Müllbehandlung durch die staatlichen Stellen der DDR kaum zu erwarten. Die Umweltbibliothek plante Anfang 1988 – letztlich vergeblich –, Strafanzeige gegen den Westberliner Senat zu stellen wegen der gesundheitsgefährdenden Luftverunreinigung durch die SVA.[25] Der Senat hielt es nicht für nötig, auf die Kritik der DDR-UmweltschützerInnen zu reagieren.

Die DDR-Behörden gaben keine Umweltdaten über die SVA heraus, was die Aktivitäten der Umweltgruppen und der betroffenen Bevölkerung erheblich behinderte. Für sie war die wichtigste Informationsquelle die Westberliner und westdeutsche Medienberichterstattung. Erst als die AnwohnerInnen unruhig wurden angesichts widersprüchlicher Informationen über mögliche Gesundheitsgefahren durch die SVA, wurden sie von den DDR-Behörden im Frühjahr 1988 über die Planungen unterrichtet. Aber sie schenkten den amtlichen Beteuerungen, dass die SVA völlig ungefährlich sei, kaum Glauben.[26]

Das Netzwerk Arche blieb auf die von AL-Abgeordneten heimlich übermittelten Informationen aus Westberlin angewiesen. In der Ausgabe seiner Zeitschrift „Arche Nova" vom Oktober 1988 erläuterte das Netzwerk mögliche technische Mängel der Anlage und damit verbundene Gesundheitsgefahren für die Bevölkerung. Es veröffentlichte die zu erwartenden Emissionswerte, die fälschlicherweise zu hoch waren. Dieser Fehler, der der unklaren Informations-

---

[23] Vgl. BREUNINGER, Martin (1990), Der Giftmüllnotstand, S. 14; JÖRGENSEN, Kirsten (1995), Sonderabfallpolitik in der Bundesrepublik Deutschland, S. 174-184; Tageszeitung 13.1.1988; Tagesspiegel 14.1.1988; Tageszeitung 15.1.1988; Tagesspiegel 16.1.1988; Tageszeitung 20.1.1988; Tagesspiegel 22.1.1988.

[24] Zitiert nach „Wir nehmen jeden Dreck", in: Grünstift (2/1988), S. 15.

[25] Vgl. RÜDDENKLAU, Wolfgang (Hg.) (1992), Störenfried, S. 199; „Wir nehmen jeden Dreck", in: Grünstift (2/1988), S. 15; Tagespiegel 15.1.1988; Süddeutsche Zeitung 16.1.1988; Tagesspiegel 26.1.1988.

[26] Vgl. Tageszeitung 1.11.1988; Tageszeitung 8.11.1988.

lage geschuldet war, verstärkte die Angst und Verärgerung in der Bevölkerung. Da der Bau der SVA, die fast fertig gestellt war, nicht mehr zu verhindern war, forderte das Netzwerk Arche eine Nachrüstung der Anlage auf den neuesten Stand der Technik, höhere Standards für deren Betrieb und die Offenlegung der Emissionsdaten. Es rief die Bevölkerung zum Schreiben von Eingaben auf.[27]

1.1.4. Die Proteste gegen den Probebetrieb der Sondermüllverbrennungsanlage und den Müllhandel

Der Beginn des Probebetriebs der SVA im November 1988 bildete für die Umweltbibliothek und das Netzwerk Arche einen geeigneten Anlass, um gemeinsam mit westdeutschen Umweltgruppen gegen den Betrieb der SVA und den deutsch-deutschen Müllhandel allgemein zu protestieren. Am 1. November 1988 versuchten etwa 15 bis 20 Mitglieder der Umweltbibliothek und einige westdeutsche UmweltschützerInnen, mit dem Fahrrad zur SVA nach Schöneiche zu fahren, um dort Protestplakate aufzuhängen. Sie wurden von DDR-Sicherheitskräften festgenommen, noch bevor sie die Anlage erreichen konnte. Gleichzeitig blockierten Westberliner Umweltgruppen den Grenzübergang für die Mülllieferungen nach Schöneiche auf der Westberliner Seite, um die ostdeutschen Umweltgruppen zu unterstützen.[28]

Am 6. November organisierte die Kirchengemeinde Zossen in der Nähe von Schöneiche zusammen mit dem Netzwerk Arche einen Umwelttag, der die Deponie und die SVA in Schöneiche zum Thema hatte. Per Mundpropaganda hatte die Gemeinde, die keine schriftlichen Einladungen verteilen durfte, eingeladen. DDR-Sicherheitskräfte sperrte die Deponie weiträumig ab und schüchterten die OrganisatorInnen und TeilnehmerInnen ein. Dennoch kamen etwa 300 bis 400 Personen. Matthias Voigt vom Netzwerk unterrichtete die besorgten AnwohnerInnen, soweit er es vermochte, über die möglichen Gefahren der Deponie und der SVA. Vertreter der DDR-Behörden, die ebenfalls eingeladen worden waren, kamen nicht. Die TeilnehmerInnen forderten detaillierte Umweltinformation, eine Nachrüstung der Anlage, den Einsatz unabhängiger Sachverständiger zur Kontrolle des Betriebs sowie die sofortige Sanierung der Deponie Schöneiche. Um diesen Forderungen Nachdruck zu verleihen, forderten Mitglieder der Arche die Bevölkerung auf, Eingaben zu schreiben und immer wieder Gespräche mit den Verantwortlichen zu führen.[29]

---

[27] Vgl. Giftschleuder Schöneiche?, in: ARCHE NOVA 2 vom 2.10.1988, S. 279-281; VOIGT, Matthias (1990), Neue Erhebung in der Mark Brandenburg, S. 73; Interview mit Matthias VOIGT.

[28] Vgl. RÜDDENKLAU, Wolfgang (Hg.) (1992), Störenfried, S. 199-200; Tagesspiegel 2.11.1988; Tageszeitung 2.11.1988; Tagesspiegel 3.11.1988.

[29] Vgl. VOIGT, Matthias (1990), Neue Erhebung in der Mark Brandenburg, S. 73; Tageszeitung 8.11.1988; Frankfurter Allgemeine 9.11.1988; Interview mit Matthias VOIGT.

Im Zuge der Protestaktionen schrieben das Netzwerk Arche[30] und weitere DDR-Umweltgruppen[31] offene Briefe an die verantwortlichen westdeutschen PolitikerInnen, in denen sie die SVA in Schöneiche und die Müllimporte aus der Bundesrepublik anprangerten. Diese Proteste brüskierten die DDR-Regierung, die nach außen hin daran festhielt, dass sie hohe Umweltstandards erfülle und es keinen Widerspruch in der Bevölkerung gebe.

Unter dem Druck dieser für DDR-Verhältnisse ungewöhnlich deutlichen lokalen und überregionalen Proteste beantworteten die DDR-Stellen ausführlich die Eingaben und luden Vertreter des Netzwerks Arche im Januar 1989 zu einem Informationsgespräch. Vor allem aber machten sie Zugeständnisse in der Sache; sie wollten den Dauerbetrieb der SVA nur dann gestatten, wenn die Anlage die gesetzlichen Grenzwerte der DDR und Westberlins einhalten würde, und forderten vom Westberliner Senat die Errichtung einer speziell gesicherten Deponie für die giftigen Verbrennungsrückstände.[32] Dadurch wurde der Konflikt entschärft, aber die Umweltgruppen blieben weiter aktiv. Zu den letzten Protestaktionen vor der Wende zählte eine Fahrrad-Demonstration des Netzwerks Arche im Juni 1989 mit etwa 15 Personen zur Deponie Schöneiche, was nach Einschätzung von Voigt zum damaligen Zeitpunkt „ungewöhnlich" und riskant war.[33]

Die politischen Rahmenbedingungen änderten sich, als es im Februar 1989 in Westberlin einen Regierungswechsel gab. Der neue Senat aus SPD und AL und die grüne Umweltsenatorin Schreyer waren den Müllexporten in die DDR gegenüber skeptischer eingestellt als ihre Vorgänger, ohne sie aber zu beenden. Als beim Probebetrieb der SVA im Frühjahr und Sommer 1989 Probleme auftraten – unter anderem stellte der Westberliner TÜV die Überschreitung der Grenzwerte bei Quecksilber- und Dioxinemissionen fest –, ließ der rot-grüne Senat die Anlage, die noch nicht an die DDR-Betreiber übergeben worden war, im Oktober 1989 schließen, gab weitere Untersuchungen in Auftrag und erwog eine Nachrüstung.[34]

Insgesamt wählten die Umweltbibliothek und das Netzwerk Arche bei ihren Protesten gegen die SVA und die Müllimporte im Vergleich zum Umweltschutzaktiv in Kallinchen eine deutlich stärker auf Öffentlichkeitsarbeit und Mobilisierung ausgerichtete Strategie, die entsprechend konfliktträchtiger war.

---

30 Vgl. GREENPEACE (Hg.) (1991), Greenpeace-Dossier Müllexport, S. 17; Frankfurter Rundschau 3.11.1988; Tagesspiegel 3.11.1988; Tageszeitung 12.1.1989.

31 Es handelte sich um das 5. Berliner Ökologie-Seminar im Oktober 1988 (vgl. Tageszeitung 8.11.1988) und das „ökumenische Luftseminar" in Erfurt im November 1988 (vgl. Tagesspiegel 9.11.1988).

32 Vgl. VOIGT, Matthias (1990), Neue Erhebung in der Mark Brandenburg, S. 73; Tageszeitung 1.11.1988; Tageszeitung 7.12.1988; Interview mit Matthias VOIGT.

33 Vgl. Interview mit Matthias VOIGT.

34 Vgl. Tageszeitung 18.10.1989; Tageszeitung 26.10.1989; Frankfurter Rundschau 27.10.1989.

Die mangelnde Umwelttransparenz stellte ein großes Hindernis für ihre Arbeit dar. Dementsprechend war die Beschaffung und die Verbreitung von Umweltinformationen ein wichtiges Tätigkeitsfeld der Umweltbibliothek und des Netzwerks Arche, wobei der gezielte Einbezug westdeutscher Medien und PolitikerInnen eine neue Aktionsform darstellte.

Obwohl das Netzwerk Arche überregional agierte und auch die Sanierung der Westmülldeponien Vorketzin und Deetz einforderte,[35] gelang es ihm trotz der Einschüchterungsversuche der DDR-Sicherheitskräfte, die betroffene Bevölkerung zumindest punktuell zu mobilisieren. Gleichzeitig blieb das Netzwerk mit den DDR-Behörden in Verhandlungen. Diese Kombination aus öffentlichem Druck und kritischer Zusammenarbeit führte zu kleineren Erfolgen, da die DDR-Behörden die Forderungen nach einer strengeren Kontrolle der Emissionen und nach der gesonderten Lagerung der giftigen Verbrennungsrückstände der SVA akzeptierten. Damit war das Netzwerk Arche, obgleich es die Handlungsspielräume voll ausnutzte und zum Teil erweiterte, nur bedingt erfolgreich. Die Umweltbibliothek setzte dagegen ganz auf Konfrontation, so dass Verhandlungen mit den staatlichen Stellen ausgeschlossen waren. In der Öffentlichkeitsarbeit war sie für DDR-Verhältnisse erfolgreich, so dass ihre Aktivitäten insgesamt ebenfalls bedingt erfolgreich waren.

1.2. Die Mobilisierung gegen die Müllimporte in der Umbruchzeit

Durch den Umbruch im Herbst 1989 in der DDR verbesserten sich die Chancen der Umweltgruppen in ungeahntem Ausmaß. Sobald die Repression durch die Staatssicherheit weggefallen war, schwoll der Widerstand der Bevölkerung gegen die Müllimporte an.[36] Bereits Mitte November gab es eine Demonstration vor dem Westberliner Rathaus, auf der ca. 300 DemonstrantInnen, darunter Mitglieder des Netzwerks Arche, den Stopp der Mülltransporte forderten. Die Umweltsenatorin Schreyer (AL) bekundete zwar Sympathie, beharrte aber auf den Müllexporten.[37]

Das Umweltschutzaktiv Kallinchen nutzte die neuen Möglichkeiten umgehend und ging in die Offensive. Auf Grund des jahrelangen Engagements und der Fachkenntnis seiner Mitglieder war es sofort handlungsfähig. Weniger als einen Monat nach dem Mauerfall organisierten sie in Kallinchen am 7. Dezember 1989 eine öffentliche Versammlung über die Müllproblematik. Zu dieser Informationsveranstaltung kamen rund 200 AnwohnerInnen sowie VertreterIn-

---

[35] Matthias VOIGT merkt dazu an: „Wir haben später erkannt, dass die SVA in Schöneiche schon ein Schritt in die richtige Richtung war und die Probleme auf der Sondermülldeponie in Vorketzin viel größer waren." Interview mit Matthias VOIGT. Vgl. auch Tageszeitung 7.7.1989.

[36] Vgl. ARCHE NOVA 5 vom 1.5.1990, S. 486-487.

[37] Vgl. Interview mit Matthias VOIGT.

nen vom Netzwerk Arche, der DDR-Behörden und des Deponiebetreibers „VEB Deponie Potsdam“.[38] In der Versammlung räumte ein Vertreter der Staatlichen Gewässeraufsicht ein, dass am Rande der Deponien Schöneiche und Schöneicher Plan das Grundwasser kontaminiert sei. Da die Anliegergemeinden ihr Trinkwasser aus örtlichen Brunnen gewannen, war ihre Gesundheit gefährdet. Diese Informationen lagen den Behörden mindestens seit Januar 1989 vor, wurden aber erst nach der Wende bekannt gegeben.[39]

Die AnwohnerInnen waren erschreckt und verärgert, sie forderten Umweltminister Reichelt wegen „völlig unzureichender Wahrnehmung seiner Funktion“ zum Rücktritt auf nach dem Motto: „Uns Reichelt's“. Reichelt gab einen Tag später indirekt zu, dass die Grundwasserbelastung von den Deponien herrühren könne – was aber nicht der Fall war, wie sich einige Jahre später bei Untersuchungen herausstellte.

Das Umweltschutzaktiv verfasste einen Forderungskatalog zur Mülldeponie und zur SVA, den sich die Gemeindevertretungen von Kallinchen, Schöneiche und Gallun zu eigen machten und am 21. Dezember 1989 als Eingabe an den Ministerratsvorsitzenden Modrow (SED) schickten.[40] Darin forderten sie unter anderem den sofortigen Lieferstopp für Müll aus Westdeutschland und für Sondermüll aus Westberlin auf die Deponie Schöneiche, eine strenge Kontrolle des angelieferten Mülls, dessen tägliche Abdeckung, den Anschluss der Gemeinden an das zentrale Trinkwassernetz und den Rücktritt von Umweltminister Reichelt. Eine Kernforderung war die Schließung der Deponie Schöneiche nach dem Auslaufen des Müllvertrages mit Westberlin Ende 1994 und deren Sanierung bis Ende 1997. In der Eingabe verwiesen die Gemeinden darauf, dass die Betriebsauflagen, die der Rat der Gemeinde Kallinchen 1974 für die Zustimmung zur Standortgenehmigung gemacht hatte, nicht eingehalten worden waren.

In Bezug auf die SVA wurden im Wesentlichen die Forderungen des Netzwerks Arche übernommen. Seit der Wende arbeitete das Umweltschutzaktiv mit dem Netzwerk, das sich aber nur bis zum Sommer 1990 in Schöneiche engagierte, zusammen. Die Gemeinden forderten die Nachrüstung der SVA, die Ablagerung der giftigen Verbrennungsreste auf einer Sondermülldeponie, die genaue Kontrolle der Emissionen, die Veröffentlichung der Messdaten und die Stilllegung der SVA bis spätestens 2004.

---

[38] Vgl. Tageszeitung 9.12.1989; Tageszeitung 14.12.1989; Interviews mit Ulrich WOLTER; Matthias VOIGT; Öffentliche Gemeindeversammlung – gestellte Forderungen von Kallinchen, 7.12.1989 (Akten zur Deponie Schöneiche im Umweltamt).

[39] Dies geht aus den Akten hervor. Vgl. „Erster Entwurf vom Mitglied des Rates für Umweltschutz und Wasserwirtschaft vom 30.1.1989“ (Akten zur Deponie Schöneiche im Umweltamt).

[40] Vgl. die Eingabe der Räte der Gemeinden Kallinchen, Schöneiche und Gallun vom 21.12.1989 (Archiv Wolter).

Die Eingabe blieb also eine wichtige Form des Protests, wurde aber völlig neu konzipiert. Statt mit vorsichtigen Formulierungen die staatlichen Stellen in nicht-öffentlichen Verhandlungen zu überzeugen, veröffentlichte die Umweltgruppe ihren Forderungskatalog und nutzte die Eingabe für die Pressearbeit und die Mobilisierung der Bevölkerung.

Die Medien berichteten ausführlich über die Müllprobleme und die Proteste in Schöneiche/Kallinchen[41] sowie über Aktionen in Vorketzin, wo sich eine Bürgerinitiative bildete,[42] und in Schönberg,[43] der größten DDR-Deponie für Müllimporte in der Nähe von Lübeck. Die Müllimporte wurden zum heiß diskutierten Politikum in Ost- und Westdeutschland. DDR-Umweltminister Reichelt brachte Mitte Dezember 1989 gegenüber Bundesumweltminister Töpfer (CDU) seine Sorge wegen der Müllimporte zum Ausdruck. Der Zentrale Runde Tisch sprach sich gegen den Müllhandel aus. Voigt vom Netzwerk Arche forderte den sofortigen Stopp der Mülllieferungen.[44] Die Medien prangerten die Müllimporte und die nach westdeutschen Standards unhaltbaren Zustände auf den DDR-Deponien als Skandal an. Dieser umweltpolitische Druck trug wohl mit zum Rücktritt von Umweltminister Reichelt am 9. Januar 1990 bei.[45]

Unter diesem Eindruck beschloss der DDR-Ministerrat am 13. Januar 1990, die Müllimporte nur noch unter der Bedingung fortzuführen, dass hohe Umweltstandards eingehalten würden. Für die Deponien in Schöneiche und Vorketzin wurden genaue Vorgaben gemacht.[46] Erstaunlicherweise gab es keine Auflagen für die Deponie in Schönberg, die keineswegs unproblematisch war. Das könnte damit erklärt werden, dass der Protest dort schwächer war als in Schöneiche und Vorketzin. Auf der Grundlage dieses Ministerratsbeschlusses forderte der neue DDR-Umweltminister Diederich (DBD) einen baldigen Stopp der Sondermülllieferungen nach Vorketzin, was zu Auseinandersetzungen mit dem Senat führte.[47]

---

[41] Darunter die Tageszeitung, der Tagesspiegel und die Märkische Allgemeine Zeitung, Radiosender und das DDR-Fernsehen mit der Umweltsendung „Ozon". Vgl. Tageszeitung 9.12.1989; Tageszeitung 12.12.1989; Tagesspiegel 14.12.1989; Tageszeitung 14.12.1989; Tagesspiegel 15.12.1989; Interview mit Matthias VOIGT.

[42] Vgl. Berliner Zeitung 5.1.1990; Tagesspiegel 5.1.1990; Tageszeitung 5.1.1990.

[43] Vgl. Tagesspiegel 5.1.1990.

[44] Vgl. Tagesspiegel 14.12.1989; Tagesspiegel 15.12.1989.

[45] Vgl. Tagesspiegel 10.1.1990.

[46] Vgl. Beschluss des Ministerrates zur Abnahme von Abfallstoffen durch die DDR aus dem Ausland vom 13.1.1990 (Archiv Wolter).

[47] Vgl. Tagesspiegel 19.1.1990; Tageszeitung 19.1.1990; Tagesspiegel 20.1.1990; Tageszeitung 20.1.1990.

1.2.1. Die Blockade der Deponie Schöneiche im Januar 1990

Trotz dieser Beschlüsse des Ministerrates änderte sich vorerst nichts an der Situation in Schöneiche. Auch antwortete der Ministerrat nicht auf die Eingabe der Gemeinden und versäumte es, sie über die Beschlüsse vom 13. Januar zu informieren. Daher entschloss sich das Umweltschutzaktiv Kallinchen, die Mülldeponie Schöneiche zu blockieren, um seinen Forderungen Nachdruck zu verleihen. Mitarbeiter der Staatssicherheit, die die Umweltgruppe unterwandert hatten, versuchten selbst noch zu diesem Zeitpunkt, innerhalb der Gruppe die Blockade zu verhindern. Auch das Netzwerk Arche rief zur Blockade auf und beteiligte sich an ihr.[48]

Am Donnerstag, dem 25. Januar 1990, blockierten von sechs Uhr früh bis zehn Uhr abends rund 100 Demonstranten die Zufahrt zur Deponie. Auf Transparenten waren Parolen wie „Wir lassen unsere Umwelt und Gesundheit nicht verhökern!“ und „Wir sind nicht der Mülleimer der Nation!“ zu lesen. Die Müllfahrzeuge aus Westberlin kamen nicht auf die Deponie und wurden zur Deponie in Vorketzin umgelenkt. Als die dortige Bürgerinitiative im Radio von der Aktion erfuhr, schloss sie sich spontan an und blockierte ab Mittag auch die Deponie Vorketzin. Die Arbeiter der Deponie Schöneicher Plan legten ebenfalls ihre Arbeit nieder und demonstrierten. Die Müllfahrzeuge mussten voll beladen nach Westberlin zurückkehren, alle weiteren Transporte wurden abgesagt.

Es gab ein breites, positives Medienecho. Zeitungen, Radio und Fernsehen, vom Sender Freies Berlin bis zur Tagesschau, berichteten ausführlich über die Aktion, die Probleme auf den beiden Deponien und veröffentlichten die Forderungen der Anliegergemeinden. Die Mobilisierung einer großen Zahl von DemonstrantInnen in Schöneiche sowie die spontane Unterstützung in Vorketzin und auf der Deponie Schöneicher Plan unterstreichen, wie groß der Rückhalt der Umweltgruppen in der Bevölkerung war. Nicht zuletzt stellte die Blockade ein äußerst wirksames Druckmittel dar, weil die Westberliner Stadtreinigung nur zwei bis drei Tage auf die Lieferungen nach Schöneiche verzichten konnte.[49]

Dennoch überrascht das Ausmaß des Erfolges, den die Blockade erzielte: Noch am gleichen Tag gab der Westberliner Senat bekannt, kurzfristig rund 13.000 Tonnen weniger Sonderabfälle nach Vorketzin liefern zu wollen, forderte aber gleichzeitig das Ende der Blockade und die Einhaltung der bestehenden Müllverträge.[50]

Wesentlich weitreichender waren die Zugeständnisse, die DDR-Umweltminister Diederich einen Tag später machte. Er zog mit sofortiger Wirkung die Genehmigung für die Ablagerung von Müll aus der Bundesrepublik in Schönei-

---

[48] Vgl. Tageszeitung 26.1.1990; Tagesspiegel 26.1.1990; Berliner Zeitung 26.1.1990; Märkische Volksstimme 26.1.1990; Interviews mit Ulrich WOLTER; Matthias VOIGT.

[49] Vgl. Tagesspiegel 26.1.1990.

[50] Vgl. Tageszeitung 26.1.1990.

che zurück, was vor allem die Klärschlämme der Firma Hoechst betraf, nicht jedoch den Hausmüll aus Westberlin. Für Schöneiche und Vorketzin sollten Sanierungskonzepte ausgearbeitet und die Ablagerung von Sondermüll in Vorketzin sollte innerhalb von zwei Monaten bis Ende März 1990 beendet werden. Widerstrebend musste der Senat das Ende der Sondermülllieferungen nach Vorketzin akzeptieren.[51] Die Sondermüllverbrennungsanlage sollte erst nach einem unabhängigen Gutachten von Experten aus der DDR und der Bundesrepublik in den Dauerbetrieb gehen, wobei die Menge und Art der zu verbrennenden Abfallstoffe neu festgelegt werden sollte. Schließlich erklärte sich die Westberliner Stadtreinigung bereit, den Müll der Gemeinden kostenlos einzusammeln und auf die Deponie Schöneiche zu bringen.[52]

Bereits am 30. Januar fand auf der Deponie Schöneiche eine Beratung des Forderungskatalogs statt, an der das Umweltschutzaktiv Kallinchen, Vertreter der Anliegergemeinden, des Umweltministeriums, der DDR-Behörden, des Westberliner Senats, des Betreibers VEB Deponie Potsdam und Wissenschaftler teilnahmen.[53]

Mitte Februar kam es auch in Vorketzin zu massiven Protesten der AnwohnerInnen, was Umweltminister Diederich dazu veranlasste, am 12. Februar 1990 den sofortigen Stopp für Sondermülllieferungen nach Vorketzin auszusprechen. Trotz des Widerstands des Senats wurde ab dem 16. Februar kein Sondermüll mehr dorthin geliefert.[54]

Um die Umsetzung der verschiedenen Zusagen gegenüber den Umweltgruppen in Kallinchen und Vorketzin zu begleiten und zu überwachen, bildete das Umweltministerium eine so genannte „Kontrollgruppe“. Dieses Gremium wurde vom stellvertretenden DDR-Umweltminister Hesse geleitet, setzte sich aus VertreterInnen der Umweltbehörden, des Umweltministeriums, des Betreibers, der Anliegergemeinden sowie der Umweltgruppen in Kallinchen und Ketzin zusammen und tagte ab Februar/März 1990.[55] Das Gremium ähnelte stark einem Runden Tisch. Die lokalen Umweltgruppen waren dadurch sehr gut informiert, gleichberechtigt in die Entscheidungsprozesse einbezogen und konnten in wesentlichen Punkten die Agenda der Kontrollgruppe bestimmen. Damit hatte sich das Umweltschutzaktiv in Kallinchen zusammen mit den anderen Gruppen und

---

[51] Vgl. das Telegramm von Umweltminister Diederich an den Vorsitzenden des Rates des Bezirkes Potsdam vom 26.1.1990 (Archiv Wolter); Tagesspiegel 27.1.1990; Berliner Zeitung 31.1.1990; Frankfurter Rundschau 5.2.1990; Tageszeitung 13.2.1990; Frankfurter Rundschau 17.2.1990.

[52] Vgl. Tagesspiegel 26.1.1990; Tageszeitung 26.1.1990; Interview mit Ulrich WOLTER.

[53] Vgl. Protokoll über die Beratung im Betriebsteil Schöneiche am 30.1.1990 (Akten zur Deponie Schöneiche im Umweltamt).

[54] Vgl. Neues Deutschland 7.2.1990; Berliner Zeitung 13.2.1990; Tageszeitung 13.2.1990; Frankfurter Rundschau 17.2.1990.

[55] Vgl. Protokoll über die Beratung der Kontrollgruppe VEB Deponie Potsdam am 1.3.1990 (Archiv Wolter).

den BürgerInnen durch das konfrontative Vorgehen eine hervorragende Verhandlungsposition gesichert, die es in der Zusammenarbeit mit den politisch Verantwortlichen und den Betreibern in Ergebnisse umzusetzen galt.

Im April 1990 gab die Kontrollgruppe eine Gefährdungsanalyse für die Deponien Schöneiche und Schöneicher Plan in Auftrag, die die Grundlage späterer Sanierungskonzepte bilden sollte.[56] Im September 1990 stellten die Gutachter ihre Ergebnisse dem Umweltschutzaktiv Kallinchen, den zuständigen Behörden und dem Deponiebetreiber vor, der mit der Schaffung der Treuhandanstalt vom VEB Deponie Potsdam in die „Märkische Entsorgungsanlagen-Betriebsgesellschaft mbH" (MEAB) umgewandelt worden war.[57] Sie hatten vereinzelt erhöhte Giftwerte gemessen, die sie auf land- und forstwirtschaftliche Belastungen zurückführten. Weiter verwiesen die Gutachter darauf, dass einige vereinzelte Messwerte eventuell auf einen Austritt von Giftstoffen aus der Deponie hinweisen könnten.[58] Damit konnte die Gefährdung des Grundwassers durch die Deponie weder nachgewiesen noch ausgeschlossen werden.

Bezüglich der SVA hatte der Westberliner Senat, unter dessen Regie die Anlage noch lief, im Herbst und Winter 1989 wesentliche Forderungen bereits aus eigenem Antrieb erfüllt. Nach dem Stopp des Probebetriebs im Herbst 1989 hatte er ein unabhängiges Gutachterbüro eingesetzt, das eine sorgfältig kontrollierte Beschickung der Anlage und einige zusätzliche technischen Einbauten forderte. Mit diesen Maßnahmen konnten dann beim weiteren Probebetrieb die Grenzwerte der bundesdeutschen „Technischen Anleitung Luft" deutlich unterschritten werden.[59]

Auf dieser Grundlage einigten sich der Senat und der DDR-Umweltminister Diederich am 19. Februar 1990 auf einen „erweiterten Probebetrieb", der die volle Auslastung der Anlage gestattete, um sie unter normalen Bedingungen testen zu können. Ein vom DDR-Umweltministerium und vom Senat zusammengestelltes Gutachtergremium kontrollierte den Betrieb. Mit dem Leiter der sechsköpfigen Kommission, dem Ostberliner Chemieprofessor Heinz, hatte das Umweltschutzaktiv bereits zusammengearbeitet. Den regulären Dauerbetrieb sollte die SVA erst dann aufnehmen, so die Forderung von Minister Diederich, wenn die Kommission die Umweltverträglichkeit der Anlage nachgewiesen hätte.[60]

---

[56] Vgl. Protokoll der Bewertung der Angebote zur Gefährdungsabschätzung der Deponien Schöneiche/Schöneicher Plan vom 27.4.1990 (Archiv Wolter); Berliner Zeitung 6.6.1990.

[57] Vgl. das Schreiben der MEAB an die Kreisverwaltung Zossen vom 5.10.1990 (Akten zur Deponie Schöneiche im Umweltamt).

[58] Vgl. LÜHR, Hans-Peter (1990), Akute Gefahrenbeurteilung für den Standortbereich der Deponien Schöneiche und Schöneicher Plan, Anhang S. 5-6 (Archiv Wolter).

[59] Vgl. JÖRGENSEN, Kirsten (1995), Sonderabfallpolitik in der Bundesrepublik Deutschland, S. 188-192; Tagesspiegel 30.11.1989; Tagesspiegel 11.1.1990; Tageszeitung 12.1.1990; Frankfurter Rundschau 5.2.1990; Tageszeitung 20.2.1990;

[60] Vgl. Tageszeitung 20.2.1990; Berliner Zeitung 20.2.1990.

Die „Kontrollgruppe“ vertrat einen ähnlichen Standpunkt, der sich weitgehend mit den Forderungen des Umweltschutzaktivs deckte.[61]

Die Bedingungen in der Umbruchzeit in Schöneiche können so zusammengefasst werden, dass die Basiselemente Umwelttransparenz, Partizipation und umweltpolitische Kooperation in sehr weitgehender Form gegeben waren. Das Umweltschutzaktiv war nicht nur an der Kontrollgruppe des Umweltministeriums beteiligt, sondern hatte auch großen Einfluss auf deren Agenda. Das Umweltschutzaktiv und – bis zum Sommer 1990 – das Netzwerk Arche verfolgten eine Strategie konfrontativer Öffentlichkeitsarbeit und Mobilisierung, durch die die Betreiber und das verantwortliche Umweltministerium massiv unter Druck gesetzt wurden. Parallel arbeiteten die Umweltgruppen aus einer Position der Stärke konstruktiv mit den Verantwortlichen bei der Aushandlung und Umsetzung von Lösungsschritten zusammen. Die Voraussetzung für dieses zweigleisige Vorgehen waren ein großes Fachwissen und handlungsfähige organisatorische Strukturen.

Insgesamt waren das Umweltschutzaktiv, die betroffene Bevölkerung[62] und das Netzwerk Arche sehr erfolgreich, weil sie Zusagen für wesentliche Forderungen durchsetzen konnten. Dies wurde auch von einem der Wortführer des Umweltschutzaktivs, Ulrich Wolter, im August 1990 so eingeschätzt.[63] Bei den Kommunalwahlen im Mai 1990 wurde Wolter, der für die Grüne Partei kandidierte, mit den meisten Stimmen zum Gemeindevorsteher von Kallinchen gewählt, was als Zustimmung der Bevölkerung für das Umweltschutzaktiv gewertet werden kann. Diese Erfolge sind um so höher zu bewerten, als die Umweltgruppen durch ihre Mobilisierung ihre Position in der lokalen Akteurkonstellation gegenüber den potenziell sehr mächtigen Organisationen wie dem DDR-Umweltministerium, dem Westberliner Senat und dem Deponiebetreiber beträchtlich stärkten. Wichtigster Verbündeter der Umweltgruppen waren dabei die Medien.

Das umweltpolitische Engagement der Gruppen in Schöneiche wirkte über den lokalen Konflikt hinaus und trug dazu bei, dass der deutsch-deutsche Müllhandel insgesamt in die Kritik geriet. Eine Folge davon war, dass für Westberlin, Ostberlin und das Brandenburger Umland ein gemeinsames, umweltverträgliches Abfallwirtschaftskonzept entwickelt werden sollte. Diese Aufgabe wurde

---

[61] Vgl. die Protokolle über die Beratung der Kontrollgruppe VEB Deponie Potsdam am 1.3.1990; und am 22.3.1990 (Archiv Wolter); Tagesspiegel 27.1.1990.

[62] Im Laufe des Sommers bildete sich auch in der Ortschaft Telz eine Bürgerinitiative, die sich den Forderungen des Umweltschutzaktivs anschloss und in erster Linie gegen die Deponie Schöneicher Plan kämpfte. Vgl. das Schreiben der Bürgerinitiative Telz an Umweltminister Steinberg vom 8.8.1990 (Akten zu Schöneiche im Umweltamt).

[63] Vgl. Neues Deutschland 25.8.1990.

dem „Provisorischen Regionalausschuss" übertragen, der in der Wendezeit für die übergreifenden Planungen des Großraums Berlin zuständig war.[64]

Außerdem zeigten die lokalen Proteste insofern Wirkung, als Bürgerbeteiligung zumindest in der Wendezeit als unabdingbar angesehen wurde. Umweltminister Diederich sprach sich dafür aus, die Maßnahmen des Abfallwirtschaftskonzepts im engen Dialog mit den EinwohnerInnen, Bürgerinitiativen, Abgeordneten und Ratsmitgliedern zu entwickeln.[65] Ostberliner Mitarbeiter im Provisorischen Regionalausschuss hielten es im Frühjahr 1990 sogar für „undenkbar, irgendwo eine Anlage zu errichten, bei der der Aspekt des Umweltschutzes zu berücksichtigen ist, ohne dass man sich mit den örtlichen Bürgerkomitees einigt."[66] Unter diesem Eindruck wurde im Großraum Berlin auf die Schaffung neuer Mülldeponien und Müllverbrennungsanlagen verzichtet, was in Ostdeutschland während und nach der Wende eher eine Seltenheit war.[67]

1.3. Die Sicherung des Erreichten nach der Vereinigung

Nach der Vereinigung wurden die neuen Bundesländer für die Abfallwirtschaftspolitik zuständig. Das Brandenburger Umweltministerium erarbeitete ein Landesabfallgesetz, die Landesumweltbehörden erfassten die rund 2.000 Brandenburger Deponien und bewerteten deren Gefährdungspotenzial. Die meisten kleineren Deponien wurden geschlossen, während die größeren, zu denen die Deponien Schöneiche und Schöneicher Plan zählten, weiterbetrieben und an den Stand der Technik herangeführt werden sollten.[68]

Die wichtigste und schwierigste Aufgabe des Umweltschutzaktivs war es in dieser Situation, dafür zu sorgen, dass die Zusagen tatsächlich umgesetzt wurden, die ihnen in der Wendezeit von politischen Instanzen, die sich in Auflösung befunden hatten, gemacht worden waren. So klagten das Umweltschutzaktiv und Vertreter der Anliegergemeinden bereits Ende Dezember 1990 gegenüber dem Brandenburger Umweltministerium, dass der Deponie-Betreiber mehrere Auflagen wie die tägliche Abdeckung des Mülls und die Einstellung der Mülltransporte am Wochenende nicht einhalten würde.[69]

---

[64] Vgl. Provisorischer Regionalausschuss Planungsgruppe Potsdam (Hg.) (1990), Grundlagen und Zielvorstellungen für die Entwicklung der Region Berlin; Tagesspiegel 26.1.1990.
[65] Vgl. Berliner Zeitung 20.2.1990.
[66] Grünstiftforum 3/1990, Beilage zum Grünstift, S. 5.
[67] Vgl. GREENPEACE (Hg.) (1991), Greenpeace-Dossier Müllexport; GREENPEACE (Hg.) (1992), Greenpeace-Dossier Müllexport.
[68] Vgl. Ministerium für Umwelt, Naturschutz und Raumordnung des Landes Brandenburg (MUNR) (Hg.) (1992), Umweltbericht 1992, S. 52-56.
[69] Vgl. Protokoll der Sitzung zur Mülldeponie Schöneiche in Kallinchen vom 21.12.1990 (Akten zu Schöneiche im Umweltamt).

Wegen der Unklarheit über die weitere Entwicklung der Mülldeponie und über die Finanzierung der Sanierungsmaßnahmen organisierte das Umweltschutzaktiv eine zweite Blockade der Deponie Schöneiche. Etwa 100 DemonstrantInnen versperrten am 18. Januar 1991 für mehrere Stunden die Zufahrt zur Deponie. Sie forderten die baldige Schließung und Sanierung der Deponie sowie verlässliche finanzielle Zusagen. Die AnwohnerInnen wiesen bei ihren Protesten darauf hin, dass die Müllgebühren des Senats in Höhe von 60 Millionen DM, die im Januar 1990 überwiesen worden waren, in unbekannten Kanälen versickert wären und nicht mehr für die Sanierung der Deponie zur Verfügung stünden. Daraufhin verständigten sich die zuständigen Bundesländer Berlin und Brandenburg Ende Januar darauf, dass Berlin die Gebühren direkt an das Land Brandenburg überweisen sollte. Berlin machte aber keine Zusagen für eine Schließung oder eine Sanierung der Deponie.[70]

Die zweite Blockade ein Jahr nach der ersten macht deutlich, wie sehr sich die Rahmenbedingungen inzwischen geändert hatten. Die Medienresonanz war wesentlich geringer und blieb auf Lokalzeitungen begrenzt. Mit dieser Form der Mobilisierung konnte die Umweltgruppe kaum noch Druck auf die Politik und die Betreiber ausüben. Entsprechend bescheiden blieb der Erfolg der Aktion.

1.3.1. Der Runde Tisch zur Mülldeponie und zur SVA in Schöneiche

Im Sommer 1991 griff als neuer Akteur das Brandenburger Umweltministerium in den Müllkonflikt in Schöneiche ein. Es sah sich in der Verantwortung für die weitreichenden Zusagen aus der Umbruchzeit gegenüber der Bevölkerung und initiierte nach dem Vorbild der Wendezeit in Schöneiche einen Runden Tisch zu den beiden Deponien und zur SVA.

Ziel dieses Runden Tisches war es, dass sich alle beteiligten Akteure – das Umweltschutzaktiv, betroffene AnwohnerInnen, die Gemeinden, die MEAB als Betreiberin der Deponie Schöneiche und der SVA, die Berliner Stadtreinigung, die die Deponie Schöneicher Plan betrieb, der Berliner Senat und das Brandenburgische Umweltministerium – auf ein gemeinsames Vorgehen zur Bearbeitung der Probleme einigen sollten. Dabei sollten die Gemeinden und die AnwohnerInnen über die Sanierung der Deponien sowie über den Betrieb der Anlagen informiert und ihre Vorstellungen so weit wie möglich berücksichtigt werden. Der Runde Tisch wurde von professionellen Mediatoren aus Westberlin geleitet. Relevante Informationen und die Ergebnisse des Runden Tisches wurden regelmäßig in einem Informationsblatt veröffentlicht. Die erste Sitzung des Runden Tisches fand am 9. September 1991 in Schöneiche statt.[71]

---

[70] Vgl. Märkische Allgemeine Zeitung 19.1.1991; Tageszeitung 19.1.1991; Berliner Zeitung 29.1.1991; Interview mit Ulrich WOLTER.

[71] Zum Runden Tisch vgl. die Protokolle der Sitzung des Runden Tisches in Schöneiche vom 9.9.1991 und 16.12.1991; Informationsblatt „Runder Tisch Deponie Schöneiche/Schöneicher

Der größte Streitpunkt betraf die Laufzeit der Deponie Schöneiche. Das Umweltschutzaktiv und die Gemeinden beharrten bis 1993 auf einer Schließung der Deponie Schöneiche mit dem Auslaufen des Müllvertrags Ende 1994. Demgegenüber hoben Betreiber, Umweltministerium und Gutachter hervor, dass aus technischen Gründen der Deponiekörper weiter aufgefüllt werden müsse, um ihn endgültige abdecken zu können. Dafür würde nach 1994 noch weiterer Müll benötigt werden. Außerdem müssten die Mittel für die Sanierung aus dem laufenden Betrieb erwirtschaftet werden, weil keine Rückstellungen gebildet worden wären. In diesem Punkt konnte am Runden Tisch keine Einigung mit der Umweltgruppe erzielt werden; die Deponie wurde auch nach 1994 weiter betrieben.

Ein zweites Thema des Runden Tisches waren die Sanierungskonzepte für die Deponien. Im Dezember 1991 stellten westdeutsche Firmen dem Runden Tisch ein äußerst aufwendiges und teures Sanierungskonzept vor, das neben einer oberen Abdeckung auch 20 bis 80 Meter tiefgehende Dichtungswände um die Deponiekörper herum vorsah. Das weitreichende Sanierungskonzept zerstreute die anfängliche Skepsis der Bevölkerung gegenüber den Behörden und Betreibern, erwies sich aber später als unnötig.

Schließlich wurden am Runden Tisch konkrete Verbesserungen für die Betroffenen ausgehandelt wie der Anschluss der Gemeinden an das zentrale Trinkwassernetz, Lärmschutzmaßnahmen gegen die Mülltransporter und die Beschickung der Deponien per Bahn. Auch wurde ein Entschädigungsfonds für die Anliegergemeinden eingerichtet, aus dem Infrastrukturmaßnahmen wie der Bau von Straßen, der Anschluss an das Abwassernetz oder ein Feuerwehrhaus finanziert wurden.

UmweltschützerInnen und Umweltbehörden schätzten den Runden Tisch in Schöneiche als erfolgreich ein, weil er sehr zur Information der AnwohnerInnen und zu einer sachlichen Zusammenarbeit bei der Lösungssuche beigetragen hatte. Auf den Deponien und in der SVA herrschten zunehmend geordnete Zustände, etliche Forderungen der betroffenen AnwohnerInnen und Gemeinden waren erfüllt worden. Andere Probleme wie die Schließung der Deponie Schöneiche und deren Sanierung konnten nicht in absehbarer Zeit gelöst werden. Das kooperative Klima hielt nach Aussage der Umweltschützer bis ungefähr 1993 an. Danach wurde die Zusammenarbeit mit den Umweltbehörden und dem Deponiebetreiber MEAB immer bürokratischer und unflexibler, die Informationen flossen spärlicher. Der Runde Tisch verlief 1993 im Sande, weil wesentliche Fragen geklärt waren oder Konfliktpunkte, wie die Schließung der Deponie, nicht im Konsens entschieden werden konnten.[72]

Plan“ Nr. 2 (Februar 1992); Nr. 3 (Mai 1992); Nr. 4 (Juni 1992) (Akten zu Schöneiche im Umweltamt); Interviews mit Hans KÖPPEN und Carsten PREUß; Ulrich WOLTER; Grünstift 10/1992, S. 28.

[72] Vgl. die Interviews mit Ulrich WOLTER; Hans KÖPPEN und Carsten PREUß.

1.3.2. Die Umweltverwaltung wird zum bestimmenden Akteur

Als die Umweltverwaltungen in Brandenburg nach zwei, drei Jahren handlungsfähig geworden waren, übernahmen sie die Initiative und richteten ihr Handeln an den allgemeinen gesetzlichen administrativen Vorgaben der Landesregierung aus und konnten immer besser den Vollzug der Umweltgesetze durchsetzen.[73]

Im Mai 1993 erteilte das Landesumweltamt der MEAB umfangreiche Auflagen für den Betrieb der Deponie Schöneiche.[74] Die zuständige Kreisverwaltung gab eine sehr aufwendige Studie zur Gefährdungsabschätzung der beiden Deponien in Auftrag. Nach dem Gutachten, das im Januar 1994 vorlag und allseits akzeptiert wurde, ging von den Deponien nur eine geringe Gefahr für die Umwelt und das Grundwasser aus. Viele Ängste der AnwohnerInnen konnten damit entkräftet werden. Die am Runden Tisch erwogene, sehr teure Sanierung mit Dichtungswänden war nicht mehr erforderlich.[75] Die Umweltverwaltungen bezogen das Umweltschutzaktiv und die GemeindevertreterInnen in den juristisch, technisch und administrativ komplexen Vollzug der gesetzlichen Vorgaben immer seltener ein.

Die Konflikt- und Akteurkonstellation in Schöneiche wurde komplizierter, als es zu einem Streit in der Abfallpolitik zwischen den Ländern Brandenburg und Berlin kam. Nach langem Hin und Her übernahmen die beiden Bundesländer Mitte 1993 je zur Hälfte das Betreiberunternehmen MEAB von der Treuhandgesellschaft und waren damit für die Sanierung der Deponie Schöneiche verantwortlich.[76] Der Konflikt spitzte sich zu, als Berlin wegen des seit Mitte der neunziger Jahre sinkenden Müllaufkommens die Mülllieferungen an die verschiedenen Deponien der MEAB in Brandenburg von rund 1.000.000 Tonnen 1993 auf 330000 Tonnen 1998 senkte und sie im September 1999 ganz einstellte. Die Folge war, dass die Einnahmen für die Sanierung dieser Deponien, darunter auch Schöneiche, fehlten. Es entbrannte ein regelrechter „Müllstreit" zwischen Berlin und Brandenburg.[77]

Unter diesen Bedingungen verlor das Umweltschutzaktiv weiter an Einfluss auf die Entscheidungen, und die Umweltverwaltungen hatten kein Interesse, die

---

[73] Das Vorschaltgesetz zum Brandenburger Landesabfallgesetz trat im Januar 1992 in Kraft, vgl. Ministerium für Umwelt, Naturschutz und Raumordnung des Landes Brandenburg (MUNR) (Hg.) (1992), Umweltbericht 1992, S. 46, 55-56.

[74] Vgl. Landesumweltamt Brandenburg an die Kreisverwaltung Zossen vom 15.4.1992; Landesumweltamt Brandenburg vom 4.5.1993 (Akten zu Schöneiche im Umweltamt).

[75] Vgl. Interview mit Hans KÖPPEN und Carsten PREUß; sowie die Unterlagen der Jahre 1994/1995 zum Gutachten des Ingenieurbüro Grebner (Akten zu Schöneiche im Umweltamt).

[76] Vgl. Tageszeitung 19.3.1993; Tageszeitung 21.6.1993; Tageszeitung 30.6.1993; Tageszeitung 2.7.1993; Tageszeitung 30.9.1993.

[77] Vgl. Grünstift 3/1997, S. 18; Grünstift 7-8/1998, S. 22; Tageszeitung 17.2.1996; Tageszeitung 18.12.1996; Tageszeitung 22.4.1998; Welt 4.7.2000; Welt 24.8.2000; Interview mit Hans KÖPPEN und Carsten PREUß.

AnwohnerInnen über das gesetzlich vorgeschriebene Maß hinaus zu beteiligen und mit ihnen spezielle Absprachen für Schöneiche auszuhandeln, was in den ersten Jahren nach der Vereinigung noch möglich gewesen war.

Der Zustand auf den Deponien im Jahr 2000 gab den AnwohnerInnen wenig Anlass zu Protest. Die Deponie Schöneiche war teilweise abgedeckt und wurde nur noch mit Bauschutt verfüllt, um die endgültige Form des Deponiekörpers für die Abdeckung herzustellen. Auf der Deponie herrschten ordnungsgemäße Zustände. Die vollständige Verfüllung und Versiegelung des Deponiekörpers kann noch bis 2010 andauern. Hinzu kommt eine Nachsorgezeit von etwa 40 Jahren.[78] Die MEAB errichtete auf dem Gelände eine völlig neue Deponie. Die AnwohnerInnen wurden in dem zugehörigen Genehmigungsverfahren nach den formellen Richtlinien beteiligt. Dieser neue Deponieteil in Schöneiche war mit einer modernen Basisabdichtung sowie einer Sickerwassererfassung ausgestatteten und wurde Ende 1997 fertiggestellt. Auch auf der Deponie Schöneicher Plan wurden ordnungsgemäße Zustände hergestellt, so dass sich insgesamt die Situation auf beiden Deponien gegenüber 1990 wesentlich verbessert hatte.[79]

Die Sondermüllverbrennungsanlage wurde vom Berliner Senat an die MEAB übergeben. Der weitere Betrieb der Anlage verlief problemlos. Die ungiftigen Schlacken der SVA konnten auf der Deponie Schöneiche abgelagert werden. Dagegen mussten die giftigen Rauchgasreinigungsrückstände und -Aschen auf einer Sondermülldeponie gelagert werden.[80]

Zusammenfassend kann festgehalten werden, dass am Runden Tisch in Schöneiche (1991-1993) Umwelttransparenz und weitgehende Partizipations- und Kooperationsmöglichkeiten für die Umweltgruppe und die betroffenen BürgerInnen bestanden. Ihre Beteiligungsmöglichkeiten gingen mit dem Ende des Runden Tisches deutlich zurück. Das Umweltschutzaktiv und die GemeindevertreterInnen verfolgten nach der Vereinigung, abgesehen von der Blockadeaktion 1991, eine kooperative Strategie, die sich wegen der guten Mitsprachemöglichkeiten am Runden Tisch anbot.

Das Handeln des Umweltschutzaktivs war nach der Vereinigung insgesamt erfolgreich, weil wichtige Forderungen erfüllt wurden. Diese deckten sich weitgehend mit den gesetzlichen Anforderungen. Aber die erforderlichen Maßnahmen wurden in äußerst kurzer Zeit umgesetzt, was in erster Linie auf das Engagement der Umweltgruppe zurückzuführen ist.[81] Auch nach Einschätzung von Ulrich Wolter war die Arbeit des Umweltschutzaktivs erfolgreich, weil das Sanierungsprogramm der Deponie Schöneiche „richtig gut durchgezogen" wurde.[82]

---

[78] Vgl. Welt 4.7.2000.

[79] Vgl. Interview mit Hans KÖPPEN und Carsten PREUß.

[80] Telefonische Auskunft von Frau Bischert vom Brandenburger Amt für Immissionsschutz am 20.6.2001.

[81] Vgl. Interview mit Hans KÖPPEN und Carsten PREUß.

[82] Interview mit Ulrich WOLTER.

2. Ressourcennutzung: Der Konflikt um den Braunkohleabbau in Lakoma

2.1. Die Auseinandersetzungen um die Umsiedlung Lakomas vor 1989

2.1.1. Die Braunkohle- und Energiepolitik der SED

Die Energieversorgung der DDR beruhte seit den fünfziger Jahren zum großen Teil auf dem Einsatz der heimischen Braunkohle. Im Gefolge der Ölkrise Ende der siebziger Jahre stellte die DDR ihre Energieversorgung dann fast ausschließlich auf Braunkohle um, weil sie das aus der Sowjetunion importierte Erdöl gegen Devisen auf dem Weltmarkt weiterverkaufte, statt es selbst zu nutzen.[83] Das SED-Zentralkomitee beschloss 1980, die Braunkohleförderung „unter allen Bedingungen" drastisch anzuheben.[84] Diese Festlegung auf die Braunkohle schrieb eine völlig unrentable und umweltbelastende Wirtschafts- und Energiestruktur fest. Zugleich führten die angebotsorientierte Energiepolitik, die hohen Subventionen sowie die veraltete Technik zu einer enormen Energieverschwendung, so dass die DDR zu den Staaten mit dem höchsten Energieverbrauch pro Kopf in der Welt gehörte.[85]

Das Lausitzer Braunkohlerevier war das größte der DDR, lag zum größten Teil im Bezirk Cottbus und erstreckt sich heute im wesentlichen auf Brandenburg sowie zu einem kleineren Teil auf Sachsen. Im Lausitzer Revier wurden 1989 in 17 Tagebauen 195 Millionen Tonnen Braunkohle gefördert, was rund zwei Dritteln der gesamten DDR-Fördermenge entsprach. Im Gebiet des heutigen Brandenburg lagen zehn Tagebaue mit einem Fördervolumen von 113,6 Millionen Tonnen 1989.[86] Im Bezirk Cottbus wurden in neun, zumeist überalterten Braunkohlekraftwerken über 50 % des DDR-Stroms erzeugt. Neben der Stromerzeugung konzentrierte sich auf die Lausitz noch die äußerst umweltbelastende Braunkohleveredelung mit der Produktion von Briketts, Brennstaub, Heizkoks und Stadtgas. Die Entschwefelung der Abgase war nicht auf dem Stand der Technik, Staubfilter waren oft überlastet.[87]

---

[83] Vgl. AHRENS, Ralf (2000), Gegenseitige Wirtschaftshilfe?, S. 324-334.

[84] Neues Deutschland 23.2.1980.

[85] Zur Braunkohle- und Energiepolitik der DDR vgl. JÄNICKE, Martin/MEZ, Lutz/PÖSCHK, Jürgen (1991), Die Energiesituation in der vormaligen DDR; MATTHES, Felix Christian (2000), Stromwirtschaft und deutsche Einheit; PETSCHOW, Ulrich/MEYERHOFF, Jürgen/THOMASBERGER, Claus (1990), Umweltreport DDR, S. 23; SCHWARTAU, Cord (1985), Die Entwicklung der Umwelt in der DDR, S. 9-15; STINGLWANGER, Wolfgang (1999), Die Energiepolitik der DDR und ihre wirtschaftlichen und ökologischen Folgen.

[86] Vgl. Braunkohlenausschuss des Landes Brandenburg (Hg.) (1998), Braunkohlen- und Sanierungsplanung im Land Brandenburg, S. 4-6.

[87] Vgl. Unabhängiger Arbeitskreis Umwelt und Frieden Hoyerswerda (Hg.) (1990), Verheizte Lausitz, S. 30-34; Frankfurter Rundschau 7.9.1988.

Die ökologischen Folgen waren verheerend. Die durchschnittliche Luftbelastung in der Lausitz war 1989 mit 207 Kg Staub, 456 Kg SO_2 und 40 Tonnen CO_2 pro Kopf extrem hoch.[88] Durch den Tagebau wurden große Gebiete zerstört, die aus Geldmangel nur sehr langsam rekultiviert wurden, so dass meist unfruchtbare Sandwüste zurückblieb. Wegen der großflächigen Grundwasserabsenkung für den Tagebau waren – und sind – die Wasserkreisläufe in der Lausitz grundlegend gestört und der Wasserhaushalt extrem angespannt.[89] Eine Studie von 1994 im Auftrag des Umweltbundesamtes bezeichnet die Niederlausitz als „eines der am höchsten belasteten Gebiete der ehemaligen DDR".[90]

2.1.2. Der Konflikt um die Umsiedlung des Dorfes Lakoma

In den siebziger Jahren wurde mit dem Bau des Braunkohlekraftwerks Jänschwalde als modernstem Kraftwerk der DDR begonnen. 1981 wurde dessen erster Block in Betrieb genommen, 1989 war das Kraftwerk Jänschwalde mit einer Leistung von 3.000 Mega-Watt installiert. Mit seinen drei 300 Meter hohen Schornsteinen benötigte es täglich bis zu 95.000 Tonnen Braunkohle.[91] Die Kohle für das Kraftwerk kam aus den zwei Tagebauen Cottbus-Nord und Jänschwalde. 1972 hatte der Cottbuser Bezirkstag das Gebiet des geplanten Tagebaus Cottbus-Nord, nordöstlich der Stadt Cottbus, zum Bergbauschutzgebiet erklärt, das damit dem Braunkohleabbau vorbehalten war. Der Aufschluss des Tagebaus Cottbus-Nord begann 1978, die Kohleförderung 1981.[92]
Die Ortschaft Lakoma liegt am nordwestlichen Rand des für den Tagebau Cottbus-Nord vorgesehenen Gebiets (vgl. Abbildung 6). Das im 14. Jahrhundert erstmals urkundlich erwähnte Dorf hatte Anfang der achtziger Jahre rund 150 EinwohnerInnen und wurde zum Teil von Wenden, einer slawischen Volksgruppe in der Lausitz, bewohnt. In seiner Nachbarschaft lagen über 20 im 18. Jahrhundert künstlich angelegte Fischteiche, die bis heute für die Fischzucht genutzt werden. Südlich des Dorfes verläuft der Hammergraben, ein im 16. Jahrhundert angelegter Bewässerungsgraben von 21 Kilometer Länge. Die abwechslungsreiche, über Jahrhunderte gewachsene Kulturlandschaft bildete ein einmaliges Naturparadies mit vielen seltenen Pflanzen und Tieren. Die Lakomaer Teiche und der Hammergraben lagen in einem Landschaftsschutzgebiet.[93]

---

[88] Vgl. Ministerium für Umwelt, Naturschutz und Raumordnung des Landes Brandenburg (MUNR) (Hg.) (1992), Umweltbericht 1992, S. 199.
[89] Vgl. NAUJOKS, Friedhelm (1991), Ökologische Erneuerung der ehemaligen DDR, S. 22; SOHST, Peter (1992), Probleme der Lausitz, S. 37-38.
[90] „Ökologischer Sanierungs- und Entwicklungsplan Niederlausitz", Gutachten im Auftrag des Umweltbundesamtes, erstellt von der Firma Dornier im Januar 1994. Zitiert nach Grünstift 3/1994, S. 13-14.
[91] Vgl. Neues Deutschland 23.3.1981; Neues Deutschland 25.3.1989.
[92] Vgl. FÖRSTER, Frank (1998), Bergbauumsiedler, S. 16; Neues Deutschland 9.4.1981.
[93] Vgl. Grüne Liga Brandenburg (Hg.) (1997), Das Lakomaer Teichgebiet, S. 4-9.

Die Tagebaugrenze in Lakoma

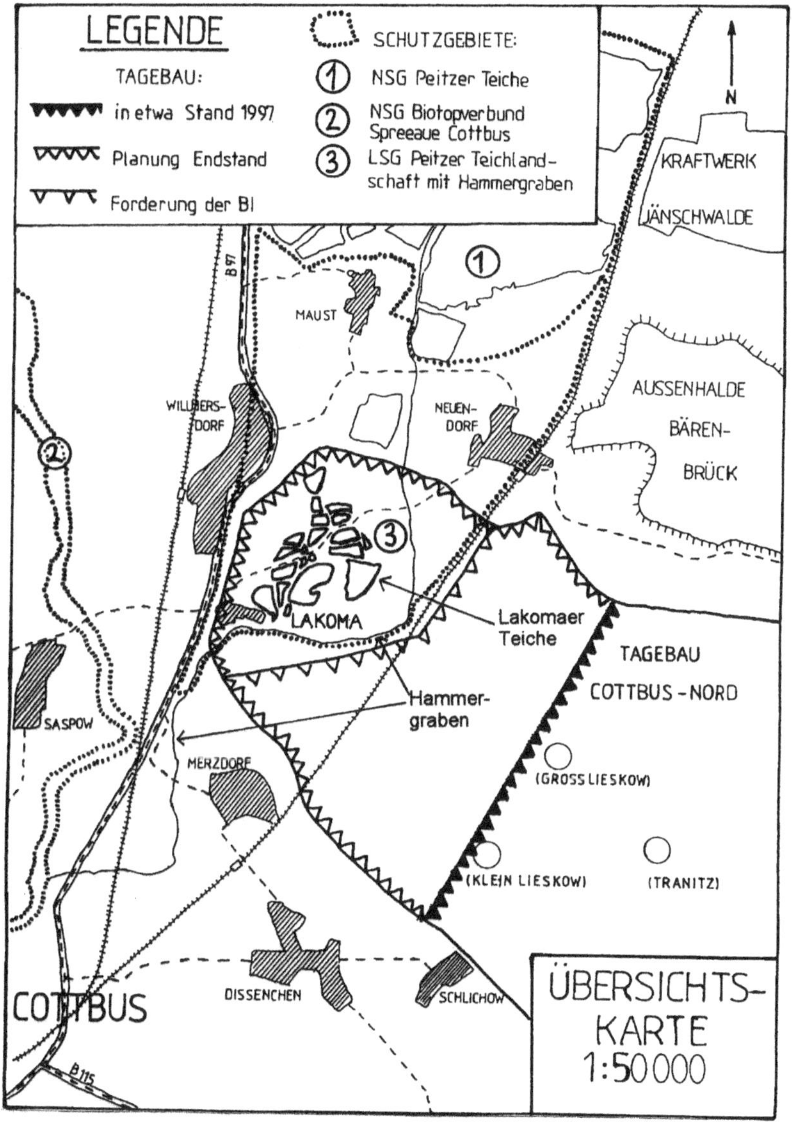

Abb. 6. Quelle: Grüne Liga Brandenburg (Hg.) (1997), S. 5.

Im November 1982 wurde der Rat der Gemeinde Lakoma erstmals von der geplanten Abbaggerung des Ortes unterrichtet. Am 15. März 1983 luden der Vorsitzende der Kreisplankommission und Vertreter des Bergbaubetriebs VEB Braunkohlenwerk Cottbus die BewohnerInnen von Lakoma zu einer öffentlichen Gemeindeversammlung in die örtliche Gaststätte. Dort gaben sie bekannt, dass der größte Teil des Dorfes, die Lakomaer Teiche sowie der südliche Teil des Hammergrabens auf einer Länge von fünf Kilometern abgebaggert werden sollten. Die Abbaukante sollte entlang der F 17, der heutigen Bundesstraße 97, verlaufen. Der Hammergraben sollte ersatzweise in einer Betonrinne nördlich um das Tagebaugebiet herumgeleitet werden (vgl. Abbildung 6).

Die SED- und VEB-Funktionäre erklärten den BewohnerInnen, dass sie Lakoma bis 1989 zu räumen hätten und in städtische Neubaublocks umgesiedelt werden würden. Eine angemessene Entschädigung für die Häuser und Grundstücke war nicht vorgesehen.[94] Das autoritäre Auftreten der Funktionäre, die in der Akteurkonstellation Verursacherinteressen verfolgten, spiegelte die Machtposition wider, die ihnen die SED-Führung einräumte. Sie mussten kaum Rücksicht auf die Sozial- und Umweltverträglichkeit ihrer Entscheidungen nehmen.[95]

Ihnen standen als die BewohnerInnen Lakomas gegenüber, die ihre Heimat und ihre Häuser erhalten wollten. Sie verfolgten Betroffenen-, weniger jedoch Umweltinteressen. Sie protestierten gegen das Vorhaben des Bergbaubetriebs, beharrten auf ihren Rechten und fügten sich als eines der ersten Dörfer in der DDR nicht der befohlenen Umsiedlung. Das war angesichts der Kräfteverhältnisse ein äußerst mutiger Schritt. Ihr Kompromissvorschlag, den Tagebau rund 100 Meter vor Lakoma zu stoppen und damit auf einen vergleichsweise sehr geringen Anteil des Tagebaufeldes zu verzichten, wurde von den staatlichen Stellen abgelehnt. Trotz des Drucks von den Behörden und der Staatssicherheit schrieb die Bevölkerung zahllose Eingaben und Leserbriefe an die Lokalzeitung, weigerte sich im Frühjahr 1984 geschlossen, ihre Häuser und Grundstücke an den Bergbaubetrieb zu verkaufen, und schickte eine Delegation des Frauenbunds zum Zentralkomitee nach Ostberlin.[96]

Als die Bevölkerung Lakomas sah, dass sie den Erhalt des Dorfes nicht würde durchsetzen können, strebte sie akzeptable Entschädigungen und eine sozial-

---

[94] Vgl. die Erfahrungsberichte Nr. 4 [Paul Fiebow] und Nr. 5 [Dr. E. P. Kühn], in: FÖRSTER, Frank (1998), Bergbauumsiedler, S. 31-44; KOCH, Jurij (1992), Jubel und Schmerz der Mandelkrähe, S. 19-26.

[95] Vgl. Unabhängiger Arbeitskreis Umwelt und Frieden Hoyerswerda (Hg.) (1990), Verheizte Lausitz, S. 48-50.

[96] Zum Widerstand der Bevölkerung vgl. FÖRSTER, Frank (1998), Bergbauumsiedler, S. 32; Grüne Liga Brandenburg (Hg.) (1997), Das Lakomaer Teichgebiet, S. 8-9; KOCH, Jurij (1992), Jubel und Schmerz der Mandelkrähe, S. 22-23; Stellungnahme der Gemeindevertretung Willmersdorf vom 24.9.1990, Sitzungsunterlagen der 1. Sitzung des Provisorischen Braunkohlenausschusses [BKA] vom 27.9.1990, (Archiv BKA); Interview mit Klaus MUCHE und Christiane JURKE.

verträgliche Umsiedlung an. Nach zähem Ringen konnten die DorfbewohnerInnen 1986 einen Kompromiss aushandeln. Als erstes Dorf der DDR siedelte Lakoma nahezu geschlossen um. Die Betroffenen erhielten neue Häuser und Grundstücke in der Nachbargemeinde Willmersdorf. Damit wurden sie im Vergleich zu anderen UmsiedlerInnen sehr gut entschädigt. Die meisten Familien zogen bis 1990 nach Willmersdorf, nur wenige blieben in Lakoma.[97]

Die Bevölkerung von Lakoma setzte bei der Vertretung ihrer Interessen auf Eingaben und andere Formen informeller Verhandlungen mit den staatlichen Stellen. Die geschlossene Mobilisierung des Dorfes stellte ein beachtliches Widerstands- und Drohpotenzial gegenüber den Behörden und dem Bergbaubetrieb dar. Da die Bevölkerung auf öffentliche Proteste verzichtete, lenkten die staatlichen Stellen ein und waren zu Zugeständnissen bereit. Damit waren die BewohnerInnen bedingt erfolgreich, weil sie ihr Hauptziel, den Erhalt Lakomas, nicht durchsetzen konnten. Sie selbst schätzten das Resultat rund zehn Jahre später als Erfolg ein, weil sie „der damaligen Regierung das Optimum abgerungen" hätten.[98]

2.1.3. Die Aktivitäten der Umweltgruppen

Einige Umweltgruppen und UmweltschützerInnen außerhalb Lakomas bildeten eine zweite Interessengruppe, die aus ökologischen Gründen das Dorf, vor allem aber die Lakomaer Teiche und den Hammergraben erhalten wollte. Sie handelte unabhängig von der Dorfbevölkerung.

Eine Umweltgruppe der Gesellschaft für Natur und Umwelt (GNU) aus dem benachbarten Peitz erfasste Anfang der achtziger Jahre die Vogelbestände bei den Lakomaer Teichen. 1984 erfuhr die Gruppe, dass diese Teiche 1986 oder 1987 wegen der Abbaggerung das letzte Mal mit Wasser gefüllt werden sollten. Die Umweltgruppe wusste jedoch nichts vom Widerstand in Lakoma und wagte es nicht, sich öffentlich für den Erhalt der Lakomaer Teiche einzusetzen.[99]

Weiter gab es in Cottbus eine kirchliche Umweltgruppe, in der sich 1988 eine Fachgruppe „Kohle und Energie" mit zehn bis zwölf Mitgliedern gebildet hatte. Diese Fachgruppe befasste sich mit der Kohle- und Energiepolitik der DDR sowie dem Ersatz von Kohle durch alternative Energiequellen, jedoch kaum mit der Verhinderung des Tagebaus. Die Fachgruppe sammelte mühselig Daten über den Bergbau, die meist geheim waren, informierte mit Vorträgen und Ausstellungen in Kirchengemeinden über die weitgehend unbekannte Kohle- und Energieplanung und erstellte unter großen technischen Schwierigkeiten ein Informationsblatt. Nur einzelne Gruppenmitglieder sprachen sich gegen die

---

[97] Vgl. FÖRSTER, Frank (1998), Bergbauumsiedler, S. 40-43; FÖRSTER, Frank (1996), Verschwundene Dörfer, S. 307; Interview mit Klaus MUCHE und Christiane JURKE.

[98] FÖRSTER, Frank (1998), Bergbauumsiedler, S. 35.

[99] Vgl. Interview mit Ralf ZECH.

Abbaggerung von Dörfern und ökologisch wertvollen Gebieten aus.[100] Ab Herbst 1988 wurde der Erhalt des Hammergrabens und der Lakomaer Teiche in der Umweltgruppe zum Thema. Schließlich bildete sich ein informelles Netzwerk aus Einzelpersonen, von denen aber niemand den Mut fand, sich bei den staatlichen Stellen für Lakoma einzusetzen.[101]

Da die Umweltgruppen bei der Braunkohle- und Energiepolitik ein zentrales Interesse des SED-Staates berührten, war ihr Handlungsspielraum in Lakoma sehr gering. Dies lässt sich unter anderem daran ablesen, dass auch andere DDR-Umweltgruppen bei Konflikten um den Braunkohletagebau in der Regel sehr vorsichtig vorgingen.[102] Das Fehlen von Umwelttransparenz und Partizipationsmöglichkeiten verstärkte das enorme Machtgefälle in der lokalen Akteurkonstellation zwischen Verursachern und Umweltgruppen noch weiter. Allerdings ließen sie sich von der scheinbar übermächtigen Koalition aus Bergbau, Energiewirtschaft, SED und Staatssicherheit völlig entmutigen und wurden überhaupt nicht aktiv für den Erhalt Lakomas. Sie verzichteten sogar auf legale Protestmittel wie Eingaben, ganz zu schweigen von einer konfrontativen Öffentlichkeitsarbeit und Mobilisierung. Dementsprechend waren sie nicht erfolgreich.

2.2. Die Umbruchzeit: Die Abbaggerung Lakomas wird in Frage gestellt

Mit dem politischen Umbruch im Herbst 1989 stand auch die verfehlte Energiepolitik der SED zur Disposition. Sowohl die Regierung Modrow (SED) als auch die Regierung de Maizière versprachen, die Energieerzeugung aus Braunkohle und die Braunkohleförderung deutlich zu senken.[103] Eine Weichenstellung bedeutete der Verkauf der kompletten DDR-Stromwirtschaft an westdeutsche Stromkonzerne, die sich zur Modernisierung der Infrastruktur bereiterklärten, allerdings zu ihren Bedingungen, bei denen ökonomische Interessen ökologische Erwägungen in der Regel verdrängten. Im Einigungsvertrag erhielten die in der DDR-Zeit aufgeschlossenen Tagebaue einen Bestandsschutz, obwohl sie ohne Öffentlichkeitsbeteiligung und Umweltverträglichkeitsprüfung genehmigt worden waren.[104]

---

100 Vgl. Interview mit Christoph HILLE.

101 Vgl. Lausitzer Rundschau 11.9.1990.

102 Vgl. SENSEL, Frank/ELSNER, Norbert (1990), Die Gefährdung des NSG Euloer Bruch; GROSSER, Karl Heinz (1985), Die Auswirkung des Braunkohlenbergbaues auf die Naturschutzobjekte im Bezirk Cottbus. Eine Ausnahme stellte der Arbeitskreis für Umwelt und Frieden in Hoyerswerda dar, vgl. KNABE, Hubertus (1990), Möglichkeiten und Grenzen gesellschaftlicher Problemartikulation in sozialistischen Systemen, S. 401-402.

103 Vgl. Süddeutsche Zeitung 8.1.1990; Tageszeitung 11.1.1990; MAIZIÈRE, Lothar de (1990), Regierungserklärung des Ministerpräsidenten der Deutschen Demokratischen Republik vom 19. April 1990, S. 459.

104 Ausführlich zu den Stromverträgen: MATTHES, Felix Christian (2000), Stromwirtschaft und deutsche Einheit. Vgl. auch NOOKE, Günter (1992), Strukturen einer neuen Energiepoli-

Unter den neuen Bedingungen setzten sich zahlreiche Umweltgruppen und Bürgerinitiativen für eine andere Energiepolitik ein. Sie kritisierten die Umweltbelastungen, die sozialen Folgen der Umsiedlung und die mangelnde Transparenz der Entscheidungsprozesse. Insgesamt bildeten sich mehr als 80 Initiativen und Umweltgruppen, die gegen die geplante Abbaggerung von Ortschaften, Kulturdenkmälern, Biotopen und wendischen bzw. sorbischen Siedlungsgebieten protestierten. Die Bergbaubetriebe verzichteten unter dem öffentlichen Druck auf die Abbaggerung mehrerer Ortschaften und des Dubringer Moors bei Hoyerswerda.[105]

2.2.1. Die Mobilisierung gegen die Abbaggerung des Hammergrabens und Lakomas

In der Umbruchzeit änderte sich die Akteurkonstellation in Lakoma. Zahlreiche Gruppen und Einzelpersonen konnten sich nun ohne Angst vor Repression für den Erhalt Lakomas, der Teiche und des Hammergrabens einsetzen. Neben mehreren Umweltgruppen engagierten sich weiterhin die DorfbewohnerInnen von Lakoma, die auf einen Verbleib im bzw. die Rückkehr in ihr Dorf hofften. Hinzu kamen VertreterInnen der Wenden, der Denkmalpflege und des VEB Binnenfischerei Peitz, der die Teiche für die Fischzucht nutzte. Da sich die meisten Umweltgruppen neu gründeten, verfügten sie anfangs weder über ausreichende Informationen und Fachwissen, noch über Geld und eine stabile, handlungsfähige Organisation.[106] Ihre wichtigsten Ressourcen waren das ungeheure Engagement der AktivistInnen, die Mobilisierungsfähigkeit der Bevölkerung, eine interessierte umweltpolitische Öffentlichkeit und die große Hoffnung aller Betroffenen, dass mit dem Einzug demokratischer Verhältnisse der Braunkohletagebau an kritischen Punkten verhindert werden könnte. Die Umweltschützerin Christiane JURKE beschreibt diese Aufbruchstimmung folgendermaßen:

> „Gerade nach der Wende hat man gedacht: ‚Also so einen Blödsinn [wie die Abbaggerung Lakomas] kann man doch gar nicht machen.‘ Und man hat dann die Hoffnung gehabt, dass es nach der Wende irgendwie anders werden kann.“[107]

---

tik nach den Vorstellungen der Volkskammer und der Wirtschaftsministerien der neuen Bundesländer, S. 10-18.

[105] Vgl. Braunkohlenausschuss des Landes Brandenburg (Hg.) (1998), Braunkohlen- und Sanierungsplanung im Land Brandenburg, S. 1; Unabhängiger Arbeitskreis Umwelt und Frieden Hoyerswerda (Hg.) (1990), Verheizte Lausitz, S. 1; Referat über Stellung und Aufgaben des Braunkohlenausschusses im künftigen Land Brandenburg von Herrn Rosseck, Protokoll der 1. Sitzung des Provisorischen BKA vom 27.9.1990, S. 3-4; Ausführungen [von Frau Löwe], Sitzungsunterlagen für die 1. Sitzung des Provisorischen BKA vom 27.9.1990, S. 1 (Archiv BKA).

[106] Christiane JURKE: „Und wir sind aus dem Nichts gekommen, ohne Vorwissen, ohne Ressourcen.“ Interview mit Klaus MUCHE und Christiane JURKE.

[107] Interview mit Klaus MUCHE und Christiane JURKE.

Den Umwelt- und Betroffeneninteressen standen als Verursacher die Bergbau- und Energiebetriebe gegenüber. Das Kombinat Senftenberg, das den Braunkohleabbau in der Lausitz betrieb, wurde in die Lausitzer Braunkohlen AG (LAUBAG) umgewandelt und stand unter Aufsicht der Treuhandanstalt. Die LAUBAG, bei der viele Fachleute und Verantwortliche nach der Wende auf ihren Posten weiterarbeiteten, war bestrebt, den Tagebau im größtmöglichem Umfang weiterzubetreiben, und verfügte als großes Unternehmen weiterhin über beträchtliche Ressourcen.

Politik und Verwaltung standen zwischen den Interessen des Bergbaubetriebs und den Umweltgruppen, die neue, in der Bevölkerung als legitim angesehene Forderungen stellten. Politik und Verwaltung hatten erheblich an Legitimation eingebüßt und befanden sich inhaltlich sowie strukturell in einem völligen Umbruch. Daher wurden nur einzelne Verwaltungen, darunter die Umweltverwaltung des Bezirkes Cottbus, in der Frage des Bergbaus aktiv.[108]

Mit ihren ersten Aktivitäten unterrichteten die Umweltgruppen die Bevölkerung in der Region Cottbus über die weitgehend unbekannten Pläne zur Abbaggerung Lakomas und versuchten, Widerstand dagegen zu mobilisieren. Die Fachgruppe Kohle und Energie der Cottbuser Umweltgruppe veranstaltete bereits am 12. Dezember 1989 in Cottbus eine öffentliche Lesung mit dem sorbischen Schriftsteller Jurij Koch.[109]

Ebenfalls im Winter 1989 gründete der Cottbuser Pfarrer Helmut Gröpler die Bürgerinitiative „Rettet den Hammergraben“, in der sich BürgerInnen zusammenschlossen, die bereits vor der Wende bezüglich Lakomas miteinander in Verbindung gestanden hatten. Gröpler war es auch, der am 31. Januar 1990 eine Eingabe an Ministerpräsident Modrow und Umweltminister Diederich schrieb, in der er zusammen mit einem breiten Bündnis aus Denkmalpflegern, Ornithologen, Botanikern, dem örtlichen Fischereibetrieb, der Kirche und der Vereinigung der Sorben den Erhalt des Hammergrabens forderte, was den Schutz des Dorfes und der Teiche automatisch einschloss (vgl. Abbildung 6).

Gröpler verwies auf den kulturhistorischen Wert des Baudenkmals, die vielen seltenen Pflanzen- und Tierarten, die dort lebten, und auf die Bedeutung des Gebiets für das Cottbuser Klima sowie als wendisches Siedlungsgebiet. Die Eingabe, die von 400 Unterschriften unterstützt wurde, stieß auf ein großes, wohlwollendes Echo in der Lokalpresse und wurde in der Lausitzer Rundschau im Wortlaut abgedruckt, so dass weite Teile der Bevölkerung auf das Problem aufmerksam gemacht werden konnten.[110] Dieser öffentlichkeitswirksame und mobilisierende Effekt von Eingaben war erst nach der Wende möglich.

---

[108] Vgl. Interview mit Peter SOHST.

[109] Vgl. Lausitzer Rundschau 14.12.1989; Interview mit Klaus MUCHE und Christiane JURKE.

[110] Vgl. die Stellungnahme von Pfarrer Gröpler, Sitzungsunterlagen zur 2. Sitzung des Provisorischen BKA vom 29.11.1990 (Archiv BKA); Der Morgen 7.2.1990; Lausitzer Rundschau

Als Reaktion auf die Eingabe berief der zentrale Runde Tisch in Berlin eine Expertengruppe, die in ihrem Gutachten 1990 den Abbau des gesamten Feldes Cottbus-Nord einschließlich Lakomas für erforderlich hielt, aber vorschlug, bis zu einer endgültigen Entscheidung keine Veränderungen mehr am Lauf des alten Hammergrabens und in Lakoma vorzunehmen.[111] Dennoch fällte das Bergbauunternehmen bis April 1990 in Lakoma „in verdächtiger Eile“ Bäume und riss Häuser nieder.[112] Der Bau des Ersatzlaufes für den Hammergraben war bereits 1989 begonnen worden und wurde weitergeführt. Die Bergbau- und Energieunternehmen versuchten offensichtlich, Fakten zu schaffen. Ihre Vertreter erschienen auch nicht zu einer Sitzung des Grünen Runden Tisches in Cottbus, der Anfang April 1990 über die Abbaggerung des Hammergrabens diskutierte, und verweigerten den Dialog, was für die Wendezeit eher selten war.

Im Sommer 1990 intervenierte die Bürgerinitiative „Rettet den Hammergraben“ bei den Behörden, sammelte rund 4.000 Unterschriften für den Erhalt des Hammergrabens, organisierte eine Wanderung entlang des Hammergrabens und Mitte September 1990 eine Demonstration in Lakoma, zu der rund 150 DemonstrantInnen und 60 bis 80 GegendemonstrantInnen kamen, die für die LAUBAG im Tagebau arbeiteten.[113]

Weitere Umweltgruppen und Bürgerinitiativen schlossen sich diesen Aktionen an und entwickelten eigene Aktivitäten. Die BewohnerInnen in Lakoma und ihre UnterstützerInnen gründeten eine weitere Bürgerinitiative, die sich für die Rettung des Dorfes einsetzte und sich „Verheizte Lausitz“ nannte. Den Kern dieser Gruppe bildete die Familie Kossack, die sich geweigert hatte, aus Lakoma fortzuziehen. Auch viele AltbewohnerInnen von Lakoma engagierten sich in der Bürgerinitiative, weil sie auf eine Rückkehr in ihr Dorf hofften.[114]

Die Peitzer Umweltgruppe der GNU beteiligte sich ebenfalls an den Aktionen zum Schutze des Hammergrabens und der Teiche. Sie erstellte die ersten Listen mit den schützenswerten Arten, die im Gebiet der Lakomaer Teiche lebten.[115] Nicht zuletzt setzte sich die Grüne Partei für den Erhalt von Lakoma ein und initiierte ein Bündnis aller Organisationen, die gegen den Braunkohletagebau in der Lausitz waren, darunter das sorbische Dorf Horno, das dem Tagebau

---

10.2.1990; Märkische Union 15.2.1990; Märkische Union 28.2.1990; Lausitzer Rundschau 6.4.1990.

[111] Vgl. Ausführungen [Frau Löwe], Sitzungsunterlagen für die 1. Sitzung des Provisorischen BKA vom 27.9.1990 (Archiv BKA), S. 2-3.

[112] Lausitzer Rundschau 6.4.1990.

[113] Vgl. KOCH, Jurij (1992), Jubel und Schmerz der Mandelkrähe, S. 26-28; Lausitzer Rundschau 11.9.1990; Lausitzer Rundschau 13.9.1990.

[114] Vgl. KOCH, Jurij (1992), Jubel und Schmerz der Mandelkrähe, S. 29-31; Interviews mit Klaus MUCHE und Christiane JURKE; Ralf ZECH.

[115] Vgl. Interview mit Ralf ZECH.

Jänschwalde weichen sollte.[116] Nach einer anfänglichen Vernetzung verliefen sich aber weitere Aktivitäten dieses Bündnisses im Sande.[117]

Die Umweltgruppen begleiteten ihre Aktionen mit einer intensiven Pressearbeit. Sie schrieben für Umweltzeitschriften und hatten „halbwegs einen Draht" zur größten Cottbuser Zeitung, der Lausitzer Rundschau.[118] Das Echo in der Lokalpresse auf die Aktionen der Umweltgruppen war groß. Die Berichterstattung blieb neutral zwischen den Interessen des Bergbaus und der Umweltgruppen.[119] Bis zum Herbst 1990 hatte sich eine breite öffentliche Debatte über das Für und Wider der Abbaggerung Lakomas entwickelt.[120] Dies war ein Erfolg der Umweltgruppen, denen es gelungen war, mit ihrer Mobilisierung das Thema weit oben auf die politische Agenda in der Region Cottbus und sogar im zu gründenden Bundesland Brandenburg zu setzen.

2.2.2. Der erste Beschluss des Provisorischen Braunkohlenausschusses

In der Umbruchzeit fiel die Politik als Entscheidungsträger im Konflikt um Lakoma weitgehend aus, denn die alten SED-PolitikerInnen verfügten nicht mehr über die Legitimation, weitreichende Entscheidungen über die Fortführung oder den Stopp von Tagebauen zu treffen. Die Bezirke als zuständige Instanz waren von der Regierung de Maizière im Mai 1990 aufgelöst worden, und das künftige Bundesland Brandenburg war noch nicht gebildet. Die Kommunen und Kreise verfügten zwar seit den Kommunalwahlen am 6. Mai 1990 über demokratisch legitimierte Parlamente, waren aber als politische Einheit für die Entscheidung über Tagebaue zu klein.

Die in Auflösung begriffene Umweltverwaltung des Bezirks Cottbus nutzte die durch den Umbruch entstehenden Spielräume auf regionaler Ebene und wurde in der Tagebauplanung aktiv. Im Sommer 1990 lud die Bezirksverwaltungsbehörde Betroffene und Beteiligte zu Runden Tischen ein, informierte über die Tagebaupläne und verpflichtete den Bergbaubetrieb, ökologische, meteorologische und landschaftsplanerische Gutachten für das Gebiet des Hammergrabens und der Lakomaer Teiche in Auftrag zu geben.[121] Ihren Schwerpunkt aber legte die Behörde auf die Bildung des „Provisorischen Braunkohlenausschusses", der

---

[116] Zum Widerstand der Bevölkerung in Horno, der eher sozio-kulturell als ökologische begründet ist, vgl. GROMM, Michael (1999), Horno in der Lausitz.

[117] Vgl. Interview mit Klaus MUCHE und Christiane JURKE.

[118] Interview mit Christoph HILLE. Vgl. auch Interview mit Klaus MUCHE und Christiane JURKE.

[119] Dies ist meine Einschätzung nach Durchsicht der gut 15 Zeitungsartikel im Jahr 1990, in denen über den Konflikt berichtet wurde (Privatarchiv Jurke).

[120] Vgl. Ausführungen [Frau Löwe], Sitzungsunterlagen für die 1. Sitzung des Provisorischen BKA vom 27.9.1990, (Archiv BKA), S. 1.

[121] Ebenda, S. 2-3; Interview mit Ralf ZECH.

nach dem Vorbild aus Nordrhein-Westfahlen als Konsensbildungsorgan fungieren sollte, um „einen schnellen Übergang von den Planungsansätzen der DDR zu einer ökologisch und sozial verträglichen Braunkohlen- und Sanierungsplanung vollziehen“ zu können.[122]

Der Provisorische Braunkohlenausschuss setzte sich aus VertreterInnen der vom Tagebau betroffenen Kreise sowie der Kirchen, der Gewerkschaften, der Wirtschaft und weiteren Organisationen zusammen. Fachbehörden, die LAUBAG und die Grüne Liga waren mit beratender Stimme vertreten. Bei dieser Zusammensetzung waren die Befürworter des Braunkohletagebaus in der Mehrheit.[123] Nach Maßgabe der Bezirksverwaltungsbehörde sollte der Provisorische Braunkohlenausschuss über die Weiterführung der Tagebaue sowie deren sozial- und umweltverträgliche Ausgestaltung beraten und abstimmen. Die abschließende Entscheidung blieb der Brandenburger Landesregierung vorbehalten, der die Beschlüsse des Ausschusses als Beschlussempfehlung vorgelegt wurden.[124]

Mit der Einberufung des Provisorischen Braunkohlenausschusses verlagerten sich die umweltpolitischen Auseinandersetzungen um die Abbaggerung Lakomas in dieses Gremium. Die meisten Umweltgruppen befassten sich intensiv mit den dortigen Entscheidungsprozessen. Im Provisorischen Braunkohlenausschuss, der öffentlich tagte, erhielten sie Informationen über die Braunkohlenplanung und zumindest die Grüne Liga wurde formell beteiligt.[125]

Bereits auf der konstituierenden Sitzung des Ausschusses in Cottbus am 27. September 1990, wenige Tage vor der Länderbildung, stand die geplante Abbaggerung des Hammergrabens auf der Tagesordnung. Das war offensichtlich auf Grund des großen öffentlichen Drucks der Umweltgruppen geschehen. Die Bezirksverwaltungsbehörde trug Informationen zur Problematik zusammen, in denen der ökonomische Wert der Kohle, die unter Lakoma liegt, die Versorgungssicherheit des Kraftwerks Jänschwalde und die damit verbundenen Arbeitsplätze dem Erhalt der ökologisch einmaligen Kulturlandschaft, den Grundwasserproblemen und den Belastungen der Tagebaurandgemeinden gegenübergestellt wurden.

Weiterhin stellte die Behörde zwei Varianten für den Tagebau Cottbus-Nord mit ihren jeweiligen Vor- und Nachteilen vor, nämlich die Abbaggerung und den Erhalt des Hammergrabens.[126] Damit zogen die Behörden erstmals den Er-

---

[122] Braunkohlenausschuss des Landes Brandenburg (Hg.) (1998), Braunkohlen- und Sanierungsplanung im Land Brandenburg, S. 1.

[123] Vgl. Interview mit Klaus MUCHE und Christiane JURKE.

[124] Vgl. HILLE, Christoph (1992), Übersicht über den derzeitigen Stand des Braunkohleabbaus (NBL), S. 2; MUNR (Hg.) (1992), Umweltbericht 1992, S. 200-201; SOHST, Peter (1992), Probleme der Lausitz, S. 34-35.

[125] Vgl. Interview mit Christoph HILLE.

[126] Vgl. Informationsmaterial der Bezirksverwaltungsbehörde Cottbus vom 21.9.1990, Sitzungsunterlagen für die 1. Sitzung des BKA vom 27.9.1990 (Archiv BKA).

halt des Hammergrabens in Erwägung, was als Erfolg für die Umweltgruppen zu verbuchen ist. Die Bürgerinitiative „Rettet den Hammergraben“ übergab in der Sitzung rund 3.800 Unterschriften für den Erhalt des Hammergrabens. In der kontroversen Debatte einigte man sich darauf, in der nächsten Sitzung eine endgültige Entscheidung zum Hammergraben zu fällen.[127]

Die zweite Sitzung des Provisorischen Braunkohlenausschusses fand am 29. November 1990 statt und begann mit einer Befahrung des Hammergrabengebietes. Vor der Sitzung hatten sich die betroffenen Gemeinden, das Landesdenkmalamt, der Landkreis Cottbus und mehrere Umweltgruppen für den Erhalt des Hammergrabens ausgesprochen, die LAUBAG und die Stadt Cottbus für dessen Abbaggerung. Weiterhin lag ein Gutachten vor, das feststellte, dass der ökologische und landschaftliche Wert des Lakomaer Teichgebietes überdurchschnittlich hoch sei und nahezu sämtliche Flächen für den Naturschutz wichtig wären. Das Problem lag nach Ansicht der Gutachter darin, dass dieses Ökosystem auf Grund des Grundwasserentzugs auch dann beeinträchtigt werden würde, wenn der Tagbau vor dem Hammergraben enden sollte.[128]

In der Debatte wurde der ökologische Wert des Gebietes, der in den folgenden Jahren durch mehrere Gutachten bestätigt wurde, nicht bestritten. Aber aus ökonomischen Erwägungen entschied der Provisorische Braunkohlenausschuss mit 22 gegen sechs Stimmen für die Abbaggerung Lakomas und eines Teils des Hammergrabens.[129] Immerhin machte sie Auflagen für die Abbaggerung, um die Belastungen für die Umwelt und die BewohnerInnen zu minimieren. Unter anderem sollte das südliche Drittel des Ersatzlaufes für den Hammergraben ein Bett aus Ton und Filzmatten statt aus Beton und Schotter erhalten.[130] Dieses Votum wurde der Brandenburger Landesregierung übermittelt, die die endgültige Entscheidung treffen musste.

Für die Umbruchzeit lässt sich zusammenfassen, dass sich die Handlungsmöglichkeiten der Umweltgruppen deutlich verbessert hatten. An den Runden Tischen und im Provisorischen Braunkohlenausschuss erhielten sie Informationen und wurden am Entscheidungsverfahren beteiligt, wenn auch ohne Stimmrecht. Allerdings war ihre Verhandlungsposition im Provisorischen Braunkohlenausschuss mit seinen formellen Regelungen schlechter, als dies sonst an den Runden Tischen der Umbruchzeit der Fall war. Ein wichtiger Grund dafür war, dass das Bergbauunternehmen LAUBAG nach wie vor ein mächtiger Akteur

[127] Vgl. Protokoll der 1. Sitzung des Provisorischen BKA am 27. September 1990 (Archiv BKA), S. 3-4.

[128] Vgl. Grüne Liga Brandenburg (Hg.) (1997), Das Lakomaer Teichgebiet, S. 17; Tageszeitung 8.4.1991.

[129] Vgl. Protokoll der 2. Sitzung des Provisorischen BKA am 29. November 1990 (Archiv BKA).

[130] Vgl. Grüne Liga Brandenburg (Hg.) (1997), Das Lakomaer Teichgebiet, S. 9; Lausitzer Rundschau 30.11.1990; Cottbuser Generalanzeiger 30.11.1990.

war und auf den Planungen aus der SED-Zeit beharren konnte. Die LAUBAG versuchte sogar, entgegen der Beschlüsse des zentralen Runden Tisches Fakten zu schaffen, z. B. durch den fortgesetzten Abriss von Häusern in Lakoma. Die Bezirksverwaltungsbehörde verhielt sich neutral.

Die Umweltgruppen konnten mit ihrer Öffentlichkeits- und Pressearbeit weite Teile der Bevölkerung auf das Problem aufmerksam machen und mit ihren Aktionen eine beachtliche Unterstützung mobilisieren.[131] Die rasche Bildung des Provisorischen Braunkohlenausschusses kann auch als politische Reaktion auf diese Aktivitäten verstanden werden. Allerdings konnten sich die Umweltgruppen nicht mit ihrer Argumentation durchsetzen, dass die Zerstörung der wertvollen Kulturlandschaft nicht mit dem relativ geringen Wert der dort lagernden Kohle zu rechtfertigen sei. Die Öffentlichkeit blieb unentschieden. Vor allem aber konnten die Umweltgruppen den umweltpolitischen Druck der Mobilisierung nicht – wie an vielen anderen Runden Tischen der Wendezeit – in Verhandlungsmacht umsetzen, weil im Provisorischen Braunkohlenausschuss die Befürworter des Bergbaus über eine Mehrheit verfügten. Außerdem trug die allgemeine, konsensorientierte Stimmung der Runden Tische dazu bei, dass sich die Umweltgruppen relativ kompromissbereit zeigten.[132] Damit war ihr Einsatz nur bedingt erfolgreich, weil sie zwar eine offene Diskussion über das Problem, nicht aber den Schutz des Gebietes erreicht hatten.

2.3. Der Konflikt nach der Vereinigung: Arbeitslosigkeit contra Umweltschutz

2.3.1. Die Energiepolitik der brandenburgischen Landesregierung

Der Stromverbrauch in Ostdeutschland ging wegen des Zusammenbruchs der ostdeutschen Industrie, der Aufhebung der Subventionen für Energie und auf Grund von Energiesparmaßnahmen zwischen 1989 und Anfang 1992 um rund ein Drittel zurück. Die Weiterverarbeitung von Braunkohle zu Stadtgas, Briketts und chemischen Produkten wurde aus ökonomischen Gründen bis 1993 weitgehend eingestellt, was die Umwelt erheblich entlastete.[133] In Brandenburg sank die Förderung der Braunkohle von rund 114 Millionen Tonnen 1989 auf knapp 80 Millionen 1992. Von den 57.000 Arbeitsplätzen 1989 in der Brandenburger Braunkohleindustrie wurden Zehntausende gestrichen.[134]

---

[131] Vgl. Interview mit Ralf ZECH.
[132] Vgl. Interview mit Peter SOHST.
[133] Vgl. MATTHES, Felix Christian (2000), Stromwirtschaft und deutsche Einheit; Tageszeitung 12.3.1992; Tagesspiegel 24.3.1993.
[134] Vgl. MUNR (Hg.) (1992), Umweltbericht 1992, S. 200; Braunkohlenausschuss des Landes Brandenburg (Hg.) (1998), Braunkohlen- und Sanierungsplanung im Land Brandenburg, S. 6.

Der Interessenkonflikt zwischen Arbeitsplätzen und Umweltschutz spiegelte sich in der Brandenburger Landesregierung aus SPD, Bündnis 90 und FDP wider. Bündnis 90 und sein Umweltminister Platzeck (parteilos) hatten im Koalitionsvertrag „eine schrittweise Abkehr von der Kohleverstromung“, den Vorrang von Erdgas vor Braunkohle und die Förderung einer dezentralen Energieversorgung durchgesetzt.[135] Demgegenüber sprachen sich Ministerpräsident Stolpe (SPD) und Wirtschaftsminister Hirche (FDP) dafür aus, dass die Kohle- und Energiewirtschaft aus arbeitsmarkpolitischen Erwägungen das ökonomische Rückgrat der Lausitz bleiben müsse.[136]

Vor diesem Hintergrund verabschiedete die Brandenburgische Landesregierung 1992 „Energiepolitische Leitlinien“, in denen sie die langfristige Energie- und Kohlepolitik festlegte.[137] Die Landesregierung strebte darin eine „umweltverträgliche und sparsame Gewinnung und Nutzung von Energie“ an, räumte aber zugleich – und im Widerspruch zu diesen ökologischen Zielen – der Braunkohle wegen ihrer großen arbeitsmarkt- und wirtschaftspolitischen Bedeutung für Brandenburg eine zentrale Bedeutung für die Energieversorgung ein. Braunkohle konnte nur bei der Stromerzeugung in Großkraftwerken – die mit ihrem relativ geringen Wirkungsgrad und einem hohen CO_2-Ausstoß alles andere als umweltfreundlich sind – wirtschaftlich eingesetzt werden. Aus diesem Grund sollte das Kraftwerk Jänschwalde, das modernste des DDR-Kraftwerkparks, zügig modernisiert werden, was bis Herbst 1995 erfolgte. Ein zweites Braunkohlekraftwerk sollte am Standort „Schwarze Pumpe“ neu errichtet werden. Diese beiden Kraftwerke sollten aus ursprünglich vier Tagebauen langfristig versorgt werden, von denen aber im Jahr 2000 nur noch drei in Betrieb waren. Die anderen Tagebaue und die älteren Kraftwerke sollten geschlossen werden. Dadurch sollte die Fördermenge in Brandenburg von 120 Millionen Tonnen 1989 kontinuierlich auf 60 Millionen Tonnen im Jahr 2000 abgesenkt werden.[138]

2.3.2. Die zweite Entscheidung des Provisorischen Braunkohlenausschusses

Die LAUBAG bestand auf der Abbaggerung Lakomas und berief sich auf die Entscheidung des Provisorischen Braunkohlenausschusses. Ihr neuer Vorstandsvorsitzender Henning, der von der künftigen westdeutschen Muttergesellschaft Rheinbraun abgestellt worden war, drängte die Landesregierung zur raschen

[135] Tagesspiegel 25.11.1993.
[136] Vgl. Tageszeitung 10.5.1991.
[137] Landtag Brandenburg (1992), Leitentscheidungen zur brandenburgischen Energiepolitik; Tagesspiegel 30.4.1992.
[138] Vgl. Tageszeitung 13.6.1991; Tageszeitung 12.3.1992.

Bestätigung dieses Beschlusses.[139] Obwohl noch keine Regierungsentscheidung vorlag, riss die LAUBAG im März 1991 mehrere Häuser in Lakoma ab, fällte Bäume und führte die Arbeiten am Ersatzlauf des Hammergrabens weiter.[140] Sie folgte damit ihrer Strategie, entgegen politischer Beschlüsse Tatsachen zu schaffen. Im April 1991 kündigte Umweltminister Platzeck an, dass es vor einer Entscheidung der Landesregierung noch eine Anhörung aller Betroffenen geben sollte.[141]

Nach der Entscheidung des Provisorischen Braunkohlenausschusses vom November 1990 hatten die meisten AltbewohnerInnen von Lakoma, mit Ausnahme der Familie Kossack, ihren Widerstand aufgegeben und zogen sich aus dem Konflikt zurück. Aber die Aktivitäten der Umweltgruppen zur Rettung Lakomas, unter denen die Grüne Liga eine Führungsrolle übernahm, gingen unvermindert weiter. Im Sommer 1991 organisierten sie mehrere Veranstaltungen, darunter das erste Dorffest in Lakoma, das seitdem jährlich stattfand. Außerdem stellte die Grüne Liga 1991 eine Materialsammlung zum Konflikt um den Hammergraben zusammen.[142] Der Ende 1990 gegründete NABU Cottbus bot vier bis fünf naturkundliche Führungen pro Jahr in Lakoma an, um der Cottbuser Bevölkerung den Wert des Gebietes nahe zu bringen. Die Führungen stießen auf großes Interesse und trugen viel zur Aufklärung der Bevölkerung bei.[143]

Immer größere Bedeutung erlangte der Kampf der Umweltgruppen gegen die Baumaßnahmen der LAUBAG, mit denen die Abbaggerung Lakomas vorbereitet wurden. Dazu gehörte der Bau der Ersatzrinne für den Hammergraben, der durch den westlichen Zipfel Lakomas hindurchführte, der vom Tagebau verschont bleiben sollte.

Die über 100 Jahre alte Dorfeiche sollte im Juli 1991 dem Ersatzgraben weichen. Die Umweltgruppen, die zufällig davon erfahren hatten, stoppten die Baumfällung mit mehreren, von intensiver Pressearbeit begleiteten Aktionen und erreichten, dass der Graben um die Eiche herumgeführt wurde.[144] Das war „das erste Mal, dass die sozialistische Planung korrigiert wurde".[145] Nach Einschätzung von Klaus Muche von der Grünen Partei in Cottbus handelte es sich um einen „riesengroßen Sieg".[146] Im Oktober 1991 protestierten die Umwelt-

---

[139] Vgl. Tageszeitung 8.4.1991; Tagesspiegel 6.4.1991. Im September 1994 wurde die LAUBAG von der Treuhandgesellschaft privatisiert und an ein Konsortium unter der Führung der RWE-Tochter Rheinbraun verkauft. Vgl. Tageszeitung 7.9.1994.

[140] Chronik (Privatarchiv Jurke).

[141] Vgl. Tagesspiegel 6.4.1991; Tageszeitung 10.5.1991.

[142] Grüne Liga (Hg.) (1991), Der Fall „Hammergraben".

[143] Vgl. Interview mit Ralf ZECH.

[144] Vgl. Lausitzer Rundschau 1.7.1991; Lausitzer Rundschau 2.7.1991; Lausitzer Rundschau 12.7.1991; Lausitzer Rundschau 15.7.1991; Lausitzer Rundschau 18.7.1991; Lausitzer Rundschau 19.7.1991; Lausitzer Rundschau 23.7.1991.

[145] Interview mit Ralf ZECH.

[146] Interview mit Klaus MUCHE und Christiane JURKE.

gruppen gegen den Durchstich des Ersatzgrabens zum Hammergraben und gegen dessen Flutung, letztlich jedoch vergeblich.[147] Bei diesen Aktionen arbeiteten die Grüne Liga, die Bürgerinitiativen „Verheizte Lausitz“ und „Rettet den Hammergraben“, die Grüne Partei und weitere Umweltgruppen eng zusammen.

Die Mobilisierung und die Argumentation der Umweltgruppen trugen wesentlich dazu bei, dass die Landesregierung bei ihrer Entscheidung zu Lakoma die Umweltinteressen gebührend berücksichtigte. Ministerpräsident Stolpe schaltete sich persönlich in den Konflikt ein, kam im August 1991 nach Lakoma und sprach mit den letzten DorfbewohnerInnen sowie mit UmweltschützerInnen. Wenige Tage darauf entschied die Landesregierung, dem Beschluss des Provisorischen Braunkohlenausschusses vom November 1990 nicht zuzustimmen. Stattdessen gab sie neue Gutachten in Auftrag und reichte die Entscheidung an den Provisorischen Braunkohlenausschuss mit der Auflage zurück, zwei weitere Abbauvarianten zu prüfen, die den Erhalt des Hammergrabens ermöglichten.[148] Damit setzte sich die Landesregierung über den Beschluss des Provisorischen Braunkohlenausschusses zu Gunsten der Umweltgruppen hinweg.

In der Vorbereitung auf die zweite Entscheidung zu Lakoma richtete der Provisorische Braunkohlenausschuss im Juni 1991 einen speziellen Arbeitskreis für den Tagebau Cottbus-Nord ein, in dem die betroffenen Gemeinden und die beteiligten Institutionen vertreten waren. Der Arbeitskreis sollte eine breite Beteiligung der Öffentlichkeit gewährleisten, die Bevölkerung informieren und die Entscheidungen transparent machen. Er beriet in mehreren Sitzungen und unter Hinzuziehung von ExpertInnen sowie Gutachten die zwei relevanten Abbauvarianten.

Die eine Variante berücksichtigte vorrangig Umweltinteressen und sah vor, den Tagebau 200 Meter vor dem Hammergraben zu stoppen, was die Kohleförderung bis zum Jahr 2002 ermöglichte. Die andere Variante entsprach der ursprünglichen Planung aus der SED-Zeit, sah die Abbaggerung großer Teile Lakomas und des Hammergrabens vor und sollte eine Förderung bis 2008 ermöglichen. Der Arbeitskreis votierte auf seiner Sitzung am 30. Oktober 1991 mehrheitlich für den Erhalt Lakomas.[149]

In diesem Konflikt zwischen ökonomischen und Umweltinteressen, der sich als „Beschäftigungsfalle“ charakterisieren lässt, stimmte der Provisorische Braunkohlenausschuss auf seiner Sitzung am 28. November 1991 bei der zwei-

---

[147] Vgl. Lausitzer Rundschau 29.10.1991; Lausitzer Rundschau 30.10.1991; Lausitzer Rundschau 1.11.1991; Interview mit Klaus MUCHE und Christiane JURKE.

[148] Vgl. Lausitzer Rundschau 20.8.1991; Lausitzer Rundschau 24.8.1991; Lausitzer Rundschau 6.9.1991; Lausitzer Rundschau 26.9.1991; Tagesspiegel 27.11.1991; Lausitzer Rundschau 29.11.1991; Interview mit Klaus MUCHE und Christiane JURKE.

[149] Vgl. Braunkohlenausschuss des Landes Brandenburg (Hg.) (1999), 50. Sitzung des Arbeitskreises Cottbus-Nord, S. 14, 44-45; Protokoll der 7. Sitzung des Provisorischen BKA am 28.11.1991 (Archiv BKA), S. 8; Interview mit Ralf ZECH.

ten Abstimmung über Lakoma mit zwölf gegen acht Stimmen für die Abbaggerung des Dorfes. Ausschlaggebend waren wirtschaftliche Gründe.[150] Die Landesregierung bestätigte diesen Beschluss im Dezember 1991.[151] Dies bedeutete einen großen Rückschlag für die Umweltgruppen. Pfarrer Gröpler von der Bürgerinitiative „Rettet den Hammergraben" beklagte, dass sich die Bürger gegenüber dem Tagebau ohnmächtig fühlten.[152]

2.3.3. Die Fortführung des Widerstands: Von der Besetzung Lakomas bis zur Verbandsklage

Trotz der Entscheidung der Landesregierung setzten die Umweltgruppen ihr Engagement in unterschiedlichen Formen fort. Als wichtigste Widerstandsformen werden die Besetzung Lakomas, die Mitarbeit der Umweltverbände im Braunkohlenausschuss sowie die Mobilisierung der Umweltgruppen und Umweltverbände dargestellt.

Die Besetzung und Neubesiedlung Lakomas: Im Mai 1992 besetzten junge Leute eines der zum Abriss vorgesehenen Häuser in Lakoma, womit die Wiederbelebung und Neubesiedlung des Dorfes begann. Nach und nach zogen mehrere BesetzerInnen fest nach Lakoma. Um für die Erhaltung des Dorfes einen organisatorischen Rahmen zu schaffen, gründeten die BesetzerInnen, Umweltgruppen und KünstlerInnen im Mai 1993 den Lakoma-Verein. Der Verein entwickelte ein Nutzungskonzept für das Dorf und führte mit der LAUBAG, die die Eigentümerin der Gebäude und Grundstücke war, Gespräche über eine Zwischennutzung des Ortes bis zu dessen Abbaggerung.[153]

Im Herbst 1993 begann die LAUBAG damit, Scheunen und Nebengebäude in Lakoma abzureißen, um großzügig Platz für weitere vorbereitende Baumaßnahmen zu schaffen. Nach Ansicht von UmweltschützerInnen verfolgte die LAUBAG mit dem Abriss der Gebäude auch die Absicht, das Dorf unbewohnbar zu machen, irreversible Schäden zu verursachen und so den Widerstand in Lakoma zu brechen.[154] Die BesetzerInnen versuchten im September 1993, mit Unterstützung der Umweltgruppen den Abriss der so genannten „Kulturscheune" zu verhindern, die für Veranstaltungen genutzt wurde. Sie setzten sich auf das Scheunendach, organisierten Kulturveranstaltungen, blockierten die Bundes-

---

[150] Vgl. Protokoll der 7. Sitzung des Provisorischen BKA am 28.11.1991 (Archiv BKA); Tagesspiegel 27.11.1991; Lausitzer Rundschau 29.11.1991.

[151] Vgl. Landtag Brandenburg (1992), Leitentscheidungen zur brandenburgischen Energiepolitik, S. 83.

[152] Vgl. Tagesspiegel 8.4.1992.

[153] Vgl. Grüne Liga Brandenburg (Hg.) (1997), Das Lakomaer Teichgebiet, S. 10; Lausitzer Rundschau 9.5.1992; Interview mit Klaus MUCHE und Christiane JURKE; Chronik (Privatarchiv Jurke).

[154] Vgl. Interview mit Klaus MUCHE und Christiane JURKE.

straße 97, schrieben Protestbriefe an die LAUBAG und machten Pressearbeit. Dadurch gelang ihnen die Rettung der Kulturscheune.[155]

Im November 1994 schlossen die BesetzerInnen und einige AltbewohnerInnen mit der Stadt Cottbus, die die ordnungsrechtlichen Aufgaben für die LAUBAG im Dorf übernommen hatte, für die Zwischennutzung mehrerer Gehöfte Mietverträge bis 1999 ab, die später bis 2004 verlängert wurden. Damit war die Besetzung legalisiert. Die neuen BewohnerInnen renovierten die alten Höfe, deckten Dächer neu, bepflanzten Gärten, bauten eine Schilfkläranlage und bewirtschafteten Felder. Diese Wiederbelebung des Ortes wurde wesentlich vom Lakoma-Verein getragen.[156]

In der Folgezeit kam es immer wieder zu Auseinandersetzungen um Baumaßnahmen. Dazu gehörte auch die Errichtung einer 60 Meter tiefen Dichtwand, die rund um das Tagebaufeld gezogen wurde. Die Dichtwand sollte verhindern, dass das Grundwasser außerhalb der Wand aus den angrenzenden Gebieten in die Tagebaugrube abfloss. Dagegen war das Gelände innerhalb der Dichtwand akut von der unausweichlichen Austrocknung bedroht. Die Dichtwand sollte entlang der geplanten Tagebaugrenze durch Lakoma hindurch und nördlich um die Lakomaer Teiche herumgeführt werden, was zu einem Absinken des Grundwassers im gesamten Gebiet innerhalb der Dichtwand und somit zum Absterben der dortigen Pflanzen geführt hätte, selbst bei einem Stopp des Tagebaus (vgl. Abbildung 7).

Im März 1995 organisierten die Umweltgruppen und BesetzerInnen eine Menschenkette mit über 70 Personen gegen den Bau der Dichtwand, der im Januar 1994 begonnen hatte. Auch im Juli und Oktober 1996 protestierten sie gegen die Dichtwand in Lakoma – allerdings vergeblich.[157] Immerhin wurde die Dichtwand nördlich von Lakoma nicht weitergebaut, weil nach Angaben der LAUBAG dafür noch kein Bedarf bestand, so dass das Teichgebiet nicht austrocknete.

Am Bau eines Grabens durch Lakoma hindurch, der das Kraftwerk Jänschwalde mit Kühlwasser versorgen sollte, entzündete sich ebenfalls Protest, weil Tiere, die hineinfielen, nicht hinausklettern konnten und verendeten. Nach Protesten von Umweltgruppen und Naturschutzbehörden sowie einer Klage der Familie Kossack aus Lakoma und der Grünen Liga musste die LAUBAG diesen Ableitergraben, der sich im Übrigen als überflüssig erwiesen hatte, 1995 voll-

[155] Vgl. Lausitzer Rundschau 21.9.1993; Lausitzer Rundschau 22.9.1993; Lausitzer Rundschau 28.9.1993.

[156] Vgl. Lausitzer Rundschau 19.4.1995; Berliner Zeitung 30.3.1996; Lausitzer Rundschau 21.6.1996; Interviews mit Klaus MUCHE und Christiane JURKE; Ralf ZECH.

[157] Vgl. Lausitzer Rundschau 18.3.1995; Lausitzer Rundschau 5.7.1996; Lausitzer Rundschau 9.7.1996; Lausitzer Rundschau 22.10.1996.

Der Verlauf der Dichtwand durch Lakoma

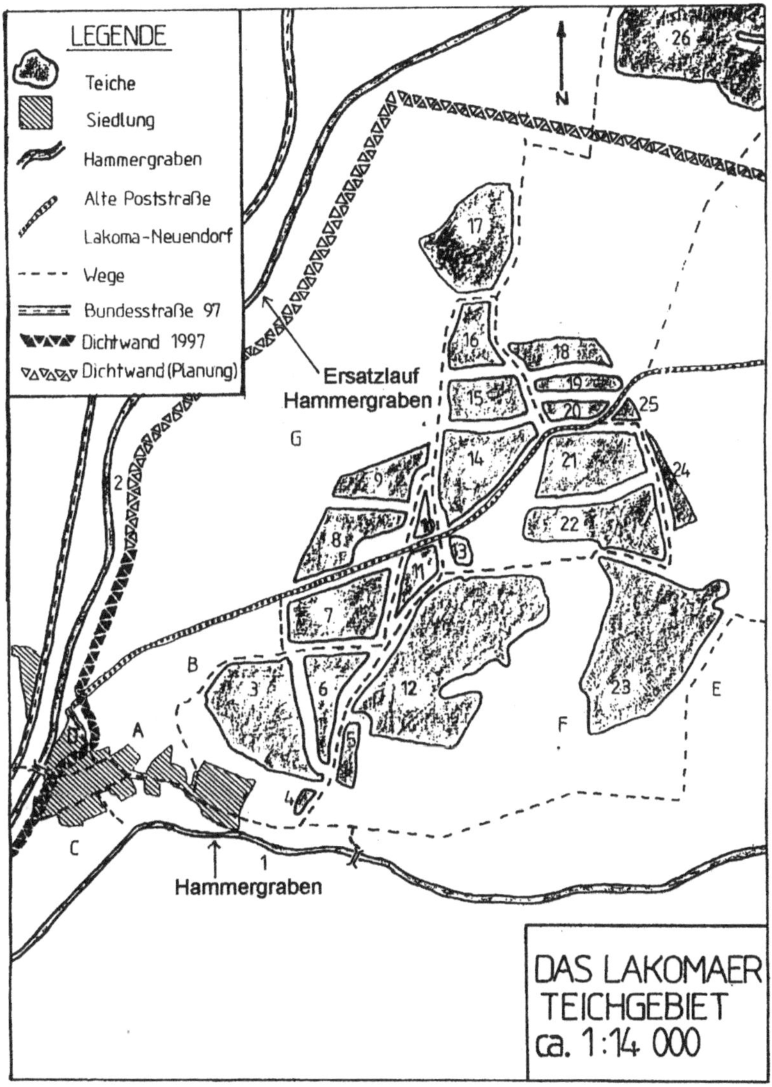

Abb. 7. Quelle: Grüne Liga Brandenburg (Hg.) (1997), S. 7.

ständig zurückbauen.[158] 1998 und 1999 kam es erneut zu Auseinandersetzungen zwischen der LAUBAG und den neuen BewohnerInnen um den Abriss von Gebäuden in Lakoma.[159]

Durch die Besetzung war der Widerstand gegen die Zerstörung Lakomas nach und nach von den Umweltgruppen auf die neuen BewohnerInnen übergegangen. Sie konnten mit Unterstützung der Gruppen den Großteil des Ortes erhalten und dessen schrittweise Zerstörung durch die LAUBAG verhindern.[160] Darüber hinaus entwickelten sie mehrere umweltpolitische Initiativen: Sie vernetzten sich mit anderen, vom Tagebau betroffenen Bürgerinitiativen, veranstalteten Umwelt-Seminare und informierten mit einer Internetseite.[161] Die Neubesiedlung bildete nach Ansicht von Christoph HILLE von der Grünen Liga eine wichtige Säule des Widerstands:

> „Da ist ja wieder richtig Leben im Dorf. Die haben eine Werkstatt, und die Häuser werden wieder genutzt. Das sind so verschiedene Anzeichen, wo ich sage, dass es nicht abgebaggert wird oder dass es nicht so einfach ist, Lakoma abzubaggern."[162]

Die Arbeit der Umweltverbände im Braunkohlenausschuss: Im Februar 1992 wurde der Provisorische Braunkohlenaussschuss in den regulären Braunkohlenausschuss des Landes Brandenburg umgewandelt und offiziell vom Brandenburger Landtag eingesetzt. In seiner Zusammensetzung entsprach er in etwa dem Provisorischen Braunkohlenausschuss. Die wichtigste Neuerung war, dass auf Initiative von Umweltminister Platzeck die Umweltverbände Grüne Liga, BUND und NABU Sitz und Stimmrecht erhielten.[163] Nichtsdestotrotz stellte die Gruppe, die Umwelt- und Betroffeneninteressen vertrat, nur rund ein Drittel der Mitglieder und war „ohne jede Chance auf eine wenigstens annähernd gleichgewichtige Abwägung" der Argumente bei den Entscheidungen im Braunkohlenausschuss.[164] Unter Führung der Grünen Liga, die einen speziellen Facharbeitskreis initiiert hatte, trafen sich die ehrenamtlich arbeitenden Vertreter der

---

[158] Vgl. ZECH, Ralf (1999), Das Lakomaer Teichgebiet, S. 31; Lausitzer Rundschau 17.8.1994; Lausitzer Rundschau 3.9.1994; Interviews mit Klaus MUCHE und Christiane JURKE; Ralf ZECH.

[159] Vgl. Berliner Zeitung 3.11.1998; Lausitzer Rundschau 3.11.1998; Lausitzer Rundschau 30.6.1999.

[160] Vgl. Grüne Liga Brandenburg (Hg.) (1997), Das Lakomaer Teichgebiet, S. 10; Interviews mit Christoph HILLE; Klaus MUCHE und Christiane JURKE.

[161] Vgl. Grüne Liga Brandenburg (Hg.) (1997), Das Lakomaer Teichgebiet, S. 41; Berliner Zeitung 30.3.1996; www.lacoma.de.

[162] Interview mit Christoph HILLE.

[163] Vgl. Braunkohlenausschuss des Landes Brandenburg (Hg.) (1998), Braunkohlen- und Sanierungsplanung im Land Brandenburg, S. 10, 15-17; MUNR (Hg.) (1992), Umweltbericht 1992, S. 200-201, SOHST, Peter (1992), Probleme der Lausitz, S. 34-36; Tagesspiegel 6.4.1991.

[164] HILLE, Christoph [1995], 4 Jahre Braunkohlenausschuss, S. 2.

Umweltverbände regelmäßig, um ein gemeinsames Vorgehen in den Sitzungen abzusprechen.

Ihnen standen die Vertreter der LAUBAG und der von der LAUBAG abhängigen Landkreise gegenüber. Sie verfügten nicht nur über die Mehrheit im Ausschuss, sondern die LAUBAG genoss auch als größter Arbeitgeber in der strukturschwachen Region politische Rückendeckung.[165] Sie pochte auf maximale Abbau*rechte*, ohne daraus eine Verpflichtung zum Kohleabbau und zum Erhalt von Arbeitsplätzen abzuleiten, wie der für die Landesregierung und den Braunkohlenausschuss überraschende Rückzug der LAUBAG aus dem Tagebau Greifenhain zeigt.[166]

Die Umweltverbände leisteten im Braunkohlenausschuss harten Widerstand gegen alle Maßnahmen, die die Abbaggerung vorbereiteten wie z. B. das Roden von Wald, den Abriss von Gebäuden und die Zerstörung von Straßen. Dagegen kooperierten sie mit der LAUBAG, wenn es um die umweltverträgliche Ausgestaltung nicht mehr zu verhindernder Maßnahmen ging.

Vor allem im Arbeitskreis Cottbus-Nord, wo die bergbaulichen und technischen Details besprochen wurden, gab es diesbezüglich offene, sachlich Diskussionen.[167] Dort wurde auch der Braunkohlenplan für den Tagebau Cottbus-Nord, der die rechtliche und landesplanerische Grundlage für den Kohleabbau darstellte, diskutiert. Der Arbeitskreis sprach sich dabei erneut gegen die Abbaggerung Lakomas aus, wurde aber wiederum vom Braunkohlenausschuss im September 1993 überstimmt.[168]

Im Laufe der Jahre war die Braunkohleförderung in Brandenburg trotz der Unterstützung durch die Landesregierung rapide bis auf 37 Millionen Tonnen 1997 gesunken und stieg 1998 erstmals seit 1990 wieder auf 41 Millionen Tonnen an, womit die Förderung aus wirtschaftlichen Gründen deutlich unter den ursprünglich in den Energiepolitischen Leitlinien für das Jahr 2000 angestrebten 60 Millionen Tonnen lag. Deshalb verschob sich die geplante Abbaggerung Lakomas um 15 Jahre mindestens auf das Jahr 2005.[169] Auf Grund dieser neuen Sachlage konnten die Umweltverbände Umweltminister Platzeck dafür gewinnen, die Abbaggerung des Hammergrabens von der Nachfrage nach Braunkohle abhängig zu machen.

Dieser warb im Januar 1994 im Braunkohlenausschusses eindringlich für diesen Vorschlag, so dass dort einstimmig beschlossen wurde, Lakoma zu erhalten, wenn der Braunkohlenabbau in Brandenburg „dauerhaft und wesentlich“

[165] Die LAUBAG war trotz der Massenentlassungen mit 8.600 Beschäftigten 1996/97 und 7.700 Beschäftigten 1997/98 der größte Arbeitgeber in der Lausitz (Brandenburg und Sachsen). Märkische Oderzeitung 9.10.1998.

[166] Vgl. Tagesspiegel 16.10.1992.

[167] Vgl. Interviews mit Christoph HILLE; Peter SOHST; Ralf ZECH.

[168] Vgl. Lausitzer Rundschau 27.9.1993.

[169] Vgl. Frankfurter Allgemeine Zeitung 25.10.1993; Berliner Zeitung 4.2.1999.

hinter den Planungen des Braunkohlenausschusses zurückbleiben sollte.[170] Diese Neubewertungsklausel war ein großer Erfolg für die Umweltgruppen, weil sie formal die Möglichkeit offen hielt, Lakoma mittels einer politischen Entscheidung zu erhalten.[171] Aber sie wurde nicht angewandt, obwohl 1995 die Tagebaugebiete Cottbus-Nord und Jänschwalde wegen der geringen Nachfrage nach Braunkohle verkleinert wurden – jedoch nicht in Lakoma.[172] Immerhin bot und bietet die Neubewertungsklausel angesichts der sinkenden Nachfrage und bestehender Überkapazitäten im liberalisierten Strommarkt eine nicht völlig unrealistische Option.

Die Mobilisierung der Umweltgruppen und Umweltverbände: Eine dritte Handlungsebene bildete das Engagement der Umweltgruppen und Umweltverbände zum Schutze Lakomas. Der NABU Cottbus konzentrierte sich auf die naturschützerische Arbeit, wies im Teichgebiet viele vom Aussterben bedrohte Tierarten, darunter eine der größten Rotbauchunkenpopulationen in Deutschland, nach. Auf Basis dieser Nachweise setzte sich der NABU dafür ein, die Lakomaer Teiche und den Hammergraben nach den EU-Richtlinien als Flora- und Faunahabitat an die EU zu melden, was deren Zerstörung erheblich erschweren würde. Allerdings weigerte sich das Land Brandenburg im Widerspruch zu den EU-Richtlinien, dieses Gebiet zu melden.[173]

Die Grüne Liga versuchte, die Öffentlichkeit einerseits mit einem Naturlehrpfad durch das Teichgebiet, der im Mai 2001 eröffnet wurde, und andererseits mit einem stärker politisch ausgerichteten Ansatz auf das Problem in Lakoma hinzuweisen, um sie für den Umweltschutz zu mobilisieren. Sie organisierte zusammen mit der Bürgerinitiative „Verheizte Lausitz“ im Februar 1992 eine Tagung über die Probleme des Braunkohleabbaus in der Region Cottbus und im Sommer 1992 anlässlich des zweiten Lakoma-Fests ein Rundtischgespräch mit Umweltminister Platzeck.[174] Damit verbunden war die Entwicklung und Präsentation alternativer Energiekonzepte für Brandenburg, die weniger auf Braunkohle, sondern stärker auf Energieeinsparung und regenerative Energien setzten.

Aber die politische Entscheidung zu Gunsten der Braunkohle war mit der Verabschiedung der „Energiepolitischen Leitlinien“ im April 1992 auf der Landesebene gefallen, spätestens jedoch mit dem Ausscheiden von Bündnis 90 aus der Regierungskoalition im März 1994. Im Juli 1993 hatte das Bündnis 90 mit der Präsentation einer Studie einen der letzten Versuche unternommen, energie-

[170] Braunkohlenausschuss des Landes Brandenburg (Hg.) [1994], Braunkohlenplan Tagebau Cottbus-Nord, Anlage 1. Vgl. auch das Redemanuskript von Umweltminister Platzeck vom 27.1.1994 (Archiv Jurke); Interview mit Peter SOHST; Lausitzer Rundschau 28.1.1994.

[171] Vgl. Interviews mit Christoph HILLE; Klaus MUCHE und Christiane JURKE; Ralf ZECH.

[172] Vgl. Grüne Liga Brandenburg (Hg.) (1997), Das Lakomaer Teichgebiet, S. 10.

[173] Vgl. ebenda, S. 19-36; Interview mit Ralf ZECH; www.lacoma.de.

[174] Vgl. Tagesspiegel 2.2.1992; Lausitzer Rundschau 29.6.1992.

politische Alternativen auszuloten.[175] Auch im Cottbuser Stadtrat sprach sich eine Mehrheit von SPD und CDU unmissverständlich für die Abbaggerung von Lakoma aus. Lediglich Bündnis 90/Die Grünen plädierten dort eindeutig für den Erhalt von Lakoma.[176]

In Anbetracht der politischen Machtverhältnisse war die fachliche Arbeit der Naturschutzverbände „oft nur schmückender Rahmen".[177] Andererseits war die LAUBAG bei der Ausarbeitung einer Umweltverträglichkeitsprüfung auf das Fachwissen der Umweltverbände angewiesen. Daher gelang es den Vertretern der Umweltverbände in Verhandlungen mit den Behörden und der LAUBAG, den Untersuchungsrahmen relativ weit zu fassen.[178] In dieser und ähnlichen Formen der Zusammenarbeit mit den Verwaltungen versuchten die Umweltverbände, wenigstens eine umweltverträgliche Umsetzung der an sich äußerst umweltfeindlichen Planungen zu erreichen.

Da die Mitwirkungsmöglichkeiten der Umweltverbände eng begrenzt blieben, beschritten sie schließlich den Klageweg. Die Grüne Liga klagte wegen des Fehlens einer Umweltverträglichkeitsprüfung gegen den Rahmenbetriebsplan von 1994 für den Tagebau Cottbus-Nord. Das Verwaltungsgericht Cottbus gab der Klage der Grünen Liga im Mai 2000 statt und hob den Rahmenbetriebsplan auf. Das Urteil ging in die Revision vor dem Oberverwaltungsgericht und wurde im Juni 2001 wieder aufgehoben. Das Gericht hielt die Umweltverträglichkeitsprüfung für verzichtbar, „da das Gesamtvorhaben lange vor der Wende genehmigt worden sei."[179] Diese Begründung klingt zynisch angesichts der Umstände, unter denen die Genehmigung unter der SED-Herrschaft zustande gekommen war.

Zusammenfassend lässt sich festhalten, dass Umwelttransparenz und Partizipationsrechte durch den Braunkohlenausschuss gegeben waren. Allerdings war eine effektive umweltpolitische Kooperation angesichts der Machtverhältnisse und der Haltung der LAUBAG kaum möglich, da diese als größtes Unternehmen der Region die Bedingungen diktierte und dabei von SPD und CDU unterstützt wurde.

Die Umweltgruppen konnten mit ihrer Öffentlichkeitsarbeit, den Veranstaltungen, den Lakoma-Festen, den Protestaktionen, der Pressearbeit, den Führungen und den Kulturveranstaltungen nach eigener Einschätzung die Cottbuser Bevölkerung, die mehrheitlich die Braunkohle befürwortete und Lakoma nicht

[175] Vgl. HVELPLUND, Frede/KNUDSEN, Niels Winther/LUND, Henrik (1993), Erneuerung der Energiesysteme in den neuen Bundesländern; Tagespiegel 11.7.1993.
[176] Vgl. Grüne Liga Brandenburg (Hg.) (1995), Das Lakomaer Teichgebiet, 2. Auflage, S. 39-48; Interviews mit Christoph HILLE; Klaus MUCHE und Christiane JURKE.
[177] Interview mit Ralf ZECH.
[178] Vgl. www.lacoma.de.
[179] Lausitzer Rundschau 29.6.2001. Vgl. auch Lausitzer Rundschau 20.5.2000; Lausitzer Rundschau 20.6.2001; Interview mit Ralf ZECH.

kannte, ebenso wie die Lokalpresse für das Problem der Zerstörung Lakomas sensibilisieren. Durch ihre Mobilisierung war es den Umweltgruppen kurz nach der Vereinigung gelungen, dass die Landesregierung den ersten Beschluss des Provisorischen Braunkohlenausschusses von 1990 in Frage stellte und eine erneute Entscheidung einforderte. Aber der umweltpolitische Druck der Umweltgruppen war nicht stark genug, um den Erhalt Lakomas gegen die wirtschaftspolitischen Interessen der LAUBAG und der Kommunal- und Landespolitik durchzusetzen.

Ein zweites wesentliches Ziel der Umweltgruppen war es, irreversible Schäden in Lakoma zu verhindern und dadurch das Fortbestehen des Ortes, der Teiche und des Hammergrabens grundsätzlich offen zu halten. Im Braunkohlenausschuss strebten die Umweltverbände einen politischen Beschluss an, der Lakoma endgültig retten sollte. Als ihr größter Erfolg ist diesbezüglich die Neubewertungsklausel von 1994 anzusehen, nach der Lakoma bei einer stark sinkenden Braunkohlenachfrage nicht abgebaggert werden sollte. Aber angesichts der politischen Mehrheiten für die Braunkohle hatte diese Strategie allein wenig Aussicht auf Erfolg. Deswegen wählten einige UmweltschützerInnen als militante Aktionsform die Besetzung und Wiederbesiedelung des Dorfes.

Insgesamt konnten die Umweltgruppen mit ihren Aktivitäten verhindern, dass das Gebiet um Lakoma irreversibel zerstört wurde, so dass der Erhalt des Dorfes nach wie vor möglich ist. Aber ihr wichtigstes Ziel, die verbindliche Sicherung Lakomas, konnten die Umweltgruppen – bislang – nicht erreichen, so dass sie insgesamt nur bedingt erfolgreich waren. Allerdings muss bei dieser Erfolgsbewertung das sehr ungleiche Kräfteverhältnis zwischen der LAUBAG und den Umweltgruppen berücksichtigt werden. Diese konnten, nach Einschätzung von Hille, den „übermächtigen Gegner“ LAUBAG dazu zwingen, seine ökonomischen Interessen aus Sorge um das Firmenimage sehr viel vorsichtiger zu verfolgen, als dies ohne den umweltpolitischen Widerstand geschehen wäre. Vor allem aber hätten sie durch ihr Engagement wertvolle Zeit gewonnen, so dass eine sinkende Nachfrage nach Braunkohle letztlich doch noch zum Erhalt Lakomas führen könne.[180] Oder wie Peter SOHST, von 1992 bis 1995 Geschäftsführer des Braunkohlenausschusses, es formuliert:

> „Dort, wo die ökologisch wertvollsten Gebiete waren, ist nicht immer am meisten passiert, sondern nur dort, wo die Umweltschützer rührig waren.“[181]

[180] Interview mit Christoph HILLE.
[181] Interview mit Peter SOHST.

3. Das Engagement für den Naturschutz im Landkreis Templin

3.1. Der Konflikt zwischen Naturschutz und Landwirtschaft 1980-1989

3.1.1. Die Ausgangsbedingungen beim Naturschutz

Für den Naturschutz war das Ministerium für Land- und Forstwirtschaft zuständig. 1988 gab es in der DDR 777 Naturschutzgebiete. Dies entsprach einem Prozent der Landesfläche, was die obere Grenze für Naturschutzflächen darstellte, die nicht überschritten werden sollte. Viele ehrenamtliche NaturschützerInnen der GNU nutzten die Nische, die sich beim Naturschutz auftat und innerhalb derer auch kritische und reformerische Ansätze möglich waren. Sie arbeiteten mit großem Engagement für die Sicherung bedrohter Arten und Kulturlandschaften und verliehen dem DDR-Naturschutz moderne, innovative Züge.[182]

Aber ihre Bemühungen wurden meistenteils durch die industrialisierte Land- und Forstwirtschaft zunichte gemacht, die die DDR seit Ende der sechziger Jahre betrieb.[183] Um den Einsatz großer Maschinen zu ermöglichen, wurden riesige Feldgrößen geschaffen, naturnahe Kulturlandschaften großflächig ausgeräumt und ökologisch wertvolle Naturraumstrukturen zerstört. Hinzu kam ein übermäßiger, ungezielter Einsatz von Mineraldüngern und Pestiziden. Bodenerosion, Grundwasserbelastung und Artenrückgang waren die Folge. Die Errichtung extrem großer Anlagen für die Massentierhaltung führte zu erheblichen Belastungen für die Tiere und die Umwelt, wobei insbesondere die enormen Güllemengen problematisch waren. Die strikte Trennung von „Tierproduktion" und „Pflanzenproduktion" zerschnitt ökologische Kreisläufe und beschleunigte Fehlentwicklungen in beiden Bereichen. Die Intensivierung der Landwirtschaft brachte trotzt anfänglicher Erfolge nicht die prognostizierte Ertragssteigerung. Vielmehr zwangen die Umweltprobleme die SED-Führung Ende der siebziger Jahre zu kleinere Korrekturen an der Agrarpolitik, die aber keine wesentliche Entlastung für die Umwelt mit sich brachten.

---

[182] Zur Organisation des Naturschutzes vgl. RÖSLER, Markus/SCHWAB, Elisabeth/LAMBRECHT, Markus (Hg.) (1990), Naturschutz in der DDR, S. 88-106; Ministerium für Umwelt, Naturschutz und Raumordnung des Landes Brandenburg (MUNR) (Hg.) (1992), Umweltbericht 1992, S. 133, 143-144; HÜBLER, Karl-Hermann (1990), DDR-Umweltpolitik, S. 244.

[183] Vgl. zu den Umweltproblemen durch die industrialisierte Landwirtschaft BUCK, Hannsjörg F. (1999), Umwelt- und Bodenbelastungen durch eine ökologisch nicht abgesicherte industriemäßig organisierte Tier- und Pflanzenproduktion, S. 430-436; KURJO, Andreas (1985), Landwirtschaft und Umwelt in der DDR, S. 58-68; GRUHN, Werner (1985), Umweltschutz als ökonomischer Faktor, S. 103; MERBACH, W. (1991), Landwirtschaft und Umwelt in der DDR, S. 83; RÖSLER, Markus/SCHWAB, Elisabeth/LAMBRECHT, Markus (Hg.) (1990), Naturschutz in der DDR, S. 19-24; WENSIERSKI, Peter (1988), Ökologische Probleme und Kritik an der Industriegesellschaft in der DDR heute, S. 192-203.

Karte des Naturparks Uckermärkische Seen und der Umgebung Templins

Abb. 8. Quelle: Naturpark Uckermärkische Seen, eigene Bearbeitung.

Gleichwohl gab es in dünn besiedelten Regionen oder militärischen Sperrgebieten große unzerschnittene Naturflächen. Auch war die Bodenversiegelung in der DDR geringer als in der Bundesrepublik, weil die strengen Bodenschutzgesetze und die knappen finanziellen Mittel die Bautätigkeit begrenzten.

Der Landkreis Templin im Norden Berlins gehörte zum Bezirk Neubrandenburg und seit der Länderneubildung 1990 zum Bundesland Brandenburg (vgl. Abbildung 1, S. 18). Der Kreis war land- und forstwirtschaftliche geprägt und 1989 mit 34 EinwohnerInnen/km² sehr dünn besiedelt. Es gab kaum Industrie. Charakteristisch für die abwechslungsreiche Kulturlandschaft des Kreises Templin und seit 1993 des Großkreises Uckermark sind ausgedehnte Wälder, zahlreiche Seen und das Vorkommen seltener Tier- und Pflanzenarten (vgl. Abbildung 8).

3.1.2. Die Umweltgruppe der Gesellschaft für Natur und Umwelt Templin

1974 gründeten sich die Templiner „Natur- und Heimatfreunde im Kulturbund der DDR“. Diese Umweltgruppe erfasste die Naturausstattung des Kreises, organisierte Vorträge, schrieb Zeitungsartikel und versuchte, Einfluss auf die staatlichen Stellen und auf Betriebe zu Gunsten des Natur- und Umweltschutzes zu nehmen.[184] Als 1980 die staatliche Gesellschaft für Natur und Umwelt (GNU) gegründet wurde, schlossen sich die Templiner „Natur- und Heimatfreunde“ der GNU an und führten ihre Arbeit fort.

Die Umweltgruppe der GNU Templin zählte zwischen 1980 und 1989 30 bis 40 Mitglieder, die zum Teil im Umweltbereich arbeiteten und von denen rund die Hälfte aktiv war.[185] Sie beobachteten und registrierten die Entwicklung der Flora und Fauna des Kreises Templin und konnten auf der Grundlage der intensiven Feldarbeit über 1.000 Pflanzenarten und viele, vom Aussterben bedrohte Tierarten im Kreisgebiet nachweisen. Die naturschutzfachliche Arbeit der GNU Templin erfolgte in den zwei Fachgruppen Botanik und Ornithologie sowie in kleineren, spezialisierten Interessengruppen. Eine größere Gruppe der GNU-Mitglieder traf sich regelmäßig zu Diskussionen, Veranstaltungen, Fachvorträgen und Arbeitseinsätzen.

Da die Gruppe über viele Jahre hinweg große Mengen an Umweltdaten gesammelt hatte, konnte sie auf eigene Informationen zurückgreifen und die Geheimhaltung von Umweltdaten umgehen. Auf diese Weise konnte sie eine Verschlechterungen der lokalen Umweltqualität nachweisen. Aus diesen Erfahrungen erwuchs in der Umweltgruppe das Interesse an der Erfassung, Vermeidung

---

[184] Vgl. HOPFMANN, Jürgen (1993), Die Geschichte des Natur- und Umweltschutzes im Landkreis Templin der Uckermark, S. 6, 54.

[185] Ebenda, S. 12.

und Beseitigung von Umweltbelastungen im Kreis und an einer umfassenden und kritischen Auseinandersetzung mit der Umweltpolitik.[186]

Die staatlichen Stellen beäugten argwöhnisch die unbequemen umweltpolitischen Aktivitäten der GNU Templin und versuchten, deren Wirken einzuschränken. Die Anfang der achtziger Jahre zunehmende Verdrängung der Umweltpolitik durch die SED und die Geheimhaltung von Umweltdaten schlugen sich auch im Kreis Templin nieder und behinderten die Arbeit der Umweltgruppe. Einige sehr engagierte Naturschützer stellten resigniert ihre Arbeit ein, die Aktivitäten der Umweltgruppe erlahmten zwischenzeitlich. Erst nach einer Neuorganisation der Gruppe Mitte der achtziger Jahre belebte sich ihre umweltpolitische Arbeit wieder. So häuften sich in den letzten drei Jahren vor dem Umbruch erneut die umweltpolitischen Konflikte mit Behörden und Betrieben.[187]

Bei ihren umweltpolitischen Aktivitäten stützte sich die Umweltgruppe auf das Fachwissen und das Engagement ihrer Mitglieder. Sie informierte die Bevölkerung über die Naturschönheiten des Kreises mit regelmäßigen Vorträgen, Führungen, Wanderungen und Schaukästen. Die wichtigste Form ihrer Öffentlichkeitsarbeit war eine wöchentliche Zeitungskolumne in der Kreiszeitung, in der sie meist über politisch unverfängliche Umweltthemen berichtete, aber in einzelnen Artikeln auch die Umweltbelastung durch örtliche Betriebe und das mangelnde Interesse der Kommunalpolitiker am Natur- und Umweltschutz kritisierte. Nach der Geheimhaltung von Umweltdaten 1982 ließ die Zensur bis auf wenige Ausnahme solch kritische Artikel nicht mehr passieren.

Die Umweltgruppe arbeitete – mit einer kritischen Distanz – mit den staatlichen Stellen und den örtlichen Betrieben zusammen. Die UmweltschützerInnen schrieben Beschwerdebriefe, führten informelle Gespräche mit dem Rat des Kreises und erarbeiteten umfassende Umweltschutzkonzepte, wie die „Vorschläge zur Verbesserung der Wasserqualität der Templiner Seen“ vom Juni 1980. Die GNU Templin informierte die Landwirtschaftsbetriebe über Umweltdaten und die Umweltgesetze, damit diese nicht mehr dagegen verstießen. Einige Mitglieder der Gruppe arbeiteten im Ortsparlament Templin und im Rat des Kreises Templin mit oder engagierten sich als Kreisnaturschutzbeauftragte. Aber weder die Gespräche, die in der Regel erst nach dem Erscheinen kritischer

186 Ebenda, S. 18, 29; BEHRENS, Hermann/BENKERT, Ulrike/HOPFMANN, Jürgen/MAECHLER, Uwe (1993), Wurzeln der Umweltbewegung, S. 101-106; Tageszeitung 9.8.1994; Interview mit Roland RESCH und Norbert BUKOWSKY.

187 Vgl. den Zeitungsartikel des GNU-Vorsitzenden Dr. Hensel „Gedanken für den Umweltschutz in den 90er Jahren“ vom Oktober 1989, in: HOPFMANN, Jürgen (1993), Die Geschichte des Natur- und Umweltschutzes im Landkreis Templin der Uckermark, S. 38-40; sowie S. 26, 29.

Artikel zustande kamen noch das kommunalpolitische Engagement brachten zählbare Resultate für den Umweltschutz.[188]

Das wichtigste Instrument einer solchen kritischen Zusammenarbeit bildeten die Eingaben. Die GNU-Mitglieder verfassten über 50 Eingaben, in denen sie unter anderem wilde Müllkippen, kommunale Abwassereinleitungen in die Naturschutzgebiete, einen überhöhten Düngemittel- und Pestizideinsatz und Meliorationsprojekte bemängelten. Sie verhandelten bei den Eingaben direkt mit den Verursachern oder den verantwortlichen Stellen und gingen mit ihrer mitunter sehr harten Kritik nicht an die Öffentlichkeit, so dass sich die staatlichen Stellen ihrerseits an das übliche Bearbeitungsverfahren halten mussten. Dennoch wurden die meisten Eingaben abgewiesen. Oft sammelten die UmweltschützerInnen dann weitere Fakten und erweiterten den Personenkreis, der die Eingabe unterzeichnete, um die neu formulierten Eingaben bei der nächst höheren Instanz einzureichen. Mit ihrer Beharrlichkeit konnten sie den staatlichen Stellen einige Zugeständnisse und Verbesserungen abringen.[189]

3.1.3. Die Auseinandersetzungen der GNU mit land- und forstwirtschaftlichen Betrieben

Die GNU Templin richtete ihre Kritik in erster Linie an die landwirtschaftlichen Großbetriebe, von denen die stärksten Umweltbelastungen in der Region ausgingen. Diese zeigten kein Interesse am Umweltschutz und betrachteten ihn als Behinderung bei der Erreichung der Planziele. In dieser Haltung wurden sie von der Lokalpolitik bestärkt. An drei ausgewählten Konfliktfällen werden die Akteurkonstellation, das Vorgehen der Umweltgruppe und die damit verbundenen Schwierigkeiten dargestellt.

Im ersten Konflikt setzte sich die Umweltgruppe mit dem *VEB Schweinezucht- und Mastkombinat* (SZMK) auseinander, das in dem kleinen Dorf Hassleben gut zehn Kilometer nordöstlich von Templin lag. Das SZMK gehörte zu den fünf größten Massentierhaltungsanlagen der DDR, verfügte über eine Kapazität von 145.000 Schweinen und produzierte hauptsächlich für den Export gegen Devisen in den Westen.

Das größte Umweltproblem stellten die täglich anfallenden 2.000 m³ Gülle dar, die in einem Becken gesammelt und in einem Umkreis von zehn Kilometern auf teilweise völlig ungeeigneten Böden und Feldern verregnet wurde. Im-

---

[188] Ebenda, S. 4-5, 13-14; BEHRENS, Hermann/BENKERT, Ulrike/HOPFMANN, Jürgen/MAECHLER, Uwe (1993), Wurzeln der Umweltbewegung, S. 97-101, 114-115; Interviews mit Ernst PRIES; Roland RESCH und Norbert BUKOWSKY.

[189] Vgl. BEHRENS, Hermann/BENKERT, Ulrike/HOPFMANN, Jürgen/MAECHLER, Uwe (1993), Wurzeln der Umweltbewegung, S. 110; HOPFMANN, Jürgen (1993), Die Geschichte des Natur- und Umweltschutzes im Landkreis Templin der Uckermark, S. 28; Interview mit Ernst PRIES.

mer wieder lief Gülle aus den Sammelbecken in die vormals sauberen Seen der Umgebung, die in relativ kurzer Zeit „umkippten“. Boden und Grundwasser wurden durch die hohen Stickstoff- und Nitrateinträge sowie Medikamenten- und Zinkrückstände stark belastet. Darüber hinaus schädigten Ammonium-Gase aus den Ställen und Güllebecken den umliegenden Wald. Trotz der unzumutbaren, gesundheitsgefährdenden Arbeitsbedingungen verließ wegen des überdurchschnittlich hohen Verdienstes kaum eine der rund 800 Arbeitskräfte das SZMK.[190]

Die GNU-Mitglieder versuchten, den Bau des SZMK bereits 1975 in der Planung zu verhindern, hatten aber keinen Erfolg, weil die SED dem Projekt wegen der Exportproduktion eine internationale Bedeutung zumaß. Als die kritischen Stimmen der GNU nicht verstummten, lud der Rat des Kreises 1979 GNU-VertreterInnen zu einer Aussprache ein und machte ihnen unmissverständlich klar, dass die Anlage ungeachtet aller ökologischen Bedenken in Betrieb gehen würde. Danach bemühten sich die UmweltschützerInnen darum, die Umweltbelastungen der Anlage zu begrenzen. Ernst Pries von der GNU Templin gelang es 1987 zusammen mit einem Mitarbeiter des SZMK, das Abladen von salzhaltiger Braunkohlenasche aus der Anlage in ein Moor verbieten zu lassen. Das war einer der wenigen Fälle, in denen die UmweltschützerInnen gegenüber dem SZMK Erfolg hatten.[191]

Dessen ungeachtet lief der Betrieb des SZMK mit seinen schweren Belastungen für die Tiere, die dort arbeitenden Menschen und die Umwelt ungehindert weiter. Dies führte dazu, dass sich ab 1988 noch weitere Umweltgruppen in Templin und Umgebung, die sich neu gegründet hatten, mit dem SZMK befassten.[192] Es handelte sich um eine kirchliche Umweltgruppe, um die IG Stadtökologie in Templin, die „Interessengemeinschaft Mellensee“ und die Gruppe „Massentierhaltung Arche-Templin“, die Mitglied im Netzwerk Arche war und unter anderem zahlreiche Artikel zum Schwerpunkt Massentierhaltung in der Umweltzeitschrift ARCHE NOVA Nr. 5 vom Mai 1990 schrieb.[193] Die GNU Templin verstand sich als Dach für alle diese Umweltgruppen und unterstützte die meisten von ihnen inhaltlich sowie organisatorisch. Aber keiner der Gruppen war ein entscheidender Erfolg gegenüber den ökonomischen Interessen des für den Export produzierenden SZMK beschieden.

Im zweiten Konflikt engagierte sich die GNU Templin seit 1982 gegen den Betrieb einer *Forellenmastanlage* im Küstrinchener Bach bei Lychen, die den

---

[190] Vgl. ARCHE NOVA 5 vom 1.5.1990, S. 439-442; Grünstift 10/1995, S. 14.

[191] Vgl. BEHRENS, Hermann/BENKERT, Ulrike/HOPFMANN, Jürgen/MAECHLER, Uwe (1993), Wurzeln der Umweltbewegung, S. 108-109; Interview mit Ernst PRIES.

[192] Vgl. HOPFMANN, Jürgen (1993), Die Geschichte des Natur- und Umweltschutzes im Landkreis Templin der Uckermark, S. 31-35; Interview mit Roland RESCH und Norbert BUKOWSKY.

[193] ARCHE NOVA 5 vom 1.5.1990, S. 438-461.

ökologisch intakten Bach stark mit Fäkalien und Medikamenten belastete. Die Forellenmast erfolgte ohne Genehmigung. Die Argumente der GNU wurden aus wirtschaftlichen Erwägungen übergangen. Im Gegenteil wurde die Mastanlage 1986 ausgebaut, was die Belastung des Baches erhöhte. Zwischen 1986 und 1989 schrieben die UmweltschützerInnen mehrere Eingaben, darunter an den Umweltminister Reichelt und den Ministerrat, um die Schließung der Anlage zu erreichen. Diese wurde weiter betrieben, aber immerhin wurde auf das Drängen der GNU Templin eine Teilkläranlage eingebaut. Damit hatte die Umweltgruppe einen Teilerfolg erlangt.

Drittens kämpfte Pries von der GNU Templin gegen den Bau einer *Abwasser-Verregnungsanlage* bei Grunewald zehn Kilometer südlich von Templin, die ab 1988 für zwölf Millionen Mark auf einer Fläche von 30 Hektar errichtet werden sollte. Pries kritisierte, dass von der vorgesehenen Verregnung lediglich mechanisch gereinigter Abwässer eine Gefahr für das Grundwasser ausginge. Er sammelte systematisch Informationen über das Projekt und bat etliche Fachleute um Stellungnahmen, aber nur wenige von ihnen ließen Pries Daten und Hinweise zukommen – und das nur unter der Hand. Auf dieser fachlichen Grundlage schrieb er mehrere Eingaben bis zum Umweltministerium und zum Zentralkomitee der SED. Dessen Fachleute fuhren zu einer Aussprache mit Pries nach Templin, um ihn von der Gefahrlosigkeit der Anlage zu „überzeugen“, waren aber nicht bereit, die Planungen zu verändern.[194]

In allen drei Auseinandersetzungen sah sich die GNU Templin einer mächtigen Koalition aus Betrieben und staatlichen Stellen gegenüber, die bedenkenlos Verursacherinteressen vertrat. In dieser Konstellation verfolgte die GNU Templin gezielt eine Doppelstrategie, um ihre Verhandlungsposition zu stärken. Einerseits lenkten einige GNU-Mitglieder mittels Eingaben und scharf formulierter Kritik die Aufmerksamkeit der staatlichen Institutionen auf die dringendsten Umweltprobleme. Ihr Drohpotenzial gegenüber den Behörden bestand darin, die Umweltprobleme und damit das Versagen staatlicher Umweltpolitik öffentlich zu machen. Diese Aktivisten wurden von der SED als „grüne Spinner“ beschimpft und von der Staatssicherheit observiert.

Auf der anderen Seite machten „besonnene“ GNU-Mitglieder, die zum Teil der SED angehörten und offizielle Funktionen innehatten, „vernünftige“ Kompromissvorschläge. Sie verwiesen darauf, dass die radikale Kritik vielleicht nicht in der Form, aber der Sache nach durchaus berechtigt wäre und nutzten den umweltpolitischen Druck, um mühselig Verbesserungen für den Umweltschutz zu erstreiten. Diese beiden Flügel der GNU hielten eng zusammen und ließen sich nicht durch die Staatssicherheit oder die Politik gegeneinander ausspielen. Offenbar forderte bei einigen Streitpunkten sogar die Staatssicherheit

---

[194] Vgl. Interviews mit Ernst PRIES; Roland RESCH und Norbert BUKOWSKY; HOPFMANN, Jürgen (1993), Die Geschichte des Natur- und Umweltschutzes im Landkreis Templin der Uckermark, S. 27-36.

den Rat des Kreises auf, die Umweltgesetzte einzuhalten, um den „potenziellen Staatsfeinden“ die Grundlage ihrer Kritik zu entziehen.[195]

3.1.4. Die Erfolge der GNU Templin beim Naturschutz

Der Naturschutz bildete einen Arbeitsschwerpunkt der GNU Templin. Dabei gelang ihr eine Pioniertat. Pries hatte auf Grundlage der wissenschaftlichen Naturraumkartierung ein Konzept entwickelt, nach dem die Mehrzahl der lebenden Waldmoore im Kreis Templin unter Schutz gestellt werden sollten. In enger Zusammenarbeit mit staatlichen Stellen bereitete die GNU Templin, vor allem unter der Mitwirkung von Norbert Bukowsky, GNU-Mitglied und stellvertretendes Ratsmitglied für Umweltschutz beim Rat des Kreises Templin, einen Beschluss für den Kreistag Templin vor, 650 Hektar Waldmoore unter Naturschutz zu stellen. Dem stimmte der Kreistag 1981 zu. Formal konnte er nur Flächen bis zu drei Hektar als Flächennaturdenkmale unter Schutz stellen. Da dies für den Schutz der Moore nicht ausreichte, beschloss der Kreistag Templin kurzerhand, Flächen bis zu zehn Hektar unter Schutz zu stellen. Auf diese Weise gelang es der Templiner GNU, bis 1985 etwa 1.000 Hektar Feuchtgebiete im Kreis zu sichern.

1989, noch vor dem Umbruch, beschloss der Rat des Kreises Templin, einige größere Gebiete als Landschaftsschutzgebiete einstweilig zu sichern. Nicht zuletzt auf Grund der beharrlichen Arbeit der GNU Templin stellte der Bezirkstag Neubrandenburg im März 1989 das Knehdenmoor bei Templin unter Naturschutz. Damit gab es im Frühjahr 1989 im Kreis Templin insgesamt 22 Naturschutzgebiete mit einer Fläche von fast 1.900 Hektar, was zwei Prozent der Fläche des Kreises entsprach und damit deutlich über dem staatlich geforderten Höchstwert von einem Prozent lag.[196]

Grundlage für diesen Erfolg waren das wissenschaftlich ausgefeilte Konzept der GNU, ihr unermüdliches Engagement sowie die Unterstützung durch die Forstverwaltung des Bezirks Neubrandenburg. Hinzu kam, dass es sich bei den Schutzgebieten wie Mooren und Seen um Gebiete handelte, die ökonomisch von geringem Interesse für die Land- und Forstwirtschaft waren, so dass diese keinen Widerstand leisteten. Ganz im Gegenteil konnte der Kreis Templin als Urlaubszentrum mit diesen Naturschutzgebieten werben und versprach sich einen wirtschaftlichen Vorteil davon.[197] Damit nutzte die GNU Templin sehr geschickt

---

[195] Interview mit Ernst PRIES. Vgl. BEHRENS, Hermann/BENKERT, Ulrike/HOPFMANN, Jürgen/MAECHLER, Uwe (1993), Wurzeln der Umweltbewegung, S. 107; Interview mit Roland RESCH und Norbert BUKOWSKY.

[196] Vgl. BEHRENS, Hermann/BENKERT, Ulrike/HOPFMANN, Jürgen/MAECHLER, Uwe (1993), Wurzeln der Umweltbewegung, S. 112-113; Interview mit Ernst PRIES.

[197] Vgl. Interview mit Ernst PRIES.

die günstige Akteurkonstellation und setzte ihre Ziele in einer engen Zusammenarbeit mit den staatlichen Gremien durch.

In einer Auswertung der umweltpolitischen Aktivitäten der Templiner Umweltgruppe bis 1989 lässt sich festhalten, dass die restriktiven Rahmenbedingungen die Öffentlichkeitsarbeit und die umweltpolitische Mobilisierung der GNU Templin behinderten und deren Handlungsmöglichkeiten einschränkten. Unter diesen Voraussetzungen erwies sich eine „kritische Zusammenarbeit" mit den staatlichen Stellen, die eine scharfe, aber nicht-öffentliche Kritik der Behörden einschloss, für die Umweltgruppe als effektive Strategie. Wegen der fachlich kaum anfechtbaren Argumentation in ihren Eingaben hatten die GNU-Mitglieder zumindest der Form nach Anrecht auf eine inhaltliche Auseinandersetzung und konnten auf diese Weise umweltpolitischen Einfluss nehmen. Sehr erfolgreich war dieses Vorgehen bei der Konzeption und Ausweisung von Naturschutzgebieten. Die Gruppe verstand es sehr geschickt, ihre Spielräume auszuweiten, was die große Zahl der Schutzgebiete und die eigenmächtige Erweiterung des Templiner Kreistags bei seiner Kompetenz für die Ausweisung von Schutzgebieten belegen.

Dagegen war die GNU Templin bei der Verhinderung von Umweltbelastungen durch landwirtschaftliche Betriebe oder kommunale Einrichtungen nur bedingt erfolgreich. Zwar war die oben beschriebene Doppelstrategie von radikalen Forderungen und besonnenen Kompromissvorschlägen geeignet, kleinere Verbesserungen im Umweltschutz durchzusetzen. Aber auf Grund der restriktiven Rahmenbedingungen hatte die Umweltgruppe bei Auseinandersetzungen mit ökonomischen Interessen allem taktischen Geschick zu Trotz wenig Möglichkeiten, ihre Kernforderungen durchzusetzen.

3.2. Neue Möglichkeiten des Naturschutzes in der Umbruchzeit 1989/90

3.2.1. Das Nationalparkprogramm der DDR

In der Zeit des Umbruchs 1989/90 nutzten DDR-NaturschützerInnen die neuen Möglichkeiten und stellten mit dem Nationalparkprogramm riesige, ökologisch wertvolle Gebiete unter Schutz. Bundesumweltminister Töpfer pries es als „Meilenstein" und „Tafelsilber der deutschen Einheit".[198] Die Entstehung dieser naturschützerischen Glanzleistung wird an dieser Stelle nachgezeichnet, um den Hintergrund zu verdeutlichen, vor dem die Templiner NaturschützerInnen handelten.[199]

[198] TÖPFER, Klaus (1991), Umweltsanierung in den fünf neuen Ländern.

[199] Vgl. zur Entstehung des Nationalparkprogramms RÖSLER, Markus (1998), Das Nationalparkprogramm der DDR; Interview mit Michael SUCCOW.

Die Schlüsselfigur des DDR-Nationalparkprogramms war der Ökologieprofessor Michael Succow, der sich bereits seit den sechziger Jahren im Kulturbund, später in der GNU und seit 1987 als Abgeordneter der Liberal-Demokratischen Partei Deutschlands (LDPD) in der Volkskammer gegen den erheblichen Widerstand der SED für einen umfassenden Umwelt- und Naturschutz eingesetzt hatte. Succow wurde im Januar 1990 von Umweltminister Reichelt zum Stellvertretenden Umweltminister berufen und baute in dieser Funktion die Bereiche Ressourcenschutz und Landnutzungsplanung auf. Er konnte die „besten Naturschützer des Landes“ (Succow) im Umweltministerium einstellen und schuf viele neue Stellen für den Naturschutz auf Bezirks- und Kreisebene, die vorzugsweise mit kompetenten, engagierten GNU-Mitgliedern besetzt wurden.

Succow und seine Mitstreiter hatten bereits in den siebziger Jahren Konzepte für einen weitreichenden Naturschutz, eine umweltverträgliche Fortentwicklung der Intensivlandwirtschaft und die Einrichtung von Großschutzgebieten in der DDR quasi im privaten Kreis erarbeitet.[200] Auf Grund dieser konzeptionellen Vorarbeiten, der genauen Kenntnis der Landschaften, der netzwerkartigen Kontakte zu NaturschützerInnen im gesamten Land und der klaren Zielvorstellungen konnte die Arbeitsgruppe um Succow ein ausgereiftes Konzept für die Großschutzgebiete entwickeln. Hinzu kam, dass mit den Staatsjagdgebieten (4 % der DDR-Landesfläche), die dem privaten Jagdvergnügen führender SED-Mitglieder gedient hatten, den Truppenübungsplätzen (8 %) und dem Grenzstreifen (3 %) große, ökologisch zum Teil äußerst wertvolle Flächen frei wurden, die sich für eine Umwidmung in Großschutzgebiete anboten.[201]

Die Arbeitsgruppe unter Succow entwickelte in extrem kurzer Zeit und unter einem enormen persönlichen Einsatz dieses Naturschutzprogramm, das konzeptionell weit über den bis dahin in der DDR und in Westdeutschland praktizierten Naturschutz hinausging. Sie definierte drei Schutzkategorien, nämlich Nationalparks sowie, als weitgehend neue Kategorien, Biosphärenreservate und Naturschutzparks. Letztere mussten im Zuge der Angleichung an das bundesdeutsche Naturschutzrecht auf das niedrigere Schutzniveau der bundesdeutschen Naturparks zurückgestutzt werden. Aber die DDR-Naturparks erhielten einen hohen

---

[200] Vgl. WEBER, Rolf (1998), Der Zentrale Fachausschuss Botanik im Kulturbund.

[201] In einem Zeitungsinterview erklärte SUCCOW: „Wir haben jetzt die Chance, diese herrenlos gewordenen Gebiete sinnvoll für unsere bedrängte Natur, für das Volk und gewissermaßen auch, um die notwendigen Mittel zu verdienen, für einen sanften Tourismus zu nutzen. Deshalb haben wir ein Programm beraten, wie Nationalparks, Biosphärenreservate bzw. Landschaftsschutzgebiete mit zentraler Bedeutung innerhalb von ein, zwei Jahren geschaffen werden könne, um die jetzige Substanz zu retten und daraus nicht wieder Gebiete zu machen, die einer intensiven Landnutzung unterliegen.“ Neues Deutschland 6.1.1990. Vlg. auch SUCCOW, Michael (1995), „Es steht ein grundsätzliches Neubestimmen an“, S. 69.

Schutzstatus und wurden mit einer Naturparkverwaltung, einer Naturwacht sowie einem hohen Anteil an Schutzgebieten ausgestattet.[202]

Das Nationalparkprogramm war nicht nur bezüglich der inhaltlichen Ausgestaltung und des Umfangs der geschützten Flächen, sondern auch, was dessen Durchsetzung betrifft, ein umweltpolitisches Meisterstück. Succow legte das Naturschutzprogramm bereits am 12. Februar 1990 dem zentralen Runden Tisch vor, der zum damaligen Zeitpunkt die wichtigste politische Institution der DDR war und dem sich weder der Ministerrat noch die Volkskammer entgegenzustellen wagten. Der Runde Tisch beschloss einstimmig das Naturschutzprogramm und forderte die Übergangsregierung Modrow (SED) auf, es umzusetzen. Das Programm genoss in der Bevölkerung und in der Umweltbewegung eine breite Unterstützung.[203] In Anbetracht dieser allgemeinen Zustimmung beschloss der Ministerrat unter Modrow am 16. März 1990 auf seiner letzten Sitzung vor der Volkskammerwahl, 23 Großschutzgebiete, die etwa zehn Prozent der Landesfläche entsprachen, einstweilig unter Schutz zu stellen.

Nach der Volkskammerwahl zeigte der neue Umweltminister Steinberg (CDU) kein Interesse an dem so genannten Nationalparkprogramm und behinderte die Arbeit Succows. Als dieser Mitte Mai 1990 aus Protest zurücktrat, löste dies eine öffentliche Kampagne zur Rettung des Nationalparkprogramms aus. Nach massiven Protesten, Briefen, Unterschriftenaktionen und einer Pressekampagne stellte sich Steinberg schließlich hinter das Programm.[204]

Die vorläufigen Schutzgebietsausweisungen der Regierung Modrow reichten nicht für eine verbindliche Sicherung aus. Die einzelnen Großschutzgebiete bedurften einer inhaltlichen Konzeption und einer genauen Grenzfestlegung. Außerdem sollte das Nationalparkprogramm durch eine demokratisch gewählte Regierung legitimiert werden. Nicht zuletzt mussten die Schutzgebietsverordnungen juristisch an das westdeutsche Naturschutzrecht angepasst werden, damit sie nach der Vereinigung rechtskräftig blieben.[205] In einem Wettlauf mit der Zeit wurden im DDR-Umweltministerium die Vorlagen für Nationalparkprogramm erarbeitet, das unbedingt vor der Vereinigung verabschiedet werden sollte. Danach hätten unabsehbare Schwierigkeiten aller Wahrscheinlichkeit nach das Nationalparkprogramm zum Scheitern gebracht.

---

202 Vgl. HERLES, Helmut/ROSE, Ewald (Hg.) (1990), Vom Runden Tisch zum Parlament, S. 153-157; SUCCOW, Michael (1991), Grundkonzeption der Flächensanierung der ehemaligen DDR, S. 914-916; Interview mit Michael SUCCOW.

203 Vgl. RÖSLER, Markus (1998), Das Nationalparkprogramm der DDR, S. 562-564; KNAPP, Hans Dieter (1995), Das ostdeutsche Nationalparkprogramm als Baustein für ein europäisches Haus, S. 60; Tagesspiegel 20.1.1990; Neues Deutschland 17.3.1990.

204 Vgl. RÖSLER, Markus (1998), Das Nationalparkprogramm der DDR, S. 572-574; SUCCOW, Michael (1991), Grundkonzeption der Flächensanierung der ehemaligen DDR, S. 914; Berliner Zeitung 5.5.1990; Tagesspiegel 16.5.1990; Berliner Zeitung 30.5.1990; Die Zeit 13.7.1990; Interview mit Michael SUCCOW.

205 Vgl. MÜLLER-HELMBRECHT, Arnulf (1998), Endspurt.

Unter dramatischen Umständen verabschiedete der DDR-Ministerrat auf seiner letzten Sitzung am 12. September 1990 zu mitternächtlicher Stunde als letzten Tagesordnungspunkt und bereits außerhalb der vorgesehenen Protokollzeit das Nationalparkprogramm der DDR. Damit wurden 14 Gebiete, die bereits von der Regierung Modrow einstweilig gesichert worden waren und etwa 3,7 % der DDR-Landesfläche entsprachen, zu rechtskräftigen Schutzgebieten erklärt. Weitere zwölf Gebiete, die 5,9 % der Landesfläche ausmachten und nicht mehr in das Nationalparkprogramm eingingen, wurden einstweilig gesichert und sollten innerhalb der folgenden zwei Jahre endgültig unter Schutz gestellt werden. Im Einigungsvertrag wurde das Nationalparkprogramm bestätigt.[206]

Damit war innerhalb von zehn Monaten mehr für den Naturschutz in Deutschland erreicht worden, als in den 100 Jahren zuvor. Dies wurde möglich, weil die Umweltakteure entschlossen die günstige Gelegenheit nutzten, wobei die Akteure der zentralen Ebene auf die Unterstützung lokaler Akteure wie in Templin angewiesen waren.

3.2.2. Vom Umweltschutz zur Politik: Die Grüne Partei und der Runde Tisch in Templin

Auch in Templin ergaben sich im Herbst 1989 völlig neue Möglichkeiten für die GNU-Mitglieder. Bereits im Oktober 1989 schlug der GNU-Vorsitzende, Dr. Hensel, in einem Zeitungsartikel öffentliche Diskussionsrunden zur Korrektur der Umweltpolitik vor.[207] Am 20. Dezember 1989 gründeten diejenigen GNU-Mitglieder, die bereits stärker umwelt*politisch* gearbeitet hatten, die Grüne Partei in Templin. Sie versuchten mit diesem Schritt, möglichst rasch Einfluss auf die weitere politische Entwicklung im Kreisgebiet zu nehmen.[208] Fast die gesamte Spitze der GNU Templin trat in die Grüne Partei ein, die mit rund 45 Mitgliedern faktisch die Nachfolgeorganisation der GNU Templin bildete, aber auch Zulauf von neuen Mitgliedern erhielt, die sich für den Umweltschutz engagieren wollten.

Die Templiner Grünen griffen die Umweltthemen auf, die sie bis dahin in der GNU bearbeitet hatten wie die Sanierung der Seen, die etappenweise Schließung der Schweinemastanlage Hassleben, die ökologische Neuorientierung der Landwirtschaft, die strenge Kontrolle des Dünger- und Pestizideinsatzes, der Baustopp der Abwasser-Verregnungsanlage bei Grunewald und die Schließung der Forellenmastanlage im Küstrinchener Bach. Sie diskutierten darüber hinaus neue umweltpolitische Konzepte beispielsweise zum Verkehr, zur Müllvermei-

---

[206] Vgl. KNAPP, Hans Dieter (1992), Das neue Nationalparkprogramm, S. 18; RÖSLER, Markus (1998), Das Nationalparkprogramm der DDR, S. 580-583.

[207] Vgl. BEHRENS, Hermann/BENKERT, Ulrike/HOPFMANN, Jürgen/MAECHLER, Uwe (1993), Wurzeln der Umweltbewegung, S. 114-115.

[208] Ebenda, S. 116; Interviews mit Roland RESCH und Norbert BUKOWSKY; Ernst PRIES.

dung oder zum Energiesparen, konnten diese Ansätze jedoch nicht vertiefen, weil sie von den vier Wahlkämpfen 1990 stark in Anspruch genommen wurden. Einige Parteimitglieder machten die lokalen Umweltprobleme durch Zeitungsartikel bekannt und weckten in öffentlichen Veranstaltungen das Interesse der Bevölkerung am Umweltschutz. Roland Resch, Mitbegründer der Grünen Templin, spricht von einer „umweltpolitischen Aufbruchstimmung", die im Kreis herrschte.[209]

Anfang 1990 wurden in Templin auf Drängen von BürgerInnen und unter maßgeblicher Beteiligung von GNU-Mitgliedern ein Runder Tisch und eine Untersuchungskommission zur Aufdeckung von Korruption und Amtsmissbrauch eingerichtet.[210] Eine der ersten Forderungen am Runden Tisch betraf die Absetzung des Ratsmitglieds für Umweltschutz. Diese Forderung konnte der Runde Tisch ebenso wie die meisten anderen Forderungen „recht reibungslos" gegenüber dem Rat des Kreises durchsetzen.[211] Die Umweltgruppen konnten einen neuen Umweltdezernenten für den Kreis Templin bestimmen und benannten im März 1990 mit Resch ein aktives GNU- und Grünen-Mitglied. Als Vertreter der Bürgerbewegung war Resch neben seinen umweltpolitischen Aufgaben viel mit grundlegenden organisatorischen Fragen des Umbruchs und der Demokratisierung im Kreis befasst.

Bei den Kommunalwahlen im Mai 1990 erreichte ein Wahlbündnis unter Führung der Grünen Partei in der Stadt Templin 17 % und im Landkreis Templin 10 % der Stimmen. Damit wurden die Grünen hinter SPD und CDU die drittstärkste Partei im Kreis und beteiligten sich an einer großen Koalition. Resch wurde zum stellvertretenden Landrat und Pries zum Vorsitzenden des Ausschusses für Landwirtschaft, Umwelt und Tourismus im Kreistag gewählt. Bei den Landtagswahlen am 14. Oktober 1990 erreichten die Grünen in Templin 16,8 %. Diese Wahlerfolge beruhten auf der engagierten, fest verankerten Umweltarbeit der GNU Templin vor der Wende und auf dem Einsatz der KandidatInnen während der Wende.[212]

Mehrere Templiner UmweltschützerInnen übernahmen in der Umbruchzeit ein politisches Amt oder eine Stelle in der Umweltverwaltung, wodurch sie einen direkten Zugang zu den umweltpolitischen Entscheidungsprozessen erhielten. Aber das ehrenamtliche Engagement blieb ein wesentlicher Faktor, um umweltpolitische Verbesserungen durchzusetzen. Hierbei ergaben sich Engpässe, weil einige Aktive mit ihren neuen beruflichen Aufgaben ausgelastet waren und andere „mit sich selbst zu tun hatten, um sich in das neue System einzufinden

---

209 Interview mit Roland RESCH und Norbert BUKOWSKY.

210 Vgl. HOPFMANN, Jürgen (1993), Die Geschichte des Natur- und Umweltschutzes im Landkreis Templin der Uckermark, S. 20; Interview mit Ernst PRIES.

211 Interview mit Roland RESCH und Norbert BUKOWSKY.

212 Vgl. KÜHNEL, Wolfgang/SALLMON-METZNER, Carola (1991), Grüne Partei und Grüne Liga, S. 207; Interviews mit Roland RESCH und Norbert BUKOWSKY; Ernst PRIES.

und persönlich damit klarzukommen."[213] Die GNU Templin hatte sich überlebt und löste sich auf. Im Herbst 1990 gründeten die UmweltschützerInnen eine Gruppe des NABU in Templin.

In ihrer umweltschützerischen Arbeit setzten sich die Templiner Grünen erfolgreich für den Baustopp der Abwasser-Verregnungsanlage bei Grunewald ein, den sie im Mai 1990 durchsetzen konnten.[214]

Schwieriger waren die Auseinandersetzungen um das Schweinezucht- und Mastkombinat Hassleben. Bis Mitte 1990 wurde zwar der Bestand von 145.000 auf 120.000 Tiere reduziert, aber durch diesen Schritt konnten die gravierenden Probleme der Tierhaltung und der Gülleentsorgung nicht gelöst werden. Bei den Kommunalwahlen im Mai 1990 errangen die Grünen drei Viertel der Sitze im Gemeinderat von Hassleben. Nach der Einschätzung von Pries war es bezeichnend für diese Phase, dass die Bevölkerung den Umweltschutz befürwortete und davon ausging, dass ökologische und ökonomische Modernisierung Hand in Hand gehen würden.

Die Grünen des Kreises Templin verhandelten mit dem Betreiber des Schweinezuchtkombinats, das unter dem Dach der Treuhandanstalt in den „Uckermärkischen Schweinemast- und Zuchtbetrieb" umgewandelt worden war, und schlug ihnen vor, kontinuierlich die Anzahl der Schweine zu reduzieren und innerhalb von anderthalb bis zwei Jahren die Zucht zu beenden. Parallel dazu sollten auf dem industriell erschlossenen Gelände des Schweinezuchtbetriebs andere Betriebe, vor allem regionale Handwerksbetriebe, angesiedelt, Arbeitsplätze umdisponiert und damit erhalten werden. Auf diese Weise wollten die Grünen einen ökonomisch und sozial verträglichen Abbau der Massentierhaltung bewerkstelligen.[215]

3.2.3. Die Sicherung von Großschutzgebieten im Kreis Templin

In der Wendezeit machten sich die Templiner UmweltschützerInnen auch daran, große Gebiete im Kreis Templin unter Schutz zu stellen, und knüpften damit nahtlos an ihre bisherigen Aktivitäten an. Nach der Einschätzung von PRIES war es „ganz typisch", dass die Vorschläge für die Großschutzgebiete aus der Bevölkerung kamen:

> „Die Idee eines Nationalparks an Stelle des Staatsjagdgebiets[216] Schorfheide hatte hier ein Architekt bei einer öffentlichen Versammlung im Kreis Templin. Wir hatten hier

---

[213] Interview mit Roland RESCH und Norbert BUKOWSKY.

[214] Vgl. BEHRENS, Hermann/BENKERT, Ulrike/HOPFMANN, Jürgen/MAECHLER, Uwe (1993), Wurzeln der Umweltbewegung, S. 109-110.

[215] Vgl. ARCHE NOVA 5 vom 1.5.1990, S. 442; Nordkurier 23.5.1990; Nordkurier 26.5.1990; Tageszeitung 15.6.1991; Interview mit Ernst PRIES.

[216] Es gab in der DDR 18 so genannte Staatsjagdgebiete, die der SED-Führung für persönliche Jagdvergnügungen vorbehalten waren. Ein „besonders negatives Beispiel" war das Staats-

zahlreiche Montagsandachten und die Kirchen waren so voll, dass die Leute draußen standen. Bei so einer Versammlung sagte er: „Wir müssen aus den Staatsjagdgebieten Nationalparks machen.“ Damit war die Sache hier geboren.“[217]

Daraufhin sammelten Templiner NaturschützerInnen Unterschriften für die Bildung eines Nationalparks Schorfheide. Kurz darauf wurde auf einer Ornithologen-Tagung in Neubrandenburg die Idee eines Biosphärenreservats für die Schorfheide geboren, um die dort lebenden seltenen Greifvogelarten zu schützen. Diese Vorstöße konnten sich auf die parallel formulierten Vorschläge des Stellvertretenden Umweltministers Succow stützen – und umgekehrt. Succow und seine Mitarbeiter suchten vor Ort NaturschützerInnen und Fachleute, die mit ihrer Ortskenntnis die Grenzziehung und die fachliche Begründung für die Großschutzgebiete vornehmen sollten.[218]

Bei den Templiner UmweltschützerInnen lief Succow mit der Idee des *Biosphärenreservats Schorfheide-Chorin* offene Türen ein.[219] Dort förderte Resch als Umweltamtsleiter bzw. als stellvertretender Landrat wesentlich die Bildung dieses Biosphärenreservats. Im April 1990 rief die Templiner Kreisverwaltung NaturschützerInnen aus der Region zusammen, um die Konzeption und Grenzziehung des Biosphärenreservats zu organisieren. Diese Aufgabe übernahm federführend Pries, der die Naturräume in dieser Gegend bereits mehrfach kartiert hatte. Unterstützt wurde er von Bukowsky und weiteren Grünen bzw. ehemaligen GNU-Mitgliedern.

Da das Biosphärenreservat von der Bevölkerung unterstützt wurde und dort keine Gewerbegebiete geplant wurden, gab es bei der Grenzziehung keine Proteste. Innerhalb weniger Wochen führten sie in unermüdlicher Arbeit die Landschaften des Biosphärenreservats Schorfheide-Chorin zusammen und gaben die fachlichen Begründungen dafür. Dabei konnten sich Pries und Bukowsky auf das bereits bestehende System kleinerer Schutzgebiete stützen, das sie im Rahmen der GNU in den achtziger Jahren entwickelt und durchgesetzt hatten. Im Wettlauf mit der Zeit und unter Mithilfe des Nordrhein-Westfälischen Umweltministeriums wurden die Schutzverordnungen nach den Vorgaben des bundesdeutschen Naturschutzrechts formuliert und dann ans DDR-Umweltministerium weitergeleitet, das das Biosphärenreservat in das Nationalparkprogramm aufnahm.

---

jagdgebiet Schorfheide, das besonders von Honecker, Sindermann u. a. genutzt wurde und in dem „regelrechte Massenabschüsse durchgeführt“ wurden, für die einige der prominenten Jäger auch noch „Tausende von Mark Schützenanteil“ kassierten. Tagesspiegel 9.1.1990.

[217] Interview mit Ernst PRIES.

[218] Vgl. Interviews mit Ernst PRIES; Roland RESCH und Norbert BUKOWSKY; Michael SUCCOW.

[219] Im Folgenden stütze ich mich auf die Auswertung der Interviews mit Ernst PRIES; Roland RESCH und Norbert BUKOWSKY; Michael SUCCOW.

Wesentlich zäher gestaltete sich die Einrichtung des Naturparks Lychen-Feldberger Seenlandschaft, der später *Naturpark Uckermärkische Seen* hieß. Die Templiner NaturschützerInnen hatten über die Bezirksverwaltung Neubrandenburg relativ rasch 15 bis 20 Naturschutzgebiete auf dem Territorium des geplanten Naturschutzparks einstweilig sichern können.

Aber der Naturschutzpark bzw. der spätere Naturpark rutschte in der Priorität des Nationalparkprogramms nach hinten, weil der ökonomische Druck auf dieses Gebiet nicht so groß war wie auf das Biosphärenreservat Schorfheide-Chorin und andere Gebiete. So wurde der Naturpark Feldberger Seenlandschaft zwar auf Anordnung von Umweltminister Steinberg am 25. Juli 1990 einstweilig gesichert, gehörte aber nicht mehr zum Nationalparkprogramm und hatte damit keinen endgültigen Schutzstatus.[220]

Auch für diesen Naturpark nahmen Pries und Bukowsky die Ausgrenzung vor, allerdings erst nach der Vereinigung. Nach Ansicht von RESCH vergaben die Templiner UmweltschützerInnen unter den chaotischen Bedingungen des Umbruchs eine Chance:

> „Wenn wir ganz cool gewesen wären, hätten wir das Gebiet gleich endgültig gesichert. Wir hatten darauf vertraut, dass die Umweltverwaltung ordentlich arbeiten würde. Es war für uns nicht abzusehen, dass es länger als fünf Jahre dauern würde, um aus der einstweiligen eine endgültige Sicherung zu machen."[221]

Insgesamt lässt sich für die Umbruchzeit festhalten, dass sich die Templiner GNU-Mitglieder in der Grünen Partei neu organisierten, weil ihnen eine politische Partei größere Mitwirkungsmöglichkeiten als die im Zerfall befindliche DDR-Umweltorganisation gestattete. Neben der Grünen Partei bestand ein ganzes Netzwerk, in dem die Templiner UmweltschützerInnen in ihren verschiedenen Funktionen und Positionen in der Politik, der Umweltverwaltung, am Runden Tisch oder in Umweltzirkeln zusammenarbeiteten, wobei sich der ehrenamtliche und der berufliche Umwelt- und Naturschutz miteinander vermischten und sich überlappten. Grundlage des Netzwerkes waren die persönlichen Beziehungen und das gemeinschaftliche Engagement in der GNU Templin vor der Wende.

In dieser Konstellation war umweltpolitische Partizipation besonders effektiv, weil mehrere UmweltschützerInnen durch ihr Amt direkt Einfluss auf die maßgeblichen umweltpolitischen Entscheidungsprozessen nehmen konnten. Durch die gegenseitige Unterstützung im Netzwerk und die Zusammenarbeit mit anderen Institutionen wie der Bezirksverwaltung oder dem DDR-Umweltministerium und dem stellvertretenden Umweltminister Succow, den Pries persönlich kannte, konnten die Templiner Grünen ihren Einfluss zusätzlich ausweiten. Ihre umweltpolitischen Ziele wurden von der Bevölkerung mitgetra-

---

[220] Vgl. RÖSLER, Markus (1998), Das Nationalparkprogramm der DDR, S. 569, 582.
[221] Interview mit Roland RESCH und Norbert BUKOWSKY.

gen – worauf nicht zuletzt die überdurchschnittlich hohen Wahlergebnisse für die Grüne Partei hinweisen –, so dass sie ihre Mobilisierung weitgehend auf die Wahlkämpfe beschränken konnten.

Alles in allem schöpften die Templiner Grünen die Spielräume der Umbruchzeit voll aus und verwirklichten den Großteil ihrer Ziele. Bei der Unterschutzstellung des Biosphärenreservats Schorfheide-Chorin waren sie sehr erfolgreich. Denn das Nationalparkprogramm beruhte zu einem wichtigen Teil auf dem Engagement lokaler Umweltgruppen und UmweltschützerInnen, wie SUCCOW hervorhebt:

> „Wir hätten noch manches mehr haben können an Schutzgebieten, z. B. im Gebiet Stechlinsee. Aber da war keine Gruppe oder Einzelperson, die beherzt losgearbeitet hat. Die, die gearbeitet haben, das waren die Pioniere der ersten Stunde, die begriffen hatten, worum es ging. Die haben auf Zuruf Ausgrenzungen und Zonierungen gemacht und Berichte zur fachlichen Begründung geschrieben. Das hat der Ernst [Pries] alles gemacht. Wenn da kein Ernst gewesen wäre, wäre das Biosphärenreservat Schorfheide-Chorin nicht entstanden.“ [222]

3.3. Der wirtschaftspolitische Druck auf den Naturschutz nach der Vereinigung

3.3.1. Die Entstehung eines Netzwerkes für den Umweltschutz in Templin

Nach der Vereinigung strahlte das Nationalparkprogramm positiv auf den gesamtdeutschen Naturschutz aus. Biosphärenreservate wurden als neue Schutzkategorie auch in Westdeutschland etabliert, und ermutigt durch den Erfolg in Ostdeutschland wurden viele weitere Großschutzgebiete in Ost- und Westdeutschland geschaffen.[223]

Mit der Vereinigung ging die Zuständigkeit für den Naturschutz und die Schutzgebiete auf die Bundesländer über. Das Brandenburger Umweltministerium setzte einen Schwerpunkt beim Naturschutz und bemühte sich um einen zügigen Auf- und Ausbau der Brandenburger Großschutzgebiete. Der Anteil der Naturschutzgebiete an der Landesfläche wurde von unter 1 % 1989, über 4,3 % 1992 auf etwa 5 % im Jahr 2000 gesteigert. Der Anteil der Landschaftsschutzgebiete wurde von ca. 15 % 1989 auf rund 32 % im Jahr 2000 erhöht. Bis 2001 wurden in Brandenburg ein Nationalpark, drei Biosphärenreservate sowie elf Naturparks verwirklicht.[224]

---

[222] Interview mit Michael SUCCOW.

[223] Vgl. SUCCOW, Michael/JESCHKE, Lebrecht/KNAPP, Hans Dieter (2001), Die Krise als Chance; WEDER, Dietrich Jörn (2002), Tafelsilber statt Pritzelkram.

[224] Vgl. Ministerium für Landwirtschaft, Umweltschutz und Raumordnung, www.brandenburg.de/land/mlur/n/b_n.htm (Stand 2/2002); Klaus (20001), „Nicht passend für diese Gegend.“

Aber nach dem anfänglichen Schwung geriet die Brandenburger Naturschutzpolitik ins Stocken, weil die finanziellen Mittel spärlicher wurden. Auch kam es immer öfter zu Protesten der Wirtschaft und der Bevölkerung, die fürchteten, dass die Ausweisung von Schutzgebieten Investitionen und damit die Schaffung von Arbeitsplätzen verhindern würde. Schließlich wuchs ausgehend vom Ballungsraum Berlin der Druck auf eine ökonomische Nutzung schützenswerter und geschützter Gebiete. Investoren versuchten zunehmend, den Schutzstatus zu unterlaufen und zu umgehen, und hatten dabei, angesichts der hohen Arbeitslosigkeit in den ländlichen Gebieten,[225] fast immer die Unterstützung der Landes- und KommunalpolitikerInnen. Die intensivere Landnutzung führte nach Angaben des Brandenburger Umweltministeriums dazu, dass der Bestand der meisten Tier- und Pflanzenarten in Ostdeutschland zwischen 1989 und 1999 zurückging.[226]

In Templin bestanden direkt nach der Vereinigung organisatorisch recht gute Bedingungen für die lokale Umweltpolitik. Nach den guten Wahlergebnissen für die Grüne Partei wählte der Templiner Kreistag im Mai 1991 den Grünen Resch zum Landrat. Die Grünen Kreistagsabgeordneten, angeführt von Pries und Bukowsky, arbeiteten intensiv an der umweltpolitischen Gestaltung des Kreises mit und fanden für ihre fachlich fundierten Vorhaben des Öfteren Mehrheiten.

Bei der Kreisgebietsreform in Brandenburg im Dezember 1992 wurde der Landkreis Templin mit den Kreisen Angermünde und Prenzlau sowie der Stadt Schwedt zum neuen Großkreis Uckermark zusammengelegt, der mit einer Fläche von 300.000 Hektar der größte Kreis der Bundesrepublik wurde. Bei den anschließenden Kommunalwahlen im Dezember 1993 erhielten Bündnis 90/Die Grünen im Altkreis Templin 14 %, im Großkreis Uckermark insgesamt 7,8 % der Stimmen. Danach zerfiel die Partei in Templin langsam und konnte nur noch über einzelne Abgeordnete Einfluss auf die lokale Umweltpolitik nehmen.

Während und nach der Wendezeit wurden auch Ortsgruppen des NABU (Herbst 1990) und des BUND (August 1991) in Templin gegründet, die als Ergänzung zur Grünen Partei gedacht waren, die die naturschützerische und umweltpolitische Arbeit allein nicht bewältigen konnte. Im Verlauf der neunziger Jahre ging das Engagement in den beiden Ortsgruppen der Umweltverbände zurück, weil die Aktiven älter wurden und kürzer traten oder beruflich stark eingespannt waren. 2000 gab es in Templin nur noch den NABU, der aber in der Öffentlichkeit kaum präsent war.[227]

Während die umweltpolitische Arbeit sowohl bei Bündnis 90/Die Grünen als auch in den Umweltverbänden nachließ, widerstand das bereits erwähnte per-

---

[225] Die Zahl der Beschäftigten in der Land-, Forst- und Fischereiwirtschaft ging in Brandenburg von 204.000 im Jahr 1989 auf 37.000 bis Ende 1992 zurück. Vgl. KRAFT, Maria (1995), Arbeitsmarkt auf dem Lande, S. 29.

[226] Vgl. Tagesspiegel 9.9.1999.

[227] Vgl. Interviews mit Roland RESCH und Norbert BUKOWSKY; Ernst PRIES.

sönliche Netzwerk der Templiner UmweltschützerInnen, die sich in den verschiedenen Gruppen engagiert hatten und beruflich im Umwelt- und Naturschutz arbeiteten, dieser Entwicklung. Sie nutzten ihr Fachwissen, ihre Erfahrungen und ihren beruflichen Einfluss, um gemeinsam umweltpolitische Ziele durchzusetzen. Dabei war eine Verlagerung vom ehrenamtlichen zum hauptamtlichen Naturschutz zu beobachten.

Zu den umweltpolitischen Aktivitäten der Templiner Grünen nach der Vereinigung gehörte der Kampf gegen die Massentierhaltung in Hassleben.[228] Das Bundesministerium für Landwirtschaft und das Umweltministerium beschlossen im Juni 1991, die Schweinemastanlage, die ohnehin unrentabel war, wegen zahlreicher Verstöße gegen Umweltauflagen zu schließen. Die abrupte Betriebsstilllegung konterkarierte das Konzept der Templiner Grünen für eine allmähliche, sozialverträgliche Schließung der Anlage und deren Umwandlung in ein Gewerbegebiet. Die Treuhandanstalt suchte stattdessen nach einem neuen Investor für die Schweinemast. Während Bundes- und Landesministerien die Wiederansiedlung einer Schweinemastanlage mit dem Verweis auf neue Arbeitsplätze befürworteten, lehnten die Kreisverwaltung, die Wasserwirtschaftsbehörde und die Gemeindevertretung in Hassleben dies aus ökologischen Gründen ab.

Bei den folgenden Auseinandersetzungen um einen möglichen Wiederaufbau der Schweinezucht wies Pries nach, dass die gesetzlich vorgeschriebenen Begüllungsflächen für die Massentierhaltung nicht vorhanden waren. Auf diese Weise konnten Pries und weitere Templiner UmweltschützerInnen bislang Investitionen in die Schweinemast verhindern. Die Bevölkerung in Hassleben sprach sich mittlerweile für deren Wiederansiedlung aus in der Hoffnung auf Arbeitsplätze.

Im Kampf gegen die Forellenmastanlage im Naturschutzgebiet Küstrinchener Bach konnten die Templiner UmweltschützerInnen keinen Erfolg verbuchen. Diese Mastanlage wurde trotz der Wasserverschmutzung und der fehlenden wasserrechtlichen Genehmigung weiter betrieben.[229]

3.3.2. Der Auf- und Ausbau von Großschutzgebieten in der Region Templin

Die Templiner UmweltschützerInnen setzten sich nach der Vereinigung weiter für den Auf- und Ausbau der Großschutzgebiete ein. Sowohl das Biosphärenreservat Schorfheide-Chorin als auch der Naturpark Uckermärkische Seen erstreckten sich ganz oder in großen Teilen über den Landkreis Templin bzw. über den Großkreis Uckermark.

Das *Biosphärenreservat Schorfheide-Chorin*, das bereits im Nationalparkprogramm endgültig gesichert worden war, ist mit einer Fläche von 1.291 km²

---

228 Vgl. Grünstift 10/1995, S. 14; Tageszeitung 15.6.1991; Interview mit Ernst PRIES.

229 Vgl. HOPFMANN, Jürgen (1993), Die Geschichte des Natur- und Umweltschutzes im Landkreis Templin der Uckermark, S. 23-27; Interview mit Ernst PRIES.

eines der größten Schutzgebiete Deutschlands mit einer einzigartigen Kulturlandschaft aus rund 240 Seen, vielen Mooren und ausgedehnten Wäldern. Es umfasst rund ein Drittel der Fläche des Kreises Templin und gehört mit einer Einwohnerdichte von 28 Einwohnern/km² zu den am dünnsten besiedelten Regionen Deutschlands.[230]

Die Aufbauleitung des Biosphärenreservats hatte mit Geldmangel zu kämpfen und verfügte über nur neun MitarbeiterInnen. Die größte Schwierigkeit aber bestand darin, die örtliche Bevölkerung sowie die Kommunalpolitik für das Projekt zu gewinnen und ihnen eine wirtschaftliche Perspektive anzubieten. Gemeinsam versuchten die Leitung des Biosphärenreservats, Succow, der Vizepräsident des NABU und Professor für Botanik in Greifswald wurde und sich weiterhin für die Großschutzgebiete engagierte, sowie der Templiner Landrat Resch, in drei Bereichen Arbeitsplätze und Einkommensmöglichkeiten zu schaffen: erstens in der Erzeugung und Weiterverarbeitung ökologisch hochwertiger Produkte aus ökologischer Land- und Forstwirtschaft, zweitens durch einen sanften, gelenkten Tourismus und drittens im öffentlich und privat finanzierten Naturschutz sowie in der Landschaftspflege.[231] Dieses eher vorsichtige Entwicklungskonzept versprach keinen raschen Reichtum für die regionale Bevölkerung, wie es die vielen, oftmals unseriös kalkulierten und weder ökologisch noch wirtschaftlich nachhaltigen Großprojekte (z.B. Freizeitparks) vorgaukelten. Aber es konnte durchaus zu einer langfristigen Existenzsicherung beitragen. Die Höfe, die biologischen Landbau betrieben, zeigten stabile Ertragsergebnisse, das Biosphärenreservat wurde zu einem beliebten Urlaubsziel und zwei Drittel aller Landwirte verfügten dort durch den Vertragsnaturschutz über eine fest kalkulierbare Einnahmequelle. Ein Beispiel dafür ist das über die Region hinaus bekannte Ökodorf Brodowin.[232]

Die Verwaltung des Biosphärenreservats verzichtete weitgehend auf Verbote, dennoch entzündeten sich immer wieder Konflikte zwischen den wirtschaftlichen Interessen von Investoren und Kommunen einerseits sowie NaturschützerInnen und der Schutzgebietsverwaltung andererseits; so z. B. beim Ausbau der Infrastruktur für den Massentourismus beim Kloster Chorin oder bei der Ausweisung eines Gewerbeparks in der Gemeinde Milmersdorf.[233] Die Schutzkon-

---

[230] Vgl. SCHULZKE, Dietrich (1995), Biosphärenreservat Schorfheide-Chorin; Ministerium für Landwirtschaft, Umweltschutz und Raumordnung Brandenburg (MLUR) www.brandenburg.de/land/mlur/n/s_chorin/brsc.htm (9/2000).

[231] Vgl. BEHRENS, Hermann/BENKERT, Ulrike/HOPFMANN, Jürgen/MAECHLER, Uwe (1993), Wurzeln der Umweltbewegung, S. 118-119; OSTWALD, Herbert (1991), Naturschützer im Mercedes?, S. 40-41; SUCCOW, Michael (1995), „Es steht ein grundsätzliches Neubestimmen an", S. 72-73.

[232] Vgl. ISERMANN-KÜHN, Andrea (1995), Dorferneuerung in Brandenburg; PLATZECK, Matthias (1995), Die Praxis von oben verändern, S. 246-247; Grünstift 10/1992, S. 29.

[233] Vgl. OSTWALD, Herbert (1991), Naturschützer im Mercedes?, S. 39-42; BECK, Andre (1992), Schorfheide, S. 18-19; Interview mit Roland RESCH und Norbert BUKOWSKY.

zeption des Biosphärenreservats geriet zusätzlich in Gefahr, als ab Mitte der neunziger Jahre Wälder aus dem Treuhandvermögen zu Spottpreisen privatisiert wurden, darunter selbst hochgradig geschützte Gebiete. Erst nach heftigen Protesten der Naturschutzverbände und der Leitung des Biosphärenreservats wurde ihnen ein gewisses Mitspracherecht bei den Waldprivatisierungen eingeräumt.[234]

Insgesamt konnte sich das Biosphärenreservat Schorfheide-Chorin trotz der beschriebenen Schwierigkeiten in der Region etablieren und Dank einer professionellen Organisationsstruktur wesentliche Schutz- und Entwicklungsziele erreichen. Der ehrenamtliche Naturschutz spielte dabei nur eine Nebenrolle.[235]

Die Templiner UmweltschützerInnen engagierten sich wesentlich stärker beim Aufbau des *Naturparks Uckermärkische Seen*, der in der Wendezeit nur einstweilig gesichert worden war. Nach der Vereinigung blieb dieser begonnene Prozess stecken und es dauerte viele Jahre, bis das Verfahren für die endgültige Unterschutzstellung eröffnet wurde. Eine Ursache dafür war, dass die Brandenburger Umweltbehörde die Bildung des Naturparks zeitweise aussetzte, weil sie andere Schutzgebiete vorrangig behandelte. Auch grenzte der Naturpark Uckermärkische Seen an einen Naturpark in Mecklenburg-Vorpommern an. Die gemeinsame Konzeption dieser beiden Naturparks mit zwei unterschiedlichen Landesnaturschutzgesetzen und Umweltverwaltungen war äußerst mühsam und zeitraubend.

Die Templiner NaturschützerInnen trieben diesen Prozess immer wieder von der Kreisebene aus an. Pries und Bukowsky, der von 1990 bis 1995 Aufbauleiter des Naturparks war, nahmen 1991/1992 im Wesentlichen die Grenzziehung und Zonierung für den Naturpark vor, die sich aber noch bis 1996 hinzog.[236] Resch, der bis 1992 Landrat im Kreis Templin und bis 1994 Brandenburger Bildungsminister war, und die grüne Kreistagsfraktion mit Pries und Bukowsky sorgten dafür, dass die Vorhaben des Aufbaustabes für den Naturpark von der Kreisverwaltung umgesetzt wurden. Im September 1995 wurde Resch zum Leiter der Naturparkverwaltung berufen, die dann zur treibenden Kraft bei der endgültigen Sicherung des Naturparks Uckermärkische Seen wurde.[237]

Im Mai 1997 wurde der Naturpark schließlich eröffnet, umfasste ein Gebiet von 895 km² mit etwa 230 Seen und war Heimat seltener Tiere wie Fischotter, Biber und Fischadler. Fast 100 % des Naturparks sind Landschaftsschutzgebiet. Die Naturparkleitung strebt bis 2007 Naturschutzgebiete auf 30 % und Totalreservate auf 2-3 % der Fläche an, was den strengen Kriterien eines Biosphärenreservats entsprechen würde. Bund und Land fördern das Naturschutzgroßprojekt

[234] Vgl. Frankfurter Rundschau 26.11.1997; Frankfurter Rundschau 29.9.1998.

[235] Vgl. SCHULZKE, Dietrich (1995), Biosphärenreservat Schorfheide-Chorin, S. 177-184.

[236] Vgl. HOPFMANN, Jürgen (1993), Die Geschichte des Natur- und Umweltschutzes im Landkreis Templin der Uckermark, S. 49-50.

[237] Vgl. Interview mit Roland RESCH und Norbert BUKOWSKY.

Uckermärkische Seen mit 30 Millionen DM für den Zeitraum von 1996 bis 2007.[238]

Der Naturpark Uckermärkische Seen verstand sich in der strukturschwachen Region auch als Wirtschaftsfaktor und setzte ähnlich wie das Biosphärenreservat auf die Standbeine des naturverträglichen Tourismus, der Holzwirtschaft und -verarbeitung sowie des ökologischen Landbaus. Die Naturparkverwaltung initiierte einen Prozess zur nachhaltigen Regionalentwicklung mit 30 bis 40 lokalen Akteuren und der finanziellen Unterstützung der EU. Sie bemühte sich nach Einschätzung von Bukowsky relativ erfolgreich, den positiven Zusammenhang zwischen Naturpark, Regionalentwicklung und sanftem Tourismus deutlich zu machen, und warb beträchtliche Drittmitteln ein, die auch den Gemeinden des Naturparks zugute kamen. Insgesamt gäbe es in der Region, abgesehen von einigen Investitionsvorhaben und Straßenbauprojekten, kaum Widerstand gegen den Naturpark.[239]

Das Schutzkonzept des Naturparks wurde ähnlich wie beim Biosphärenreservat durch die Waldprivatisierungen der Treuhandanstalt und des Landes Brandenburg erheblich beeinträchtigt, weil die hohen naturschützerischen Zielvorgaben im Privatwald sehr viel schlechter durchgesetzt werden können als im Staatswald.[240] Die Verkäufe begannen 1994, als 8.000-10.000 ha aus dem 24.000 ha umfassenden Kerngebiet des Naturparks zu sehr niedrigen Preisen verkauft wurden. Pries kämpfte gegen die Waldprivatisierung.[241] Der Templiner und später auch der Uckermärker Kreistag sprachen sich gegen die Waldprivatisierung aus. Trotz dieser Proteste gingen die Waldverkäufe der Treuhand weiter. Dies führte zu der grotesken Situation, dass der Naturpark Uckermärkische Seen bzw. dessen Förderverein den Großteil der staatlich zugewiesenen Finanzmittel dafür aufwenden musste, um Waldflächen vom Staat zu zukaufen. Erschwerend kam hinzu, dass Bund und Land den Naturpark bei den Waldverkäufen nachrangig behandelten und ihm erst den Zuschlag erteilten, wenn sich sonst kein Käufer finden ließ.[242]

---

[238] Vgl. Grünstift 2/1997, S. 24; Ministerium für Landwirtschaft, Umweltschutz und Raumordnung Brandenburg (MLUR) www.brandenburg.de/land/mlur/n/b_auf44b.htm (9/2000).

[239] Vgl. Interview mit Roland RESCH und Norbert BUKOWSKY.

[240] Naturparkleiter Roland RESCH: „Wald gehört in die öffentliche Hand, dorthin, wo er schon einmal war. Privatbewirtschaftung ist nicht in der Lage, Naturschutzziele umzusetzen." Zitiert nach: HART, Klaus (20001), Fürsten oder Greenpeace?, S. 12. Vgl. auch WOLLE, Iri (1998), Private Totalreservate; Interview mit Michael SUCCOW.

[241] Vgl. die Schriften von Ernst PRIES: „Gegen die großflächige Privatisierung von Wald in Brandenburg" vom 4.8.1993; „Allgemeine und aktuelle Probleme der Privatisierung land- und forstwirtschaftlich genutzten Bodens in Ostdeutschland" vom 1.9.1995 (Privatarchiv Pries); Tageszeitung 9.8.1994.

[242] Vgl. HART, Klaus (20001), Fürsten oder Greenpeace?; Interview mit Roland RESCH und Norbert BUKOWSKY.

Insgesamt standen 1993 etwa drei Viertel des Altkreises Templin unter Schutz.[243] Der Ende 1992 geschaffene Großkreis Uckermark ist der Kreis mit der größten Fläche an Schutzgebieten in Deutschland.[244] Dieses Ergebnis ist umso bemerkenswerter, als viele andere Brandenburger Kreise und Gemeinden großzügig Gewerbeflächen oft zu Lasten ökologisch wertvoller Flächen auswiesen und sich meist vergeblich darum bemühten, dort Investoren anzulocken.[245]

Es lässt sich zusammenfassen, dass die Templiner UmweltschützerInnen in den ersten Jahren nach der Vereinigung in der Grünen Partei, im NABU und im BUND gut organisiert waren; aber diese Organisationen lösten sich im Verlauf der neunziger Jahre weitgehend auf. Die umweltpolitischen Aktivitäten verlagerten sich auf ein Netzwerk aus ehemaligen GNU- und Grünen-Mitgliedern. Sie waren zum größten Teil hauptamtlich im Umwelt- und Naturschutz beschäftigt, so dass sie auf Grund ihrer Ämter Zugang zu Umweltinformationen hatten, an umweltpolitischen Entscheidungsprozessen beteiligt waren und mit Akteuren aus Politik und Verwaltung kooperieren konnten.

Ihre Strategie lässt sich als Kooperation innerhalb der politisch-administrativen Strukturen charakterisieren wie bei der Einrichtung des Naturparks Uckermärkische Seen oder bei den Protesten gegen die Waldprivatisierung. Öffentlichkeitsarbeit und Mobilisierung hatten dabei lediglich eine unterstützende Funktion. Diese Form der Kooperation macht zugleich den gestiegenen Stellenwert des hauptamtlichen Umweltschutzes in den Umweltverbänden und den Umweltverwaltungen deutlich. Demgegenüber blieb die Rolle von Templiner Umweltgruppen nach der Vereinigung beim Auf- und Ausbau der Großschutzgebiete marginal. Sie verloren nicht nur Mitglieder, sondern konnten mit ihrer ehrenamtlichen Arbeit auch immer weniger Einfluss auf die zunehmend komplexeren administrativen Erfordernisse des Naturschutzes nehmen.

Insgesamt waren die Templiner UmweltschützerInnen bei der Einrichtung des Naturparks Uckermärkische Seen mit seinem hohen Schutzniveau und der Verhinderung der Schweinemast in Hassleben erfolgreich. Diese Erfolge sind um so höher zu bewerten, wenn man sich das nahezu flächendeckende Problem der „Ansiedlungsfalle" bei der Ausweisung von Gewerbegebieten sowie den im Verlauf der neunziger Jahre gestiegenen Widerstand in Brandenburg gegen den Umwelt- und Naturschutz vor Augen hält.[246] Im Gegensatz zu den Auseinander-

243 Vgl. HOPFMANN, Jürgen (1993), Die Geschichte des Natur- und Umweltschutzes im Landkreis Templin der Uckermark, S. 49-50.

244 Zu den Großschutzgebieten gehören das Biosphärenreservat Schorfheide-Chorin, der Großteil des Naturparks Uckermärkische Seen und der Nationalpark Unteres Odertal. Ministerium für Landwirtschaft, Umweltschutz und Raumordnung Brandenburg (MLUR) www.brandenburg.de/land/mlur/n/b_auf44b.htm (9/2000).

245 Brandenburg verfügte 1995 mit rund 12.000 ha über doppelt so viel ausgewiesene Gewerbfläche wie Baden-Württemberg. Vgl. KLEINFELD, Ralf (1996), Kommunalpolitik, S. 279.

246 Roland RESCH schätze 2001 die Lage für den Naturschutz in Brandenburg als „ganz beschissen" ein. Zitiert nach HART, Klaus (20001), „Nicht passend für diese Gegend", S. 11.

setzungen um die Schweinemast in Hassleben gab es gegen die Einrichtung des Naturparks Uckermärkische Seen keinen größeren Widerstand in der Bevölkerung. Zu dieser allgemeinen Akzeptanz des Naturschutzes in der Region Templin, der nur in wenigen Einzelfällen für wirtschaftliche Probleme verantwortlich gemacht wurde, hatte aller Wahrscheinlichkeit nach das jahrzehntelange Engagement der Templiner UmweltschützerInnen wesentlich beigetragen.

4. Vorsorgender Umweltschutz: Stadtökologie und die Lokale Agenda 21 in Berlin-Köpenick

4.1. Die Repression der Umweltgruppen in Köpenick 1980-1989

4.1.1. Die umweltpolitischen Rahmenbedingungen in Ostberlin

In Ostberlin entwickelten sich die Umweltpolitik und die umweltpolitischen Rahmenbedingungen ebenso wie in der DDR im Allgemeinen. Nach einem Aufschwung bis Mitte der siebziger Jahre stagnierte die Ostberliner Umweltpolitik und erfuhr in den achtziger Jahren einen Niedergang. Der Ostberliner Magistrat verfügte als Stadtregierung im „demokratischen Zentralismus“ nur über einen geringen Handlungsspielraum und wurde in der Umweltpolitik wie auch in allen anderen Bereichen von der SED-Bezirksleitung kontrolliert.

Zwar entwarf der Magistrat verschiedene lokale Umweltschutzkonzepte, aber für dringend notwendige Investitionen wie zur Abwasserreinigung oder zur Rauchgasreinigung fehlten die Mittel. Daher fällte er kaum konkrete Entscheidungen und beschränkte sich Ende der achtziger Jahre vor allem auf die Verbreitung propagandistischer „Erfolgsmeldungen“, die jedoch im deutlichen Widerspruch zu den offensichtlichen Umweltproblemen beispielsweise bei der Luft- und Wasserverschmutzung sowie beim Müll standen. Effektive Lösungen im Umweltschutz kamen nur dann zustande, „wenn der Druck der Umweltprobleme so groß wurde, dass das System des Sozialismus in Gefahr“ geriet.[247] Im Juni 1989 verabschiedete die Stadtverordnetenversammlung ein umfangreiches Umweltprogramm, das aber nicht mehr umgesetzt wurde.[248]

Die umweltpolitischen Handlungsmöglichkeiten der elf Ostberliner Bezirke waren noch geringer als die des Magistrats. Die Bezirke hatten keinen Einfluss auf die Stadtplanung, kein Mitspracherecht bei der Erstellung der Produktionspläne und keine Mittel für den kommunalen Umweltschutz. So blieben der Magistrat

---

[247] SCHWENK, Herbert/WEISSPFLUG, Hainer (1996), Umweltschmutz und Umweltschutz in Berlin (Ost), S. 250; vgl. auch 160-250.

[248] Vgl. Beschluss der 12. Tagung der Stadtverordnetenversammlung von Berlin: Programm zur weiteren Gestaltung der Umweltbedingungen in Berlin (1989).

Übersichtskarte Köpenick und Ostberlin

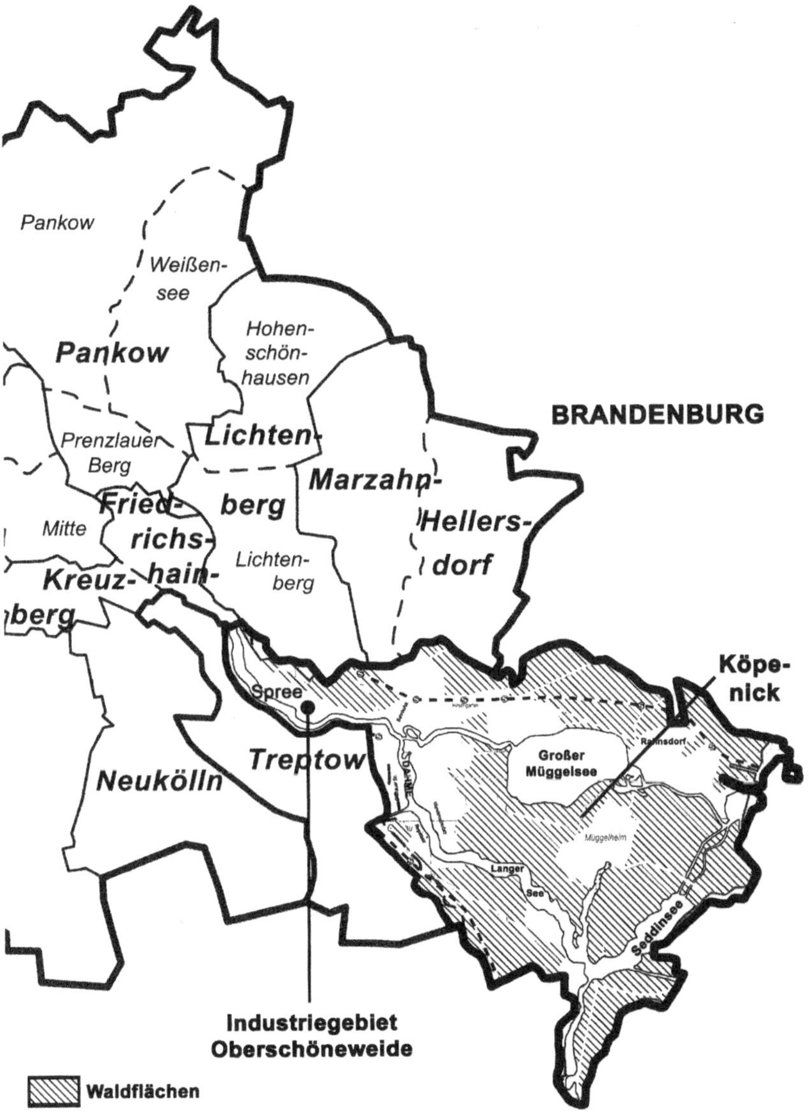

Abb. 9. Quelle: Tourismusverein Köpenick, eigene Bearbeitung.

und die Räte der Stadtbezirke darauf beschränkt, mit den Betrieben freiwillige Kommunalvereinbarungen im Umweltschutz zu treffen.[249]

Der Ostberliner Bezirk Köpenick war bis zur Bezirksgebietsreform 2001 mit 128 km² der größte der elf Ostberliner Bezirke und mit gut 110.000 Einwohnern relativ dünn besiedelt (vgl. Abbildung 9). Drei Viertel der Fläche Köpenicks sind Grün- und Wasserflächen. Das machte Köpenick zum größten Trinkwasserlieferant, zu einem wichtigen Frischlufteinzugsgebiet und zu einem beliebten Naherholungsgebiet für Ostberlin.[250]

Die größten Umweltbelastungen in Köpenick vor 1989 gingen vom Ostberliner Industriezentrum Oberschöneweide aus. Die dortigen Industriebetriebe emittierten unter anderem schwermetallhaltigen Staub, leiteten weitgehend ungeklärte Abwässer direkt in die Spree und gefährdeten dadurch die Gesundheit der Bevölkerung.[251] Ein weiteres Problem stellte die Wasserbelastung im Wasserschutzgebiet um den Müggelsee dar, die unter anderem von der Abwassereinleitung der dortigen Haushalte herrührte. Noch 1991 waren rund 80 Prozent der Grundstücke in den Außenbezirken Köpenicks nicht an die Abwasserkanalisation angeschlossen.[252]

4.1.2. Die Fachgruppe Feldherpetologie in Köpenick

1983 bildete sich in Köpenick eine Naturschutzhelfer-Gruppe mit rund zwölf Mitgliedern, die beim ehrenamtlichen, staatlichen kontrollierten Naturschutz angesiedelt war. Als Vorbild diente ihr die Fachgruppe Feldherpetologie[253] der Gesellschaft für Natur und Umwelt (GNU) im Berliner Bezirk Weißensee. Auf Initiative und mit der fachlichen Unterstützung der Feldherpetologen aus Weißensee forderten die Köpenicker UmweltschützerInnen, 13 Kleingewässer, Gräben und Feuchtgebiete im Bezirk Köpenick als Flächennaturdenkmal unter Schutz zu stellen. Nachdem die Gruppe die entsprechenden Beschlussvorlagen ausgearbeitet hatte, stellte der Rat des Stadtbezirks Köpenick im Oktober 1983 diese Gebiete unter Schutz.[254]

---

[249] Vgl. ebenda, S. 74-75.

[250] Vgl. DÜNNHAUPT, Klaus et al. (1998), Der Prozess zu einer Lokalen Agenda 21 für Berlin-Köpenick. Teil I, S. 25; Enquetekommission „Zukunftsfähiges Berlin“ des Abgeordnetenhauses von Berlin (Hg.) (1999), Zukunftsfähiges Berlin. Anlagenband, S. 324; Tageszeitung 10.4.1992.

[251] Vgl. SCHWENK, Herbert/WEISSPFLUG, Hainer (1996), Umweltschmutz und Umweltschutz in Berlin (Ost), S. 226.

[252] Vgl. WENSIERSKI, Peter (1986), Von oben nach unten wächst gar nichts, S. 145; Tageszeitung 11.2.1991; Tageszeitung 15.10.1991.

[253] Herpetologie befasst sich mit Kriechtieren und Lurchen.

[254] Vgl. Beschlussvorlage für den Rat des Stadtbezirks Berlin-Köpenick „Bestätigung von Flächennaturdenkmalen im Stadtbezirk Berlin-Köpenick“ für die Sitzung am 26.10.1983 (Privatarchiv Roggisch).

Nach Querelen mit den zuständigen staatlichen Stellen löste sich die Naturschutzhelfer-Gruppe auf, um sich als Fachgruppe Feldherpetologie der GNU in Köpenick im September 1984 wiederzugründen, weil sie dadurch einen besser abgesicherten Status erhielt. Die Fachgruppe hatte 25 bis 30 Mitglieder und war formal Mitglied in der GNU – die in Köpenick nur auf dem Papier bestand und vom Kulturbund der DDR als Dachorganisation dominiert wurde –, versuchte aber, möglichst unabhängig von den Strukturen der GNU bzw. des Kulturbundes zu arbeiten.[255]

Den Anstoß für die Mitarbeit in der Umweltgruppe gab nach Einschätzung von Reinhard Roggisch, dem Mitbegründer und Leiter der Gruppe von 1984 bis 1986, für viele Mitglieder die Umweltbelastung, die sie täglich in ihren Umfeld und in den Betrieben beobachteten. Hinzu kamen Umweltprobleme in Köpenick wie die Errichtung eines Neubaugebietes in einem Waldgebiet, die Grundwasserabsenkung, die durch die Trinkwassergewinnung am Müggelsee verursacht wurde und zum Austrocknen von Kleingewässern führte, das Versprühen von Insektiziden per Flugzeug über dem Köpenicker Wald und die Verschmutzung des Müggelsees. Ein zweites Motiv für die meisten MitstreiterInnen war der Wunsch, in der „bleiernen Zeit" der DDR Anfang der achtziger Jahre aktiv zu werden, der gesellschaftlichen Erstarrung mit einem selbstbestimmten Engagement entgegenzuwirken und umweltpolitisch etwas zu bewegen.[256]

Die Fachgruppe Feldherpetologie vertrat Umwelt- und Naturschutzinteressen. Ihr standen in der lokalen Akteurkonstellation der Kulturbund, der die „politische Kontrolle" über die Gruppe ausübte, und die Kommunalverwaltung, die kaum Interesse am Naturschutz zeigte, gegenüber. Die staatlichen Stellen verfolgten misstrauisch die Aktivitäten die Fachgruppe Feldherpetologie, obwohl sie offiziell anerkannt war und sich praktisch ausschließlich um den örtlichen Naturschutz kümmerte. Sie kontrollierten und behinderten teilweise gezielt die Arbeit der Feldherpetologen. Die Staatssicherheit überwachte die Gruppe und schleuste bei ihr mehrere Spitzel ein, was die Atmosphäre in der Gruppe verunsicherte. Die meisten Mitglieder waren nach eigener Einschätzung mit ihrer Mitarbeit in der Umweltgruppe kein Risiko eingegangen und erlitten keine persönlichen Nachteile.[257] Aber einige der SED gegenüber distanzierte, kritische Leitungsmitglieder der Gruppe mussten erhebliche berufliche Schikanen hinnehmen und wurden von der Staatssicherheit verfolgt. Die Teilnahme an den Gruppenaktivitäten war damit für alle Mitglieder in ihren Auswirkungen unabsehbar.

---

[255] Vgl. ROGGISCH, Reinhard (1987), Zur Gründung der Fachgruppe Feldherpetologie Berlin-Köpenick, S. 98-99; Niederschrift „Zur Entstehung einer Fachgruppe Feldherpetologie im Stadtbezirk Berlin-Köpenick" [o.A.,o.J.] (Privatarchiv Roggisch).

[256] Interview mit Reinhard ROGGISCH.

[257] Vgl. die Umfrage unter den ehemaligen Mitgliedern der Gruppe Feldherpetologie von 1995/96 (Privatarchiv Roggisch).

Unter diesen Voraussetzungen gestaltete sich selbst das Anbringen eines Schaukastens für Aushänge der Umweltgruppe als äußerst aufwendiges Unterfangen und bedurfte zahlreicher Genehmigungen. Daher legten die Feldherpetologen den Schwerpunkt ihrer Aktivitäten auf eine betont fachlich ausgerichtetes und damit politisch unangreifbares Programm sowie auf praktische Arbeitseinsätze, mit denen sich konkrete, vorzeigbare Verbesserungen im Umweltschutz erreichen ließen. Die Gruppe legte ein detailliertes Halbjahresprogramm vor, um in ihrer Arbeit Transparenz zu pflegen, um sich als Kooperationspartner anzubieten, um die Verantwortung der hauptamtlichen Natur- und UmweltschützerInnen in Köpenick anzumahnen, um finanzielle und materielle Unterstützung zu erhalten und um sich gegenüber den staatlichen Stellen abzusichern.

Die Betreuung und Fortbildung neuer Mitglieder sowie die kontinuierliche Pflege der 13 Flächennaturdenkmale in Köpenick waren wichtige Arbeitsbereiche der Gruppe. In zehn bis zwanzig Arbeitseinsätzen pro Jahr sammelten die UmweltschützerInnen Müll aus den Schutzgebieten, entfernten Gehölz aus Mooren und Wiesen, vertieften Gräben und entschlammten Kleingewässer. Zu diesen Arbeitseinsätzen, die nicht „von oben" angeordnet waren, kamen manchmal 100, beim größten sogar 200 freiwillige HelferInnen, was eine sehr hohe Zahl war und auf die Unterstützung hinweist, die die Umweltgruppe von umweltinteressierten BürgerInnen erhielt.[258]

Die intensive Betreuung der artenreichen Feuchtgebiete und Kleingewässer in Köpenick war wegen des absinkenden Grundwasserspiegels – hervorgerufen durch die Entnahme von Trinkwasser rund um den Müggelsee – dringend nötig und trug wesentlich zur Erhaltung der Flora und Fauna bei.[259] Zu dieser praktischen Arbeit kamen Exkursionen, rund zehn Diavorträge pro Jahr, Informationen in einem Schaukasten und die Ausarbeitung von Tipps zum umweltgerechten Verhalten im Bereich der Köpenicker Flächennaturdenkmale hinzu.[260]

In Anbetracht der staatlichen Kontrolle war der Fachgruppe eine umweltpolitische Mobilisierung nicht möglich, wohl aber strebte sie eine kritische Zusammenarbeit mit den staatlichen Stellen an. Immer wieder forderten die UmweltschützerInnen den Köpenicker Rat auf, die Einhaltung der Naturschutzgesetze im Bereich der Flächennaturdenkmale durchzusetzen und seiner Verantwortung für deren Schutz in der Praxis gerecht zu werden, aber sie waren dabei nur selten erfolgreich.[261] Außerdem musste sich die Umweltgruppe permanent gegen mög-

---

[258] Vgl. ROGGISCH, Reinhard (1987), Zur Gründung der Fachgruppe Feldherpetologie Berlin-Köpenick, S. 99; Interview mit Reinhard ROGGISCH.

[259] Vgl. Neues Deutschland 23.7.1988; Neues Deutschland 6.1.1990.

[260] Vgl. die Arbeitspläne der Köpenicker Fachgruppe Feldherpetologie in der GNU von 1984 bis 1989 (Privatarchiv Roggisch); Neues Deutschland 6.1.1990.

[261] Vgl. Fachgruppe Feldherpetologie Berlin-Köpenick, Resümee der im Jahre 1985 von der Fachgruppe Feldherpetologie Berlin-Köpenick erbrachten ehrenamtlichen Aktivitäten (Privatarchiv Roggisch).

liche Störungen von Seiten der Behörden, des Kulturbundes und der Staatssicherheit absichern und mit „Verboten, Gegenargumenten, Vereinnahmungsversuchen und inhaltlicher Verdrehung“ rechnen, obwohl sie sich streng an die gesetzlichen Vorgaben hielt, um den Bestand der Gruppe nicht zu gefährden.[262]

Roggisch legte ein Archiv mit Zeitungs- und Zeitschriftenartikeln an, um auf Aktionen anderer Umweltgruppen und auf umweltpolitische Präzedenzfälle an anderen Orten der DDR verweisen zu können und auf diese Weise den Spielraum der Köpenicker Gruppe zu erweitern. Dies konnte als „nachrichtendienstliche“ Tätigkeit verfolgt werden. Außerdem musste die Gruppenleitung eine „sinnvolle“ Beschäftigung für die Stasi-Spitzel in der Gruppe finden, um deren destruktive Wirkung zu neutralisieren. Diese Gegenstrategien banden viel Energie der Umweltaktivisten.

4.1.3. Die Gründung der Interessengemeinschaft Stadtökologie

1986 wurde in Köpenick mit der Erfahrung und der maßgeblichen Unterstützung der Köpenicker Feldherpetologen eine Gruppe der Interessengemeinschaft (IG) Stadtökologie in der GNU gegründet. Dies war eine der ersten Gründungen in der DDR. Die Gruppen der IG Stadtökologie, die sich in der Folgezeit in der gesamten DDR bildeten, verstanden sich im Unterschied zu den Fachgruppen der GNU als umwelt*politische* Gruppen, forderten einen umfassenden ökologischen Umbau von Wirtschaft und Gesellschaft und engagierten sich in der lokalen Umweltpolitik.[263]

Die IG Stadtökologie in Köpenick wurde offiziell von der GNU beziehungsweise vom Kulturbund anerkannt. Dies war ein Versuch staatlicher Stellen, kritische Intellektuellen sowie umweltinteressierte BürgerInnen in die staatlich kontrollierte GNU einzubinden. Mitte der achtziger Jahre war Umweltpolitik in Köpenick, so André Bowe von der IG Stadtökologie Köpenick, ein Thema, das „unter den Nägeln brannte und auch eine Art Widerstand gegen die SED-Führung war. Bei der IG Stadtökologie konnte man etwas machen, wenn auch nur im zugelassenen Rahmen.“[264] Die IG Stadtökologie in Köpenick wurde zum Anziehungspunkt für UmweltaktivistInnen aus ganz Ostberlin und verstand sich als Vorreiter einer kritischen, unabhängigen Umweltarbeit. Damit waren Konflikte zwischen der Umweltgruppe und den staatlichen Stellen vorprogrammiert, womit die lokale Akteurkonstellation umrissen ist. Der Kontrolle durch MitarbeiterInnen des Köpenicker Kulturbundes und der Staatssicherheit setzte

[262] Interview mit Reinhard ROGGISCH.
[263] Vgl. zur IG Stadtökologie das Kapitel über die Rahmenbedingungen, S. 80.
[264] Interview mit André BOWE.

die IG Stadtökologie „elastischen Widerstand" entgegen und konnte auf diese Weise eine beachtliche Dynamik entwickeln.[265]

Die Umweltgruppe wuchs rasch von anfangs 15 auf 30 bis 50 aktive Mitglieder an und traf sich erst einmal, später zweimal im Monat. In den Versammlungen berichteten entweder die thematischen Arbeitsgruppen über Verkehr, Müllrecycling etc. oder die IG Stadtökologie organisierte Vorträge, zum Teil mit externen ReferentInnen. Zu den Gruppentreffen kamen bis zu 100 Personen.

Die Gruppe beschritt mit ihren Aktivitäten einen Mittelweg zwischen der ökologisch-fachlich ausgerichteten Arbeit der Fachgruppen der GNU und der symbolisch-politischen Arbeit oppositioneller kirchlicher Umweltgruppen. In der Zeitschrift „Umweltblätter" der Ostberliner Umweltbibliothek von 1987 wurde das wie folgt beschrieben:

> „Der Freiraum, den die Köpenicker Stadtökologen haben, ist mühsam erkämpft und nur durch stetige und fachlich genaue Arbeit zu halten und zu erweitern. Eindrucksvoll [...] ist die Intensität, mit der sich die Umweltschützer mit lokalen Aufgaben wie der Begrünung einer Lärmschutzmauer oder der Rettung eines Baumes vor einem ausgelaufenen Giftfass beschäftigen."[266]

Die IG Stadtökologie betrieb Ende der achtziger Jahre eine für DDR-Verhältnisse sehr kritische Öffentlichkeitsarbeit und eine weitreichende Mobilisierung. Das war den Köpenicker FeldherpetologInnen wenige Jahre zuvor noch verwehrt geblieben. Neben den thematischen Vorträgen bildete der unzensierte Austausch mit anderen Umweltgruppen bei den Treffen eine wichtige Informationsquelle und stellte eine Form der umweltpolitischen Gegenöffentlichkeit dar. Die Gruppe gab auch Faltblätter zu Themen wie Hofbegrünung, Kompostierung oder „Radfahren ist gesund" heraus. Dies war eine Besonderheit, weil kritische Gruppen in der DDR fast nie eine offizielle Druckgenehmigung erhielten.

Den größten Mobilisierungseffekt erzielte die IG Stadtökologie mit der „Öko-Kirmes", die sie seit 1987 jährlich in Köpenick ausrichtete. Auf dieser Veranstaltung mit Volksfestcharakter gab es Ausstellungen, Informationen über Gruppen und Initiativen, Vorträge und Diskussionen zur Umweltpolitik. Zur Öko-Kirmes am 4. Juni 1988 kamen rund 5.000 BesucherInnen aus Ostberlin und dem Umland. SED-linientreue RednerInnen wurden ausgepfiffen und kritische Diskussionsbeiträge beklatscht, was für DDR-Verhältnisse „schon sehr gewagt" war.[267] Die IG Stadtökologie kooperierte mit den Köpenicker Feldherpetologen und baute Kontakte zu kirchlichen Umweltgruppen wie dem Netz-

---

[265] RÜDDENKLAU, Wolfgang (1992), Störenfried, S. 281; Interview mit Reinhard ROGGISCH.

[266] Umweltblätter Nr. 21 vom 12.6.1987, zitiert nach: RÜDDENKLAU, Wolfgang (1992), Störenfried, S. 165.

[267] Interview mit André BOWE. Vgl. auch ARCHE NOVA 2 vom 2.10.1988, S. 274-276.

werk Arche sowie zum Netzwerk osteuropäischer Umweltgruppen „Greenway" auf.[268]

Mit ihrer Öffentlichkeitsarbeit und ihrer Mobilisierung bemühte sich die IG Stadtökologie für DDR-Verhältnisse erfolgreich darum, eine unabhängige umweltpolitische Gegenöffentlichkeit herzustellen und engagierte sich für einen vorsorgenden Umweltschutz. Abgesehen von den üblichen Schwierigkeiten, BürgerInnen ohne den Druck akuter Gefährdungen für eine ökologische Verhaltensänderung zu gewinnen, kam für die IG Stadtökologie erschwerend hinzu, dass sie im Ruch oppositioneller Tätigkeiten stand. Eine umweltfreundliche Lebensweise hatte damit den Stempel einer kritischen politischen Gesinnung, was nur für eine sehr kleine Minderheit in der Bevölkerung erstrebenswert schien.

Die Gruppe arbeitete auch – mit einer kritischen Distanz – mit staatlichen Stellen zusammen, half bei der Durchsetzung der Umweltgesetze, prüfte größere Bauvorhaben im Bezirk auf ihre Umweltfolgen und beriet Investoren.[269] Sie schrieb Eingaben beispielsweise gegen Baumfällungen oder gegen die Umstellung auf Erdgas, weil dadurch die Gasleitungen undicht wurden, was zum Absterben von Straßenbäumen führte.[270]

Bei all ihren Aktivitäten blieben die staatlichen Stellen der Hauptkontrahent der IG Stadtökologie. Auseinandersetzungen mit den Köpenicker Industriebetrieben, die die größten lokalen Umweltverschmutzer waren, blieben eine Seltenheit. Hin und wieder machten Gruppenmitglieder Eingaben, und es gab eine Zusammenarbeit mit der „Projektgruppe Betriebsökologie" im Werk für Fernsehelektronik, der ersten Umweltgruppe in einem DDR-Industriebetrieb überhaupt.[271] Diese vorsichtige Haltung lässt sich damit erklären, dass Kritik an der Produktion und den Betrieben mit einer unnachgiebigen Verfolgung durch die Behörden und die Staatssicherheit beantwortet wurde. Insgesamt blieben deswegen die konkreten Einflussmöglichkeiten der IG Stadtökologie bescheiden, aber ihr kritisches öffentliches Engagement hatte Vorbildfunktion für zahlreiche andere Umweltgruppen.

4.1.4. Das Engagement kirchlicher Gruppen zur Bewahrung der Schöpfung

1983 bildete sich in Köpenick unter dem Dach der Kirche ein offener Gesprächskreis, der sich „Montag Abend für alle" nannte. Dort wurden jeden Montag vor allem Fragen zu Frieden und Gerechtigkeit, aber auch zur Umwelt in einer umfassenden, globalen Perspektive behandelt. Man orientierte sich dabei am konziliaren Prozess des Weltkirchenrates für Frieden, Gerechtigkeit und

[268] Vgl. Interview mit André BOWE; Umfrage unter den ehemaligen Mitgliedern der Gruppe Feldherpetologie von 1995/96 (Privatarchiv Roggisch).
[269] Vgl. Neues Deutschland 23.7.1988.
[270] Vgl. Interview mit André BOWE.
[271] Vgl. Grünstift (6/1991), S. 14.

Bewahrung der Schöpfung, der von dem Konzil in Vancouver, einem Treffen ranghoher Vertreter der christlichen Kirchen, 1983 angestoßen worden war. Es bestand auch ein Austausch mit dem konziliaren Prozess der DDR-Kirchen von 1983 bis 1989.[272] Der Gesprächskreis verstand sich nicht als kirchliche Umweltgruppe und wurde auch nicht im lokalen Umweltschutz aktiv; er blieb deswegen umweltpolitisch gesehen erfolglos.

Gleichwohl schuf der Gesprächskreis den Raum für eine offene, kritische Diskussion, was in der DDR nur in Ausnahmefällen gelang. Zu den Diskussionen kamen Mitglieder aus den evangelischen, katholischen und freikirchlichen Gemeinden Köpenicks, zeitweilig waren es bis zu 80 BesucherInnen. Eine etwa zehnköpfige Gruppe bereitete die Reihe inhaltlich und organisatorisch vor. Die Veranstaltungen wurden von der Staatssicherheit überwacht. Die Reihe wurde kontinuierlich von 1983 bis 1992 durchgeführt, wobei sie nach 1990 aber nur noch schleppend weitergeführt wurde. Der Gesprächskreis bildete den Erfahrungshintergrund, der für einige Akteure beim Prozess der Lokalen Agenda 21 in Köpenick nach der Vereinigung prägend sein sollte.[273]

In einer zusammenfassenden Bewertung der Köpenicker Umweltgruppen vor 1989 gilt es zunächst festzuhalten, dass alle Gruppen von der Staatssicherheit überwacht wurden, sie aber nicht in die Kerngruppe der Feldherpetologen und der Vorbereitungsgruppe des „Montag Abend für alle“ eindringen konnte. In Köpenick waren weder Umwelttransparenz, noch Partizipation und umweltpolitische Kooperationsmöglichkeiten in nennenswertem Umfang gegeben.

Unter diesen Bedingungen verfolgte die Fachgruppe Feldherpetologie eine stark fachlich ausgerichtete Arbeit und legte einen Schwerpunkt auf konkrete Ergebnisse im Naturschutz. Die Gruppenleitung musste einen beträchtlichen Teil ihrer Energie aufwenden, um sich der Bevormundung durch staatliche Stellen und der Verfolgung durch die Staatssicherheit zu erwehren. Eine kritische, umweltpolitische Öffentlichkeitsarbeit war wegen der strengen Zensur unmöglich.

Die IG Stadtökologie fand bei ihrer Gründung wenige Jahre später etwas günstigere Bedingungen vor und konnte die umweltpolitischen Spielräume durch ihr geschicktes Vorgehen ausweiten. Neben den Diskussionen im größeren Kreis konnte die IG Stadtökologie mit ihren Faltblättern, der Öko-Kirmes und der Vernetzung mit anderen Umweltgruppen eine für DDR-Verhältnisse sehr breite unabhängige und kritische Gegenöffentlichkeit schaffen. Sie verband in ihren Aktivitäten ein Engagement für den lokalen Umweltschutz mit einer generellen Kritik der DDR-Umweltpolitik auf einer symbolisch-politischen Ebene.

---

[272] Vgl. Ökumenische Versammlung für Gerechtigkeit, Frieden und Bewahrung der Schöpfung. Dresden - Magdeburg – Dresden. Eine Dokumentation (1990).
[273] Vgl. Interview mit Klaus WAZLAWIK.

Bei der Erfolgsbewertung kann die Fachgruppe Feldherpetologie bzw. ihre Vorläufergruppe wegen der Unterschutzstellung der Flächennaturdenkmale in Köpenick und deren sachkundiger, praktischer Pflege trotz der schwierigen Bedingungen als erfolgreich eingestuft werden. Nach Einschätzung mehrere Gruppenmitglieder war das Engagement der Feldherpetologen und insbesondere deren praktische Arbeit für DDR-Verhältnisse gut. Es handelte sich um „die mit Abstand beste Naturschutzgruppe Köpenicks".[274]

Demgegenüber führte die IG Stadtökologie weniger Auseinandersetzungen um konkrete lokale Umweltkonflikte, sondern um Themen auf einer politisch-symbolischen Ebene. Dabei muss man ihr zugute halten, dass vorsorgende Maßnahmen wie Hofbegrünungen und Radfahren wesentlich schwieriger in der Bevölkerung zu propagieren sind und sich ihr Erfolg kaum bemessen lässt. Mindestens ebenso großes Gewicht hatte für die StadtökologInnen die Schaffung einer kritischen Gegenöffentlichkeit, was ihr angesichts der widrigen politischen Bedingungen im Vergleich zu anderen DDR-Gruppen gut gelang.[275] Deswegen lässt sich ihre Arbeit insgesamt als bedingt erfolgreich bezeichnen.

4.2. Der zögerliche Aufbruch der Köpenicker Umweltgruppen in der Wendezeit

In der Umbruchzeit wurde auch für Ostberlin ein Runder Tisch gebildet, der von Dezember 1989 bis Mai 1990 tagte, an dem aber Umweltpolitik sowie Stadt- und Verkehrsentwicklung nur eine untergeordnete Rolle spielten.[276] Auch im Bezirk Köpenick hatte Umweltpolitik keine herausgehobene Bedeutung, war aber auch nicht unwichtig. So forderten Abgeordnete auf der ersten freien Diskussion in der Stadtbezirksversammlung Köpenick Mitte November 1989 unter anderem ein eigenständiges Umweltdezernat für Köpenick und die Offenlegung sämtlicher Umweltdaten.[277] Es wurde ein Runder Tisch im Bezirk gebildet, der in Konflikt mit der Stadtbezirksversammlung geriet, weil diese sich über wichtige Beschlüsse des Runden Tisches hinwegsetzte. Daraufhin organisierte der Runde Tisch in Köpenick eine Demonstration, um seine Anliegen durchzusetzen.[278]

---

[274] Umfrage unter den ehemaligen Mitgliedern der Gruppe Feldherpetologie von 1995/96 (Privatarchiv Roggisch).

[275] Vgl. RÜDDENKLAU, Wolfgang (1992), Störenfried, S. 281.

[276] Vgl. die Zeitungsberichte zum ostberliner Runden Tisch: Berliner Zeitung 5.12.1989; Tagesspiegel 5.12.1989; Neues Deutschland 5.1.1990; Neues Deutschland 26.1.1990; Neues Deutschland 2.2.1990; Neues Deutschland 16.2.1990; Berliner Zeitung 27.2.1990; Berliner Zeitung 1.6.1990.

[277] Vgl. Neues Deutschland 21.11.1989.

[278] Vgl. Berliner Zeitung 26.3.1990.

Bei den Kommunalwahlen am 6. Mai 1990 gewann die SPD in Köpenick 40,7 % der Stimmen. Die Grüne Partei erreichte 2,9 % der Stimmen.[279] Nach längerem Tauziehen wählte die Köpenicker Stadtbezirksversammlung einen siebten Stadtrat für den Umweltschutz und schuf ein eigenständiges Umweltressort. Das Problem bestand darin, dass von der Ostberliner Stadtverwaltung lediglich sechs Stadträte pro Bezirk vorgesehen waren. Damit hatte sich die Köpenicker Bezirksversammlung – vorerst – zum Vorteil der Umweltpolitik gegen die Stadtverwaltung durchgesetzt.[280]

Unter den neuen politischen Vorzeichen schrieben die Fachgruppe Feldherpetologie und die IG Stadtökologie Köpenick Ende Dezember 1989 einen offenen Brief an den Volkskammerausschuss für Natur- und Umweltschutz, in dem sie auf den bedrohlich fortschreitenden Raubbau an den natürlichen Ressourcen in Köpenick hinwiesen. Sie teilten mit, dass sich unter den UmweltschützerInnen zunehmend Resignation breit mache, weil sie sich nicht in der Lage sähen, auch nur auf der lokalen Ebene die Zerstörung der Natur aufzuhalten. Sie forderten die Volkskammer auf, die umweltpolitischen Rahmenbedingungen zu verbessern und vor allem umweltschädliche Subventionen aufzuheben.[281] Dieser Brief blieb die letzte größere Aktion der Köpenicker GNU-Umweltgruppen und der GNU in der DDR überhaupt.

Etliche Mitglieder der Fachgruppe Feldherpetologie und der IG Stadtökologie zogen sich aus der Umweltarbeit zurück oder reisten in die Bundesrepublik aus. UmweltschützerInnen, die bis dato aus anderen Ostberliner Bezirken zur IG Stadtökologie nach Köpenick gekommen waren, versuchten in ihren Bezirken eigene Umweltgruppen zu gründen. Die meisten verbleibenden Mitglieder der IG Stadtökologie engagierten sich für die Gründung der Grünen Partei oder der Grünen Liga und weniger für die IG Stadtökologie.[282]

In Köpenick wurden Ortsgruppen der Grünen Partei und der Grünen Liga gegründet, die trotz einiger Differenzen zusammenarbeiteten und ein gemeinsames Büro hatten. Die Grüne Partei war mit 13 aktiven Mitgliedern besser organisiert und aktiver als die Grüne Liga. Die Grüne Liga gründete eine Baumkommission, um mögliche Baumfällungen im Bezirk zu verhindern.[283] Beide Gruppen führten in der Wendezeit umweltpolitische Aktionen durch, aber ihnen

---

[279] Vgl. Tageszeitung 1.6.1990; Berliner Zeitung 1.6.1990; Wahlergebnisse unter www.statistik-berlin.de/wahlen/home.htm.

[280] Vgl. Tageszeitung 6.8.1990; Tageszeitung 10.4.1992.

[281] Vgl. Kopie des Briefes (Privatarchiv Roggisch); Neues Deutschland 6.1.1990.

[282] Vgl. Interviews mit André BOWE; Reinhard ROGGISCH. Zu den prominenten Mitglieder der IG Stadtökologie gehörte Judith Demba, die Mitgründerin der Grünen Partei der DDR war und auf dem ersten Parteitag Anfang Februar 1990 in den Parteivorstand gewählt wurde. Vgl. Grünstift 6/1991, S. 14; KÜHNEL, Wolfgang/SALLMON-METZNER, Carola (1991), Grüne Partei und Grüne Liga, S. 197.

[283] Vgl. Interview mit Jochen QUERENGÄSSER und Marina BORKENHAGEN.

gelang „nicht alles so, wie es geplant war".[284] Viele ihrer Bemühungen gingen in der allgemeinen Informationsflut unter.

Unabhängig davon protestierten AnwohnerInnen gegen die Berliner Metallhütten- und Halbzeugwerke, die mit ihren Emissionen – darunter 200 Tonnen giftige Zinkoxidstäube pro Jahr – die Umwelt und die Gesundheit im Köpenicker Ortsteil Schöneweide gefährdeten. Bereits ab November 1989 formierte sich ihr Widerstand gegen den Betrieb, den sie als „Dreckschleuder" bezeichneten. Der Betriebsdirektor gab zu, dass der Betrieb wenig für den Umweltschutz getan und nur ganz langsam einzelne Verbesserungen umgesetzt hätte.[285]

Die AnwohnerInnen gründeten die Bürgerinitiative Niederschönweide und legten dem Betrieb auf einem sehr gut besuchten Umweltforum im Januar 1990 einen Forderungskatalog vor. Bereits am 31. Januar wurde in den Berliner Metallhütten- und Halbzeugwerken die besonders schädliche Produktion der Messingschmelze aus ökologischen Gründen eingestellt.[286] Auseinandersetzungen um umweltschädliche Betriebe und die Gründung von Bürgerinitiativen waren typisch für die Wendezeit und lagen in einem von Industrieemissionen so stark belasteten Bezirk wie Köpenick nahe. Zwar deutete sich in diesen Konflikten der Gegensatz von Umweltschutz und Arbeitsplatzerhalt bereits an,[287] aber die Betroffenen konnten sich mit ihrer Forderung nach einer Produktionsstilllegung durchsetzen.

Für die Umbruchzeit lässt sich resümieren, dass in Köpenick grundsätzlich Umwelttransparenz bestand und die Möglichkeiten für eine umweltpolitische Partizipation und Kooperation gegeben waren, wie die Bildung des Runden Tisches in Köpenick, das Umweltforum zu den Berliner Metallhütten- und Halbzeugwerken und die Kommunalwahlen zeigen.

Mit der Garantie politischer Grundrechte und der Freigabe von Umweltdaten wurden wesentliche Ziele der IG Stadtökologie erfüllt. Daher konnte sie ihre bisherige Arbeit nicht einfach weiterführen. Für viele ihrer Mitglieder, wenn sie überhaupt in Köpenick aktiv blieben, ließen sich neue umweltpolitische Ziele besser in der Grünen Partei und der Grünen Liga verwirklichen. Diese Gruppierungen mussten sich in Köpenick erst organisieren und neue Ziele formulieren. Deswegen gelang es ihnen nicht, Öffentlichkeitsarbeit zu machen, wirksam für Umweltziele zu mobilisieren und Einfluss auf den Runden Tisch in Köpenick zu nehmen, trotz der günstigen Ausgangslage. Insgesamt waren damit die IG Stadt-

---

[284] Interview mit André BOWE.

[285] Vgl. Berliner Zeitung 18.11.1989.

[286] Vgl. Berliner Zeitung 16.2.1990.

[287] Die ArbeiterInnen der Messingschmelze sollten umgeschult und umgesetzt werden. Einer von ihnen sagte: „Schutz der Umwelt ist eine gute Sache. Wenn mit diesem Ziel aber lediglich Arbeitsplätze vernichtet werden, statt sie besser zu gestalten, bin ich nicht dafür." Berliner Zeitung 16.2.1990.

ökologie, die in Auflösung begriffen war, die Grüne Partei und die Grüne Liga in Köpenick nicht erfolgreich.

Demgegenüber protestierte die Bürgerinitiative Niederschöneweide gezielt gegen die umweltgefährdende Produktion der Berliner Metallhütten- und Halbzeugwerke und mobilisierte die betroffenen AnwohnerInnen. Sie nutzte die sich bietende Gelegenheit erfolgreich.

4.3. Die Lokale Agenda 21 in Köpenick nach der Vereinigung

4.3.1. Der Niedergang der Köpenicker Umweltgruppen

Der Berliner Senat von CDU und SPD, der von Dezember 1990 bis 2001 regierte, stellte die Zusammenführung der beiden Stadthälften in den Vordergrund seiner Politik und vernachlässigte die Umweltpolitik.[288] In Köpenick führte der Zusammenbruch der großen Industriebetriebe nach der Vereinigung zwar zu einer erheblichen Umweltentlastung, aber von den 1989 bestehenden 25.000 Industriearbeitsplätzen blieben 1992 nur noch rund 4.500 übrig. Dies brachte erhebliche soziale und wirtschaftliche Problemen für Köpenick mit sich, die die umweltpolitischen Fragen weitgehend verdrängten.[289]

Der große Elan der Köpenicker Umweltgruppen hielt zwei, drei Jahre nach der Vereinigung an. Weitere Bürgerinitiativen und eine Ortsgruppe des Allgemeinen Deutschen Fahrradclubs (ADFC) wurden gegründet.[290] Die Umweltgruppen beteiligten sich im Oktober 1991 an der ersten Umwelt- und Naturschutzkonferenz, die das Bezirksamt Köpenick organisierte.[291] Durch ihren Einsatz konnten sie verhindern, dass eine alte, denkmalgeschützte Brücke in der Köpenicker Altstadt abgerissen und durch eine größere Autobrücke ersetzt wurde.

Dann aber ging das Engagement der Köpenicker Umweltgruppen spürbar zurück, weil die schwierigen sozialen und ökonomischen Bedingungen im Bezirk zum Rückzug vieler Mitglieder aus den Gruppen führten und in der Bevölkerung kein Interesse mehr an umweltpolitischen Erneuerungen und Verbesserungen bestand. Die Fachgruppe Feldherpetologie löste sich bereits kurz nach der Vereinigung auf. Nach und nach stellten auch die meisten anderen Umweltgruppen ihre Aktivitäten ein oder lösten sich auf. Der Versuch der verbleibenden UmweltaktivistInnen, alle Umweltinteressierten in Köpenick in einer übergrei-

---

[288] Vgl. FICHTER, Heidi (1996), Unterwegs zur ökologischen Wirtschaftspolitik, S. 270-273.
[289] Vgl. Bezirk Köpenick von Berlin (Hg.) (2000), Lokale Agenda 21 Köpenick, S. 84-88; Enquetekommission „Zukunftsfähiges Berlin" des Abgeordnetenhauses von Berlin (Hg.) (1999), Zukunftsfähiges Berlin. Anlagenband, S. 324; Tageszeitung 16.5.1992.
[290] Vgl. Interviews mit André BOWE; Jochen QUERENGÄSSER und Marina BORKENHAGEN.
[291] Vgl. Tageszeitung 15.10.1991.

fenden Gruppe zu bündeln, scheiterte.[292] Eine Fahrraddemonstration und ein Umwelt-Straßenfest im Frühjahr 1994 war eine der letzten öffentlichkeitswirksamen Umweltaktionen, die die Köpenicker Umweltgruppen und Bündnis 90/Die Grünen zusammen mit dem Umweltstadtrat Welters (PDS) organisierten.[293] Jochen QUERENGÄSSER, PDS-Bezirksverordneter von 1990 bis 1995 und Mitbegründer sowie Vorsitzender des „Fördervereins Lokale Agenda 21 Köpenick", erklärt den Rückzug der Umweltgruppen, abgesehen von den sozialen Problemen wie folgt:

> „Mein Eindruck war, dass sich die Bürokratie im Laufe der Jahre immer mehr durchgesetzt und sich mehr und mehr auf gesetzliche Regelungen zurückgezogen hat. Damit wurde die Beteiligung der Bevölkerung ein Stück weit zurückgedrängt."[294]

4.3.2. Köpenick als bundesweiter Vorreiter bei der Lokalen Agenda 21

Während die Umweltgruppen bis Mitte der neunziger Jahre Auflösungserscheinungen zeigten, begannen sich 1993 Köpenicker BürgerInnen für die Entwicklung einer Lokalen Agenda 21 zu engagieren. Ausgangspunkt war die Verabschiedung der Agenda 21 auf der Konferenz der Vereinten Nationen für Umwelt und Entwicklung 1992 in Rio de Janeiro, die sich als Aktionsprogramm zur Lösung der globalen Probleme des 21. Jahrhunderts, allen voran die Verbesserung der Lebenschancen der Menschen in den so genannten Entwicklungsländern und die Abwendung der fortschreitenden Umweltzerstörung, versteht. Diese Ziele sollen durch eine nachhaltige bzw. zukunftsfähige Entwicklung erreicht werden, die weit über Umweltfragen hinausreicht und als Querschnittspolitik in den drei Dimensionen Ökologie, Ökonomie und Soziales angelegt ist, die integrativ behandelt und im Gleichklang miteinander entwickelt werden sollen.[295] In Kapitel 28 der Agenda 21 werden die Bedeutung der Kommunen für den Prozess der nachhaltigen Entwicklung hervorgehoben und diese aufgefordert, in einem Konsultationsprozess mit ihren BürgerInnen jeweils eine Lokale Agenda 21 aufzustellen.[296]

Die Aufstellung Lokaler Agenden 21 begann in Deutschland eher schleppend, weil sie allein von der Initiative der Kommunen abhing und nicht von der

---

[292] Vgl. Interviews mit André BOWE; Reinhard ROGGISCH.
[293] Vgl. Berliner Zeitung 25.04.1994.
[294] Interview mit Jochen QUERENGÄSSER und Marina BORKENHAGEN.
[295] Zu den Konzepten einer nachhaltigen Entwicklung vgl. u.a. BMU (Hg.) (1997), Umweltpolitik; BMU (Hg.) (1998), Nachhaltige Entwicklung in Deutschland; BUND; Misereor (Hg.) (1996), Zukunftsfähiges Deutschland; Enquete-Kommission „Schutz des Menschen und der Umwelt" (1998), Konzept Nachhaltigkeit; Umweltbundesamt (1997), Nachhaltiges Deutschland.
[296] Vgl. BMU (Hg.) (1997), Umweltpolitik, S. 231-232.

nationalen Ebene gefördert wurde.[297] Bis Ende der neunziger Jahre entstanden dann auf kommunaler Ebene vielfältige, teilweise sehr erfolgreiche Ansätze für eine nachhaltige Entwicklung. 1999 arbeiteten knapp 1.000 der rund 15.000 kommunalen Gebietskörperschaften mit unterschiedlicher Intensität an einer Lokalen Agenda 21, wobei meist örtliche Initiativen und seltener die politische Spitze den Impuls dazu gaben.[298]

In Köpenick wurde die Aufstellung einer Lokalen Agenda 21 von Klaus Wazlawik angestoßen, der sich bereits in den achtziger Jahren im kirchlichen Gesprächskreis „Montag Abend für alle" sowie beim konziliaren Prozess der DDR-Kirchen für Frieden, Gerechtigkeit und Bewahrung der Schöpfung engagiert und mit globalen Fragen, die denjenigen der nachhaltigen Entwicklung sehr ähnlich waren, auseinandergesetzt hatte. Hinzu kam seine berufliche Erfahrung bis 1990 als Ingenieur, danach in der Umweltabteilung des DDR-Ministeriums für Schwerindustrie und im Bundesumweltministerium. Diese Erfahrungen bildeten den Hintergrund für WAZLAWIKSs Engagement:

> „Das Prinzip, sich mit Dingen auseinander zu setzen und Wege gangbar zu machen, die eigentlich nicht gangbar sind, habe ich in der DDR-Zeit gelernt und es scheint bei allen Prozessen in Köpenick mit durch. Hinzu kamen die Möglichkeiten, die der Rio-Prozess und meine Tätigkeit im Umweltministerium boten, verbunden mit denselben kritischen Tönen wie damals zur DDR-Zeit. Das alles kam zusammen und führte zur Lokalen Agenda 21 in Köpenick."[299]

Im Frühjahr 1993 schrieb er die Projektskizze „Umwelt und Entwicklung – Anstöße zum Handeln" und regte im Sommer 1993 die Gründung der „Köpenicker Initiativgruppe Eine Welt" (KIGEW) der Köpenicker Kirchengemeinden an. Die Initiativgruppe (KIGEW) bereitete das vierteljährlich stattfindende „Ökumenische Forum" vor, das eine Diskussionsplattform für alle 19 christlichen Kirchengemeinden in Köpenick bildete und sich mit dem Thema Umwelt und Entwicklung befasste.

Die Initiativgruppe, und hier vor allem Wazlawik, wirkte auf den Bezirksbürgermeister und das Umweltamt ein, mit der Aufstellung einer Lokalen Agenda 21 in Köpenick zu beginnen, und fand dort große Unterstützung. Der Stadtrat für Gesundheit und Umwelt, Welters (PDS), und der Leiter des Umweltamtes richteten eine Projektgruppe Lokale Agenda 21 ein. Damit gab es eine eigen-

---

[297] Vgl. BMU/UBA (Hg.) (1999), Lokale Agenda 21 im europäischen Vergleich; KUHN, Stefan/KURTE, Bernadette (1997), Kommunale Herausforderung.
Weitere Literatur zur Lokalen Agenda 21 in Deutschland: BMU/UBA (Hg.) (1998), Handbuch Lokale Agenda 21; Internationaler Rat für Kommunale Umweltinitiativen (I.C.L.E.I.); KUHN, Stefan/SUCHY, Gottfried/ZIMMERMANN, Monika (Hg.) (1998), Lokale Agenda 21; RÖSLER, Cornelia (Hg.) (1996), Lokale Agenda 21; Politische Ökologie Nr. 52 (Juli/August 1997), Geduldsspiel Nachhaltigkeit.

[298] Vgl. Enquetekommission „Zukunftsfähiges Berlin" des Abgeordnetenhauses von Berlin (Hg.) (1999), Zukunftsfähiges Berlin, S. 113.

[299] Interview mit Klaus WAZLAWIK.

ständige Arbeitsstruktur in der Köpenicker Bezirksverwaltung für die Lokale Agenda 21. Im November 1993 gründete sich schließlich das „Forum Umwelt & Entwicklung Köpenick", das die Köpenicker Öffentlichkeit im Agenda 21-Prozess repräsentierte. In dem Forum waren Nichtregierungsorganisationen, Bürgerinitiativen, Vereine und Unternehmen vertreten.

Das „Köpenicker Modell" für den Prozess einer Lokalen Agenda

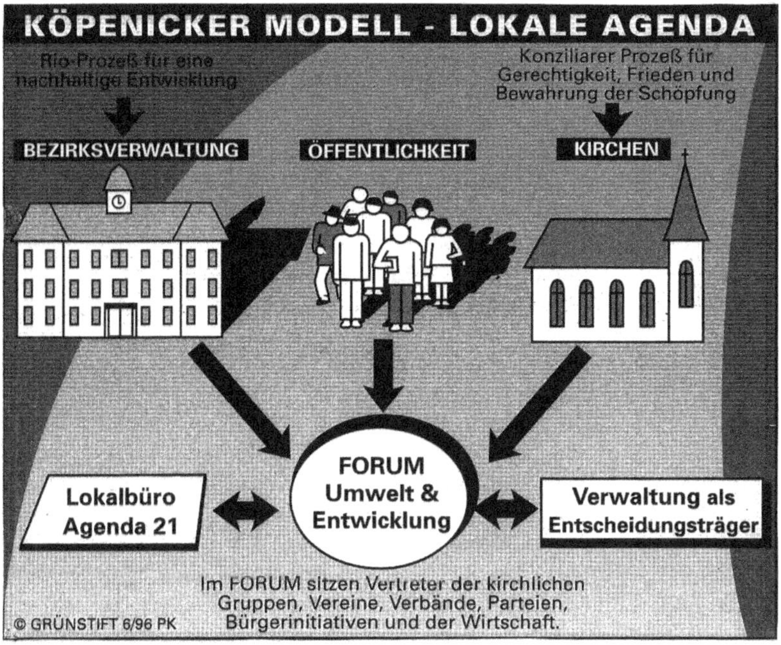

Abb. 10. Quelle: HAMPEL, Torsten (1996), S. 11.

Damit stand Ende 1993 weitgehend die organisatorische Struktur für den Köpenicker Agenda 21-Prozess, das so genannte „Köpenicker Modell" mit seinen drei Säulen: Bezirksverwaltung (Säule I), Öffentlichkeit (Säule II) und Kirchen (Säule III) (vgl. Abbildung 10).[300] Köpenick war die erste deutsche Kommune, die einen Agenda 21-Prozess ins Leben gerufen hatte. Die Köpenicker Bezirks-

[300] Vgl. Enquetekommission „Zukunftsfähiges Berlin" des Abgeordnetenhauses von Berlin (Hg.) (1999), Zukunftsfähiges Berlin. Anlagenband, S. 324-328; PAETZOLD, Burkhard (1998), Berlin-Köpenick; Interview mit Klaus WAZLAWIK.

verordnetenversammlung stimmte im Oktober 1994 und das Bezirksamt im März 1995 für die Aufstellung einer Lokalen Agenda 21 und gaben damit dem Projekt einen politischen Rückhalt.
Die *organisatorische Struktur* des „Köpenicker Modells“ für eine Lokale Agenda 21 hatte bundesweit Vorbildcharakter und wird hier in seiner Funktionsweise auf dem Stand vom Sommer 2001 kurz skizziert:[301]

Die *Säule I* umfasste die Bezirksverwaltung, die sich in abteilungsübergreifenden Arbeitsgruppen am Agenda 21-Prozess beteiligte. Die Projektgruppe Agenda 21, die später durch einen Koordinator abgelöst wurde, war beim Umweltamt angesiedelt, hatte eine koordinierende Funktion und war die Vorbedingung dafür, die Bezirksverwaltung, die vorrangig für die Verwirklichung einer Lokalen Agenda 21 zuständig war, in die Arbeit einzubinden.[302]

Die *Säule II* repräsentierte in Form des „Forums Umwelt & Entwicklung“ die Köpenicker Öffentlichkeit. Der Sprecherkreis des Forums traf sich zweimal im Monat, organisierte die öffentlichen Veranstaltungen und koordiniert die thematischen Arbeitsgruppen, die dem „Forum Umwelt & Entwicklung“ angegliedert waren. Diese Arbeitsgruppen arbeiteten schwerpunktmäßig zu Umweltthemen, in ihnen erfolgte die stärkste Einbeziehung von BürgerInnen.[303] Im Mai 1996 wurde der gemeinnützige „Förderverein Lokale Agenda 21 Köpenick e.V.“ gegründet, um einen organisatorischen Rahmen für die Öffentlichkeitsarbeit und für die Beantragung von Fördergeldern und Projektmitteln zu schaffen. Die Arbeit im Verein erfolgte ehrenamtlich.

Die Köpenicker Kirchengemeinden, die *Säule III*, hatten sich als erster Akteur gefunden und bildeten einen Aktivposten im Köpenicker Agenda 21-Prozess. Die Arbeit der Initiativgruppe (KIGEW) und des Ökumenischen Forums wurde ebenfalls durch ein Büro unterstützt, das anfänglich ehrenamtlich und ab 1996 mit hauptamtlichen Kräften arbeitete.

Aufbauend auf die drei Säulen, die durch einen monatlich tagenden Konsultationskreis koordiniert wurden, wuchs der Agenda 21-Prozess in Köpenick kontinuierlich und bezog immer neue Gruppen ein. Nach Ansicht von Wazlawik lag der Schlüssel für die erfolgreiche Entwicklung darin, dass die beiden zivilgesellschaftlichen Säulen II und III selbstständig agierten, sich miteinander vernetzten und eine dauerhafte, verlässliche Arbeitsstruktur bildeten, die eine einzelne

[301] Vgl. DÜNNHAUPT, Klaus et al. (1998), Der Prozess zu einer Lokalen Agenda 21 für Berlin-Köpenick, S. 24-91; PAETZOLD, Burkhard (1998), Berlin-Köpenick; Interviews mit Jochen QUERENGÄSSER und Marina BORKENHAGEN; Klaus WAZLAWIK.
[302] Vgl. WAZLAWIK, Klaus (1998), Sechs Thesen für den Agenda-Prozess, S. 85.
[303] Im Sommer 2001 handelte es sich um folgende Arbeitsgruppen: Stadtentwicklung, Verkehr & Tourismus; Energie & Ressourcen; Städtepartnerschaft Köpenick – Cajamarca; Soziales; Abfallvermeidung; Umweltbildung.

Gruppe allein nicht aufbieten könne.[304] Es entstand eine Vielzahl von Kontakten, Partnerschaften und Kooperationen mit Köpenicker Institutionen, Behörden, Vereinen und Unternehmen, die sich zu einem engen Netzwerk verknüpften. Trotz der vielen ehrenamtlichen Arbeit lässt sich dabei eine klare Tendenz hin zu einer Professionalisierung mit etlichen hauptamtlichen Stellen beobachten. Diese organisatorischen Strukturen waren nach Einschätzung von WAZLAWIK erst nach mehreren Jahren in der Lage, tatsächliche Veränderungen hin zu einer nachhaltigen Entwicklung in Köpenick anzustoßen:

> „Wir sind in Köpenick mit drei Agenda-Büros eigentlich erst jetzt [2001] in der Lage, tatsächlich Dinge zu bewegen und zu verändern. Heute haben wir einen Stand erreicht, der Ausgangspunkt für den zweiten Schritt ist, nämlich Veränderungen, die wir wollen, zu bewirken: Bewusstseinsänderungen, Öffentlichkeitsarbeit und Veränderung in wirtschaftlichen Prozessen. Ich bin da optimistisch, dass es gelingt, solche Dinge allmählich durchzusetzen."[305]

4.3.3. Die Auswirkung des Agenda 21-Prozesses auf den Umweltschutz

Für den Bereich des Umweltschutzes soll nun nachgezeichnet werden, wie sich lokale Umweltgruppen am Prozess der Lokalen Agenda 21 beteiligten, wie dieser Prozess inhaltlich ausgestaltet wurde, welche Aktionsformen eingesetzt wurden und welche umweltpolitischen Erfolge zu verzeichnen waren.

Wie bereits deutlich gemacht wurde, waren die Akteure des Agenda 21-Prozesses in Köpenick Einzelpersonen, die als politische Unternehmer fungierten, kirchliche Gruppen, Teile der Kommunalverwaltung und Kommunalpolitik sowie der „Förderverein Lokale Agenda 21 Köpenick". Die Beteiligung von Köpenicker Umweltgruppen war dagegen gering.[306] Eine Ursache dafür war, dass die meisten Umweltgruppen in der Krise waren und ihr Engagement gerade in dem Augenblick reduzierten, als der Agenda 21-Prozess in Gang kam. Aber die Grüne Liga, die anfangs einen sehr aktiven Vertreter im „Forum Umwelt & Entwicklung" hatte, zog sich auch bewusst zurück, um sich ausschließlich ökologischen Themen zu widmen.[307] Da nach dem Grundverständnis der Lokalen Agenda 21 Verwaltung und Wirtschaft einbezogen wurden und mit ihnen ein Konsens angestrebt wurde, sahen sich die verbleibenden Köpenicker Umwelt-

---

[304] Interview mit Klaus WAZLAWIK. Die Berliner Enquetekommission nennt als Voraussetzung für einen erfolgreichen Agenda 21-Prozess: Erstens das Bestehen einer doppelten Struktur aus einer aktiven, politisch unterstützenden Kommunalverwaltung und einem breiten Netzwerk von Akteuren auf der gesellschaftlichen Ebene und zweitens dem langfristigen Funktionieren einer Akteurkooperation innerhalb und zwischen den beiden Ebenen. Vgl. Enquetekommission „Zukunftsfähiges Berlin" des Abgeordnetenhauses von Berlin (Hg.) (1999), Zukunftsfähiges Berlin, S. 121.

[305] Interview mit Klaus WAZLAWIK.

[306] Vgl. Interview mit Jochen QUERENGÄSSER und Marina BORKENHAGEN.

[307] Vgl. Interview mit Klaus WAZLAWIK.

gruppen Akteuren gegenüber, mit denen sie sich beispielsweise in der Verkehrspolitik im Konflikt befanden. André BOWE von Bündnis 90/Die Grünen formuliert die Skepsis der Umweltgruppen wie folgt:

> „Wir hatten den Eindruck, dass die Lokale Agenda 21 ein bisschen eine Beschäftigung für die Bevölkerung war, an der sie sich abarbeiten sollte. Wir haben von den Grünen die Anträge des Agenda-Büros in der Bezirksverordnetenversammlung unterstützt. Aber eine enge Zusammenarbeit gibt es nicht. Denn die Lokale Agenda 21 hat keine Macht, um wichtige Entscheidungen durchzusetzen."[308]

Diese umweltpolitischen Vorbehalte waren insofern gerechtfertigt, als soziale und ökonomische Probleme wegen der hohen Arbeitslosigkeit als Kernfragen der Lokalen Agenda 21 angesehen wurden, die bisweilen in Konflikt mit ökologischen Zielen gerieten.[309] Gleichzeitig vergaben die Köpenicker Umweltgruppen damit die Möglichkeit, die Ressourcen des Agenda 21-Prozesses zu nutzen, enger mit anderen lokalen Umweltakteuren wie dem Umweltamt, dem Umweltstadtrat und der „Köpenicker Initiativgruppe Eine Welt" (KIGEW) zusammenzuarbeiten und Umweltthemen in der inhaltlichen Debatte stärker zu akzentuieren. Das wäre durchaus möglich gewesen, wie die streitbaren Forderungen des KIGEW zum Klimaschutz in Köpenick oder gegen den Ausbau des Flughafen Schönefelds in der Nachbarschaft Köpenicks deutlich machen.[310]

Die umweltpolitische Strategie der Lokalen Agenda 21 in Köpenick lässt sich an Hand ihrer Ziele und der eingesetzten Aktionsformen beschreiben. Zwischen 1996 und 2000 wurden unter Federführung des Umweltamtes und im engen Austausch mit den anderen Agenda-Akteuren drei Entwürfe für einen „Lokale Agenda 21 Köpenick" ausgearbeitet, die Leitbilder für eine nachhaltige Entwicklung in Köpenick enthielten und Ziele für deren Umsetzung benannten. Außerdem wurden Indikatoren entwickelt, mittels derer der Fortschritt bei der Erreichung der selbst gesteckten Ziele gemessen werden sollte.[311] Umweltfragen nahmen in den Entwürfen eine prominente Rolle ein. Allerdings konnten für so entscheidende Punkte wie die Verkehrspolitik, die Flächennutzung, den Boden- und Gewässerschutz sowie den Lärmschutz keine umweltpolitisch ehrgeizigen

---

308 Interview mit André BOWE.

309 Diese Schwierigkeit gesteht auch Jochen QUERENGÄSSER ein:
„Das ist vielleicht rein umweltpolitisch engagierten Leuten zu kompliziert oder sie sehen die Gefahr, dass sie die notwendigen Umweltziele nicht erreichen können. Diese Gefahr ist schon gegeben, dass man kanalisiert wird, weil z. B. auch die lokale Wirtschaft bei der Lokalen Agenda 21 mitreden muss."
Interview mit Jochen QUERENGÄSSER und Marina BORKENHAGEN. Vgl. auch PAETZOLD, Burkhard (1998), Berlin-Köpenick, S. 78; Tageszeitung 23.11.1995.

310 Vgl. Bezirk Köpenick von Berlin (Hg.) (2000), Lokale Agenda 21 Köpenick, S. 74; Berliner Zeitung 14.3.1995.

311 Vgl. Bezirk Köpenick von Berlin (Hg.) (2000), Lokale Agenda 21 Köpenick; Enquetekommission „Zukunftsfähiges Berlin" des Abgeordnetenhauses von Berlin, 13. Wahlperiode (Hg.) (1999), Zukunftsfähiges Berlin. Anlagenband, S. 324-328; Berliner Zeitung 12.9.1996.

Ziele formuliert werden, weil sich kein Konsens mit den wirtschaftlichen Interessen erzielen ließ.[312]

Von größerer Bedeutung für den lokalen Umweltschutz waren daher konkrete Umweltprojekte. Einen Schwerpunkt legten die Agenda-Akteure hierbei auf Kooperationsprojekte mit Köpenicker Unternehmen und der Verwaltung in den Bereichen Klimaschutz, Solarenergie und Ressourceneinsparung. Zu diesem Zweck wurden ein Büro „Nachhaltiges Wirtschaften" eingerichtet, das kleine und mittelständische Unternehmen in Köpenick bei Fragen des umweltverträglichen Wirtschaftens beriet, und Unternehmen aus den Bereichen Solarenergie und Umwelt-Technologien gefördert. 2001 begann der „Förderverein Lokale Agenda 21 Köpenick" in Kooperation mit rund 140 Köpenicker Unternehmen ein Kompetenzzentrum für Wasser, regenerative Energien und Bildung aufzubauen. Solche Kooperationsformen böten nach Ansicht von Wazlawik die Möglichkeit, direkt auf die Unternehmen im Sinne einer zukunftsverträglichen Wirtschaftsweise einzuwirken.[313] Weiterhin sollten über die Initiierung eines Tauschrings nachhaltige Konsumweisen gefördert werden.

Kooperation war ganz im Einklang mit den Prinzipien der Lokalen Agenda 21 die maßgebliche Herangehensweise bei diesen Projekten. Aber auch die begleitende Öffentlichkeitsarbeit und Mobilisierung waren kooperativ angelegt und unterschieden sich damit deutlich von derjenigen, anderer Umweltgruppen, bei denen diese beiden Aktionsformen in der Regel konfrontative Züge hatten.

Umweltbildung und Aufklärung über die Ziele nachhaltiger Entwicklung hatten bei den Aktivitäten der Lokalen Agenda 21 in Köpenick einen hohen Stellenwert. Durch öffentliche Veranstaltungen, Bildungsprogramme und Pressearbeit wurde der Köpenicker Bevölkerung ein überdurchschnittlich hoher Informationsstand zur Agenda 21 vermittelt, ohne jedoch die breite Masse erreichen zu können.[314] Die Mobilisierung der Bevölkerung und der Grad der Bürgerbeteiligung an der Lokalen Agenda 21 blieben eher gering. Bis 1999 beteiligten sich lediglich 100 bis 200 BürgerInnen. Etwa 80 Personen arbeiteten ehrenamtlich in der Struktur des Drei-Säulen-Modells mit.[315]

---

[312] Sechs der insgesamt zwölf Themenfelder des Entwurfs für eine „Lokale Agenda 21 Köpenick" vom September 2000 befassen sich direkt oder indirekt mit Umweltfragen (Siedlungsentwicklung, Schutz des Naturhaushaltes, Mobilität, Schonung der Ressourcen, Klimaschutz, Schutz der menschlichen Gesundheit).

[313] Vgl. Klaus WAZLAWIK, Hintergrundinformation zur Grafik „Inhaltliche Schwerpunkte im Agenda 21-Prozess vom Bezirk Treptow-Köpenick" vom 15.1.2001; Berliner Zeitung 7.8.1996; Berliner Zeitung 14.9.1996; Interviews mit Klaus WAZLAWIK; Jochen QUERENGÄSSER und Marina BORKENHAGEN.

[314] Vgl. HAAN, Gerhard de/KUCKARTZ, Udo/REIHNGANS, Anke (1998), Das Konzept Nachhaltigkeit und die lokale Agenda aus Sicht der Bürger, S. 7-9.

[315] Vgl. Enquetekommission „Zukunftsfähiges Berlin" des Abgeordnetenhauses von Berlin (Hg.) (1999), Zukunftsfähiges Berlin. Anlagenband, S. 328, 332; Tageszeitung 17.1.1995; Tageszeitung 23.11.1995; Tageszeitung 17.12.1996; Berliner Morgenpost 3.3.1999.

Insgesamt hatte der Schwerpunkt der Agenda 21-Aktivitäten in Köpenick in den ersten Jahren eindeutig auf dem Aufbau handlungsfähiger Strukturen gelegen. Erst später, ungefähr ab 2000, wurden verstärkt inhaltliche Konzepte formuliert und konkrete Projekte ins Leben gerufen. Demzufolge war die Wirkung der Lokalen Agenda 21 für den lokalen Umweltschutz begrenzt und beschränkte sich auf einige Modellprojekte zum vorsorgenden Umweltschutz wie dem integrierten Ressourcen- und Umweltschutz in Betrieben oder der Umweltbildung. Perspektivisch aber sieht Wazlawik gute Chancen, auf Grund der gewachsenen Handlungsmöglichkeiten bei ökologischen Fragen konkrete Erfolge zu erzielen.[316]

Die Ergebnisse der Umweltgruppen in Köpenick nach der Vereinigung können folgendermaßen zusammengefasst werden: Die Umweltgruppen wie die Grüne Liga, der ADFC und die Grüne Partei befanden sich wenige Jahre nach der Vereinigung in einem Erosions- und Auflösungsprozess, der typisch für die Entwicklung von Umweltgruppen in ganz Ostdeutschland war. Sie waren nicht erfolgreich.

Demgegenüber entfaltete die Lokale Agenda 21 in Köpenick ab 1993 eine große Dynamik im sozialen Bereich und hatte mit ihren Strukturen Vorbildcharakter für viele deutsche Kommunen. Allerdings brachte der Prozess der Lokalen Agenda 21 nur bescheidene Impulse für den lokalen Umweltschutz, weil er einen Gleichklang von ökologischer, wirtschaftlicher und sozialer Entwicklung anstrebte. Dadurch blieb eine Akzentuierung ökologischer Themen und umweltpolitischer Interessen verwehrt, handfeste Umweltkonflikte konnten im Rahmen der Lokalen Agenda 21 nicht ausgetragen werden.[317] Hinzu kam die Schwierigkeit, für den vorsorgenden Umweltschutz griffige Ziele zu formulieren, die sich gut vermitteln ließen und für deren Erreichung die umweltpolitische Öffentlichkeit und die Bevölkerung mobilisiert werden konnte.

Die Köpenicker Umweltgruppen versäumten es, die Chancen des Agenda 21-Prozesses zu nutzen, um gezielt Umweltprojekte anzustoßen. Dies könnte angesichts ihrer knappen Ressourcen eine Fehlentscheidung gewesen sein. Denn generell bot der Agenda 21-Prozess eine gute Gelegenheit, Umweltprobleme auf der lokalen Ebene zu thematisieren.[318] Insgesamt stufe ich die Lokale Agenda 21 in Köpenick als bedingt erfolgreich im lokalen Umweltschutz ein.

---

[316] Vgl. Interview mit Klaus WAZLAWIK.
[317] Diese Einschätzung wurde auch für andere lokale Agenda 21-Prozesse gemacht. Vgl. OELS, Angela (2000), „Let's get together and feel alright!", S. 196-197.
[318] Vgl. BRAND, Karl-Werner (1999), Transformation der Ökologiebewegung, S. 253-254.

5. Auswertung der Falluntersuchungen

5.1. Die Strategien lokaler Umweltgruppen in der DDR bzw. in Ostdeutschland und deren Erfolgsbilanz

Die vergleichende Auswertung der vier Falluntersuchungen zur Müllentsorgung in Schöneiche, zum Braunkohleabbau in Lakoma, zum Naturschutz in Templin und zum vorsorgenden Umweltschutz in Berlin-Köpenick dient der Beantwortung der Ausgangsfrage dieser Arbeit: Mit welchen Strategien waren die lokalen Umweltgruppen in den drei Untersuchungsphasen umweltpolitisch erfolgreich?

Die Antwort erfolgt – jeweils für die drei Untersuchungsphasen – in zwei Schritten. Zuerst werden die verschiedenen Handlungsmuster der untersuchten Umweltgruppen zu Strategietypen zusammengefasst. Als hervorstechendes Merkmal für die Klassifizierung des strategischen Handelns in den Falluntersuchungen ist dabei die Unterscheidung zwischen einem *kooperativen* und einem *konfrontativen* Vorgehen nützlich.[319] Das Handeln der Umweltgruppen lässt sich damit in vier allgemeine Strategietypen gliedern:

a) kooperative Aktionsformen,
b) eine Kombination von kooperativen und konfrontativen Aktionsformen,
c) konfrontative Aktionsformen und
d) das Fehlen gezielter umweltpolitischer Aktivitäten.[320]

Diese vier allgemeinen Strategiemuster lassen sich im Hinblick auf die jeweiligen Rahmenbedingungen, an denen die Umweltgruppen ihr Handeln orientieren mussten, weiter spezifizieren. Durch den Vergleich der vier Fälle können typische Merkmale im Vorgehen der Umweltgruppen herausgearbeitet und zu Strategietypen zusammengefasst werden, die sich auf die gesamte DDR bzw. auf Ostdeutschland übertragen lassen.

Im zweiten Schritt wird der umweltpolitische Erfolg dieser Strategietypen bewertet. Dabei greife ich auf die Evaluation in den Falluntersuchungen zurück und bilanziere die Ergebnisse für die einzelnen Strategietypen.[321] Da aber der umweltpolitische Erfolg einer Umweltgruppe, wie sowohl im theoretisch-methodischen Teil als auch in den Falluntersuchungen deutlich wurde, nicht allein von der Wahl der Strategie abhängt, ziehe ich für die Einschätzung der Er-

---

[319] Dies deckt sich mit den Überlegungen bei NEWELL, Peter (2001), Environmental NGOs, TNCs, and the Question of Governance, S. 91-100; KRIESI, Hanspeter/GIUGNI, Marco G. (1996), Ökologische Bewegungen im internationalen Vergleich, S. 340-343.

[320] Beim diesem vierten Punkt handelt es sich nicht um strategisches Handeln im strengen Sinne. Dennoch ist diese „Residualkategorie" hilfreich, um das Scheitern lokaler Umweltgruppen zu erklären.

[321] Zur Einteilung des umweltpolitischen Erfolgs in die Kategorien „nicht erfolgreich", „bedingt erfolgreich", „erfolgreich" und „sehr erfolgreich" vgl. den methodisch-theoretischen Teil, S. 59.

folgsbilanzen noch weitere Faktoren hinzu, die ich in Abgrenzung zu den umweltpolitischen Rahmenbedingungen als „lokale Faktoren" bezeichne. Hierbei handelt es sich erstens um die Ressourcen der Umweltgruppen, zweitens um deren Geschick bei der Umsetzung der Strategien (Zielformulierung und das Nutzen situativer Gelegenheiten), drittens um das Kräfteverhältnis in der lokalen Akteurkonstellation und viertens um den Konflikttyp (Verhinderung von Umweltbelastungen oder vorsorgender Umweltschutz). Auf diese Weise können für alle drei Untersuchungsphasen spezifische Muster erfolgreicher und nicht erfolgreicher Strategien identifiziert werden.

5.1.1. Die Strategien in der DDR-Zeit 1980-1989

Für die DDR in den achtziger Jahren können vier umweltpolitische Strategien lokaler Umweltgruppen beschrieben werden:

1. Die „kritische Zusammenarbeit" mit staatlichen Stellen,
2. die „kritische Zusammenarbeit" und öffentliche umweltpolitische Proteste,
3. die offene Kritik der DDR-Umweltpolitik und
4. keine umweltpolitischen Aktivitäten.

Der ersten Strategie der *kritischen Zusammenarbeit*,[322] bei der es sich um ein überwiegend kooperatives Vorgehen handelte, ordne ich das Handeln des Umweltaktivs in Schöneiche, der Bevölkerung von Lakoma, der GNU Templin und der Fachgruppe Feldherpetologie in Köpenick zu (vgl. Tabelle 5). Diese Umweltgruppen nutzten die offiziell zugelassenen, legalen Kritikmöglichkeiten des SED-Systems, in erster Linie Eingaben und Gespräche. Hervorstechendes Merkmal der kritischen Zusammenarbeit war, dass die informellen Verhandlungen mit den staatlichen Stellen nicht-öffentlich verliefen, weil die SED darauf erpicht war, jegliche Form öffentlich vorgetragener Kritik oder Unzufriedenheit zu vermeiden. Hinter verschlossenen Türen war es für die Umweltgruppen durchaus möglich, die staatlichen Stellen in der Sache zu kritisieren, solange die Vorherrschaft der SED nicht in Frage gestellt wurde. Eine ausgefeilte Form dieser Strategie verfolgte die GNU Templin mit ihrer Arbeitsteilung zwischen den „Hardlinern", die mit einem öffentlichen Umweltskandal drohten, und den „besonnenen" GNU-Mitgliedern, die diesen umweltpolitischen Druck nutzten, um Zugeständnisse im lokalen Umweltschutz auszuhandeln.

Die Strategie der kritischen Zusammenarbeit lässt sich wegen des Verzichts auf die Schaffung von Gegenöffentlichkeit nach den Kategorien für die politische Gegnerschaft von Neubert zwischen der (umwelt-)politischen Opposition

[322] Dabei ist „kritisch" im doppelten Sinne zu verstehen: Einerseits übten die Umweltgruppen Kritik an der jeweiligen Situation, andererseits war ihre Position kritisch im Sinne von prekär, weil sie Gefahr liefen, von den staatlichen Stelle kriminalisiert und verfolgt zu werden.

und dem nicht organisierten politischen Widerspruch einordnen.[323] Sie beruhte auf einem für die Stabilisierung der SED-Herrschaft typischen „Tauschgeschäft" von praktischen Zugeständnissen im Umweltschutz für das politische Stillhalten der Umweltgruppen, die auf eine öffentliche umweltpolitische Kritik verzichteten.[324] Mit dieser Form des nicht-öffentlichen Aushandelns von Konflikten und Absprachen unter der Hand konnten die Umweltgruppen die starre DDR-Umweltpolitik bis zu einem gewissen Grad „von unten" reformieren. Die Strategie der kritischen Zusammenarbeit bietet damit eine Erklärung für die oben erwähnte Vermutung von Behrens, dass es in der DDR informelle Beteiligungs- und Einwirkungsmöglichkeiten gegeben haben müsse, die UmweltschützerInnen wirkungsvoll in das DDR-Gesellschaftssystem integrierten.[325]

In der DDR war die kritische Zusammenarbeit weit über die hier beschriebenen Fälle hinaus verbreitet, weil das persönliche Risiko für die UmweltaktivistInnen wegen des legalen, sachorientierten Vorgehens kalkulierbar war. Dies galt nicht nur für unabhängige Umweltgruppen aus dem kirchlichen Spektrum, sondern auch für viele Gruppen der GNU und der IG Stadtökologie im Besonderen.[326] Dass bei der kritischen Zusammenarbeit die Umweltkonflikte nicht-öffentlich ausgefochten wurden und die Auseinandersetzungen keinen systemoppositionellen Charakter hatten, mag erklären, warum diese Strategie, trotz ihrer weiten Verbreitung, in der Forschungsliteratur unterbewertet wird.

In der zweiten Strategie verbanden das Netzwerk Arche in Schöneiche und die IG Stadtökologie in Köpenick die *kritische Zusammenarbeit mit öffentlichen umweltpolitischen Protesten*, kombinierten also kooperative und konfrontative Aktionsformen. Diese Gruppen trugen einen offenen (umwelt-)politischen Konflikt mit der SED aus und entzogen sich damit deren Neutralisierungs- und Befriedungsstrategien, die für die kritische Zusammenarbeit charakteristisch waren. Nach Neuberts Kategorien der politischen Gegnerschaft handelte es sich bei dieser Strategie um umweltpolitische Opposition.[327] Die öffentlich vorgetragene umweltpolitische Kritik stellte eine Herausforderung an den Herrschaftsanspruch der SED dar und verletzte die Regeln des oben erwähnten „politischen Tauschgeschäfts". Daher gilt es zu klären, warum es den beiden Gruppen dennoch gelang, zumindest teilweise in Sachfragen konstruktiv mit den staatlichen

---

[323] Vgl. NEUBERT, Ehrhart (1999), Was waren Opposition, Widerstand und Dissidenz in der DDR?, S. 33-41. Vgl. das Kapitel zu den Rahmenbedingungen, S. 83.
[324] Ders., S. 22-23.
[325] Vgl. BEHRENS, Hermann (1992), Begründung für ein Forschungsprogramm einer Geschichte der ökologischen Bewegung der DDR, S. 71.
[326] Vgl. auch ARCHE NOVA 1 vom 1.7.1988, S. 219-220; KNABE, Hubertus (1988), Neue soziale Bewegungen im Sozialismus, S. 555; WEINBACH, Kerstin (1998), Umweltpolitisches Engagement im Vereinigungsprozess, S. 72-73.
[327] Vgl. NEUBERT, Ehrhart (1999), Was waren Opposition, Widerstand und Dissidenz in der DDR?, S. 28, 33-34.

Stellen zu kooperieren, ohne von vornherein als systemfeindlich kriminalisiert zu werden.

Die Arche arbeitete betont sachbezogen, verfügte über ein ausgezeichnetes Fachwissen und nutzte und dehnte legale Handlungsmöglichkeiten sehr weit aus. Die IG Stadtökologie arbeitete ebenfalls weitgehend im legalen Rahmen und wurde von den staatlichen Stellen offiziell anerkannt sowie in ihrem Vorgehen toleriert, um das Engagement gerade kritischer BürgerInnen und Umweltakteure zu kanalisieren. Außerdem formulierten beide Gruppen bezogen auf die lokalen Umweltkonflikte konkret umsetzbare Ziele und verzichteten auf grundlegende Forderungen. Der Versuch der beiden Gruppen, eine allgemeine umweltpolitische Debatte zu initiieren, rief aber sogleich staatliche Gegenmaßnahmen und Überwachung hervor.

Die wenigsten DDR-Umweltgruppen waren fachlich und organisatorisch so fest verankert, dass sie trotz konfrontativer Aktionsformen weiter sachorientiert mit den staatlichen Stellen über konkrete Umweltfragen verhandeln konnten. Entsprechend wenig verbreitet war diese Strategie. Es ist bezeichnend, dass dieser umweltpolitische Balanceakt erst Ende der Achtziger Jahre möglich war, als der umweltpolitische Druck der Umweltgruppen zunahm, sie vermehrt eine Gegenöffentlichkeit aufbauen konnten und sich die ersten Umrisse einer DDR-Umweltbewegung abzeichneten. Noch Mitte der Achtziger Jahre war der Versuch der Fachgruppe Feldherpetologie in Köpenick, eine informelle Zusammenarbeit mit einer weitergehenden Kritik an der DDR-Umweltpolitik zu verbinden, an der rigorosen Unterdrückung gescheitert.

Die dritte Strategie einer *offenen Kritik der DDR-Umweltpolitik* war konfrontativ angelegt und wurde von der Umweltbibliothek in Schöneiche verfolgt. Mit ihren Protestaktionen, den illegalen Videoaufnahmen der Mülldeponie Schöneiche oder der Fahrraddemonstration zielte die Umweltbibliothek nicht nur auf konkrete Umweltprobleme, sondern beabsichtigte mit einer offenen Umweltdebatte auch eine politisch-symbolische Wirkung. Damit handelte es sich bei dieser Strategie um „konfrontativen Widerstand“, der von einem Standpunkt außerhalb des politischen Systems operierte.[328] Eine solche Konfrontation berührte einen neuralgischen Punkt des SED-Regimes und führte dazu, dass das umweltpolitische Engagement der Umweltbibliothek kriminalisiert und unterdrückt wurde. Damit rückten bei dieser Strategie die fachliche Auseinandersetzung und die Sachkompetenz zwangsläufig in den Hintergrund, was den Verzicht auf konkrete umweltpolitische Verbesserungen bedeutete.

In der DDR setzten nur wenige Umweltgruppen auf diese Strategie, weil es für sie wegen der massiven Repression und des hohen persönlichen Risikos fast unmöglich war, sich zu organisieren.[329] Aber diese Form des Widerstands hatte

---

[328] Ders., S. 33.

[329] NEUBERT nennt in seinem Überblick für die achtziger Jahre keine organisierten Formen des Widerstands, sondern nur Flucht und Ausreise. Ders., S. 39-41.

eine hohe symbolische Bedeutung für die Umweltgruppen und die oppositionellen Gruppen allgemein.[330] Gleichwohl blieb diese Strategie eine Seltenheit, weil die Rahmenbedingungen zu ungünstig waren, und prägte das Handeln anderer Umweltgruppen lediglich indirekt. Daher wird in der Forschung tendenziell der Umfang und die konkrete Wirkung der Strategie der offenen umweltpolitischen Konfrontation, insbesondere von oppositionell-kirchlichen Umweltgruppen, auf die lokale Umweltpolitik in den achtziger Jahren überschätzt.[331]

Dem vierten Verhaltensmuster *fehlender umweltpolitischer Aktivitäten* ordne ich die Umweltgruppen in Lakoma, die angesichts der scheinbar übermächtigen Gegner in Gestalt der Energiewirtschaft und des Braunkohlebergbau erst gar nicht aktiv wurden, und den kirchlichen Gesprächskreis „Montag Abend für alle" in Köpenick zu. Ihr Engagement lässt sich als Widerspruch einordnen, der eher diffuse Ziele verfolgte, kaum organisiert war und deswegen ohne konkrete Wirkung für den lokalen Umweltschutz blieb. Dieses Verhalten war charakteristisch für die überwiegende Mehrheit der BürgerInnen, die sich trotz der Unzufriedenheit über den schlechten Zustand der Umwelt meist gar nicht erst in Umweltgruppen organisierten. Aber auch die GNU mit ihren bis zu 60.000 Mitgliedern hätte eine organisatorische Basis für ein gezieltes umweltpolitisches Engagement bieten können, tat es aber nicht. Die wichtigste Ursache dafür waren die widrigen umweltpolitischen Rahmenbedingungen.

Für die Einschätzung des umweltpolitischen Erfolges dieser vier Strategien ergibt sich aus den Fallbeispielen, wie in Tabelle 5 dargestellt, folgendes Bild. Die Strategie der kritischen Zusammenarbeit war im Vergleich der Fallbeispiele bei den konkreten Ergebnissen im lokalen Umwelt- und Naturschutz überdurchschnittlich erfolgreich. Weil alle vier Gruppen über vergleichbare Ressourcen verfügten und kompetent ihre Strategie umsetzten, lässt sich der unterschiedliche Erfolg der Umweltgruppen mit dieser Strategie in erster Linie mit der unterschiedlichen lokalen Akteurkonstellation erklären. Das Umweltschutzaktiv, die Bevölkerung in Lakoma und die GNU Templin konnten sich mit ihren Forderungen nur bedingt gegen die örtlichen Betriebe durchsetzen, die die Umweltbelastungen verursachten. Dagegen konnten die GNU Templin und die Feldherpetologen in Köpenick sehr erfolgreich bzw. erfolgreich Naturschutz betreiben, weil ihr Engagement keinen wirtschaftlichen oder politischen Interessen zuwi-

[330] So löste die Verhaftung von Mitgliedern der Umweltbibliothek durch die Staatssicherheit im November 1987 eine Protest- und Solidaritätswelle in der gesamten DDR aus, was einen Wendepunkt der oppositionellen Arbeit darstellte und andere Umweltgruppen in ihrer Arbeit ermutigte. Vgl. MÜHLEN, Patrik von zur (2000), Aufbruch und Umbruch in der DDR, S. 227-232; OPP, Karl-Dieter/VOß, Peter/GERN, Christiane (1993), Die volkseigene Revolution, S. 32.

[331] Dies vertreten u.a. GENSICHEN, Hans-Peter (1994), Das Umweltengagement in den evangelischen Kirchen in der DDR; KNABE, Hubertus (1990), Möglichkeiten und Grenzen gesellschaftlicher Problemartikulation in sozialistischen Systemen; WEINBACH, Kerstin (1998), Umweltpolitisches Engagement im Vereinigungsprozess.

derlief. Entgegen den Annahmen der Neuen Politischen Ökonomie war damit der Einsatz für den Naturschutz, der dem Konflikttyp des vorsorgenden Umweltschutzes zugerechnet werden kann, erfolgreicher als die Verhinderung von Umweltbelastungen. Die Falluntersuchungen bestätigen vielmehr die Einschätzung des Sachverständigenrates für Umweltfragen, der beim Naturschutz einen größeren umweltpolitischen Handlungsspielraum als beim Umweltschutz ausmachte.[332]

Erfolgsbewertung der umweltpolitischen Strategien in der DDR-Zeit (1980-1989)		
Strategie	Umweltgruppe	Ergebnis
kritische Zusammenarbeit mit staatlichen Stellen	- Umweltschutzaktiv in Schöneiche - Bevölkerung von Lakoma - GNU Templin - Feldherpetologen Köpenick	- bedingt erfolgreich - bedingt erfolgreich - bedingt erfolgreich/sehr erfolgreich (Naturschutz) - erfolgreich
kritische Zusammenarbeit und öffentlicher Protest	- Netzwerk Arche in Schöneiche - IG Stadtökologie Köpenick	- bedingt erfolgreich - bedingt erfolgreich
offene Kritik der DDR-Umweltpolitik	- Umweltbibliothek in Schöneiche	- bedingt erfolgreich (v.a. Öffentlichkeitsarbeit)
keine umweltpolitischen Aktivitäten	- Umweltgruppen in Lakoma - „Montag Abend für alle" in Köpenick	- nicht erfolgreich - nicht erfolgreich

Tab. 5. Quelle: Eigene Zusammenstellung.

Bei der Strategie der *kritischen Zusammenarbeit mit öffentlichen Protesten* blieben die Fortschritte beim lokalen Umweltschutz begrenzt. Sowohl das Netzwerk Arche als auch die IG Stadtökologie verfügten für DDR-Verhältnisse über überdurchschnittliche Ressourcen. Die wesentliche Restriktion für den Erfolg der beiden Umweltorganisationen bildete auch hier die Akteurkonstellation, weil der mächtige DDR-Staatsapparat insbesondere deren Bemühungen zur Schaffung einer kritischen Gegenöffentlichkeit weitgehend unterbinden konnte.

[332] Vgl. Rat von Sachverständigen für Umweltfragen (SRU) (1996), Umweltgutachten 1996, S. 227.

Obwohl auch die Umweltbibliothek über vergleichsweise große Ressourcen verfügte und ihre Strategie der *offenen Kritik der DDR-Umweltpolitik* kompetent umsetzte, konnte sie höchsten begrenzte Erfolge erzielen, weil diese Strategie unter den Bedingungen in der DDR zwangsläufig eine massive staatliche Repression und Verfolgung nach sich zog. Folglich war die Umweltbibliothek bei der Bildung einer umweltpolitischen Gegenöffentlichkeit relativ wirkungsvoll, erreichte aber keine Verbesserungen beim Umweltschutz. Diejenigen Umweltgruppen, die *umweltpolitisch nicht aktiv* waren, blieben selbstverständlich auch erfolglos beim lokalen Umweltschutz.

Insgesamt erwies sich also die Strategie der kritischen Zusammenarbeit als überdurchschnittlich effektiv, weil sie besonders gut auf die umweltpolitischen Rahmenbedingungen unter dem SED-Regime zugeschnitten war und auf einem in der DDR verbreiteten Tauschgeschäft von konkreten Verbesserungen beim lokalen Umweltschutz gegen politisches Stillhalten beruhte. Auch die Umweltgruppen, die die Strategie der kritischen Zusammenarbeit mit öffentlichen Protesten wählten, konnten bescheidene Erfolge erzielen. So komme ich zu dem auf den ersten Blick überraschenden Ergebnis, dass in der DDR vor 1989 die vor allem in Westdeutschland bekannten kirchlich-oppositionellen Umweltgruppen umweltpolitisch weniger erfolgreich waren, weil ein offen ausgetragener Umweltkonflikt auf den geballten Widerstand der Staatsmacht stieß. Demgegenüber konnten diejenigen Gruppen konkrete Forschritte erwirken, die ausgestattet mit einer großen Fachkompetenz informell und nicht-öffentlich mit den staatlichen Stellen verhandelten. Aber auch deren umweltpolitische Erfolge blieben wegen der restriktiven Rahmenbedingungen begrenzt.

Dennoch muss festgehalten werden, dass diejenigen Umweltgruppen, die öffentlich gegen die DDR-Umweltpolitik protestierten, wie die Umweltbibliothek, das Netzwerk Arche und die IG Stadtökologie, Ende der achtziger Jahre die ersten Ansatzpunkte einer DDR-Umweltbewegung bildeten. Im „Windschatten" solcher oppositioneller Bürgerrechts- und Umweltgruppen konnten sich gemäßigtere Umweltgruppen, die die Strategie einer kritischen Zusammenarbeit verfolgten, vorwagen und von dem erweiterten Handlungsspielraum profitieren. Insofern zeigten die risikoreichen, konfrontativen Strategien eine indirekte Wirkung.[333]

[333] Diesen vermehrten öffentlichen und nicht-öffentlichen Proteste lokaler Umweltgruppen gegen Ende der achtziger Jahre ist es wohl auch zuzuschreiben, dass das SED-Regime in einzelnen Fällen umweltpolitische Rückzieher machte. Z. B. verhinderten im Herbst 1988 Bürgerproteste erstmals in der DDR den Bau einer Deponie nördlich von Magdeburg für Sondermüll aus der Bundesrepublik. Frankfurter Allgemeine Zeitung 23.11.1988.

5.1.2. Die Strategien in der Umbruchzeit 1989/90

Für die Wendezeit lassen sich drei Strategien beschreiben:
1. Die Mitsprache am Runden Tisch,
2. die Mitsprache am Runden Tisch bei gleichzeitiger Mobilisierung und
3. ein diffuses umweltpolitisches Engagement ohne konkrete Zielsetzung.

Die erste Strategie der *umweltpolitischen Mitsprache am Runden Tisch* und in ähnlichen Gremien[334] war ein überwiegend kooperatives Vorgehen und bei der Grünen Partei in Templin sowie der Bürgerinitiative Niederschöneweide in Köpenick vorzufinden (vgl. Tabelle 6). Kennzeichnend für diese Strategie war, dass sich die Umweltgruppen direkt und gezielt an den neu geschaffenen politischen Gremien der Umbruchzeit beteiligten und dort im Rahmen der Bürgerbewegung mit den alten Kräften des SED-Regimes zusammenarbeiteten. Die Umweltgruppen wie z. B. die Grüne Partei in Templin verfügten als einer der wenigen Akteure der Wendezeit über ökologisches Fachwissen, Ansehen in der Bevölkerung und gut begründete umweltpolitische Ziele. Eine konfrontative Öffentlichkeitsarbeit und Mobilisierung war bei dieser Strategie nicht erforderlich, da viele der bisherigen Verursacher durch die Wende an Macht und Einfluss verloren hatten und in den Verhandlungen an den Runden Tischen den Forderungen der Umweltgruppen nachgaben.

Diese Strategie war in der Umbruchzeit angesichts der Vielzahl der lokalen und thematischen Runden Tische weit verbreitet.[335] Auch nach dem Ende der Runden Tische wirkte deren auf Zusammenarbeit und Konsenssuche orientierte Stimmung in den Kommunalparlamenten fort und gestattete lokalen Umweltgruppen eine – allerdings deutlich schwächere – Einflussnahme auf die lokale Umweltpolitik, wenn sie mit schlüssigen Konzepten und überzeugenden Argumenten aufwarteten. Dies zeigen unter anderem die vielen Schutzgebietsausweisungen durch die Kreistage.[336]

Die zweite Strategie der *Mitsprache am Runden Tisch bei gleichzeitiger umweltpolitischer Mobilisierung* bildete eine Kombination kooperativer und konfrontativer Aktionsformen und war in Schöneiche und Lakoma anzutreffen. Bei dieser Strategie mussten die Umweltgruppen zusätzlich zur Zusammenarbeit am Runden Tisch noch eine konfrontative Öffentlichkeitsarbeit und Mobilisierung betreiben, weil in diesen beiden Fällen die Verursacher nicht ohne weiteres zu Verhandlungen bereit waren und auf ihrer Position beharrten. Erst indem die

334 Dazu zähle ich auch die Bürgerkomitees, die ad hoc berufenen Arbeitsgruppen wie die Kontrollgruppe zu Schöneiche, die Kooptation von UmweltaktivistInnen in die alten Gremien oder direkte Verhandlungen zwischen Umweltgruppen und Betrieben.

335 Vgl. HAHN, André (1998), Der Runde Tisch, S. 46; IZEKI, Tadahisa (1999), Das Erbe der Runden Tische in Ostdeutschland, S. 85-89; TIMMER, Karsten (2000), Vom Aufbruch zum Umbruch.

336 Interview mit Steffen HERCHER und Norbert WILKE.

Umweltgruppen umweltpolitischen Druck ausübten, konnten sie ihren Zugang zu den Entscheidungsprozessen erwirken und ihre Verhandlungsposition stärken.

Bei dieser Strategie nutzten die Umweltgruppen sowohl die hohe Mobilisierungsbereitschaft der Bevölkerung und das sprunghaft gestiegene Interesse der Medien an Umweltfragen als auch „die Schwäche der [alten und] neuen Parteien und die enormen Handlungsmöglichkeiten in einer politischen Arena, in der die alten Institutionen verschwinden und die neuen noch nicht etabliert sind", wie es für die „Boomphase" der Zivilgesellschaft während der Systemtransformation typisch ist.[337] An den Runden Tischen, an denen eine konstruktive Zusammenarbeit und die Suche nach Kompromissen vorherrschten, konnten die Gruppen dann ihr Fachwissen zur Geltung bringen und für eine rasche Umsetzung der Beschlüsse sorgen.

Zahlreiche DDR-Umweltgruppen wählten dieses Vorgehen; die vielen lokalen Demonstrationen und Protestaktionen vor allem bis zum Frühjahr 1990 zeugen davon.[338] Da aber diese Form der Mobilisierung größere Anstrengungen und Ressourcen erforderte als die einfache Beteiligung an Runden Tischen, war dieses Vorgehen vermutlich weniger weit verbreitet als die erste Strategie.

Dem dritten Handlungsmuster eines *diffusen umweltpolitischen Engagements* ohne klare Zielsetzung ordne ich die Fachgruppe Feldherpetologie, die IG Stadtökologie, die Grüne Liga und die Grüne Partei in Köpenick zu. Ihnen gelang es nicht, kurzfristig neue umweltpolitische Ziele zu definieren und eine handlungsfähige Organisation zu erhalten bzw. aufzubauen. Die Folge war eine umweltpolitische Orientierungslosigkeit, die ein gezieltes umweltpolitisches Engagement verhinderte, so dass die günstige Gelegenheit der Umbruchzeit ungenutzt verstrich. Mit diesen Schwierigkeiten waren die meisten GNU-Gruppen, die sich zum Großteil auflösten, aber auch die kirchlichen Umweltgruppen, die ihrer umweltpolitischen Stellvertreterfunktion verlustig gingen, konfrontiert.[339] Die sich neu gründenden Umweltgruppen standen vor dem Problem, dass sie kaum auf organisatorische Strukturen zurückgreifen konnten, so dass sie nicht sogleich handlungsfähig waren.

Ein vierter, überwiegend konfrontativer Strategietyp ließ sich in den Fallbeispielen während der Wendezeit nicht erkennen. Dies ist leicht nachzuvollziehen,

---

337 CROISSANT, Aurel/LAUTH, Hans-Joachim/MERKEL, Wolfgang (2000), Zivilgesellschaft und Transformation, S. 33.

338 Vgl. die obigen Ausführungen zu den umweltpolitischen Protesten, S. 88 (Die umweltpolitischen Rahmenbedingungen), zu den Mülldeponien, S. 155 (Fallbeispiel Schöneiche), zu den Protesten gegen den Braunkohletagebau, S. 171 (Fallbeispiel Lakoma); sowie zu Leipzig, vgl. RINK, Dieter (1995), Bürgerbewegung und Kommunalpolitik in Ostdeutschland, S. 85-96.

339 Vgl. BEHRENS, Hermann/BENKERT, Ulrike (1992), Das Schicksal der Gesellschaft für Natur und Umwelt im Kulturbund der DDR; WEINBACH, Kerstin (1998), Umweltpolitisches Engagement im Vereinigungsprozess, S. 76-77.

denn ein Mindestmaß an Kooperation war die Vorbedingung dafür, dass Umweltgruppen kurzfristig Verhandlungserfolge realisieren konnten. Angesichts der sich bietenden Möglichkeiten wollten die Gruppen offenbar nicht auf diese Chance verzichten. Daher ist es auch plausibel anzunehmen, dass rein konfrontative Strategien in der Umbruchzeit insgesamt nur höchst selten vorkamen.

Für die Umbruchzeit stellt sich die Erfolgsbilanz der Strategien in den Falluntersuchungen, wie in Tabelle 6 dargestellt, folgendermaßen dar:

Erfolgsbewertung der umweltpolitischen Strategien in der Umbruchzeit 1989/90		
Strategie	Umweltgruppe	Ergebnis
Mitsprache am Runden Tisch	- Grüne Partei in Templin - Bürgerinitiative Niederschöneweide (Köpenick)	- erfolgreich/sehr erfolgreich - erfolgreich
Mitsprache am Runden Tisch und Mobilisierung	- Schöneiche - Lakoma	- sehr erfolgreich - bedingt erfolgreich
diffuses umweltpolitisches Engagement	- Umweltgruppen in Köpenick	- nicht erfolgreich

Tab. 6. Quelle: Eigene Zusammenstellung.

Die Erfolge der Grünen Partei in Templin und der Bürgerinitiative Niederschöneweide mit der Strategie der *Mitsprache am Runden Tisch* beruhte auf der Formulierung klarer Ziele, der kompetenten Umsetzung der Strategie und dem fehlenden Widerstand in der lokalen Akteurkonstellation. Der außerordentliche Erfolg der Templiner Umweltakteure bei der Einrichtung des Biosphärenreservats Schorfheide-Chorin beruhte auf ihrer äußert großen, über Jahrzehnte erarbeiteten Fachkompetenz, ihrem enormen Einsatz und dem zukunftsweisenden Projekt eines Großschutzgebietes. Dabei erwies sich die schnelle Durchsetzung und Festschreibung von Maximalforderungen als äußerst effektiv, während durch das zögerlichere Vorgehen beim Naturpark Uckermärkische Seen kurzfristige Chancen verpasst wurden. Der unterschiedliche Konflikttyp spielte keine Rolle.

Das Umweltschutzaktiv in Schöneiche und die Umweltgruppen in Lakoma, die beide die Strategie der *Mitsprache am Runden Tisch mit umweltpolitischer Mobilisierung* wählten, setzten die Strategie sowohl bei der fachlichen Zusammenarbeit als auch bei der Öffentlichkeitsarbeit und Mobilisierung gekonnt um. Der unterschiedliche Erfolg lässt sich in erster Linie mit der Akteurkonstellation erklären. Der Gruppe in Schöneiche gelang es nicht nur, die mächtigen Gegenspieler insbesondere durch den Druck der Medien zum Nachgeben zu zwingen, sondern sie konnte sogar eine über den lokalen Konflikt hinausgehende Wirkung erzielen und die Öffentlichkeit mit ihren Aktionen für die Probleme der deutsch-deutschen Müllgeschäfte sensibilisierten. Demgegenüber konnte das Bergbauunternehmen in Lakoma der Mobilisierung durch die Umweltgruppen widerstehen, weil es in den Medien weniger kritisiert und von der Politik gestützt wurde. Ein zweiter Unterschied zwischen beiden Gruppen betrifft deren Ressourcen und bestand darin, dass das Umweltschutzaktiv in Schöneiche bereits vor der Wende gut organisiert war und sofort aktiv werden konnte, während sich die Gruppen in Lakoma erst konstituieren mussten und wertvolle Zeit verloren.

Das *diffuse umweltpolitische Engagement* der Umweltgruppen in Köpenick und die damit verbundene umweltpolitische Erfolglosigkeit entsprang in erster Linie dem Fehlen neuer, der Situation angepasster Umweltziele und damit strategischen Fehlern. Außerdem gelang es den Feldherpetologen und der IG Stadtökologie nicht, ihren organisatorischen Vorsprung aus der Zeit vor der Wende zu nutzen.

Für die Wendezeit kann zusammengefasst werden, dass sowohl die Mitsprache am Runden Tisch als auch die Mitsprache am Runden Tisch in Verbindung mit umweltpolitischer Mobilisierung sehr wirkungsvoll die Möglichkeiten nutzten, die sich unter den Rahmenbedingungen der Wendezeit auftaten. Besonders effektiv war dabei die Kombination kooperativer und konfrontativer Elemente der zweiten Strategie, weil sie zwei, für diese Phase spezifische Optionen parallel ausschöpfte, die Runden Tische und die hohe Mobilisierungsbereitschaft. In Schöneiche konnte sich damit das Umweltschutzaktiv gegen eine sehr mächtige Koalition von Verursacherinteressen behaupten, deren Verletzlichkeit aufzeigen und über den lokalen Rahmen hinaus wirken. Allerdings führte diese Strategie trotz einer kompetenten Umsetzung nicht immer zum Erfolg, wie der Fall Lakoma gezeigt hat.

Auch die rein kooperative Strategie der Mitsprache am Runden Tisch war erfolgreich, allerdings nur unter der Voraussetzung, dass die Umweltgruppen in der lokalen Akteurkonstellation nicht auf den Widerstand der Verursacherinteressen stießen. Dabei profitierten sie indirekt auch von der umweltpolitischen Mobilisierung anderer Gruppen, die das umweltpolitische Konfliktniveau anhoben und die Verursacher sowie die Bevölkerung für ökologische Belange sensibilisierten.

5.1.3. Die Strategien in der Zeit nach der Vereinigung 1991-2000

Für die Zeit nach der Vereinigung lassen sich in den Fallbeispielen drei Strategien beobachten:

1. Die umweltpolitische Kooperation mit Umweltbehörden und Politik,
2. die umweltpolitische Kooperation in Verbindung mit konfrontativer Mobilisierung und
3. der Rückgang sowie die Einstellung umweltpolitischer Aktivitäten.

Die erste Strategie der *umweltpolitischen Kooperation* wählten die Umweltgruppen in Schöneiche und Templin sowie die Lokale Agenda 21 in Köpenick (vgl. Tabelle 7). Aufgrund ihrer hohen Fachkompetenz und ihres guten Zugangs zu den Umweltbehörden konnten die ersten beiden Gruppen effektiv an der Bearbeitung konkreter Umweltprobleme bzw. Umweltprojekte mitwirken. Die zwei Umweltgruppen genossen durch ihre enge Zusammenarbeit mit Politik und Behörden Mitwirkungsmöglichkeiten, die weit über die formellen Beteiligungsrechte hinausgingen.

Diese Strategie fachlicher Kooperation trug dem Abschwung zivilgesellschaftlicher und insbesondere umweltpolitischer Mobilisierungsfähigkeit nach der Vereinigung Rechnung. Viele ostdeutsche Umweltgruppen waren grundsätzlich zur Zusammenarbeit mit den Kommunen bereit und wiesen auch gute Kontakte zur Kommunalpolitik und –verwaltung auf.[340] Die Strategie war aber ungeeignet, wenn die Umweltgruppen mit ihren Forderungen auf den Widerstand der Verursacher und der Politik stießen. Denn diese konnten den Umweltgruppen im Konfliktfall auf Grund der Machtverhältnisse die Mitwirkung weitgehend verwehren.

Die Lokale Agenda 21 in Köpenick lässt sich ebenfalls dieser kooperativen Strategie zuordnen, stellt aber insofern eine Besonderheit dar, als dort auch die umweltpolitische Mobilisierung nach innen und außen einen wichtigen Bestandteil bildete. Aber wegen der Konsensorientierung im Agenda 21-Prozess waren weder die Öffentlichkeitsarbeit noch die Mobilisierung konfrontativ angelegt, sondern sie zielten darauf ab, die Basis für Kooperationsprojekte zu erweitern. Damit lässt sich die Lokale Agenda 21 in Köpenick als eine Strategie charakterisieren, die darauf beruht, dass aus der engen Zusammenarbeit mit Politik, Behörden und Wirtschaft sowie der Mobilisierung der Bevölkerung Mitwirkungsmöglichkeiten erwachsen, die weder durch formelle Partizipation, noch durch Konfrontation erreicht werden können.

Der zweiten Strategie der *Kooperation in Verbindung mit umweltpolitischer Mobilisierung* rechne ich die Umweltgruppen in Lakoma zu. Bei dieser Strategie waren die Umweltgruppen gezwungen, durch eine konfrontative Öffentlichkeitsarbeit und Mobilisierung Druck auf die Verursacher und die Politik auszuüben, um eine mehr als lediglich formelle Beteiligung am Entscheidungsprozess zu erwirken und tatsächlich Einfluss nehmen zu können. Dies war wegen der nachlassenden Mobilisierungsfähigkeit, wegen des zurückgehenden Interesses der Medien an Umweltfragen und wegen der sozio-ökonomischen Bedingungen ein schwieriges Unterfangen und setzte beträchtliche Kapazitäten voraus. Dementsprechend spielten die überregional organisierten Umweltverbände in Lako-

---

[340] Vgl. WEINBACH, Kerstin (1998), Umweltpolitisches Engagement im Vereinigungsprozess, S. 167-168; Rat von Sachverständigen für Umweltfragen (SRU) (1996), Umweltgutachten 1996, S. 229-230.

ma, einmal abgesehen von der Besetzung des Dorfes, eine wichtige Rolle in den Auseinandersetzungen.

Trotz der widrigen Rahmenbedingungen nach der Vereinigung verfolgte eine Vielzahl lokaler Umweltgruppen und Bürgerinitiativen in Ostdeutschland – und zwar unabhängige und in Umweltverbänden organisierte Gruppen – diese Strategie.[341] Dies lässt sich erstens damit erklären, dass die Umweltgruppen in erster Linie „in Protest- und Abwehrkämpfe im Zuge des wirtschaftlichen Aufbauprogramms" eingespannt waren, in denen rein kooperative Strategien von vornherein zum Scheitern verurteilt waren.[342] Zweitens sah eine Mehrheit der lokalen Umweltgruppen eine konfrontative Öffentlichkeitsarbeit und eine offene umweltpolitische Auseinandersetzung als die wirkungsvollere Strategie zur Durchsetzung ihrer Interessen an, selbst wenn sie nur über sehr geringe Ressourcen verfügten. Das hing mit ihrem Selbstverständnis als „politischer Akteure" zusammen.[343]

Dem dritten Verhaltensmuster des *Rückgangs* und der *weitgehenden Einstellung umweltpolitischer Aktivitäten* rechne ich die Umweltgruppen in Köpenick zu. Eine derartige Entwicklung war bezeichnend für das Handeln vieler lokaler Umweltgruppen in Ostdeutschland, deren Aktivitäten seit ungefähr 1993 stagnierten oder die sich sogar auflösten, insbesondere dann, wenn sie nicht in den großen Umweltverbänden organisiert waren.[344] Nach der Vereinigung wählte – aus den gleichen Gründen wie in der Wendezeit – keine der untersuchten Umweltgruppen eine vorwiegend konfrontative Strategie.

Bei der Erfolgsbewertung für die hier vorgestellten Strategien ergibt sich für die Zeit nach der Vereinigung folgendes Bild (vgl. Tabelle 7). Die Strategie der *umweltpolitischen Kooperation* erwies sich für die Umweltgruppen in Schöneiche und Templin als erfolgreich. Wesentliche Faktoren dafür waren ihr kompetentes strategisches Handeln sowie die guten Kontakte zur Kommunalpolitik und -verwaltung. Damit war diese Strategie gut an die umweltpolitischen Rahmenbedingungen nach der Vereinigung angepasst, indem sie vorrangig den bestehenden Zugang zu den Umweltverwaltungen sowie die grundsätzliche Bereitschaft der meisten Beteiligten zur Kooperation nutzte und auf die viel schwierigere umweltpolitische Mobilisierung verzichtete.

Der Agenda 21-Prozess in Köpenick konnte zwar handlungsfähige Strukturen entwickeln und sozialpolitische Tatkraft entfalten, aber nur wenige Impulse für den lokalen Umweltschutz geben, weil eine umweltpolitische Zuspitzung des

---

[341] Vgl. ZSCHIESCHE, Michael (1996), Vom Alltag der Bürgerbeteiligung, S. 279-280; Interview mit Steffen HERCHER und Norbert WILKE.

[342] Ders., S. 284.

[343] Vgl. WEINBACH, Kerstin (1998), Umweltpolitisches Engagement im Vereinigungsprozess, S. 166-169.

[344] Auf die stabilisierende Funktion der Verbände verweist dies., S. 172-173.

Agenda 21-Prozesses durch die Konsensorientierung behindert wurde.[345] Hinzu kam das generelle Problem, konkret umsetzbare, breit akzeptierte Ziele für den vorsorgenden Umweltschutz zu definieren. Das grundlegende Handikap dieser Strategie war, dass für ihren Erfolg eine lokale Akteurkonstellation Voraussetzung war, in der die Umweltgruppen mit ihren Projekten und Forderungen nicht auf den Widerstand von Verursacherinteressen trafen.

Erfolgsbewertung der umweltpolitischen Strategien nach der Vereinigung 1991-2000

Strategie	Umweltgruppe	Ergebnis
Kooperation mit Behörden und Politik	- Schöneiche - Templin - Lokale Agenda 21 in Köpenick	- erfolgreich - erfolgreich - bedingt erfolgreich
umweltpolitische Kooperation und Mobilisierung	- Lakoma	- bedingt erfolgreich
Rückgang umweltpolitischer Aktivitäten	- Umweltgruppen in Köpenick	- nicht erfolgreich

Tab. 7. Quelle: Eigene Zusammenstellung.

Die Umweltgruppen in Lakoma konnten mit der Strategie der *umweltpolitischen Kooperation und Mobilisierung* trotz überdurchschnittlicher Ressourcen, erhöhter Anstrengungen und einer kompetenten Strategieführung lediglich Teilziele durchsetzen, weil es den Verursacherinteressen von Wirtschaft und Politik in Lakoma gelang, sie weitgehend aus dem umweltpolitischen Entscheidungsprozess hinauszudrängen. Die Zuspitzung des Konflikts von Seiten der Verursacher auf die Formel Umweltschutz gegen Arbeitsplätze manövrierte die allermeisten Umweltgruppen in eine nahezu aussichtslose Position. In einem solchen Fall erwiesen sich auch die im Vergleich zu den beiden vorhergehenden Untersuchungsphasen formell guten Beteiligungsrecht für Umweltgruppen und Umweltverbände in der Praxis als nicht ausreichend, um ihre Position nachdrücklich zu stärken.

Der *Rückgang* und die *Einstellung umweltpolitischer Aktivitäten* der Umweltgruppen in Köpenick und die damit verbundene Erfolglosigkeit lässt sich mit den ungünstigen Voraussetzungen für lokale Umweltpolitik in Köpenick, aber auch mit der strategischen Fehlentscheidung der Umweltgruppen, sich nicht am Agenda 21-Prozess zu beteiligen, erklären.

Als Resümee für die Zeit nach der Vereinigung kann festgehalten werden, dass die Strategie einer fachlichen Kooperation den umweltpolitischen Rahmen-

[345] Vgl. die Einschätzung bei OELS, Angela (2000), „Let's get together and feel alright!", S. 196-197.

bedingungen angepasst und dann erfolgreich war, wenn die Umweltgruppen mit ihren Forderungen auf keine entgegengesetzten Interessen in der lokalen Akteurkonstellation stießen. Die Strategie eignete sich daher nicht, für die weit verbreiteten lokalen Umweltkonflikte, in denen es darum ging, umweltbelastende Projekte und Anlagen zu verhindern. Auch die Lokale Agenda 21 in Köpenick konnte trotz ihrer weitgehenden Vernetzung und Mobilisierung die hochgesteckten umweltpolitischen Erwartungen bislang nur bedingt erfüllen. Dennoch kann es für lokale Umweltgruppen eine effektive Strategie sein, gezielt in Agenda 21-Prozessen mitzuarbeiten, weil diese über mehr Handlungsmöglichkeiten verfügen als die meisten lokalen Umweltgruppen in Ostdeutschland und auch einige Erfolge vorweisen können.[346]

Die Strategie der umweltpolitischen Kooperation in Verbindung mit umweltpolitischer Mobilisierung war für ein wesentlich breiteres Spektrum an Umweltkonflikten geeignet, erforderte aber auch deutlich höhere Ressourcen und Anstrengungen, die in der Regel nur die überregionalen Umweltverbände bereitstellen konnten. Allerdings zeigt der Fall Lakoma, dass auch diese Strategie selbst bei einer sehr kompetenten Umsetzung keinen Erfolg garantierte.

5.1.4. Zwischenfazit zum Erfolg der Strategien lokaler Umweltgruppen

Betrachtet man die Strategien der drei Untersuchungsphasen im Vergleich (vgl. Tabelle 8), so lassen sich nur in der DDR vor 1989 alle vier Strategiemuster beobachten. Einige Umweltgruppen schlossen die Kooperation mit dem SED-Regime, die ohnehin nur begrenzte Möglichkeiten eröffnete, von vornherein aus. Sie glaubten, eine größere Wirkung durch eine konfrontative Mobilisierung erzielen zu können. Für die Umbruchzeit und die Zeit nach der Vereinigung können in den Fallbeispielen nur drei Strategiemuster nachgewiesen werden, weil die Umweltgruppen auf ein konfrontatives Vorgehen verzichteten und es vorzogen, umweltpolitische Kompromisse auszuhandeln und mitzugestalten. Damit überwogen die stärker kooperativ ausgerichteten Strategien. Insgesamt lässt sich mit den hier formulierten Strategien die weit überwiegende Mehrheit des umweltpolitischen Engagements lokaler Umweltgruppen in der DDR bzw. in Ostdeutschland beschreiben.

Die vergleichende Bewertung der Strategien in allen drei Untersuchungsphasen zeigt, dass umweltpolitische Kooperation ein konstitutives Merkmal aller erfolgreichen Strategien war. Denn in einer sachorientierten Zusammenarbeit konnten die Umweltgruppen ihr ortspezifisches Fachwissen sowie ihre Ideen besonders effektiv zur Geltung bringen und Lösungen für den lokalen Umwelt-

[346] Vgl. BRAND, Karl-Werner (1999), Transformation der Ökologiebewegung, S. 254; Enquetekommission „Zukunftsfähiges Berlin“ des Abgeordnetenhauses von Berlin (Hg.) (1999), Zukunftsfähiges Berlin, S. 119-121; HAHN, Ekhart/LAFOND, Michael (1997), Lokale Agenda 21 und Ökologischer Stadtumbau.

schutz mitgestalten. Kooperation war also für einzelne Umweltgruppen ein erfolgversprechendes Strategiemuster, aber letztlich konnten sie ebenso wenig auf konfrontative Elemente verzichten wie die Umweltverbände und die Umweltbewegung insgesamt. Denn in vielen – lokalen – Umweltkonflikten ließen sich Verursacher- und Umweltschutzinteressen nicht miteinander vereinbaren. In dieser Situation waren die Umweltgruppen nur durchsetzungsfähig, wenn sie zu einer konfrontativen Mobilisierung in der Lage waren.

Die Strategien lokaler Umweltgruppen in der DDR bzw. in Ostdeutschland 1980-2000			
Strategiemuster	DDR-Zeit 1980-1989	Umbruchzeit 1989/90	Nach der Vereinigung 1991-2000
Kooperation	kritische Zusammenarbeit	Mitsprache am Runden Tisch	Kooperation mit Behörden und Politik
Kooperation und Konfrontation	kritische Zusammenarbeit und öffentliche Proteste	Mitsprache am Runden Tisch und Mobilisierung	umweltpolitische Kooperation und Mobilisierung
Konfrontation	offene Kritik der DDR-Umweltpolitik	-	-
keine Aktivitäten	keine umweltpolitischen Aktivitäten	diffuses umweltpolitisches Engagement	Rückgang und Einstellung umweltpolitischer Aktivitäten

Tab. 8. Quelle: Eigene Zusammenstellung.

Konfrontation bot den Umweltgruppen die beste Möglichkeit, Macht und Einfluss zu gewinnen und das lokale Kräfteverhältnis zu ihren Gunsten zu verschieben.[347] Allerdings erforderten die Aktionsformen Öffentlichkeitsarbeit und Mobilisierung mehr Ressourcen und einen größeren zeitlichen Aufwand als rein kooperative Strategien oder waren, wie in der DDR vor 1989, sogar der staatlichen Verfolgung ausgesetzt. Deswegen setzte nur eine Minderheit der Umweltgruppen konfrontative Elemente ein. Aber eine umweltpolitische Mobilisierung sensibilisierte die Bevölkerung für Umweltprobleme und setzte die Verursacher von Umweltbelastungen einem Erklärungs- und Rechtfertigungszwang aus. Sie kam damit indirekt auch denjenigen Umweltgruppen zugute, die sich auf die Kooperation beschränkten.

Weitere „lokale Faktoren" – die Bedeutung der umweltpolitischen Rahmenbedingungen wird im folgenden Abschnitt diskutiert –, die den Erfolg lokaler Umweltgruppen und ihrer Strategie beeinflussten, waren erstens die Ressourcen

---

[347] Weitere Möglichkeiten waren Wahlen, an denen lokale Umweltgruppen aber nur im Ausnahmefall teilnahmen, und das Anstoßen von Lernprozessen bei den anderen Akteuren, die jedoch nur sehr langsam und indirekt wirksam wurden.

der Umweltgruppen. Die wichtigsten Ressourcen stellten die Fachkompetenz und das Engagement der Gruppenmitglieder dar. Eine Schlüsselrolle kam dabei den sogenannten „politischen UnternehmerInnen" in den Gruppen zu.[348] Zweitens waren für eine kompetente der Umsetzung der jeweiligen Strategie die Formulierung von klaren, lokal umsetzbaren Umweltzielen und das rasche, entschlossene Ausnutzen günstiger Gelegenheiten insbesondere während der Umbruchzeit ausschlaggebend.

Drittens und am wichtigsten für die Erfolgsaussichten war das Machtgefälle zwischen den Umweltgruppen und den Verursacherinteressen in der lokalen Akteurkonstellation. Nur – oder immerhin – in einem Fall gelang es einer Umweltgruppe, sich gegen wesentlich mächtigere Verursacher durchzusetzen, nämlich in Schöneiche während der Wendezeit. Dagegen spielte der Konflikttyp, also die Unterscheidung zwischen der Gefahrenabwehr und einem vorsorgenden Umweltschutz, entgegen den Thesen der Neuen Politischen Ökonomie[349] nur eine marginale Rolle, wie die Erfolge beim Naturschutz in Templin und Köpenick gezeigt haben.

5.2. Der Einfluss der Rahmenbedingungen auf die lokalen Umweltgruppen

Der umweltpolitische Erfolg der lokalen Umweltgruppen lässt sich aber nicht allein mit der Strategie, deren Umsetzung, den Ressourcen der Gruppen und der lokalen Akteurkonstellation erklären. Ein vollständiges Bild ergibt sich erst mit der Beantwortung der zweiten Leitfrage der Arbeit: Welchen Einfluss hatten die umweltpolitischen Rahmenbedingungen auf den Erfolg bzw. Misserfolg lokaler Umweltgruppen?

Dazu werden die Ergebnisse der lokalen Umweltgruppen von Untersuchungsphase zu Untersuchungsphase miteinander verglichen, wie in Tabelle 9 dargestellt, weil sich die Wirkung der Rahmenbedingungen insbesondere an den historischen Brüchen und den damit verbundenen Veränderungen ablesen lässt.

In den Fällen von Schöneiche und Templin korrespondieren die Ergebnisse der Umweltgruppen mit der Entwicklung der umweltpolitischen Rahmenbedingungen, die in der späten SED-Zeit für die lokale Umweltpolitik ungünstig, in der Umbruchzeit sehr günstig und in Zeit nach der Vereinigung einigermaßen vorteilhaft waren. Ähnlich verlief die Entwicklung in den ersten beiden Untersuchungsphasen in Lakoma. Aber nach der Vereinigung konnten die dortigen Umweltgruppen ihr Ergebnis trotz der etwas ungünstigeren Bedingungen gegenüber der Umbruchzeit konstant halten, mussten jedoch ihren Einsatz erheb-

[348] Darauf weist auch hin WEINBACH, Kerstin (1998), Umweltpolitisches Engagement im Vereinigungsprozess, S. 170.

[349] Vgl. JOSEPH, Matthias (1995), Die Analyse kommunaler Umweltpolitik aus Sicht der neuen politischen Ökonomie, S. 129-131; WECK-HANNEMANN, Hannelore (1994), Die politische Ökonomie der Umweltpolitik, S. 107.

Vergleich des umweltpolitischen Erfolges der Umweltgruppen zwischen den drei Untersuchungsphasen			
	SED-Zeit 1980-1989	Umbruchzeit 1989/90	Nach der Vereinigung 1991-2000
Müllentsorgung in Schöneiche	*bedingt erfolgreich* Gruppen: Umweltschutzaktiv, Netzwerk Arche, Umweltbibliothek Strategien: kritische Zusammenarbeit, kritische Zusammenarbeit und öffentlicher Protest, Kritik der DDR-Umweltpolitik	*sehr erfolgreich* Gruppe: Umweltschutzaktiv Strategie: Mitsprache am Runden Tisch und Mobilisierung	*erfolgreich* Gruppe: Umweltschutzaktiv Strategie: Kooperation mit Behörden und Politik
Braunkohleabbaggerung in Lakoma	*nicht erfolgreich* Gruppen: Umweltgruppen, Bevölkerung (bedingt erfolgreich) Strategien: keine Aktivitäten, kritische Zusammenarbeit	*bedingt erfolgreich* Gruppen: Umweltgruppen Strategie: Mitsprache am Runden Tisch und Mobilisierung	*bedingt erfolgreich* Gruppen: Umweltgruppen Strategie: umweltpolitische Kooperation und Mobilisierung
Naturschutz in Templin	*bedingt erfolgreich-sehr erfolgreich* Gruppe: GNU Templin Strategie: kritische Zusammenarbeit	*erfolgreich-sehr erfolgreich* Gruppe: Grüne Partei Strategie: Mitsprache am Runden Tisch	*erfolgreich* Gruppen: Netzwerk Strategie: Kooperation mit Behörden und Politik
Vorsorgender Umweltschutz in Köpenick	*bedingt erfolgreich/ erfolgreich* Gruppen: Feldherpetologen/IG Stadtökologie Strategien: kritische Zusammenarbeit, kritische Zusammenarbeit und öffentlicher Protest	*nicht erfolgreich/ erfolgreich* Gruppen: Umweltgruppen/Bürgerinitiative Niederschöneweide Strategien: diffuses Engagement, Mitsprache am Runden Tisch	*nicht erfolgreich/ bedingt erfolgreich* Gruppen: Umweltgruppen/Lokale Agenda 21 Strategien: Einstellung der Aktivitäten, umweltpolitische Kooperation
Tab. 9. Quelle: Eigene Zusammenstellung.			

lich verstärken. Einen anderen Verlauf nahm das umweltpolitische Engagement in Köpenick, wo es vor 1989 einige für DDR-Verhältnisse überdurchschnittlich aktive Umweltgruppen gab, die aber trotz der günstigen Bedingungen der Umbruchzeit erfolglos blieben und sich nach der Vereinigung praktisch auflösten. Die umweltpolitischen Rahmenbedingungen übten also einen beträchtlichen

Einfluss auf den Erfolg lokaler Umweltgruppen aus, waren aber nicht allein ausschlaggebend waren, wie die unterschiedlichen Ergebnisse innerhalb der Untersuchungsphasen zeigen.

Die Fallbeispiele machen also deutlich, dass es von der Strategie der Umweltgruppen abhing, wie sie die gegebene Chancenstruktur und die Spielräume nutzten. In der *DDR in den achtziger Jahren* erreichten die untersuchten Umweltgruppen mehr, als die sehr ungünstigen Rahmenbedingungen vermuten ließen. Durch die kritische Zusammenarbeit konnten sie im lokalen Rahmen mit einer konstruktiven Argumentation und taktischem Geschick durchaus die hierarchische, ideologisch motivierte Umweltpolitik der SED „von unten" positiv beeinflussen. Dieser empirische Befunde korrigiert die bisherige Einschätzung der Forschungsliteratur zur lokalen Umweltpolitik in der DDR und wirft die Fragen auf, in welchem Umfang der Herrschaftsapparat der SED tatsächlich bis auf die lokale Ebene hinab durchgreifen konnte und ob auf der lokalen Ebene Handlungsspielräume für unabhängige Gruppen und BürgerInnen auch über den Umweltschutz hinaus existierten. Nichtsdestotrotz blieb der Erfolg lokaler Umweltgruppen gemessen an den gravierenden Umweltproblemen gering.

Unter den günstigen Rahmenbedingungen der *Wendezeit 1989/90* waren die meisten der untersuchten Umweltgruppen umweltpolitisch erfolgreich, wenn sie die Runden Tische und die hohe Mobilisierungsbereitschaft entschlossen für ihre Ziele nutzten. Taten sie das nicht, wie in Köpenick, dann verstrich die einmalige Gelegenheit ungenützt. Dies macht deutlich, dass die umweltpolitischen Errungenschaften der Wendezeit von den Umweltgruppen erkämpft werden mussten und ihnen keineswegs in den Schoß fielen. Darüber hinaus stießen sie mit ihren vielfältigen Aktivitäten in die Lücken vor, die sich aus dem teilweisen Ausfall von politischen Institutionen und von Umweltverwaltungen auf der nationalen sowie regionalen Ebene ergaben, so dass sie für eine kurze Zeit die DDR-Umweltpolitik als eine der treibenden Kräfte mitgestalteten. Diese empirischen Ergebnisse belegen eindrücklich das sehr große Potenzial, das lokale Umweltgruppen unter den entsprechenden Rahmenbedingungen für eine effektive Umweltpolitik fruchtbar machen können.

Für die Zeit *nach der Vereinigung* fällt die Bilanz der Umweltgruppen insbesondere bei der umweltpolitischen Kooperation im Großen und Ganzen positiv aus, aber sie konnten deutlich weniger Ziele durchsetzen als während der Umbruchzeit. Dies ist erklärungsbedürftig, weil die formellen politisch-institutionellen Handlungsbedingungen relativ vorteilhaft waren. Die Ursachen für den nachlassenden Erfolg der Umweltgruppen waren erstens, dass staatliche Umweltpolitik und Umweltverwaltungen effektiver wurden. Auch der wirtschaftliche Zusammenbruch führte zu ökologischen Verbesserungen, so dass das Engagement lokaler Umweltgruppen weniger dringlich erschien. Zweitens verdrängten die Wirtschaftskrise und die hohe Arbeitslosigkeit in Ostdeutschland ökologische Anliegen. Drittens kam es zu einem Abschwung der ostdeutschen

Umweltbewegung. Daher konnte eine breite Koalition aus Wirtschaft und Politik mit Unterstützung der Medien und der Bevölkerung im Konfliktfall die formellen Beteiligungsrechte der Umweltgruppen aushebeln und deren Argumentation ignorieren.

Dieses Untersuchungsergebnis unterstreicht, dass die umweltpolitische Öffentlichkeit, die sozio-ökonomischen Handlungsbedingungen sowie die Rolle einer übergreifenden Umweltbewegung relevante Faktoren waren. Beschränkt sich die Analyse auf die politisch-institutionellen Handlungsbedingungen, kann der Handlungskontext lokaler Umweltgruppen nicht angemessen erfasst werden.

Wie lassen sich die Strategien der Umweltgruppen vor dem Hintergrund der jeweiligen Rahmenbedingungen einschätzen? Die Auswertung der Falluntersuchungen zeigt, dass in der DDR in den achtziger Jahren und in der Zeit nach der Vereinigung die generell offensivere und durchsetzungsfähigere Kombination aus kooperativen und konfrontativen Aktionsformen tendenziell weniger erfolgreich war als vorwiegend kooperative Strategien. Dagegen waren unter den günstigen Rahmenbedingungen der Umbruchzeit auch Strategien mit konfrontativen Elementen sehr erfolgreich. Dieser empirische Befund überrascht insofern, als für Umweltgruppen unter ungünstigen Rahmenbedingungen eher ein aggressives, konfrontatives Vorgehen naheliegend erscheint, während günstige Bedingungen suggerieren, dass Umweltgruppen durch Kooperation ihre Anliegen effektiv umsetzen können. Das umgekehrte Ergebnis der Fallstudien kann aber plausibel erklärt werden.

Die untersuchten Umweltgruppen waren unter für sie ungünstigen Rahmenbedingungen den Verursacherinteressen gegenüber strukturell im Nachteil und riskierten daher in offen ausgetragenen Umweltkonflikten eine totale Ablehnung ihrer Forderungen. In kooperativen Aushandlungsprozessen konnten sie ihre Sachkenntnis eher zum Tragen bringen und hatten deswegen größere Chancen, mit konstruktiven Vorschlägen wenigstens Teilziele zu erreichen. Dagegen bestanden die günstigen Bedingungen der Umbruchzeit nur kurzfristig. In dieser Situation konnten die Umweltgruppen durch eine konfrontative Mobilisierung sehr rasch ihre Machtposition festigen und in weitreichende Verhandlungserfolge umsetzen.

Deswegen hat es sich für die untersuchten Umweltgruppen als vorteilhaft erwiesen, auch unter schwierigen Bedingungen ihre Mobilisierungsfähigkeit zu erhalten, um bei geänderten Bedingungen kurzfristig die Strategie wechseln zu können. Wie sich in mehreren Fallbeispielen zeigen ließ, war die couragierte Arbeit von Umweltgruppen in der DDR-Zeit eine wichtige Voraussetzung für ihre großen Erfolge in der Umbruchzeit und nach der Vereinigung.

Die lokalen Umweltgruppen waren, so kann die Auswertung der Falluntersuchungen zusammengefasst werden, dann erfolgreich, wenn sie ihre Strategie an den umweltpolitischen Rahmenbedingungen und der spezifischen lokalen Akteurkonstellation ausrichteten. In der DDR vor 1989 konnten sie mit der Strategie der kritischen Zusammenarbeit ihre Sachkompetenz zur Geltung bringen und in nicht-öffentlichen Verhandlungen den staatlichen Stellen angesichts der repressiven politischen Bedingungen relativ weitgehende Zugeständnisse abringen. In der Umbruchzeit konnten die Umweltgruppen mittels konfrontativer Mobilisierung die Verursacher unter Druck setzen und diese an den Runden Tischen zu weitreichenden Zugeständnissen veranlassen. Nach der Vereinigung erwies sich ein kooperatives Vorgehen als erfolgsträchtig, bei dem sich Verbesserungen im lokalen Umweltschutz vor allem auf einer fachlichen Ebene erzielen ließen. Bei Konflikten mit Verursachern bedurfte es jedoch zusätzlich konfrontativer Aktionsformen, um wenigstens die in der Umbruchzeit erreichten Fortschritte zu sichern.

V. Schluss

1. Zusammenfassung der methodischen und empirischen Ergebnisse

In der vorliegenden Studie wurde mit einem qualitativen Forschungsansatz das strategische Handeln lokaler Umweltgruppen untersucht. Dafür wurden im *ersten*, theoretisch-methodischen Teil der Arbeit *Kriterien* für die Untersuchung sowohl der umweltpolitischen Rahmenbedingungen als auch von Umweltgruppen und ihres Handelns entwickelt. Diese beiden Perspektiven konnten durch den Ansatz des akteurzentrierten Institutionalismus integriert werden und ergänzten sich gegenseitig.

Als Rahmenbedingungen wurden vier maßgebliche Faktorenbündel identifiziert: die politisch-institutionellen Bedingungen, die umweltpolitische Öffentlichkeit, die sozio-ökonomischen Faktoren und die Rolle einer übergreifenden Umweltbewegung. Die Analyse lokaler Umweltgruppen erfolgte an Hand ihrer Ressourcen, der lokalen Akteurkonstellation, des strategischen Handelns der Gruppen sowie einer Erfolgsbewertung.[1] Diese Untersuchungskriterien bildeten die Voraussetzung, um die lokalen Umweltgruppen über den konkreten Einzelfall hinaus in den höchst unterschiedlichen Rahmenbedingungen verorten und ihr Handeln systematisch vergleichen zu können.

Im *zweiten* Teil der Arbeit wurden an Hand dieser Kriterien die *umweltpolitischen Rahmenbedingungen* für lokale Umweltgruppen in den drei aufeinanderfolgenden Phasen der DDR-Zeit, der Wendezeit und der Zeit nach der Vereinigung beschrieben.

In den achtziger Jahren (1980 bis Herbst 1989) verursachten die veralteten Produktionsanlagen in der DDR und der hohe Anteil der Schwerindustrie schwerwiegende Umweltbelastungen. Angesichts dieser Probleme war die Umweltpolitik des SED-Regimes mangelhaft; es versuchte, die Umweltschäden zu vertuschen, und unterdrückte sowohl eine öffentliche Umweltdebatte als auch unabhängige Umweltgruppen. Auf Grund der erstarrten Politik- und Machtstrukturen und wegen des Fehlens einer DDR-Umweltbewegung waren die Spielräume für lokale Umweltgruppen sehr gering und beschränkten sich auf informelle, prekäre Verhandlungen mit staatlichen Stellen.

In der Wendezeit (Herbst 1989 bis Ende 1990) nahm die Umweltthematik in Politik und Öffentlichkeit zeitweise einen hohen Stellenwert ein. Es formierte sich eine mobilisierungsfähige Umweltbewegung, während konkurrierende wirtschaftliche Interessen geschwächt waren. Daraus ergab sich ein historisch einmaliges *window of opportunity* für lokale Umweltgruppen. An den Runden Tischen, dem Symbol des demokratischen Umbruchs in der DDR, erlangten sie weitreichende Mitsprachemöglichkeiten. Als der Vereinigungsprozess konkrete-

---

[1] Vgl. die beiden Tabellen auf, S. 50 und 60.

re Formen annahm und der Institutionentransfer aus der Bundesrepublik den institutionellen Kontext zunehmend stabilisierte, verengten sich die Spielräume der Umweltgruppen. Nichtsdestotrotz war die Wendezeit eine „euphorische Phase“ für lokale Umweltgruppen und die DDR-Umweltbewegung insgesamt.

Nach der Vereinigung (1991-2000) verbesserten die staatliche Umweltpolitik nach westdeutschem Muster, vor allem aber der Zusammenbruch der ostdeutschen Wirtschaft die Umweltqualität spürbar. Der nachlassende Problemdruck und in noch stärkerem Maße die ökonomischen Probleme, die Arbeitslosigkeit und die knappen Kassen der öffentlichen Hand verminderten jedoch zugleich den Stellenwert und die Durchsetzungskraft umweltpolitischer Interessen beträchtlich. Demzufolge setzten sich in umweltpolitischen Konflikten meist die Verursacher auf Kosten der Umwelt durch. Unter diesen Umständen kam es zu einer Demobilisierung der ostdeutschen Umweltbewegung, auch wenn die Umweltverbände in Ostdeutschland professionelle, handlungsfähige Organisationen aufbauen konnten. Insgesamt gingen damit die umweltpolitischen Beteiligungsmöglichkeiten gegenüber der Wendezeit zurück und die Spielräume für lokale, ehrenamtlich arbeitende Umweltgruppen verkleinerten sich wieder.

Im *dritten* Teil wurde in vier *Fallbeispielen* aus der Region Brandenburg und Ostberlin das Handeln lokaler Umweltgruppen zwischen 1980 und 2000 analysiert:

In Schöneiche bei Berlin kämpfte die örtliche Umweltgruppe gegen die Errichtung und den Betrieb einer Mülldeponie sowie einer Sondermüllverbrennungsanlage, die für die Beseitigung von (Sonder-)Müll aus Westberlin errichtet wurden. In der Wendezeit erstritt die Gruppe von den zuständigen Institutionen für einen ordnungsgemäßen Betrieb der Anlagen weitreichende Zusagen. Diese Zusicherungen wurden nach der Vereinigung unter Beteiligung der Umweltgruppe weitgehend umgesetzt, so dass es rasch zu einer ökologisch vertretbaren Müllentsorgung kam.

In Lakoma bei Cottbus wehrten sich mehrere Umweltgruppen gegen die geplante Abbaggerung des Ortes und des umliegenden Landschaftsschutzgebietes durch den Braunkohletagebau. Unter dem SED-Regime traten die Umweltgruppen praktisch nicht in Erscheinung, dafür aber umso stärker in Wendezeit, ohne jedoch die Planungen für die Abbaggerung rückgängig machen zu können. Nach der Vereinigung verstärkten sie ihre Anstrengungen noch, so dass es ihnen gelang, irreversible Schäden zu verhindern und die Abbaggerung des Dorfes bis heute hinauszuzögern. An der Abbaggerung halten aber Bergbauunternehmen und Politik weiterhin fest.

Im Landkreis Templin erzielte die Umweltgruppe der GNU bereits unter der SED-Herrschaft durch ihre kompetente Arbeit beachtliche Erfolge beim Naturschutz. In der Wendezeit nutzte sie die Naturschutzpolitik der DDR-Übergangsregierungen (Nationalparkprogramm), um das Biosphärenreservat Schorfheide-Chorin unter Schutz zu stellen. Nach der Vereinigung kam dank der Vorarbeiten während der Umbruchzeit, aber erst nach langwierigen Auseinandersetzungen der Naturpark Uckermärkische Seen als zweites Großschutzgebiet hinzu.

Im Ostberliner Bezirk Köpenick bemühten sich diverse Gruppen um eine Verbesserung der städtischen Umweltqualität (Stadtökologie). Vor der Wende waren die Umweltgruppen beim Naturschutz erfolgreich und konnten eine für DDR-Verhältnisse sehr offene und kritische Umweltdebatte führen. Unter den günstigen Bedingungen der Wendezeit versäumten es die meisten Gruppen, weitergehende Ziele für den lokalen Umweltschutz zu formulieren und die Bevölkerung dafür zu mobilisieren. Nach der Vereinigung lösten sich fast alle Köpenicker Umweltgruppen auf. Parallel entwickelte sich eine sehr dynamische Lokale Agenda 21 in Köpenick, die aber bislang keine besonderen Erfolge beim lokalen Umweltschutz zu verzeichnen hat.

2. Auswertung der Ergebnisse und Schlussfolgerungen

Auf der Grundlage dieser empirischen Ergebnisse ließen sich Antworten auf die beiden Leitfragen der vorliegenden Studie geben. Zuerst wird dargelegt, mit welchen Strategien die untersuchten Umweltgruppen umweltpolitisch erfolgreich waren. Danach wird herausgearbeitet, welchen Einfluss die umweltpolitischen Rahmenbedingungen auf den Erfolg bzw. Misserfolg lokaler Umweltgruppen hatten.

2.1. Strategien lokaler Umweltgruppen und ihre Erfolgsaussichten

Wie die Auswertung der Fallbeispiele gezeigt hat, lassen sich Strategien lokaler Umweltgruppen nur in Bezug auf die jeweiligen umweltpolitischen Rahmenbedingungen sinnvoll und hinreichend aussagekräftig formulieren. Aus dem reichhaltigen Material der Falluntersuchungen konnten für die drei Untersuchungsphasen spezifische Strategietypen hergeleitet werden. Hierbei handelt es sich im Sinne qualitativer Forschung um einen Beitrag zur Begriffsbildung und Theorieentwicklung.[2] Die Erfolgschancen dieser Strategien wurden unter Berücksichtigung der Rahmenbedingungen und der jeweiligen lokalen Situation bewertet.

In der *DDR-Zeit* ließ sich erstens die Strategie der „kritischen Zusammenarbeit“ beobachten, bei der die Umweltgruppen die offiziell zugelassenen, legalen Kritikmöglichkeiten des SED-Systems nutzten und nicht-öffentlich mit den staatlichen Stellen verhandelten. Zweitens gab es die Strategie der „kritischen Zusammenarbeit in Verbindung mit öffentlicher umweltpolitischer Kritik“, wobei die Umweltgruppen auf einem schmalen Grat zwischen Kooperation und politischer Verfolgung wandelten, weil die SED eine solche Kritik der DDR-Umweltpolitik als Herausforderung ihres Herrschaftsanspruchs auffasste. Die

[2] Vgl. RAGIN, Charles C. (1994), Constructing Social Research, S. 81-103.

dritte Strategie der „offenen Kritik der DDR-Umweltpolitik“ war konfrontativ angelegt. Die SED reagierte darauf mit massiver Repression, wodurch das Aushandeln konkreter Verbesserungen für den Umweltschutz unmöglich wurde.

In den Fallbeispielen erwies sich die kritische Zusammenarbeit als überdurchschnittlich erfolgreich, weil die Umweltgruppen damit die geringen Spielräume gezielt ausschöpften und auf der lokalen Ebene zum Teil sogar erweitern konnten. So erreichten sie mehr, als die ungünstigen Rahmenbedingungen vermuten ließen. Insgesamt jedoch hielten sich ihre Erfolge angesichts der Umweltprobleme in Grenzen. Diejenigen Gruppen, die ein konfrontatives Vorgehen wählten, sahen sich einer unnachgiebigen Verfolgung ausgesetzt. Sie erreichten nichts beim lokalen Umweltschutz, aber in ihrem „Windschatten“ konnten sich gemäßigtere Umweltgruppen vorwagen und indirekt davon profitieren.

In der *Wendezeit* wurde erstens die Strategie der „umweltpolitischen Mitsprache am Runden Tisch“ sichtbar, mit der die lokalen Umweltgruppen wichtige Beschlüsse durchsetzten und Umweltprojekte realisierten, weil sie direkt an maßgeblichen Entscheidungsprozessen beteiligt waren. Zweitens gab es die Strategie der „Mitsprache am Runden Tisch in Verbindung mit umweltpolitischer Mobilisierung“, bei der die Gruppen mittels Öffentlichkeitsarbeit und Aktionen die Politik auf die Umweltprobleme aufmerksam machten und die Verursacher unter Druck setzten. Auf diese Weise konnten sie eine erhebliche Verhandlungsmacht aufbauen, die sie an den Runden Tischen ausspielten.

Mit diesen beiden Strategien nutzten die Umweltgruppen wirkungsvoll die historisch einmalige Chance der Wendezeit und zählten zeitweilig zu den wichtigsten umweltpolitischen Kräften in der DDR. Besonders effektiv war dabei die zweite Strategie, weil sie die Möglichkeiten der Runden Tische und die hohe Mobilisierungsbereitschaft in der Bevölkerung gleichzeitig ausschöpfte. So konnte das Umweltschutzaktiv in Schöneiche sogar die DDR-weite Müllpolitik beeinflussen.

Nach der Vereinigung setzten die Umweltgruppen einerseits auf die Strategie der „umweltpolitischen Kooperation“, bei der sie – gestützt auf fachliche Kompetenz – eng mit Politik und Behörden zusammenarbeiteten. Stießen sie aber mit ihren Forderungen auf den Widerstand von Verursacherinteressen, dann war zusätzlich eine konfrontative Mobilisierung zwingend erforderlich, um Einfluss auf die Entscheidungsprozesse nehmen zu können. So ließ sich andererseits die Strategie der „Kooperation in Verbindung mit umweltpolitischer Mobilisierung“ beobachten.

Die Strategie einer fachlichen Kooperation war den umweltpolitischen Rahmenbedingungen, speziell der zurückgehenden Mobilisierungsfähigkeit angepasst. Mit ihr erhielten die Umweltgruppen Mitsprachemöglichkeiten, die zum Teil deutlich über die formellen Beteiligungsrechte hinausgingen, und waren bei der Umsetzung von Umwelt- und Naturschutzprojekten erfolgreich. Die zweite, teilweise konfrontative Strategie war für ein wesentlich breiteres Spektrum an

Umweltkonflikten geeignet, erforderte aber auch größere Ressourcen, die in der Regel nur die überregionalen Umweltverbände bereitstellen konnten. Das Fallbeispiel Lakoma zeigt, dass sie selbst bei einer sehr kompetenten Umsetzung am Widerstand der Verursacher scheitern konnte.

Generell haben die Fallbeispiele deutlich gemacht, dass lokale Umweltgruppen durch eine Kooperation mit Politik, Verwaltungen und Verursachern ihre Stärken wie ihr lokalspezifisches Fachwissen und innovative Projektideen besonders effektiv einsetzen konnten. Andererseits schufen sie durch ein konfrontatives Vorgehen ein ökologisches Problembewusstsein und erzeugten politischen Druck, wodurch sie ihre Position in der lokalen Akteurkonstellation stärkten. Von den umweltpolitischen Rahmenbedingungen und der lokalen Akteurkonstellation hing ab, welche Gewichtung kooperativer und konfrontativer Elemente erfolgsträchtig war.

Kooperation konnte für einzelne Umweltgruppen eine praktikable, erfolgversprechende Strategie sein. Verzichteten sie jedoch grundsätzlich auf eine konfrontative Mobilisierung oder war diese verboten, dann sanken ihre Erfolgschancen erheblich. Deshalb erwies es sich als vorteilhaft, wenn die Umweltgruppen selbst in schwierigen Zeiten ihre Mobilisierungsfähigkeit aufrechterhielten, um bei geänderten, günstigeren Bedingungen kurzfristig ihre Strategie wechseln zu können. So war die couragierte Arbeit von Umweltgruppen unter der SED-Herrschaft eine wichtige Voraussetzung für deren rasche, weitreichende Erfolge in der Umbruchzeit. Eine kompromisslose Konfrontation war generell wenig erfolgversprechend, konnte aber dazu beitragen, das umweltpolitische Konfliktniveau anzuheben, wovon wiederum andere Umweltgruppen profitieren konnten.

2.2. Der Einfluss der umweltpolitischen Rahmenbedingungen

Die umweltpolitischen Rahmenbedingungen, die das Handlungsfeld lokaler Umweltgruppen strukturierten, wurden in der vorliegenden Arbeit analytisch in die vier oben genannten Faktoren unterschieden und durch die situativen Faktoren ergänzt. Ihr Einfluss auf das Handeln der lokalen Umweltgruppen konnte durch die integrierte Betrachtung sowohl der Rahmenbedingungen als auch der Fallbeispiele beschrieben werden, weil letztere als *comparable cases* strukturiert wurden.[3] Mit der Wende im Herbst 1989 und der deutsch-deutschen Vereinigung im Oktober 1990 veränderten sich die umweltpolitischen Rahmenbedingungen umfassend, während die lokalen Umweltthemen und Umweltkonflikte in etwa konstant blieben, so dass insbesondere an den historischen Brüchen die Wirkung der jeweiligen Faktoren deutlich wurde.

---

[3] Vgl. LIJPHART, Arend (1975), Comparable Cases Strategy in Comparative Research.

Die *politisch-institutionellen Bedingungen* wurden weiter unterteilt in die institutionellen Bedingungen und die umweltpolitischen Entscheidungsstrukturen. Für die institutionellen Bedingungen lässt sich festhalten, dass das Umweltrecht in der DDR vor 1989 den Umweltgruppen keine rechtliche Chancengleichheit gewährte. In der Wendezeit und vor allem nach der Vereinigung verbesserte sich dies zwar etwas, brachte aber keine durchschlagenden Erfolge mit sich. Der gute Zugang der Umweltgruppen zu den Umweltverwaltungen in der Umbruchzeit verbesserte deren Informationsstand und ermöglichte effektive Kooperationsformen. Im Gegensatz dazu hatten die Umweltgruppen vor 1989 lediglich informelle Kontakte zu den DDR-Umweltbehörden, nach der Vereinigung war die Zusammenarbeit stark formalisiert, was jeweils die Erfolgschancen minderte. Der unterschiedliche Status der lokalen Ebene hatte keinen erkennbaren Einfluss auf die Durchsetzungschancen der Umweltgruppen, weil das Kräfteverhältnis zwischen Verursacher- und Umweltinteressen unverändert blieb.[4] Insgesamt spielten die institutionellen Bedingungen nur eine untergeordnete Rolle.

Von großer Bedeutung waren dagegen die umweltpolitischen Entscheidungsstrukturen. Erstens war die Durchsetzungsfähigkeit der nationalen und regionalen Umweltpolitik gegenüber anderen Politikbereichen wichtig für die umweltpolitischen Spielräume und Kapazitäten auf der lokalen Ebene. Während es unter der SED-Herrschaft praktisch keine Umweltpolitik gab, die diesen Namen verdient hätte, und sich Umweltpolitik nach der Vereinigung überwiegend in der Defensive befand, stärkte der umweltpolitische Aufbruch während der Wendezeit die lokalen Gruppen.

Zweitens waren umweltpolitische Partizipations- und Kooperationsmöglichkeiten von entscheidender Bedeutung für lokale Umweltgruppen. Während solche Möglichkeiten unter der SED-Herrschaft höchstens informell bestanden und den Umweltgruppen nicht einmal politische Grundrechte gewährt wurden, genossen die Umweltgruppen in der Wendezeit eine direkte, gleichberechtigte und relativ umfassende Beteiligung an Runden Tischen und ähnlichen Gremien. Dementsprechend waren lokale Umweltgruppen in der DDR-Zeit kaum, in der Wendezeit dagegen sehr erfolgreich. Nach der Vereinigung erhielten sie zwar formelle Beteiligungsrechte, aber in den politischen Entscheidungsprozessen genossen Verursacherinteressen den Vorrang vor Umweltschutzinteressen. Eine Kooperation kam nur zu Stande, wenn Politik, Verwaltung und Unternehmen sich freiwillig auf eine Zusammenarbeit mit den Umweltgruppen einließen.

Die *umweltpolitische Öffentlichkeit* steckte den Handlungsrahmen der Umweltgruppen in zweierlei Hinsicht ab. Einerseits bestimmten die staatliche Erfassung und Verbreitung von Umweltinformationen, das Interesse der Medien an Umweltthemen sowie das Umweltbewusstsein der Bevölkerung den Punkt, an

[4] Eine Ausnahme bildete diesbezüglich das institutionelle Vakuum der Wendezeit, aus dem sich große Freiräume für die Umweltgruppen ergaben, was aber eher den situativen Faktoren zuzurechnen ist.

dem lokale Umweltgruppen mit ihrer Öffentlichkeitsarbeit und der Mobilisierung ansetzen konnten. Zweitens war in den jeweiligen Konflikten der Zugang der Umweltgruppen zu Umweltdaten (Umwelttransparenz) und zu den lokalen Medien entscheidend für die Form, in der sie auf die lokale Öffentlichkeit einwirken konnten.

Wegen der Zensur von Umweltinformationen in der DDR blieben den Umweltgruppen diese wichtigen Ansätze umweltpolitischen Engagements verwehrt, sie mussten mühsam eine Gegenöffentlichkeit schaffen. In der Wendezeit verfügten sie nicht nur über alle relevanten Umweltdaten, sondern konnten mit einzelnen Aktionen sogar bis in die überregionalen Nachrichtensendungen vordringen. Nach der Vereinigung bestand weiterhin Umwelttransparenz, aber die fehlende bzw. nachlassende Aufmerksamkeit der Medien und der Bevölkerung für Umweltthemen hemmte die lokalen Umweltgruppen im öffentlichen Meinungswettstreit.

Unter den *sozio-ökonomischen Faktoren* wirkte sich der Unterschied zwischen Planwirtschaft und Marktwirtschaft nur indirekt aus, denn in beiden Wirtschaftssystemen wurde tendenziell auf Kosten der Umwelt produziert und konsumiert. Eine große Bedeutung hatte dagegen die Wirtschaftskrise in der DDR vor 1989 und in Ostdeutschland nach der Vereinigung, weil aus ihr eine Vorrangstellung der Wirtschaftspolitik vor der Umweltpolitik resultierte. Dieses ungleiche Kräfteverhältnis spiegelte sich oft in den lokalen Akteurkonstellationen wider und ließ sich als „Beschäftigungsfalle“ (bzw. als „Planerfüllungsfalle“ oder „Ansiedlungsfalle“) beschreiben. Ergaben sich solche Konstellationen, hatten lokale Umweltgruppen nur geringe Erfolgsaussichten gegenüber den Wirtschaftsakteuren. Gleichzeitig entlastete der Zusammenbruch der ostdeutschen Wirtschaft nach der Vereinigung die Umwelt erheblich. In der Umbruchphase waren Unternehmen, Wirtschaft und Wirtschaftspolitik durch die ökonomische Transformation derart in Beschlag genommen und geschwächt, dass sie kurzzeitig den Forderungen der Umweltgruppen keinen Widerstand entgegenzusetzen vermochten.

Eine übergreifende *Umweltbewegung* konnte die Aktivitäten lokaler Umweltgruppen organisatorisch und fachlich unterstützten. Indirekt waren für die lokalen Gruppen ein hohes umweltpolitisches Konfliktniveau und der politische Einfluss der Umweltbewegung förderlich. Da eine Umweltbewegung in der DDR vor 1989 wegen politischer Repressionen praktisch nicht existierte, entfiel diese Unterstützung. Das hohe Konfliktniveau und die große Mobilisierungsbereitschaft in der Wendezeit gab den lokalen Gruppen großen Auftrieb. Umgekehrt beruhte die DDR-Umweltbewegung in dieser Phase wesentlich auf den Aktivitäten, den Informationen und der Rekrutierung von AktivistInnen sowie der Mobilisierung von Seiten der lokalen Gruppen, weil nationale oder regionale Organisationsstrukturen erst in Ansätzen bestanden. Die Demobilisierung der ostdeutschen Umweltbewegung nach der Vereinigung und das sinkende Konfliktniveau hemmten die Aktivitäten und Durchsetzungschancen der lokalen Umweltgruppen. Immerhin profitierten sie von den Ressourcen der gut organisierten Umweltverbände.

Neben den umweltpolitischen Rahmenbedingungen beeinflussten die *situativen Faktoren* die Handlungschancen lokaler Umweltgruppen ebenfalls. Während sich unter dem SED-Regime und nach der Vereinigung kaum situationsbedingte Gelegenheiten zu Gunsten des Umweltschutzes ergaben, eröffnete der Umbruch 1989/90 den Umweltgruppen ein *window of opportunity*. Wesentlich für ihren Erfolg war, dass sie diese Chance erkannten und entschlossen beim Schopf ergriffen, bevor sie wieder vorüber war.

Die politisch-institutionellen Bedingungen übten insgesamt den größten Einfluss auf die Handlungsmöglichkeiten und Durchsetzungschancen der lokalen Umweltgruppen aus, weil die lokalen Umweltkonflikte in der Regel politisch entschieden wurden. Aber der Spielraum der Gruppen konnte erst im Zusammenhang mit den drei anderen Faktorenbündeln adäquat beschrieben werden. Sie bildeten miteinander verbundene Konfliktebenen oder -arenen, die in einem dynamischen Wechselverhältnis zueinander standen. Dabei hingen das Durchsetzungsvermögen der Umweltpolitik gegenüber konkurrierenden Politikbereichen, die Art und der Umfang der Medienberichterstattung sowie das umweltpolitische Konfliktniveau eng miteinander zusammen und bedingten sich gegenseitig. Die sozio-ökonomischen Bedingungen entwickelten sich relativ unabhängig davon, wirkten aber auf die anderen Faktoren ein, weil einzelne Betriebe und die Wirtschaft insgesamt in der Regel die entscheidenden Gegenspieler von Umweltinteressen darstellten. Nur in dieser erweiterten Perspektive kann beispielsweise erklärt werden, warum lokale Umweltgruppen angesichts der formell guten Beteiligungsrechte nach der Vereinigung vergleichsweise bescheidene Erfolge verbuchten.

Das Verhältnis zwischen den umweltpolitischen Rahmenbedingungen und den lokalen Umweltgruppen war nicht völlig statisch. Dies lässt sich an Hand der lokalen Akteurkonstellation, die eine Art Bindeglied zwischen beiden Ebenen darstellte, veranschaulichen. In ihr trafen alle relevanten Akteure zusammen, mit denen die lokalen Umweltgruppen interagierten. Das Kräfteverhältnis in der lokalen Akteurkonstellation hatte beträchtlichen Einfluss auf den Erfolg lokaler Umweltgruppen und wurde in erster Linie von den umweltpolitischen Rahmenbedingungen geprägt.

Aber auch die lokalen Akteure konnten die Akteurkonstellation durch ihr Handeln und durch Lernprozesse verändern. So stärkten die Umweltgruppen in Templin und Lakoma ihre lokale Position durch ihre Fachkompetenz, die Bereitschaft zur Kooperation, die Bildung lokaler Bündnisse und die Allianzen mit Partnern von außerhalb. Das Fallbeispiel Schöneiche zeigt darüber hinaus, dass prinzipiell auch lokale Umweltgruppen direkt die Rahmenbedingungen verändern konnten – allerdings nur in Ausnahmefällen.

Alles in allem lassen sich damit folgende Faktoren umweltpolitischer Rahmenbedingungen identifizieren, die für den Erfolg der lokalen Umweltgruppen von entscheidender Bedeutung waren: a) umweltpolitische Partizipation, b) umweltpolitische Kooperationsmöglichkeiten, c) Umwelttransparenz, d) das Ausbleiben einer Konfliktkonstellation zwischen Umweltschutz und Arbeitsplätzen bzw. Planerfüllung („Beschäftigungsfalle" etc.) und e) die Rolle einer mobilisierungsfähigen Umweltbewegung.

Dabei hatten die letzten beiden Punkte etwas weniger Gewicht als die ersten drei Punkte, die sich als Basiselemente effektiver Umweltpolitik beschreiben lassen. Insbesondere umweltpolitische Partizipation und Kooperation entsprachen – das haben die Fallbeispiele verdeutlicht – den Bedingungen der lokalen Ebene und konnten dort ihre Wirkung für den Umweltschutz entfalten. Denn auf der lokalen Ebene waren, im Vergleich zu den übergeordneten Ebenen, die politischen Abläufe und Entscheidungsprozesse für alle Beteiligten mehr oder weniger transparent und es bestanden funktionsfähige Beziehungen zwischen den lokalen Akteuren, die eine relativ gute Kommunikation gewährleisteten.

Auf Grund der überschaubaren Anzahl der Akteure konnten kooperative Prozesse mit geringen Kosten, ohne größeren Zeitaufwand und des Öfteren informell organisiert sowie den lokalen Besonderheiten flexibel angepasst werden. Das lässt sich mit den erfolgreich arbeitenden lokalen Runden Tischen belegen, aber auch mit den Eingaben in der DDR-Zeit und einigen Kooperationsformen nach der Vereinigung, die stark informelle Züge trugen. All dies förderte die Aushandlung und Umsetzung tragfähiger Lösungen und Regelungen. Bezogen auf die drei Basiselemente waren damit Erfolgsbedingungen für lokale Umweltgruppen grundsätzlich politisch gestaltbar. Dies betraf vor allem die übergeordneten Politikebenen, aber auch die lokalen Akteure konnten – wie oben dargelegt – in gewissem Umfang daran mitwirken.

Zum Schluss greife ich in einem Ausblick über die Fragestellung der Arbeit hinaus und skizziere die Rolle lokaler Umweltgruppen im Verhältnis zu den staatlichen Institutionen, soweit sie sich in der empirischen Untersuchung abzeichnet. Das wichtigste Merkmal der Umweltgruppen war, dass in allen untersuchten Fällen die Initiative zum Handeln von ihnen ausging. Sie benannten das jeweilige Umweltproblem und setzten es auf die lokalpolitische Tagesordnung. Mit ihrem teilweise sehr großen Engagement sorgten sie dafür, dass die Probleme bearbeitet wurden, und trugen zu einem verbesserten Vollzug der Umweltpolitik bei. Darüber hinaus entwickelten sie in einigen Fällen, wie etwa beim Naturschutz in Templin, innovative Projekte und trieben deren Verwirklichung voran.

Die Umweltgruppen verfochten in den jeweiligen lokalen Umweltkonflikten uneingeschränkt Umweltinteressen, waren der Kristallisationskern für eine Allianz der lokalen Umweltinteressen und daher in der Regel die wichtigsten lokalen Umweltakteure. Sie bildeten auf der lokalen Ebene ein nicht zu unterschätzendes Gegengewicht zu staatlichen Institutionen, die zwischen Umwelt- und Verursacherinteressen hin und her schwankten. Die Umweltgruppen ergänzten die staatliche Umweltpolitik und konnten teilweise deutlich über deren Wirkung hinausgehen, weil sie andere Interessen verfolgten als Politik und Umweltverwaltungen, andere Mittel – nämlich Engagement, Mobilisierung, Aufklärung etc. – einsetzten und dort aktiv wurden, wo die staatlichen Institutionen aufwiesen.

Aber die Untersuchung zeigt auch die Grenzen auf, denen lokale Umweltgruppen unterworfen waren. Insgesamt fehlten ihnen die Kapazitäten und die Ressourcen, um sich flächendeckend, kontinuierlich und auch unter ungünstigen umweltpolitischen Rahmenbedingungen gegenüber Verursacherinteressen behaupten zu können. Nicht in Konkurrenz zur staatlichen Umweltpolitik, sondern komplementär zu ihr entfalteten lokale Umweltgruppen ihre größte Wirkung. Denn sie blieben darauf angewiesen, dass staatliche Institutionen die umweltpolitischen Entscheidungen trafen und durchsetzten, weil die Umweltgruppen selbst weder über die erforderlichen Mittel noch die demokratische Legitimation verfügten. Daher erscheint weniger eine generelle Dezentralisierung von Umweltpolitik, sondern vielmehr die Stärkung lokaler Umweltakteure gegenüber konkurrierenden Interessen ein geeigneter Ansatz für eine effektivere Umweltpolitik zu sein.[5]

Damit sprechen die Ergebnisse dieser Studie dafür, dass lokale Umweltgruppen – jedenfalls in den Fallbeispielen – unter entsprechenden Rahmenbedingungen mit sehr geringen Ressourcen eine sehr effektive Umweltpolitik betreiben können. Sie sind ein wichtiger Akteur in der lokalen Umweltpolitik. Inwiefern sie durch den Ausbau der drei umweltpolitischen Basiselemente Partizipation, Kooperation und Umwelttransparenz gestärkt werden und in welcher Form kooperative Steuerungsformen lokale Umweltpolitik effektiver gestalten können, ist nicht nur für die weitere Forschung eine lohnenswerte Fragestellung, sondern auch für die umweltpolitische Praxis von Bedeutung.

---

[5] Vgl. die Einschätzung bei WEIDNER, Helmut (1996), Basiselemente einer erfolgreichen Umweltpolitik, S. 534-535.

VI. Anhang

1. Literaturverzeichnis

AHRENS, Ralf (2000), Gegenseitige Wirtschaftshilfe? Die DDR im RGW – Strukturen und handelspolitische Strategien 1963-1976, Köln: Böhlau (Schriften des Hannah-Arendt-Instituts für Totalitarismusforschung; 15).

ANDREW, Caroline/GOLDSMITH, Michael (1998), From Local Government to Local Governance – and Beyond?, in: International Political Science Review 19 (2/1998), S. 101-117.

Arbeitsgruppe „Ökologischer Umbau“ des Runden Tisches (1990), Zur Einbeziehung ökologischer Prinzipien in die Gestaltung der gesellschaftlichen und ökonomischen Entwicklung der DDR, vorgelegt von der Arbeitsgruppe „Ökologischer Umbau“ am 12. Januar 1990 [Ostberlin], in: HERLES, Helmut/ROSE, Ewald (Hg.) (1990), Vom Runden Tisch zum Parlament, S. 91-98.

ARCHE NOVA 1 vom 1.7.1988, in: JORDAN, Carlo/KLOTH, Hans Michael (Hg.) (1995), ARCHE NOVA - Opposition in der DDR. Das „Grün-ökologische Netzwerk Arche“ 1988-90. Mit den Texten der ARCHE NOVA, Berlin: BasisDruck, S. 183-237.

ARCHE NOVA 2 vom 2.10.1988, in: JORDAN, Carlo/KLOTH, Hans Michael (Hg.) (1995), ARCHE NOVA - Opposition in der DDR. Das „Grün-ökologische Netzwerk Arche“ 1988-90. Mit den Texten der ARCHE NOVA, Berlin: BasisDruck, S. 239-295.

ARCHE NOVA 5 vom 1.5.1990, in: JORDAN, Carlo/KLOTH, Hans Michael (Hg.) (1995), ARCHE NOVA - Opposition in der DDR. Das „Grün-ökologische Netzwerk Arche“ 1988-90. Mit den Texten der ARCHE NOVA, Berlin: BasisDruck, S. 433-492.

AUSTER, Regine (1996), Landschaftstage. Kooperative Planungsentwicklung in der Landschaftsentwicklung: Erfahrungen aus der DDR, hrsg. vom Institut für Umweltgeschichte und Regionalentwicklung, Marburg: BdWi-Verlag (Umweltgeschichte und Umweltzukunft; 3).

BACHMANN, Günther (1990), Vom Geheimthema zur Nebensache. Schicksale der Umweltpolitik in der DDR, in: Blätter für deutsche und internationale Politik 35 (7/1990), S. 805-818.

- (1991), Umweltsanierung zwischen Großversuch und Illusion, in: Blätter für nationale und internationale Politik (9/1991), S. 1064-1075.

BARBIAN, Thomas (1992), Innovative Umweltpolitik qua Verfahren. Die Institution des österreichischen Umweltanwalts, in: ZfU 15 (2/1992), S. 187-206.

BATT, Helge-Lothar (1997), Regionale und lokale Entwicklungsgesellschaften als Public-Private Partnerships: Kooperative Regime subnationaler Politiksteuerung, in: BULLMANN, Udo/HEINZE, Rolf G. (Hg.), Regionale Modernisierungspolitik. Nationale und internationale Perspektiven, Opladen: Leske + Budrich, S. 165-191.

BAUMHEIER, Ralph (1993), Kommunale Umweltvorsorge: Chancen und Probleme präventiver Umweltpolitik auf der kommunalen Ebene am Beispiel der Energie- und der Verkehrspolitik, Basel: Birkhäuser (Stadtforschung aktuell; 43).

- /SCHMITZ, Stefan/WIEGANDT, Claus-Christian (1991), Umwelt- und Regionalentwicklung. Chancen und Risiken in den neuen Ländern, in: ZAU 4 (1991), S. 414-426.

BECHMANN, Arnim/BUTTGEREIT, Reinhold/KRAFT, Bärbel (Hg.) (1991), Umweltpolitik in der DDR. Dokumente des Umbruchs, Berlin: TU Berlin, (Werkstattberichte des Instituts für Landschaftsökonomie; 32).

BECK, Andre (1992), Schorfheide: Ökologie contra Ökonomie, in: Quer 1 (1/1992), S. 18-19.

BECKENBACH, Frank (Hg.) (1991), Die ökologische Herausforderung für die ökonomische Theorie, Marburg: Metropolis (Ökologie und Wirtschaftsforschung; 2).

BEHRENS, Hermann/BENKERT, Ulrike (1992), Das Schicksal der Gesellschaft für Natur und Umwelt im Kulturbund der DDR, in: ZfU 15 (3/1992), S. 353-371.

BEHRENS, Hermann/BENKERT, Ulrike/HOPFMANN, Jürgen/MAECHLER, Uwe (1993), Wurzeln der Umweltbewegung. Die „Gesellschaft für Natur und Umwelt" (GNU) im Kulturbund der DDR. Ein Beitrag zur Geschichte der ökologischen Bewegung in den neuen Bundesländern, Marburg: BdWi-Verlag (Forum Wissenschaft: Studien; 18).

BEHRENS, Hermann/PAUCKE, Horst (Hg.) (1994), Umweltgeschichte: Wissenschaft und Praxis (Umweltgeschichte und Umweltzukunft 2), Marburg: BdWi-Verlag (Forum Wissenschaft Studien; 27).

BELITZ, Heike/BLAZEJCZAK, Jürgen/GORNIG, M./KOHLHAAS, Michael/SCHULZ, E./SEIDEL, Th./VESPER, Dieter (1992), Ökologische Sanierung und wirtschaftlicher Strukturwandel in den neuen Bundesländern. Ökologisches Sanierungskonzept Leipzig/Bitterfeld/Halle/Merseburg, Berlin: DIW (DIW Beiträge zur Strukturforschung; 132).

BENZ, Arthur (1993), Reformillusion und Eigendynamik des Verwaltungsaufbaus in Ostdeutschland. Das Beispiel der Länderneugliederung im Raum Berlin/Brandenburg, in: Die Verwaltung 26 (3/1993), S. 329-351.

- (2001), Postparlamentarische Demokratie und kooperativer Staat, in: LEGGEWIE, Claus/MÜNCH, Richard (Hg.), Politik im 21. Jahrhundert, Frankfurt a.M.: Suhrkamp (edition suhrkamp; 2221), S. 263-280.

BENZLER, Susanne (1995), Chancen der Zivilgesellschaft in den neuen Bundesländern, in: BENZLER, Susanne/BULLMANN, Udo/EIßEL, Dieter (Hg.), Deutschland-Ost vor Ort. Anfänge der lokalen Politik in den neuen Bundesländern, Opladen: Leske + Budrich, S. 13-47.

- /BULLMANN, Udo/EIßEL, Dieter (Hg.) (1995), Deutschland-Ost vor Ort. Anfänge der lokalen Politik in den neuen Bundesländern, Opladen: Leske + Budrich.

BERG, Frank (1994), Transformation der kommunalen Verwaltungsinstitutionen in Stadt und Kreis Strausberg, in: NASSMACHER, Hiltrud/NIEDERMAYER, Oskar/WOLLMANN, Hellmut (Hg.), Politische Strukturen im Umbruch, Berlin: Akademie Verlag, S. 181-238.

Beschluss der 12. Tagung der Stadtverordnetenversammlung von Berlin: Programm zur weiteren Gestaltung der Umweltbedingungen in Berlin (1989), in: Magistrat von Berlin (Ost) (Hg.), Die weiteren Aufgaben auf dem Gebiet der Umweltgestaltung und des Umweltschutzes in Berlin. Materialien der 12. Tagung der Stadtverordnetenversammlung von Berlin am 29.6.1989, S. 52-80.

Bezirk Köpenick von Berlin (Hg.) (2000), Lokale Agenda 21 Köpenick [3. Entwurf vom September 2000], Berlin: Bezirksamt Köpenick.

BLATTERT, Barbara/RINK, Dieter/RUCHT, Dieter (1995), Von den Oppositionsgruppen der DDR zu den neuen sozialen Bewegungen in Ostdeutschland?, in: PVS 36 (3/1995), S. 397-422.

BLAZEJCZAK, Jürgen/EDLER, Dietmar/HEMMELSKAMP, Jens/JÄNICKE, Martin (1999), Politikmuster und Innovationswirkungen, in: ZfU 22 (1/1999), S. 1-32.

BLAZEJCZAK, Jürgen/KOMAR, Walter (1995), Ökologische Sanierung Ostdeutschlands nach dem westdeutschen Modell, in: ZAU 8 (3/1995), S. 301-306.

BÖHRET, Carl (1993), Funktionaler Staat? Ein Konzept für die Jahrhundertwende, Frankfurt a.M.: Lang (Beiträge zur Politikwissenschaft; 53).

BOTH-KREITER, Thomas/DEGEN, Günter/LUDWIG, Ingo/SCHARMANN, Annette (1992), Wenn Juristen den Naturschutz regeln... Ostberliner Schutzgebiete nicht automatisch rechtlich abgesichert, in: 10 (2/1992), S. 52-55.

BRAND, Karl-Werner (1999), Transformation der Ökologiebewegung, in: KLEIN, Ansgar/LEGRAND, Hans-Josef/LEIF, Thomas (Hg.), Neue Soziale Bewegungen. Impulse, Bilanzen und Perspektiven, Opladen: Westdeutscher Verlag, S. 237-256.

Braunkohlenausschuss des Landes Brandenburg (Hg.) [1994], Braunkohlenplan Tagebau Cottbus-Nord, Cottbus: Braunkohlenausschuss.

- (Hg.) (1998), Braunkohlen- und Sanierungsplanung im Land Brandenburg. Grundlagen, Zusammenhänge, Eckdaten, Cottbus: Braunkohlenausschuss.

- (Hg.) (1999), 50. Sitzung des Arbeitskreises Cottbus-Nord, Cottbus: Braunkohlenausschuss.

BREUNINGER, Martin (1990), Der Giftmüllnotstand, in: Grünstift 8 (1/1990), S. 14-15.

BRUCKMEIER, Karl (1993), Die Bürgerbewegungen der DDR im Herbst 1989, in: HAUFE, Gerda/BRUCKMEIER, Karl (Hg.), Die Bürgerbewegungen in der DDR und in den ostdeutschen Bundesländern, Opladen: Westdeutscher Verlag, S. 29-77.

BUCK, Hannsjörg F. (1996), Umweltpolitik und Umweltbelastung. Das Ausmaß der Umweltbelastung und Umweltzerstörung beim Untergang der DDR 1989/90, in: KUHRT, Eberhard/BUCK, Hannsjörg F./HOLZWEIßIG, Gunter (Hg.), Am Ende des realen Sozialismus: Beiträge zu einer Bestandsaufnahme der DDR-Wirklichkeit in den 80er Jahren. Bd. 2, Die wirtschaftliche und ökologische Situation der DDR in den 80er Jahren, Opladen: Leske + Budrich, S. 223-262.

- (1999), Umwelt- und Bodenbelastungen durch eine ökologisch nicht abgesicherte industriemäßig organisierte Tier- und Pflanzenproduktion, in: KUHRT, Eberhard/BUCK, Hannsjörg F./HOLZWEIßIG, Gunter (Hg.), Am Ende des realen Sozialismus: Beiträge zu einer Bestandsaufnahme der DDR-Wirklichkeit in den 80er Jahren. Bd. 4, Die Endzeit der DDR-Wirtschaft. Analysen zur Wirtschafts-, Sozial- und Umweltpolitik. Opladen: Leske + Budrich, S. 425-449.

- (1999), Umweltbelastung durch Müllentsorgung und Industrieabfälle in der DDR, in: KUHRT, Eberhard/BUCK, Hannsjörg F./HOLZWEIßIG, Gunter (Hg.), Am Ende des realen Sozialismus: Beiträge zu einer Bestandsaufnahme der DDR-Wirklichkeit in den 80er Jahren. Bd. 4, Die Endzeit der DDR-Wirtschaft. Analysen zur Wirtschafts-, Sozial- und Umweltpolitik. Opladen: Leske + Budrich, S. 455-497.

BULLMANN, Udo/SCHWANENGEL, Wito (1995), Zur Transformation territorialer Politikstrukturen. Landes- und Kommunalverwaltungen in den neuen Bundesländern, in: BENZLER, Susanne/BULLMANN, Udo/EIßEL, Dieter (Hg.), Deutschland-Ost vor Ort. Anfänge der lokalen Politik in den neuen Bundesländern, Opladen: Leske + Budrich, S. 193-224.

Bundesministerium für Umwelt, Naturschutz und Reaktorsicherheit (Hg.) (1990), Eckwerte der ökologischen Sanierung und Entwicklung in den neuen Ländern, Bonn: BMU.

Bundesministerium für Umwelt, Naturschutz und Reaktorsicherheit (Hg.) (1997), Umweltpolitik. Agenda 21. Konferenz der Vereinten Nationen für Umwelt und Entwicklung im Juni 1992 in Rio de Janeiro. Dokumente, Bonn: BMU.

Bundesministerium für Umwelt, Naturschutz und Reaktorsicherheit/Umweltbundesamt (Hg.) (1998), Handbuch Lokale Agenda 21. Wege zur nachhaltigen Entwicklung in den Kommunen, Bonn, Berlin: BMU/UBA.

Bundesministerium für Umwelt, Naturschutz und Reaktorsicherheit/Umweltbundesamt (Hg.) (1999), Lokale Agenda 21 im europäischen Vergleich, Bonn, Berlin: BMU/UBA.

BUND/Misereor (Hg.) (1996), Zukunftsfähiges Deutschland. Ein Beitrag zu einer global nachhaltigen Entwicklung. Studie des Wuppertalinstituts für Klima, Umwelt, Energie, Basel: Birkhäuser.

BURTH, Hans-Peter/GÖRLITZ, Axel (Hg.) (2001), Politische Steuerung in Theorie und Praxis, Baden-Baden: Nomos (Schriften zur Rechtspolitologie; 12).

BUSCH-LÜTHY, Christiane (1989), Zur Gestaltung des Verhältnisses von Gesellschaft und Natur im realen Sozialismus: Harmonisierung von Ökonomie und Ökologie der Naturnutzung - ein „erstrangiges Problem"?, in: SCHREIBER, Helmut (Hg.), Umweltprobleme in Mittel- und Osteuropa, Frankfurt a.M.: Campus, S. 11-42.

CHRISTMANN, Gabriela B. (1992), Über die „Institutionalisierung" und „Verwissenschaftlichung" des ökologischen Protests auf lokaler Ebene, in: ZfU 15 (4/1992), S. 459-480.

CLAUS, Frank/WIEDEMANN, Peter (Hg.) (1994), Umweltkonflikte. Vermittlungsverfahren zu ihrer Lösung, Taunusstein: E. Blottner.

COOKE, Philip/MORGAN, Kevin (1998), The Associational Economy. Firms, Regions, and Innovation, Oxford: Oxford University Press.

CORNELSEN, Dirk (1991), Anwälte der Natur. Umweltschutzverbände in Deutschland, München: Beck.

CROISSANT, Aurel/LAUTH, Hans-Joachim/MERKEL, Wolfgang (2000), Zivilgesellschaft und Transformation. Ein internationaler Vergleich, in: MERKEL, Wolfgang (Hg.) (2000), Systemwechsel, Bd. 5. Zivilgesellschaft und Transformation. Theorien, Ansätze und Konzeptionen, Opladen: Leske + Budrich, S. 9-49.

CZADA, Roland/LEHMBRUCH, Gerhard (Hg.) (1998), Transformationspfade in Ostdeutschland. Beiträge zur sektoralen Vereinigungspolitik, Frankfurt a.M.: Campus (Schriften des Max-Planck-Instituts für Gesellschaftsforschung, Köln; 32).

DALY, Herman E. (1996), Beyond Growth: The Economics of Sustainable Development, Boston, MA: Beacon Press.

DIEKMANN, Andreas (1995), Empirische Sozialforschung. Grundlagen, Methoden, Anwendungen, Reinbek: Rowohlt.

- /JAEGER, Carlo C. (Hg.) (1996), Umweltsoziologie, Opladen: Westdeutscher Verlag (KZfSS, Sonderheft 36).

DÖRFLER, Marianne/DÖRFLER, Ernst (1992), Die Umweltunion aus ostdeutscher Sicht. Eine vertane Chance für die ökologische Wende, in: Grünstift 10 (9/1992), S. 8-15.

DÜNNHAUPT, Klaus et al. (1998), Der Prozess zu einer Lokalen Agenda 21 für Berlin-Köpenick. Teil I: Bericht zur Prozessbegleitung, von Klaus Dünnhaupt, Burkhard Paetzold, Dr. Karin Lutze, Vera Buerschaper, Christoph Lorenz, Carlo Kallen, Dr. Annett Fischer, Doris Becker, Dagmar Hänisch, Berlin: Umweltbundesamt (Texte Projekt: Nr. 98/41).

EBERHARDT, Alfred (1998), Partizipativer Umweltschutz, in: ZAU 11 (1/1998), S. 72-84.

EISEN, Andreas (1996), Institutionenbildung im Transformationsprozess: Der Aufbau der Umweltverwaltung in Sachsen und Brandenburg 1990 - 1994, Baden-Baden: Nomos (Konstanzer Schriften zur Politik- und Verwaltungswissenschaft; 4).

- /KAASE, Max (1996), Transformation und Transition: Zur politikwissenschaftlichen Analyse des Prozesses der deutschen Vereinigung, unter Mitarbeit von Frank BERG, in: EISEN, Andreas/KAASE, Max/GABRIEL, Oscar W./NIEDERMAYER, Oskar/WOLLMANN, Hellmut, Politisches System, Opladen: Leske + Budrich, S. 5-46.

EIßEL, Dieter (1995), Problemfelder und Lösungskapazitäten in den Kommunen Ostdeutschlands, in: BENZLER, Susanne/BULLMANN, Udo/EIßEL, Dieter (Hg.), Deutschland-

Ost vor Ort. Anfänge der lokalen Politik in den neuen Bundesländern, Opladen: Leske + Budrich, S. 123-140.
Enquete-Kommission „Schutz des Menschen und der Umwelt - Ziele und Rahmenbedingungen einer nachhaltig zukunftsverträglichen Entwicklung" des 13. Deutschen Bundestages (1998), Konzept Nachhaltigkeit. Vom Leitbild zur Umsetzung, Bonn: Deutscher Bundestag.
Enquetekommission „Zukunftsfähiges Berlin" des Abgeordnetenhauses von Berlin, 13. Wahlperiode (Hg.) (1999), Zukunftsfähiges Berlin, Berlin: Abgeordnetenhaus von Berlin.
Enquetekommission „Zukunftsfähiges Berlin" des Abgeordnetenhauses von Berlin, 13. Wahlperiode (Hg.) (1999), Zukunftsfähiges Berlin. Anlagenband, Berlin: Abgeordnetenhaus von Berlin.
ERD, Rainer (1992), Neue Politikräume auf kommunaler Ebene. Ein Erfahrungsbericht, in: RÜHL, Christof (Hg.), Institutionelle Reorganisation in den neuen Ländern. Selbstverwaltung zwischen Markt und Zentralstaat, Marburg: Metropolis (Probleme der Einheit; 5), S. 13-21.
FARTHING, Stuart M. (1997), Introduction, in: FARTHING, Stuart M. (Hg.), Evaluating Local Environmental Policy, Aldershot: Ashgate Publishing, S. 1-18.
FEINDT, Peter Henning (1997), Kommunale Demokratie in der Umweltpolitik. Neue Beteiligungsmodelle, in: APuZ B 27/97, S. 39-46.
FICHTER, Heidi (1996), Unterwegs zur ökologischen Wirtschaftspolitik: Berlins Erfahrungen bei der ökologischen Modernisierung politischer Institutionen, Berlin: edition sigma.
FIETKAU, Hans-Joachim/WEIDNER, Helmut (1998),Umweltverhandeln. Konzepte, Praxis und Analysen alternativer Konfliktregelungsverfahren, Berlin: edition sigma.
FINDEIS, Hagen/POLLACK, Detlef/SCHILLING, Manuel (1994), Die Entzauberung des Politischen. Was ist aus den politisch alternativen Gruppen der DDR geworden? Interviews mit ehemals führenden Vertretern, Leipzig: Evangelische Verlagsanstalt.
FISAHN, Andreas (1996), Beschleunigungsgesetzgebung und Bürgerbeteiligung – ein tendenzieller Abbau des Umweltschutzniveaus?, in: Mehr oder weniger Demokratie?, hrsg. v. Unabhängiges Institut für Umweltfragen e.V. (UfU). Dokumentation einer Tagung am 2./3.11 1995 in Berlin: Berlin: UfU, S. 10-21.
FISCHER, Corinna (2002), „Das gehört jetzt einfach zu mir." Mobilisierung von Jugendlichen aus den neuen Bundesländern zum Engagement in einem Umweltverband. Eine explorative Studie am Beispiel der BUNDjugend, Diss. TU Chemnitz; http://archiv.tu-chemnitz.de/pub/2002/0013/index.html.
FISCHER, Wolfram/SCHRÖTER, Harm (1993), Die Entstehung der Treuhandanstalt, in: FISCHER, Wolfram/HAX, Herbert/SCHNEIDER, Hans Karl (Hg.), Treuhandanstalt. Das Unmögliche wagen. Forschungsberichte, Berlin: Akademie Verlag, S. 17-40.
FÖRSTER, Frank (1996), Verschwundene Dörfer. Die Ortsabbrüche des Lausitzer Braunkohlereviers bis 1993, 2., überarb. Aufl., Bautzen: Domowina-Verlag (Schriften des Sorbischen Instituts; 8).
- (1998), Bergbauumsiedler. Erfahrungsberichte aus dem Lausitzer Braunkohlerevier, Bautzen: Domowina-Verlag (Schriften des Sorbischen Instituts; 17).
FREESE, Christopher (1995), Die Privatisierungstätigkeit der Treuhandanstalt. Strategien und Verfahren der Privatisierung in der Systemtransformation, Frankfurt a.M.: Campus.
FREY, Bruno S. (1992), Umweltökonomie, 3., erweit. Aufl., Göttingen: Vandenhoeck.

- /SCHNEIDER, Friedrich (1997), Warum wird die Umweltökonomie kaum angewendet?, in: ZfU 20 (2/1997), S. 153-170.
FRITZ, Peter (1995), Zur aktuellen Umweltsituation in den neuen Bundesländern, in: ZAU 8 (3/1995), S. 297-300.
GENSICHEN, Hans-Peter (Hg.) (1990), Umwelt-Mosaik DDR '89, Berlin: Deutscher Verlag der Wissenschaft.
- (1992), Wie geht es der Umweltbewegung in Ostdeutschland?, in: Quer 1 (4/1992) S. 24-25.
- (1994), Das Umweltengagement in den evangelischen Kirchen in der DDR, in: BEHRENS, Herrmann/PAUCKE, Horst (Hg.) (1994), Umweltgeschichte und Umweltzukunft 2; Umweltgeschichte: Wissenschaft und Praxis, Marburg: BdWi-Verlag (Umweltgeschichte und Umweltzukunft; 2), S. 65-83.
- (1997), Als Christen und Nichtchristen die Schöpfungsethik neu entdeckten, in: Frankfurter Rundschau vom 2.10.1997, S. 19.
GESSENHARTER, Wolfgang (1996), Warum neue Beteiligungsmodelle auf kommunaler Ebene? Kommunalpolitik zwischen Globalisierung und Demokratisierung, in: ApuZ B 50/96, S. 3-13.
GILLWALD, Katrin (1992), Hoffnungsträger Ost: Entwicklungsdynamik und Entwicklungperspektiven im Berliner Umland aus der Sicht von neuen Führungskräften, Berlin: Wissenschaftszentrum Berlin (WZB Discussion Papers; 92-103).
GILSENBACH, Reimar (1989), Der Minister blieb, die Grünen kommen, in: KNABE, Hubertus (Hg.), Aufbruch in eine andere DDR. Reformer und Oppositionelle zur Zukunft ihres Landes, Reinbek: rororo aktuell, S. 107-117.
GLÄß, Klaus (1991), Verwaltung und Organisation des Umweltschutzes in der DDR, in: KLOEPFER, Michael (Hg.), Instrumente des Umweltrechts der früheren DDR, Berlin: Springer, S. 18-25.
GRAF, Dieter (1991), Zum Widerspruch zwischen Wirtschafts- und Umweltpolitik in der DDR, in: BECHMANN, Arnim/BUTTGEREIT, Reinhold/KRAFT, Bärbel (Hg.) (1991), Umweltpolitik in der DDR. Dokumente des Umbruchs, Berlin: TU Berlin, (Werkstattberichte des Instituts für Landschaftsökonomie; 32), S. 64-72.
GREENPEACE (Hg.) (1991), Greenpeace-Dossier Müllexport. Müllkolonie Ostdeutschland, von Matthias Voigt und Andreas Bernstorff, Hamburg: Greenpeace.
GREENPEACE (Hg.) (1992), Greenpeace-Dossier Müllexport. Müllkreuz Ostdeutschland, von Matthias Voigt und Andreas Bernstorff, Hamburg: Greenpeace.
GROBER, Ulrich (1998), Ausstieg in die Zukunft. Eine Reise zu Ökosiedlungen, Energie-Werkstätten und Denkfabriken, Berlin: Links.
GROMM, Michael (1999), Horno in der Lausitz: Der Kampf gegen Abbaggerung und Umsiedlung, in: Jahrbuch Ökologie 2000, hrsg. v. Günter ALTNER, Barbara METTLER-von MEIBOM, Udo E. SIMONIS, Ernst U. von WEIZSÄCKER, München: Beck, S. 273-280.
GROSSER, Karl Heinz (1985), Die Auswirkung des Braunkohlenbergbaues auf die Naturschutzobjekte im Bezirk Cottbus, in: Naturschutzarbeit in Berlin und Brandenburg 21 (3/1985), S. 65-73.
Grüne Liga (Hg.) (1991), Der Fall „Hammergraben". Ein Exempel für die Zukunft der Cottbuser Region. Eine Materialsammlung, Berlin: Grüne Liga.
Grüne Liga (Hg.) (1991), Grüne Liga. Netzwerk ökologischer Bewegungen, Berlin: Grüne Liga.

Grüne Liga Brandenburg (Hg.) (1997), Das Lakomaer Teichgebiet – Ende für ein Paradies?, erarbeitet von der Bürgerinitiative „Verheizte Lausitz“, Arbeitsgruppe Lakomaer Teiche, 3., erw. u. aktualisierte Aufl., Juni 1997, Potsdam: Grüne Liga Brandenburg.

GRUHN, Werner (1985), Umweltschutz als ökonomischer Faktor, in: Umweltprobleme und Umweltbewusstsein in der DDR (1985), hrsg. v. d. Redaktion Deutschland Archiv, Köln: Verlag Wissenschaft und Politik, S. 97-116.

GSÄNGER, Matthias (2001), Policy Netze, Policy Ströme und der Cognitive Turn, in: BURTH, Hans-Peter/GÖRLITZ, Axel (Hg.), Politische Steuerung in Theorie und Praxis, Baden-Baden: Nomos (Schriften zur Rechtspolitologie; 12), S. 337-358.

GUNDERMANN, Baldur (1994), Das Geheimnis als Machtfaktor. Zum Umgang mit Umwelt-Informationen in der DDR, in: Berlinische Monatsschrift 3 (10/1994), S. 25-31.

HAAN, Gerhard de/KUCKARTZ, Udo/REIHNGANS, Anke (1998), Das Konzept Nachhaltigkeit und die lokale Agenda aus Sicht der Bürger. Ergebnisse einer Bürgerbefragung in Berlin, Berlin: FU Berlin (Forschungsgruppe Umweltbildung: Papers 98-154).

HAHN, André (1998), Der Runde Tisch. Das Volk und die Macht – Politische Kultur im letzten Jahre der DDR, Berlin: Verlag am Park.

HAHN, Ekhart (1992), Ökologischer Stadtumbau. Konzeptionelle Grundlagen, Frankfurt a.M.: Lang (Beiträge zur kommunalen und regionalen Planung; 13).

- /LAFOND, Michael (1997), Lokale Agenda 21 und Ökologischer Stadtumbau. Ein Europäisches Modellprojekt in Leipzig, Berlin: Wissenschaftszentrum Berlin (WZB Discussion Papers; FS II 97-406).

HALBROCK, Christian (1992), Beginn einer eigenständigen Umweltbewegung in der DDR, in: RÜDDENKLAU, Wolfgang (Hg.), Störenfried - DDR-Opposition 1986-1989. Mit Texten aus den „Umweltblättern“, Berlin: BasisDruck, S. 43-51.

- (1995), Störfaktor Jugend: Die Anfänge der unabhängigen Umweltbewegung in der DDR, in: JORDAN, Carlo/KLOTH, Hans Michael (Hg.) (1995), ARCHE NOVA - Opposition in der DDR. Das „Grün-ökologische Netzwerk Arche“ 1988-90. Mit den Texten der ARCHE NOVA, Berlin: BasisDruck, S. 13-32.

HAMPEL, Torsten (1996), Schritt für Schritt. Mit den Lokalen Agenden geht es langsam voran, in: Grünstift 14 (6/1996), S. 11.

HAMPELE, Anne (1996), Die Organisationen der Bürgerbewegung, in: NIEDERMAYER, Oskar (Hg.), Intermediäre Strukturen in Ostdeutschland, Opladen: Leske + Budrich, S. 151-172.

- (1997), „Dem Aufschwung Ost ökologisch auf die Beine helfen“. Die Grüne Liga Ein Beispiel erfolgreicher ostdeutscher Selbstbehauptung, in: Rundbrief Grüne Liga Brandenburg 4, (Nr. 44/August 1997), S. 2-11.

HANSMEYER, Karl-Heinrich/SCHNEIDER, Hans Karl (1992), Umweltpolitik. Ihre Fortentwicklung unter marktsteuernden Aspekten, 2. Aufl., Göttingen: Mohr.

HART, Klaus (20001), Fürsten oder Greenpeace? Brandenburg: Adlige torpedieren Flächenübertragung an Naturstiftungen, in: Der Rabe Ralf (August/September 2001), S. 12.

- (20001), „Nicht passend für diese Gegend.“ Stechlin nur Naturpark, in: Der Rabe Ralf (August/September 2001), S. 11.

HAUSCHILD, Christoph (1991), DDR: Vom sozialistischen Einheitsstaat in die föderale und kommunale Demokratie, in: BLANKE, Bernhard (Hg.), Staat und Stadt. Systematische, vergleichende und problemorientierte Analysen „dezentraler“ Politik, Opladen: Westdeutscher Verlag (PVS, Sonderheft; 22/1991), S. 213-236.

- (1991), Die örtliche Verwaltung im Staats- und Verwaltungssystem der DDR. Auf dem Wege in den gesamtdeutschen Bundesstaat: eine vergleichende Untersuchung, Baden-Baden: Nomos (Rechtswissenschaftliche Veröffentlichungen; 16).

HEINISCH, Emanuel (1992), Umweltbelastung in Ostdeutschland. Fallbeispiele: chlorierte Kohlenwasserstoffe, Darmstadt: Wissenschaftliche Buchgesellschaft.

HELLSTERN, Gerd-Michael/WOLLMANN, Hellmut (1978), Zur Leistungsfähigkeit von Fallstudien - am Beispiel einer Sanierungsuntersuchung, in: KEVENHÖRSTER, Paul/WOLLMANN, Hellmut (Hg.), Kommunalpolitische Praxis und lokale Politikforschung. Referate der Arbeitsgruppe Kommunalpolitik und Politikwissenschaft anläßlich des Kongresses der Deutschen Vereinigung für Politische Wissenschaft, Bonn 1977, Berlin: Deutsches Institut für Urbanistik, S. 349-384.

HENTRICH, Steffen/KOMAR, Walter/WEISHEIMER, Martin (2000), Zehn Jahre ökologischer Aufbauprozess in den neuen Ländern, in: Wirtschaft im Wandel (16/2000), hrsg. vom Institut für Wirtschaftsforschung Halle (IWH), S. 476-483.

HÉRITIER, Adrienne (Hg.) (1993), Policy-Analyse. Kritik und Neuorientierung, Opladen: Westdeutscher Verlag (PVS, Sonderheft 24/1993).

HERLES, Helmut/ROSE, Ewald (Hg.) (1990), Vom Runden Tisch zum Parlament, Bonn: Bouvier-Verlag.

HEY, Christian/BRENDLE, Uwe (1994), Umweltverbände und EG. Strategien, politische Kulturen und Organisationsformen, mit Beiträgen von Claude Weinber, Robin Grove-White, Anton von der Heijden et al., Opladen: Westdeutscher Verlag.

HICKEL, Rudolf/PRIEWE, Jan (1991), Der Preis der Einheit. Bilanz und Perspektiven der deutschen Vereinigung, Frankfurt a.M.: Fischer.

HILGERS, Micha (1997), Ozonloch und Saumagen. Motivationsfragen der Umweltpolitik, Stuttgart, Leipzig: Hirzel.

HILLE, Christoph (1992), Übersicht über den derzeitigen Stand des Braunkohleabbaus (NBL) (masch.).

- [1995], 4 Jahre Braunkohlenausschuss. Zwischen Hoffnung und Ohnmacht (masch.).

HÖLZL, Erik (1994), Qualitatives Interview, in: Verführung zum qualitativen Forschen. Eine Methodenauswahl, hrsg. v. Arbeitskreis Qualitative Sozialforschung Wien, Wien: WUV-Universitätsverlag, S. 61-68.

HOFMANN, Johannes (1995), Das Recht auf Umweltinformation: Rechtslage in der EU und in Österreich, Wien: WUV-Universitätsverlag.

HOPFMANN, Jürgen (1993), Die Geschichte des Natur- und Umweltschutzes im Landkreis Templin der Uckermark, Berlin: Institut für Umweltgeschichte und Regionalentwicklung e.V.

- (1993), Der Natur- und Umweltschutz vor und nach der Wende in der DDR im Landkreis Templin der Uckermark (Brandenburg), in: Umweltgeschichte und Umweltzukunft: Schwerpunkt: Umweltbewegungs- und Umweltforschungsgeschichte (1993), hrsg. von IUGR , Marburg: BdWi-Verlag (Forum Wissenschaft: Studien; 18), S. 92-101.

HORBACH, Jens (1992), Neue politische Ökonomie und Umweltpolitik, Frankfurt a.M.: Campus (Wirtschaftswissenschaften; 22).

- (1993), Fördermaßnahmen und Umweltschutzinvestitionen in den neuen Bundesländern, in: ZAU 6 (3/1993), S. 389-398.

- /KOMAR, Walter (1994), Wirtschaftsentwicklung und Umweltsituation in den neuen Bundesländer, in: Institut für Wirtschaftsforschung Halle (Hg.), Wirtschaft im Systemschock. Die schwierige Realität der ostdeutschen Transformation, Berlin: Analytica, S. 129-147.

HUBER, Joseph (1993), Ökologische Modernisierung. Bedingungen des Umwelthandelns in den neuen und alten Bundesländern, in: KZfSS 45 (2/1993), S. 288-304.

HUCKE, Jochen (1998), Kommunale Umweltpolitik, in: ROTH, Roland/WOLLMANN, Hellmut (Hg.) (1998), Kommunalpolitik. Politisches Handeln in den Gemeinden, 2., völlig überarb. u. aktual. Aufl., Opladen: Leske + Budrich, S. 645-661.

- /MÜLLER, Axel/WASSEN, Peter (1980), Implementation kommunaler Umweltpolitik, Frankfurt a.M.: Campus.

HÜBLER, Karl-Hermann (1986), Umweltpolitik zwischen Theorie und Umweltrealität in der Bundesrepublik Deutschland und der DDR - ein Vergleich, in: HAENDCKE-HOPPE, Maria/MERKEL, Konrad (Hg.), Umweltschutz in beiden Teilen Deutschlands, Berlin: Duncker & Humblot (Schriftenreihe der Gesellschaft für Deutschlandforschung; 14: Jahrbuch 1985), S. 13-39.

- (1990), DDR-Umweltpolitik – Anmerkungen zum Stand der Dinge, in: Umwelt- und Planungsrecht, 10 (7/1990), S. 241-249.

- (1992), Möglichkeiten und Grenzen des Transfers westlicher Umweltphilosophien und -strategien in die neuen Bundesländer, in: HÜBLER, Karl-Hermann (Hg.), UVP in den neuen Bundesländern, Bonn: Economia (Planung und Praxis im Umweltschutz; 2), S. 1-16.

- (1993), Eine ökologische Gewinn- und Verlustrechnung für die fünf neuen Bundesländer und Berlin. Versuch einer ersten Bilanz, in: HÜBLER, Karl-Hermann/CASSENS, Hans-Jürgen (Hg.), Naturschutz in den neuen Bundesländern: Chancen für die Landschaftsentwicklung, Bewertung der Naturschutzpolitik, Stand der Gesetzgebung in den neuen Bundesländern und in Berlin, Taunusstein: Blottner, S. 173-184.

HVELPLUND, Frede/KNUDSEN, Niels Winther/LUND, Henrik (1993), Erneuerung der Energiesysteme in den neuen Bundesländern – aber wie?, hrsg. v. Netzwerk Dezentrale EnergieNutzung e.V., Potsdam, Rhade: Anders Leben.

Institut für Umweltgeschichte und Regionalentwicklung (Hg.) (1998), Naturschutz in den neuen Bundesländern. Ein Rückblick, unter der Redaktion von Regine AUSTER und Hermann BEHRENS, 2 Bde., Marburg: BdWi-Verlag (Umweltgeschichte und Umweltzukunft; 6).

ISERMANN-KÜHN, Andrea (1995), Dorferneuerung in Brandenburg. Das Beispiel Brodowin/Uckermark, Berlin: Technische Universität Berlin (Landschaftsentwicklung und Umweltforschung; 97).

IZEKI, Tadahisa (1999), Das Erbe der Runden Tische in Ostdeutschland. Bürgerorientierte Foren in und nach der Wendezeit, Frankfurt a. M.: Lang (Europäische Hochschulschriften: Reihe 31, Politikwissenschaft; 383).

JÄGER, Thomas/SCHWARZ, Michael (1998), Das sozial-ökologische Innovationspotenzial einer nachhaltigen, zukunftsfähigen Entwicklung auf betrieblicher und kommunaler Ebene, in: ApuZ B 50/1998, S. 21-29.

JÄHRIG, Hans-Peter (1991), SERO – Recycling à la DDR, in: Jahrbuch Ökologie 1992, hrsg. v. Günter ALTNER, Barbara METTLER-von MEIBOM, Udo E. SIMONIS, Ernst U. von WEIZSÄCKER, München: Beck, S. 266-272.

JÄNICKE, Martin (1987), Staatsversagen. Die Ohnmacht der Politik in der Industriegesellschaft, 2. Aufl., München, Zürich: Pieper.

- (1989), Umweltpolitisches Staatsversagen im Realen Sozialismus, in: SCHREIBER, Helmut (Hg.), Umweltprobleme in Mittel- und Osteuropa, Frankfurt a.M.: Campus, S. 43-58.

- (1993), Ökologische und politische Modernisierung in entwickelten Industriegesellschaften, in: PRITTWITZ, Volker von (Hg.), Umweltpolitik als Modernisierungsprozess. Poli-

tikwissenschaftliche Umweltforschung und -lehre in der Bundesrepublik, Opladen: Leske + Budrich, S. 15-29.
- (1995), Akteure der Umweltpolitik, in: JUNKERNHEINRICH, Martin/KLEMMER, Paul/WAGNER, Gerd Rainer (Hg.), Handbuch zur Umweltökonomie, Berlin: Analytica (Handbücher zur angewandten Umweltforschung; 2), S. 11-15.
- (1997), The Political System's Capacity for Environmental Policy, in: JÄNICKE, Martin/WEIDNER, Helmut (Hg.), National Environmental Policies. A Comparative Study of Capacity-Building, Berlin: Springer, S. 1-24.
- /KUNIG, Philip/STITZEL, Michael (1999), Lern- und Arbeitsbuch Umweltpolitik. Politik, Recht und Management des Umweltschutzes in Staat und Unternehmen, Bonn: Dietz.
JÄNICKE, Martin/MEZ, Lutz/PÖSCHK, Jürgen (1991), Die Energiesituation in der vormaligen DDR. Darstellung, Kritik und Perspektiven der Elektrizitätsversorgung, Berlin: edition sigma.
JÄNICKE, Martin/MÖNCH, Harald/BINDER, Manfred (1992), Umweltentlastung durch industriellen Strukturwandel? Eine explorative Studie über 32 Industrieländer (1970-1990), Berlin: edition sigma.
JÄNICKE, Martin/WEIDNER, Helmut (1995), Successful Environmental Policy. An Introduction, in: JÄNICKE, Martin/WEIDNER, Helmut (Hg.), Successful Environmental Policy: A Critical Evaluation of 24 Cases, Berlin: edition sigma.
JÄNKEL, Ralph (1991), Instrumente des Immissionsschutzrechts in der DDR, in: KLOEPFER, Michael (Hg.), Instrumente des Umweltrechts der früheren DDR, Berlin: Springer-Verlag, S. 53-61.
JARAUSCH, Konrad H. (1995), Die unverhoffte Einheit 1989-1990, Frankfurt a.M.: Suhrkamp (edition suhrkamp, Neue Folge; 877).
JÖRGENSEN, Kirsten (1995), Sonderabfallpolitik in der Bundesrepublik Deutschland. Chancen und Restriktionen für einen ökologisch orientierten Wandel auf Länderebene, Berlin: Phil. Diss. FU Berlin.
JORDAN, Carlo (1993), Im Wandel: Ökologiebewegung und Grüne im Osten, in: HAUFE, Gerda/BRUCKMEIER, Karl (Hg.), Die Bürgerbewegungen in der DDR und in den ostdeutschen Bundesländern, Opladen: Westdeutscher Verlag, S. 240-260.
- (1995), Akteure und Aktionen der Arche, in: JORDAN, Carlo/KLOTH, Hans Michael (Hg.) (1995), ARCHE NOVA - Opposition in der DDR. Das „Grün-ökologische Netzwerk Arche" 1988-90. Mit den Texten der ARCHE NOVA, Berlin: BasisDruck, S. 37-70.
- /KLOTH, Michael (Hg.) (1995), Arche Nova: Opposition in der DDR. Das „Grün-ökologische Netzwerk Arche" 1988-1990. Mit den Texten der ARCHE NOVA, Berlin: BasisDruck.
JORDAN, Carlo/KLOTH, Hans Michael (1995), Vorbemerkung, in: JORDAN, Carlo/KLOTH, Hans Michael (Hg.) (1995), ARCHE NOVA - Opposition in der DDR. Das „Grün-ökologische Netzwerk Arche" 1988-90. Mit den Texten der ARCHE NOVA, Berlin: BasisDruck, S. 7-11.
JOSEPH, Matthias (1995), Die Analyse kommunaler Umweltpolitik aus Sicht der neuen politischen Ökonomie: eine Untersuchung auf theoretischer Grundlage, Frankfurt a.M.: Lang (Europäischen Hochschulschriften: Reihe 5, Volks- und Betriebswirtschaft; 1683).
JÜRK, Willy (1991), Zum Umweltrecht im deutsch-deutschen Einigungsprozess - aus Sicht der Deutschen Demokratischen Republik, in: KLOEPFER, Michael (Hg.), Instrumente des Umweltrechts der früheren DDR, Berlin: Springer-Verlag, S. 78-89.

KEATING, Micheal (1997), Les régions constituent-elles un niveau de gouvernement en Europe?, in: LE GALÈS, Patrick/LEQUESNE, Christian (Hg.), Les paradoxes des régions in Europe, Paris, S. 19-35.
- (1998), The New Regionalism in Western Europe. Territorial Restructuring and Political Change, Cheltenham: Edward Elgar.
KERBER, Bärbel (1994), Der Konflikt zwischen ökonomischen und ökologischen Interessen auf kommunaler Ebene, Frankfurt a. M.: Lang (Europäische Hochschulschriften; Volks- und Betriebswirtschaft; 1606).
KERN, Kristine (2000), Die Diffusion von Politikinnovationen. Umweltpolitische Innovationen im Mehrebenensystem der USA, Opladen: Leske + Budrich (Gesellschaftspolitik und Staatstätigkeit; 17).
- /BRATZEL, Stefan (1996), Umweltpolitischer Erfolg im internationalen Vergleich, in: ZfU 19 (3/1996), S. 277-312.
KERN, Kristine/JÖRGENS, Helge/JÄNICKE, Martin (2001), The Diffusion of Environmental Policy Innovations. A Contribution to the Globalisation of Environmental Policy, Berlin: Wissenschaftszentrum Berlin (WZB Discussion Papers; FS II 01-302).
KINGDON, John W. (1995), Agendas, Alternatives, and Public Policies, 2. Aufl., New York: HarperCollins.
KIRSCHEY, Tom (2001), Saturiertheit und Dekadenz. Tragisches, Komisches und Ärgerliches aus der brandenburgischen Naturschutzpolitik, in: Der Rabe Ralf (August/September 2001), S. 12.
KITSCHELT, Herbert (1999), Politische Gelegenheitsstrukturen in Theorien sozialer Bewegungen heute, in: KLEIN, Ansgar/LEGRAND, Hans-Josef/LEIF, Thomas (Hg.), Neue Soziale Bewegungen. Impulse, Bilanzen und Perspektiven, Opladen: Westdeutscher Verlag, S. 144-163.
KLEINFELD, Ralf (1996), Kommunalpolitik. Eine problemorientierte Einführung, unter Mitarbeit von Ralf HEIDEMANN, Achim NENDZA, Frank TREUTLER, Opladen: Leske + Budrich (Grundwissen Politik; 18).
KLOEPFER, Michael (Hg.) (1991), Instrumente des Umweltrecht der früheren DDR, Berlin: Springer.
- /REINERT, Sigrid (1990), Aspekte des Umweltrechts in der DDR, in: ZfU 13 (1/1990), S. 1-17.
KLOTH, Hans Michael (1995), Grüne Bewegung, Grünes Netzwerk, Grüne Partei. Ein politologischer Versuch, in: JORDAN, Carlo/KLOTH, Hans Michael (Hg.) (1995), ARCHE NOVA - Opposition in der DDR. Das „Grün-ökologische Netzwerk Arche" 1988-90. Mit den Texten der ARCHE NOVA, Berlin: BasisDruck, S. 145-179.
KNABE, Hubertus (1985), Gesellschaftlicher Dissens im Wandel - Ökologische Diskussionen und Umweltengagement in der DDR, in: Umweltprobleme und Umweltbewusstsein in der DDR (1985), hrsg. v. d. Redaktion Deutschland Archiv, Köln: Verlag Wissenschaft und Politik, S. 169-199.
- (1988), Neue soziale Bewegungen im Sozialismus. Zur Genesis alternativer Orientierungen in der DDR, in: KZfSS 40 (3/1988), S. 551-569.
- (1990), Möglichkeiten und Grenzen gesellschaftlicher Problemartikulation in sozialistischen Systemen. Eine vergleichende Analyse der Umweltdiskussion in der DDR und Ungarn, Berlin: Phil. Diss. FU Berlin.
KNAPP, Hans Dieter (1992), Das neue Nationalparkprogramm. Anspruch und Wirklichkeit, in: Grünstift 10 (9/1992), S. 16-19.

- (1995), Das ostdeutsche Nationalparkprogramm als Baustein für ein europäisches Haus, in: Z[SCH]IESCHE, Michael (Hg.), Alles wird besser, nichts wird gut? Wege zur ökologischen Wende, Berlin: Aufbau Taschenbuch Verlag, S. 60-68.

KNILL, Christoph/LENSCHOW, Andrea (2000), Neue Steuerungskonzepte in der europäischen Umweltpolitik. Institutionelle Arrangements für eine effektivere Implementation?, in: PRITTWITZ, Volker von (Hg.), Institutionelle Arrangements in der Umweltpolitik. Zukunftsfähigkeit durch innovative Verfahrenskombinationen?, Opladen: Leske + Budrich, S. 65-83.

KNOEPFEL, Peter/KISSLING-NÄF, Ingrid (1993), Transformation öffentlicher Politiken durch Verräumlichung. Betrachtungen zum gewandelten Verhältnis zwischen Raum und Politik, in: HÉRITIER, Adrienne (Hg.), Policy-Analyse. Kritik und Neuorientierung, Opladen: Westdeutscher Verlag (PVS, Sonderheft 24/1993), S. 267-288.

KOCH, Jurij (1992), Jubel und Schmerz der Mandelkrähe. Ein Report aus der sorbischen Lausitz, Bautzen: Domowina-Verlag.

KOMAR, Walter/MATTHIES, Jörg/WEISHEIMER, Martin (1993), Ursachen für das Versagen des Umweltschutzes in der DDR: Analyse des Gewässerschutzes und der Luftreinhaltung, Köln: Dt. Inst.-Verlag.

KORTE, Rainer (1996), Kommunaler Umweltschutz trotzt leerer Kassen, in: Jahrbuch Ökologie 1997, hrsg. v. Günter ALTNER, Barbara METTLER-von MEIBOM, Udo E. SIMONIS, Ernst U. von WEIZSÄCKER, München: Beck, S. 274-278.

KRAFT, Maria (1995), Arbeitsmarkt auf dem Lande. Bestandsaufnahme und Perspektiven für den ländlichen Raum in den neuen Bundesländern, in: Dorf- und Regionalentwicklung in den neuen Bundesländern - Beiträge aus der Praxis, Redaktion Hermann Behrens, hrsg. v. d. Agrarsoziale Gesellschaft e. V., Göttingen: Agrarsoziale Gesellschaft (ASG Kleine Reihe; 54), S. 23-34.

KRAUSE, Günter (1998), Wirtschaftstheorie in der DDR, Marburg: Metropolis.

KRIESI, Hanspeter/GIUGNI, Marco G. (1996), Ökologische Bewegungen im internationalen Vergleich zwischen Konflikt und Kooperation, in: DIEKMANN, Andreas/JAEGER, Carlo C. (Hg.), Umweltsoziologie, Opladen: Westdeutscher Verlag (KZfSS, Sonderheft 36), S. 324-349.

KRÖGER, Susanne (1992), Ostberliner Umweltämter alarmiert, in: Grünstift 10 (1/1992), S. 26.

KÜHNEL, Wolfgang/SALLMON-METZNER, Carola (1991), Grüne Partei und Grüne Liga. Der geordnete Aufbruch der ostdeutschen Ökologiebewegung, in: MÜLLER-ENBERGS, Helmut/SCHULZ, Marianne/WIELGOHS, Jan (Hg.), Von der Illegalität ins Parlament: Werdegang und Konzept der neuen Bürgerbewegung, Berlin: Links-Druck, S. 166-220.

KUNERT, Christine (1992), Umweltverträglichkeitsprüfung in Raumordnung und Landesplanung, in: Arbeitsgruppe Ökologische Wirtschaftspolitik (Hg.), Ökologische Probleme regionaler Strukturpolitik. Probleme und Lösungsmöglichkeiten nach der Vereinigung. Probleme und Lösungsmöglichkeiten nach der Vereinigung, Marburg: Metropolis (Probleme der deutschen Einheit; 7), S. 91-102.

KURJO, Andreas (1985), Landwirtschaft und Umwelt in der DDR - Ökologische, rechtliche und institutionelle Aspekte der sozialistischen Agrarpolitik, in: Umweltprobleme und Umweltbewusstsein in der DDR (1985), hrsg. v. d. Redaktion Deutschland Archiv, Köln: Verlag Wissenschaft und Politik, S. 39-78.

KUSCH, Günter/MONTAG, Rolf/SPECHT, Günter/WETZKER, Konrad (1991), Schlussbilanz - DDR. Fazit einer verfehlten Wirtschafts- und Sozialpolitik, Berlin: Duncker & Humblot.

LAHL, Uwe (1993), Kommunale Umweltpolitik in beiden deutschen Staaten, in: BECKORD, Wilhelm (Hg.), Die Kommunen und die Einheit Deutschlands, Münster: Lit, S. 66-77.

LAMPING, Wolfram (1997), Mit Phantasie die Ketten der Hierarchie abstreifen – am Beispiel kommunaler Umsetzung der Technischen Anleitung Siedlungsabfall, in: HEINELT, Hubert/MAYER, Margit (Hg.), Modernisierung der Kommunalpolitik. Neue Wege der Ressourcenmobilisierung, Opladen: Leske + Budrich, S. 48-67.

Landtag Brandenburg (1992), Leitentscheidungen zur brandenburgischen Energiepolitik. Unterrichtung der Landesregierung vom 10.4.1992, Drucksache 1/969, abgedruckt in: Lausitz wohin?, hrsg. von der Fraktion von Bündnis 90 im Landtag Brandenburg, Potsdam, S. 73-86.

LANGE, Stefan/BRAUN, Dietmar (2000), Politische Steuerung zwischen System und Akteur. Eine Einführung, Opladen: Leske + Budrich (Grundwissen Politik; 30).

LAUSCH, Wolfgang (1991), Die Institutionalisierung von Umweltschutz in der DDR, in: BECHMANN, Arnim/BUTTGEREIT, Reinhold/KRAFT, Bärbel (Hg.), Umweltpolitik in der DDR. Dokumente des Umbruchs, Berlin: TU Berlin, (Werkstattberichte des Instituts für Landschaftsökonomie; 32), S. 7-24.

LEHMBRUCH, Gerhard (1991), Die deutsche Vereinigung. Strukturen und Strategien, in: PVS 32 (4/1991), S. 585-604.

LEMKE, Christiane (1997), Protestverhalten in Transformationsgesellschaften, in: PVS 38 (1/1997), S. 50-78.

LIEBOLD, Edda (1991), Planungsziel Freizeit-Landschaft – koste es, was es wolle, in: Grünstift 9 (4/1991), S. 8-13.

LIJPHART, Arend (1971), Comparative Politics and the Comparative Method, in: The American Political Science Review 65, S. 682-693.

- (1975), Comparable Cases Strategy in Comparative Research, in: Comparative Political Studies 8 (2/1975), S. 158-177.

LITZBARSKI, Heinz (2000), Naturschutz im Aufbruch. Zur Gründung des NABU in Brandenburg, in: Naturschutzbund Deutschland. Landesverband Brandenburg (Hg.), Jubiläumsband zum 5. Naturschutztag des NABU Brandenburg. Fachvorträge; Feierstunde – 10 Jahre NABU Brandenburg, Potsdam: NABU, S. 44-48.

LORENZ, Annegret (1991), Vollzugsdefizite im Umweltrecht, in: Umwelt- und Planungsrecht 11 (7/1991), S. 253-257.

LORENZ, Sabine/WEGRICH, Kai (1998), Lokale Ebene im Umbruch: Aufbau und Modernisierung der Kommunalverwaltung in Ostdeutschland, in: APuZ B 5/98, S. 29-38.

LÜBBE-WOLF, Gertrude (1992), Das Kooperationsprinzip im Umweltrecht - Rechtsgrundsatz oder Deckmantel des Vollzugsdefizits?, in: BENZ, Arthur/SEIBEL, Wolfgang (Hg.), Zwischen Kooperation und Korruption. Abweichendes Verhalten in der Verwaltung, Baden-Baden: Nomos, S. 209-232.

LÜHR, Hans-Peter (1990), Akute Gefahrenbeurteilung für den Standortbereich der Deponien Schöneiche und Schöneicher Plan, Gutachten vom Oktober 1990, Berlin: TU Berlin (Institut für wassergefährdende Stoffe) (masch.).

MAIZIÈRE, Lothar de (1990), Öko-Soziale Marktwirtschaft. Wirtschafts- und gesellschaftspolitisches Leitbild der Christlich Demokratischen Union der DDR, in: WICKE, Lutz/MAIZIERE, Lothar de/MAIZIERE, Thomas de, Öko-Soziale Marktwirtschaft für

Ost und West. Der Weg aus der Wirtschafts- und Umweltkrise, München: dtv, S. 171-179.
- (1990), Regierungserklärung des Ministerpräsidenten der Deutschen Demokratischen Republik vom 19. April 1990, in: HERLES, Helmut/ROSE, Ewald (Hg.) (1990), Vom Runden Tisch zum Parlament, Bonn: Bouvier-Verlag, S. 447-475.
MATTHES, Felix Christian (2000), Stromwirtschaft und deutsche Einheit. Eine Fallstudie zur Transformation der Elektrizitätswirtschaft in Ost-Deutschland, Berlin (Edition Energie + Umwelt; 1).
MAYNTZ, Renate (1996), Politische Steuerung. Aufstieg, Niedergang und Transformation einer Theorie, in: BEYME, Klaus von/OFFE, Claus (Hg.), Politische Theorien in der Ära der Transformation, Opladen: Westdeutscher Verlag (PVS, Sonderheft 26/1996), S. 148-168.
- /BOHNE, Eberhard/DERLIEN, Hans-Ulrich/HESSE, Beate/HUCKE, Jochen/MÜLLER, Axel (1978), Vollzugsprobleme der Umweltpolitik. Empirische Untersuchung der Implementation von Gesetzen im Bereich der Luftreinhaltung und des Gewässerschutzes, Wiesbaden: Kohlhammer (Materialien zur Umweltforschung; 4).
MAYNTZ, Renate/SCHARPF, Fritz W. (1995), Der Ansatz des akteurzentrierten Institutionalismus, in: MAYNTZ, Renate/SCHARPF, Fritz W. (Hg.), Gesellschaftliche Selbstregelung und politische Steuerung. Frankfurt a.M.: Campus (Schriften des Max-Planck-Instituts für Gesellschaftsforschung Köln; 23), S. 39-72.
MCGOVERN, Karsten (1992), Ökologieorientierte kommunale Gewerbepolitik: Umsetzungsprobleme in Brandenburg/Havel, in: Arbeitsgruppe Ökologische Wirtschaftspolitik (Hg.), Ökologische Probleme regionaler Strukturpolitik. Probleme und Lösungsmöglichkeiten nach der Vereinigung. Probleme und Lösungsmöglichkeiten nach der Vereinigung, Marburg: Metropolis (Probleme der deutschen Einheit; 7), S. 189-225.
- (1994), Koordinationsprobleme einer ökologisch orientierten Industriepolitik in den neuen Bundesländern, in: Ökologische und soziale Bedingungen des deutschen Einigungsprozesses, hrsg. v. d. Arbeitsgruppe ökologische Wirtschaftspolitik, Redaktion Hans Diefenbacher, Hans G. Nutzinger und Ulrich Petschow, Marburg: Metropolis (Probleme der Einheit; 15), S. 139-152.
- (1995), Kommunale Umweltpolitik in den neuen Bundesländern: Innovationsbedarf und Umsetzungsprobleme, in: BENZLER, Susanne/BULLMANN, Udo/EIßEL, Dieter (Hg.), Deutschland-Ost vor Ort. Anfänge der lokalen Politik in den neuen Bundesländern, Opladen: Leske + Budrich, S. 165-189.
- (1995), Vorsorgender Umweltschutz als Verhandlungsproblem. Kritische Anmerkungen zu den Handlungspotenzialen kommunalpolitischer Akteure in den neuen Bundesländern, in: Z[SCH]IESCHE, Michael (Hg.), Alles wird besser, nichts wird gut? Wege zur ökologischen Wende, Berlin: Aufbau Taschenbuch Verlag, S. 123-133.
MERBACH, W. (1991), Landwirtschaft und Umwelt in der DDR - Ausgewählte Aspekte, in: BECHMANN, Arnim/BUTTGEREIT, Reinhold/KRAFT, Bärbel (Hg.) (1991), Umweltpolitik in der DDR. Dokumente des Umbruchs, Berlin: TU Berlin, (Werkstattberichte des Instituts für Landschaftsökonomie; 32), S. 73-85.
MERKEL, Wolfgang (1999), Systemtransformation. Eine Einführung in die Theorie und Empirie der Transformationsforschung, Opladen: Leske + Budrich (UTB; 2076).
MEUSER, Michael/NAGEL, Ulrike (1991), ExpertInneninterviews - vielfach erprobt, wenig bedacht, in: GARZ, Detlef/KRUIMER, Klaus (Hg.), Qualitativ-empirische Sozialforschung. Konzepte, Methoden, Analysen, Opladen: Westdeutscher Verlag, S. 441-471.

MEZ, Lutz/JÄNICKE, Martin/PÖSCHK, Jürgen (1991), Die Energiesituation in der vormaligen DDR. Darstellung, Kritik und Perspektiven der Elektrizitätsversorgung, Berlin: edition sigma.
Ministerium für Landwirtschaft, Umweltschutz und Raumordnung des Landes Brandenburg (MLUR) (Hg.) (2001), Naturpark Uckermärkische Seen, 4. Aufl., Potsdam: MLUR.
Ministerium für Naturschutz, Umweltschutz und Wasserwirtschaft der DDR (Hg.) (1990), Informationen zur Entwicklung der Umweltbedingungen in der DDR und weitere Maßnahmen – Basisjahr 1988; Material für die Beratung am Runden Tisch, [29. Januar 1990, Ost-Berlin], in: BECHMANN, Arnim/BUTTGEREIT, Reinhold/KRAFT, Bärbel (Hg.) (1991), Umweltpolitik in der DDR. Dokumente des Umbruchs, Berlin: TU Berlin, (Werkstattberichte des Instituts für Landschaftsökonomie; 32), S. 122-147.
Ministerium für Naturschutz, Umweltschutz und Wasserwirtschaft (Hg.) (1990), Konzeption für die Entwicklung der Umweltpolitik, 19. März 1990, [Ost-Berlin], in: BECHMANN, Arnim/BUTTGEREIT, Reinhold/KRAFT, Bärbel (Hg.) (1991), Umweltpolitik in der DDR. Dokumente des Umbruchs, Berlin: TU Berlin, (Werkstattberichte des Instituts für Landschaftsökonomie; 32), S. 148-241.
Ministerium für Umwelt, Naturschutz und Raumordnung des Landes Brandenburg (MUNR) (Hg.) (1992), Umweltbericht 1992. Land Brandenburg, Potsdam: MUNR.
MOMPER, Walter (1991), Grenzfall. Berlin im Brennpunkt deutscher Geschichte, München: Bertelsmann.
MORITZ, Torsten (1997), Die Entwicklung von DDR-Oppositionsgruppen nach 1989 – Das Beispiel Umweltbibliothek Berlin. Die Tücken der Gruppendynamik, in: POLLACK, Detlef/RINK, Dieter (Hg.), Zwischen Verweigerung und Opposition. Politischer Protest in der DDR 1970-1989, Frankfurt a.M.: Campus.
MOSER, Peter (1997), Akteure im kommunalen Klimaschutz, in: ZAU 10 (3/1997), S. 385-401.
MÜHLEN, Patrik von zur (2000), Aufbruch und Umbruch in der DDR. Bürgerbewegungen, kritische Öffentlichkeit und Niedergang der SED-Herrschaft, Bonn: Dietz (Politik- und Gesellschaftsgeschichte; 56).
MÜLLER-BRANDECK-BOQUET, Gisela (1993) Von der Fähigkeit des deutschen Föderalismus zur Umweltpolitik, in: PRITTWITZ, Volker von (Hg.), Umweltpolitik als Modernisierungsprozess. Politikwissenschaftliche Umweltforschung und -lehre in der Bundesrepublik Deutschland, Opladen: Leske + Budrich, S. 103-112.
- (1996), Die institutionelle Dimension der Umweltpolitik: Eine vergleichende Untersuchung zu Frankreich, Deutschland und der Europäischen Union, Baden-Baden: Nomos-Verlag.
MÜLLER-ENBERGS, Helmut/SCHULZ, Marianne/WIELGOHS, Jan (Hg.) (1991), Von der Illegalität ins Parlament: Werdegang und Konzept der neuen Bürgerbewegung, Berlin: LinksDruck.
MÜLLER-HELMBRECHT, Arnulf (1998), Endspurt – das Nationalparkprogramm im Wettlauf mit der Zeit, in: Institut für Umweltgeschichte und Regionalentwicklung (Hg.), Naturschutz in den neuen Bundesländern. Ein Rückblick, unter der Redaktion von Regine AUSTER und Hermann BEHRENS, 2. Bd., Marburg: BdWi-Verlag (Umweltgeschichte und Umweltzukunft; 6), S. 597-608.
NABROWSKY, Heinz (1992), Den Bock zum Gärtner machen? Zum Dauerkonflikt „Verwaltungsreform“ in Ostberlins Amtsstuben, in: Grünstift 10 (9/1992), S. 33-35.
NASSMACHER, Hiltrud (1994), Transformationsprozesse aus regionaler und lokaler Perspektive, in: NASSMACHER, Hiltrud/NIEDERMAYER, Oskar/WOLLMANN,

Hellmut (Hg.) (1994), Politische Strukturen im Umbruch, Berlin: Akademie Verlag, S. 1-16.
Naturschutzbund Deutschland. Landesverband Berlin (Hg.) [1999], 100 Jahre Bürger im Naturschutz, Berlin: NABU (masch.).
Naturschutzbund Deutschland. Landesverband Brandenburg (Hg.) (1995), Der Naturschutzbund (NABU) in Brandenburg. Ausgewählte Beiträge und Dokumente zum Gründungsjahr 1990, Potsdam: NABU.
Naturschutzbund Deutschland. Landesverband Brandenburg (Hg.) (1997), Naturschutz in Brandenburg. Eine Informationsbroschüre des NABU Brandenburg, Potsdam: NABU.
Naturschutzbund Deutschland. Landesverband Brandenburg (Hg.) (2000), Jubiläumsband zum 5. Naturschutztag des NABU Brandenburg. Fachvorträge; Feierstunde – 10 Jahre NABU Brandenburg, Potsdam: NABU.
NAUJOKS, Friedhelm (1991), Ökologische Erneuerung der ehemaligen DDR. Begrenzungsfaktor oder Impulsgeber für eine gesamtdeutsche Entwicklung?, Bonn: Dietz.
NECKEL, Sighard (1992), Das lokale Staatsorgan. Kommunale Herrschaft im Staatssozialismus der DDR, in: Zeitschrift für Soziologie 21 (4/1992), S. 252-268.
NEUBERT, Ehrhart (1999), Was waren Opposition, Widerstand und Dissidenz in der DDR? Zur Kategorisierung politischer Gegnerschaft, in: KUHRT, Eberhard/BUCK, Hannsjörg F./HOLZWEIßIG, Gunter (Hg.), Am Ende des realen Sozialismus: Beiträge zu einer Bestandsaufnahme der DDR-Wirklichkeit in den 80er Jahren, Bd. 3. Opposition in der DDR von den 70er Jahren bis zum Zusammenbruch der SED-Herrschaft, Opladen: Leske + Budrich, S. 17-46.
NEUMANN, Ulrich (1995), Was war, war wenig und viel: Die Anfänge der Arche, in: JORDAN, Carlo/KLOTH, Hans Michael (Hg.) (1995), ARCHE NOVA - Opposition in der DDR. Das „Grün-ökologische Netzwerk Arche" 1988-90. Mit den Texten der ARCHE NOVA, Berlin: BasisDruck, S. 81-92.
NEWELL, Peter (2001), Environmental NGOs, TNCs, and the Question of Governance, in: STEVIS, Dimitris/ASSETTO, Valerie J. (Hg.), The International Political Economy of the Environment. Critical Perspectives, Boulder, Colo.: Rienner (International Political Economy Yearbook; 12), S. 85-107.
NISSEN, Sylke (1992), Die sozialistische Arbeitsgesellschaft in der ökologischen Transformation: Arbeit und Umwelt in der ehemaligen DDR, in: NISSEN, Sylke (Hg.), Modernisierung nach dem Sozialismus. Ökologische und ökonomische Probleme der Transformation, Marburg: Metropolis (Ökologie und Wirtschaftsforschung; 5), S. 7-24.
- (1993), Umweltpolitik in der Beschäftigungsfalle, Marburg: Metropolis.
NÖLTING, Benjamin (2000), Local Environmental Policy in Eastern Germany. Framework Conditions and Social-Movement Strategies, in: Working Group on Environmental Studies Newsletter No. 21 (Autumn 2000), Florenz: European University Institute; Robert Schuman Centre for Advanced Studies, S. 15-21.
NOHLEN, Dieter (2002), Vergleichende Methode, in: NOHLEN, Dieter/SCHULTZE, Rainer-Olaf (Hg.), Lexikon der Politikwissenschaft, 2 Bde., München: Beck (i.E.).
NOOKE, Günter (1992), Strukturen einer neuen Energiepolitik nach den Vorstellungen der Volkskammer und der Wirtschaftsministerien der neuen Bundesländer, in: Lausitz wohin? hrsg. von der Fraktion von Bündnis 90 im Landtag Brandenburg, Potsdam, S. 9-22.

Ökumenische Versammlung für Gerechtigkeit, Frieden und Bewahrung der Schöpfung. Dresden - Magdeburg – Dresden. Eine Dokumentation (1990), hrsg. v. Aktion Sühnezeichen, Friedensdienste, Berlin: Aktion Sühnezeichen.
OELS, Angela (2000), „Let's get together and feel alright!“ Eine kritische Untersuchung von „Agenda 21“-Prozessen in England und Deutschland, in: HEINELT, Hubert/MÜHLICH, Eberhard (Hg.), Lokale „Agenda 21“-Prozesse. Erklärungsansätze, Konzepte und Ergebnisse, Opladen: Leske + Budrich (Städte und Regionen in Europa; 7), S. 182-200.
OLSON, Mancur (1992), Die Logik kollektiven Handelns. Kollektivgüter und die Theorie der Gruppen, 3., durchges. Aufl., Tübingen: Mohr Siebeck.
OPP, Karl-Dieter (1996), Aufstieg und Niedergang der Ökologiebewegung in der Bundesrepublik, in: DIEKMANN, Andreas/JAEGER, Carlo C. (Hg.), Umweltsoziologie, Opladen: Westdeutscher Verlag (KZfSS, Sonderheft 36), S. 350-379.
- /VOß, Peter/GERN, Christiane (1993), Die volkseigene Revolution, Stuttgart: Klett-Cotta.
OSTWALD, Herbert (1991), Naturschützer im Mercedes? Biosphärenreservat Schorfheide im Aufbau, in: Grünstift 9 (2/1991), S. 39-42.
PAETZOLD, Burkhard (1998), Berlin-Köpenick: Kirchgemeinden, Bezirksamt und Öffentlichkeit – „drei Säulen“ für eine Lokale Agenda 21, in: Internationaler Rat für Kommunale Umweltinitiativen; KUHN, Stefan/SUCHY, Gottfried/ZIMMERMANN, Monika (Hg.), Lokale Agenda 21 - Deutschland. Kommunale Strategien für eine zukunftsbeständige Entwicklung, Berlin: Springer, S. 77-83.
PAGE, Edward C. (1991), Localism and Centralism in Europe. The Political and Legal Bases of Local Self-Government, Oxford: Oxford University Press.
PAUCKE, Horst (1994), Chancen für die Umweltpolitik und Umweltforschung. Zur Situation in der ehemaligen DDR, Marburg: BdWi-Verlag.
- (1996), Ökologisches Erbe und ökologische Hinterlassenschaft, Marburg: BdWi-Verlag (Forum Wissenschaft Studien; 34).
- (1996), Umweltschutz in der DDR, in: Jahrbuch Ökologie 1997, hrsg. v. Günter ALTNER, Barbara METTLER-von MEIBOM, Udo E. SIMONIS, Ernst U. von WEIZSÄCKER, München: Beck, S. 310-318.
PEHLE, Heinrich/JANSEN, Alf-Inge (1998), Germany: The Engine in European Environmental Policy?, in: HANF, Kenneth/JANSEN, Alf-Inge (Hg.), Governance and Envrionmental Quality. Environmental Politics, Policy and Administration in Western Europe, Harlow: Longman, S. 82-109.
PETERS, B. Guy (1993), Alternative Modelle des Policy-Prozesses: Die Sicht „von unten“ und die Sicht „von oben“, in: HÉRITIER, Adrienne (Hg.) (1993), Policy-Analyse. Kritik und Neuorientierung, Opladen: Westdeutscher Verlag (PVS, Sonderheft 24/1993), S. 289-303.
PETSCHOW, Ulrich (1991), Der ökologische Roll-Back. Bestandsaufnahme, Entwicklungstrends und politische Rahmenbedingungen der Umweltsituation in den neuen Bundesländern, in: Politische Ökologie 9 (Nr. 23), S. 34-40.
- /MEYERHOFF, Jürgen/THOMASBERGER, Claus (1990), Umweltreport DDR. Bilanz der Zerstörung - Kosten der Sanierung - Strategien für den ökologischen Umbau, Frankfurt a.M.: Fischer.
PLASSMANN, Eberhard (1992), Ökologische Sanierungs- und Entwicklungskonzept für den Raum Halle/Leipzig/Bitterfeld/Merseburg, in: Jahrbuch Ökologie 1993, hrsg. v. Günter ALTNER, Barbara METTLER-von MEIBOM, Udo E. SIMONIS, Ernst U. von WEIZSÄCKER, München: Beck, S. S. 75-83.

PLATZECK, Matthias (1995), Die Praxis von oben verändern. Interview mit Matthias Platzeck, in: Z[SCH]IESCHE, Michael (Hg.), Alles wird besser, nichts wird gut? Wege zur ökologischen Wende, Berlin: Aufbau Taschenbuch Verlag, S. 235-247.

POLLACK, Detlef (1999), Der Zusammenbruch der DDR als Verkettung getrennter Handlungslinien, in: JARAUSCH, Konrad H./SABROW, Martin (Hg.), Weg in den Untergang. Der innere Zerfall der DDR, Göttingen: Vandenhoeck & Ruprech, S. 41-81.

PORTA, Donatella della (1999), La politica locale. Potere, istituzioni e attori tra centro e periferia, Bologna: Il Mulino.

PREISENDÖRFER, Peter (1996), Ökologisches Bewusstsein in Ost- und Westdeutschland, in: ZfU 19 (1/1996), S. 1-20.

PRITTWITZ, Volker von (1990), Das Katastrophen-Paradox. Elemente einer Theorie der Umweltpolitik, Opladen: Leske u. Budrich.

- (1993), Reflexive Modernisierung und öffentliches Handeln, in: PRITTWITZ, Volker von (Hg.), Umweltpolitik als Modernisierungsprozess. Politikwissenschaftliche Umweltforschung und -lehre in der Bundesrepublik, Opladen: Leske + Budrich, S. 31-49.

- (1994), Politikanalyse, Opladen: Leske + Budrich (UTB für Wissenschaft: Uni-Taschenbücher; 1707).

Provisorischer Regionalausschuss Planungsgruppe Potsdam (Hg.) (1990), Grundlagen und Zielvorstellungen für die Entwicklung der Region Berlin. 1. Bericht 5/90, Potsdam.

PUTNAM, Robert D. (1993), Making Democracy Work. Civic Traditions in Modern Italy, Princeton: Princeton University Press.

QUANTE, Michael (1996), Umweltschutz in den Kommunen, in: ApuZ B 50/96, S. 32-40.

RAGIN, Charles C. (1994), Constructing Social Research: the Unity and Diversity of Method, 2. print, Thousand Oakes, CA: Pine Forge Press.

RASCHKE, Joachim (1988), Soziale Bewegungen. Ein historisch-systematischer Grundriss, 2. Aufl. d. Studienausg., Frankfurt a.M.: Campus.

Rat von Sachverständigen für Umweltfragen (1996), Umweltgutachten 1996. Zur Umsetzung einer dauerhaft-umweltgerechten Entwicklung, Stuttgart: Metzler-Poeschel.

RINK, Dieter (1995), Bürgerbewegung und Kommunalpolitik in Ostdeutschland, in: BENZLER, Susanne/BULLMANN, Udo/EIßEL, Dieter (Hg.), Deutschland-Ost vor Ort. Anfänge der lokalen Politik in den neuen Bundesländern, Opladen: Leske + Budrich, S. 75-98.

- (1999), Mobilisierungsschwäche, Latenz, Transformation oder Auflösung? Bilanz und Perspektive der Entwicklung (neuer) sozialer Bewegungen in Ost-Deutschland, in: KLEIN, Ansgar/LEGRAND, Hans-Josef/LEIF, Thomas (Hg.), Neue Soziale Bewegungen. Impulse, Bilanzen und Perspektiven, Opladen: Westdeutscher Verlag, S. 180-195.

- (2001), Die ostdeutsche Umwelt- und Naturschutzbewegung: Von der Opposition zur neuen Lebensreform?, unter Mitarbeit von Saskia Gerber (unveröffentl. Manuskript).

RÖSLER, Markus (1998), Das Nationalparkprogramm der DDR, in: Institut für Umweltgeschichte und Regionalentwicklung (Hg.), Naturschutz in den neuen Bundesländern. Ein Rückblick, unter der Redaktion von Regine AUSTER und Hermann BEHRENS, 2. Bd., Marburg: BdWi-Verlag (Umweltgeschichte und Umweltzukunft; 6), S. 561-595.

- /SCHWAB, Elisabeth/LAMBRECHT, Markus (Hg.) (1990), Naturschutz in der DDR, Bonn: Economia.

ROGGISCH, Reinhard (1987), Zur Gründung der Fachgruppe Feldherpetologie Berlin-Köpenick, in: Rana. Mitteilungsblatt für den praktischen Schutz der Amphibien, Reptilien und Wildfische in Berlin, Hauptstadt der DDR 4 (1987), S. 98-99.
ROSENTHAL, Rüdiger (1995), Kein Schweigen im (sterbenden) Walde: Die Medienarbeit der Arche, in: JORDAN, Carlo/KLOTH, Hans Michael (Hg.) (1995), ARCHE NOVA - Opposition in der DDR. Das „Grün-ökologische Netzwerk Arche“ 1988-90. Mit den Texten der ARCHE NOVA, Berlin: BasisDruck, S. 133-144.
RUCHT, Dieter (1994), Modernisierung und neue soziale Bewegungen. Deutschland, Frankreich und USA im Vergleich, Frankfurt a.M.: Campus.
- (2001), Soziale Bewegungen als Signum demokratischer Bürgergesellschaft, in: LEGGEWIE, Claus/MÜNCH, Richard (Hg.), Politik im 21. Jahrhundert, Frankfurt a.M.: Suhrkamp (edition suhrkamp; 2221), S. 321-336.
- /BLATTERT, Barbara/RINK, Dieter (1997), Soziale Bewegungen auf dem Weg zur Institutionalisierung. Zum Strukturwandel „alternativer“ Gruppen in beiden Teilen Deutschlands, Frankfurt a. M.: Campus Verlag.
RÜDDENKLAU, Wolfgang (Hg.) (1992), Störenfried. DDR-Opposition 1986-1989. Mit Texten aus den „Umweltblättern“, Berlin: BasisDruck.
RYDIN, Yvonne (1997), Policy Networks, Local Discourses and the Implementation of Sustainable Development, in: BAKER, Susan/KOUSIS, Maria/RICHARDSON, Dick/YOUNG, Stephen (Hg.), The Politics of Sustainable Development. Theory, Policy and Practice within the European Union, London, New York: Routledge, S. 152-174.
SABATIER, Paul A. (1993), Advocacy-Koalitionen, Policy-Wandel und Policy-Lernen: Eine Alternative zur Phasenheuristik, in: HÉRITIER, Adrienne (Hg.), Policy-Analyse. Kritik und Neuorientierung, Opladen: Westdeutscher Verlag (PVS, Sonderheft 24/1993), S. 116-148.
SCHARPF, Fritz W. (1992), Die Handlungsfähigkeit des Staates am Ende des zwanzigsten Jahrhunderts, in: KOHLER-KOCH, Beate (Hg.), Staat und Demokratie in Europa. 18. Wissenschaftlicher Kongress der Deutschen Vereinigung für Politische Wissenschaft, Opladen: Leske + Budrich, S. 93-115.
- (1993), Positive und negative Koordination in Verhandlungssystemen, in: HÉRITIER, Adrienne (Hg.), Policy-Analyse. Kritik und Neuorientierung, Opladen: Westdeutscher Verlag (PVS, Sonderheft 24/1993), S. 57-83.
- (2000), Interaktionsformen. Akteurzentrierter Institutionalismus in der Politikforschung, Opladen: Leske + Budrich, (UTB für Wissenschaft: Uni-Taschenbücher; 2136).
SCHERZER, Landolf (1997), Der Erste. Mit einem weiterführenden Bericht „Der letzte Erste“, Berlin: Aufbau Taschenbuch Verlag (Originalausgabe 1988).
SCHEYTT, Oliver (1992), Reorganisation der kommunalen Selbstverwaltung, in: RÜHL, Christof (Hg.), Institutionelle Reorganisation in den neuen Ländern. Selbstverwaltung zwischen Markt und Zentralstaat, Marburg: Metropolis (Probleme der Einheit; 5), S. 23-43.
- (1993), Die Kommunen der neuen Bundesländer im Umbau. Probleme und Perspektiven, in: BECKORD, Wilhelm (Hg.), Die Kommunen und die Einheit Deutschlands, Münster: Lit (Studien zur Politikwissenschaft; 64), S. 1-10.
SCHIEFERDECKER, Helmut (1991), Konzept, Erfolge und Defizite bisheriger Umweltpolitik in der DDR, in: BECHMANN, Arnim/BUTTGEREIT, Reinhold/KRAFT, Bärbel (Hg.) (1991), Umweltpolitik in der DDR. Dokumente des Umbruchs, Berlin: TU Berlin, (Werkstattberichte des Instituts für Landschaftsökonomie; 32), S. 25-34.

- (1991), Information zu den Ursachen der bisherigen Nicht-Umweltpolitik der DDR (Zentraler Runder Tisch der DDR, 10. Tagung am 29. Januar 1990), in: BECHMANN, Arnim/BUTTGEREIT, Reinhold/KRAFT, Bärbel (Hg.) (1991), Umweltpolitik in der DDR. Dokumente des Umbruchs, Berlin: TU Berlin, (Werkstattberichte des Instituts für Landschaftsökonomie; 32), S. 87-89.

SCHLEGELMILCH, Kai (1992), Umweltschutz vor Ort. Entwicklung und Handlungsmöglichkeiten der Kommunen in ökologischer Hinsicht, in: Arbeitsgruppe Ökologische Wirtschaftspolitik (Hg.), Ökologische Probleme regionaler Strukturpolitik. Probleme und Lösungsmöglichkeiten nach der Vereinigung. Probleme und Lösungsmöglichkeiten nach der Vereinigung, Marburg: Metropolis (Probleme der deutschen Einheit; 7), S. 41-70.

SCHLIESING, Helmut (1993), Praxisbericht: Die Kommunen der neuen Bundesländer im Umbau. Probleme und Perspektiven, in: BECKORD (Hg.), Die Kommunen und die Einheit Deutschlands, 11-21.

SCHMIDT-EICHSTAEDT, Gerd (1993), Kommunale Gebietsreform in den neuen Bundesländern, in: ApuZ B36/93, S. 3-17.

SCHMITZ-JERSCH, Friedhelm (2000), Grußwort zum 10jährigen Bestehen des Landesverbandes Brandenburg des NABU, in: Naturschutzbund Deutschland. Landesverband Brandenburg (Hg.), Jubiläumsband zum 5. Naturschutztag des NABU Brandenburg. Fachvorträge; Feierstunde – 10 Jahre NABU Brandenburg, Potsdam: NABU, S. 36-43.

SCHNEIDER-WILKES, Rainer R. (1996), Kann eine umweltschützerische Bürgerinitiative unter Nutzung des Rechts erfolgreich sein?, in: Mehr oder weniger Demokratie?, hrsg. v. Unabhängiges Institut für Umweltfragen (UfU). Dokumentation einer Tagung am 2./3.11 1995 in Berlin: Berlin: UfU, S. 25-32.

SCHRÖDER, Thies (1990), Berliner Abfälle, in: Grünstift-Forum, Beilage zum Grünstift 8 (3/1990), S. 4-5.

SCHULZKE, Dietrich (1995), Biosphärenreservat Schorfheide-Chorin, in: Ständige Arbeitsgruppe der Biosphärenreservate in Deutschland (Hg.), Biosphärenreservate in Deutschland. Leitlinien für Schutz, Pflege und Entwicklung, Berlin: Springer, S. 163-185.

SCHWARTAU, Cord (1985), Die Entwicklung der Umwelt in der DDR. Neue Probleme durch Renaissance der Braunkohle, in: Umweltprobleme und Umweltbewusstsein in der DDR (1985), hrsg. v. d. Redaktion Deutschland Archiv, Köln: Verlag Wissenschaft und Politik, S. 9-38.

SCHWENK, Herbert/WEISSPFLUG, Hainer (1996), Umweltschmutz und Umweltschutz in Berlin (Ost). Zu Auswirkungen der DDR-Umweltpolitik in Berlin, Berlin: Edition Luisenstadt.

SEEGER, Johann-Joachim (2000), Der NABU Brandenburg im Spannungsfeld der heutigen Gesellschaft, in: Naturschutzbund Deutschland. Landesverband Brandenburg (Hg.), Jubiläumsband zum 5. Naturschutztag des NABU Brandenburg. Fachvorträge; Feierstunde – 10 Jahre NABU Brandenburg, Potsdam: NABU, S. 49-54.

SEIDE, Corinna/MWAUNGULU, Gisela/SCHÄFER, Ute (1998), Grüne Liga Berlin Öko-Netzwerk statt „klassischer" Umweltverband, in: Grünstift 16 (9-10/1998), S. 30-32.

SENSEL, Frank/ELSNER, Norbert (1990), Die Gefährdung des NSG Euloer Bruch, in: GENSICHEN, Hans-Peter (Hg.) (1990), Umwelt-Mosaik DDR ´89, Ost-Berlin: Deutscher Verlag der Wissenschaft, S. 14-19.

SOHST, Peter (1992), Probleme der Lausitz, in: Lausitz wohin? hrsg. von der Fraktion von Bündnis 90 im Landtag Brandenburg, Potsdam, S. 33-39.

SPRENGER, Rolf-Ulrich/HARTMANN, Martin/WACKERBAUER, Johan (1991), Umweltschutz in den neuen Bundesländern: Anpassungserfordernisse, Investitionsbedarf, Marktchancen für Umwelttechnik und Handlungsbedarf für eine ökologische Sanierung und Modernisierung, München: Ifo-Inst. für Wirtschaftsforschung (Ifo-Studien zur Umweltökonomie; 16).

STAEHLIN-WITT, Elke (1991), Konflikte und Widerstände, in: FREY, René L./STAEHLIN-WITT, Elke/BLÖCHLIGER, Hansjörg (Hg.) (1991), Mit Ökonomie zur Ökologie. Analyse und Lösungen des Umweltproblems aus ökonomischer Sicht, Basel: Helbing & Lichtenhahn, S. 117-139.

STEINER, André (1999), Zwischen Konsumversprechen und Innovationszwang. Zum wirtschaftlichen Niedergang der DDR, in: JARAUSCH, Konrad H./SABROW, Martin (Hg.), Weg in den Untergang. Der innere Zerfall der DDR, Göttingen: Vandenhoeck & Ruprecht, S. 153-192.

STINGLWANGER, Wolfgang (1999), Die Energiepolitik der DDR und ihre wirtschaftlichen und ökologischen Folgen, in: KUHRT, Eberhard/BUCK, Hannsjörg F./HOLZWEIßIG, Gunter (Hg.), Am Ende des realen Sozialismus: Beiträge zu einer Bestandsaufnahme der DDR-Wirklichkeit in den 80er Jahren. Bd. 4, Die Endzeit der DDR-Wirtschaft. Analysen zur Wirtschafts-, Sozial- und Umweltpolitik. Opladen: Leske + Budrich, S. 189-215.

STRÜBEL, Michael (1992), Internationale Umweltpolitik, Opladen: Leske + Budrich.

- (1996), Umwelt- und Energiepolitik in Ostdeutschland, in: Berliner Debatte Initial (3/1996), S. 59-65.

SUCCOW, Michael (1991), Grundkonzeption der Flächensanierung der ehemaligen DDR: Das Nationalparkprogramm im Osten Deutschlands, in: Naturschutz und Landschaftspflege in den neuen Bundesländern, hrsg. v. Deutschen Rat für Landschaftspflege, (Schriftenreihe des Deutschen Rates für Landschaftspflege; 59), S. 911-917.

- (1995), „Es steht ein grundsätzliches Neubestimmen an". Gespräch mit Michael Succow, in: Z[SCH]IESCHE, Michael (Hg.), Alles wird besser, nichts wird gut? Wege zur ökologischen Wende, Berlin: Aufbau Taschenbuch Verlag, S. 69-77.

- /JESCHKE, Lebrecht/KNAPP, Hans Dieter (2001), Die Krise als Chance. Naturschutz in neuer Dimension, Neuenhagen: Findling.

TAISTRA, Gregor (2001), Die Porter-Hypothese zur Umweltpolitik, in: ZfU 24 (2/2001), S. 241-262.

TARROW, Sidney (1991), Kollektives Handeln und politische Gelegenheitsstruktur in Mobilisierungswellen: Theoretische Perspektiven, in: KZfSS, 43, (4/1991), S. 647-670.

TETSCH, Friedemann/BENTERBUSCH, Ulrich/LETIXERANT, Peter (1996), Die Bund-Länder-Gemeinschaftsaufgabe „Verbesserung der regionalen Wirtschaftsstruktur": ein Leitfaden zur regionalen Wirtschaftsförderung in Deutschland, Köln: Verlag Otto Schmidt.

THAYSEN, Uwe (1990), Der runde Tisch. Oder: Wo blieb das Volk?, Opladen: Westdeutscher Verlag.

TIMM, Gerhard (1985), Die offizielle Ökologiedebatte in der DDR, in: Umweltprobleme und Umweltbewusstsein in der DDR (1985), hrsg. v. d. Redaktion Deutschland Archiv, Köln: Verlag Wissenschaft und Politik, S. 117-149.

TIMMER, Karsten (2000), Vom Aufbruch zum Umbruch. Die Bürgerbewegung in der DDR 1989, Göttingen: Vandenhoeck & Ruprecht (Kritische Studien zur Geschichtswissenschaft; 142).

TÖPFER, Klaus (1991), Umweltsanierung in den fünf neuen Ländern: Ein Fass ohne Boden?, in: Der Landkreis 61 (8-9/1991), S. 473-475.

Umweltbundesamt (Hg.) (1993), Umweltschutz und Industriestandort: der Einfluss umweltbezogener Standortfaktoren auf Investitionsentscheidungen, von Jürgen BLAZEJCZAK/Michael KOHLHAAS/Bernhard SEIDEL/Harald TRABOLD-NÜBLER/Klaus LÖBBE/Johann WALTER/Martin WENKE, Berlin: Erich Schmidt (Berichte/Umweltbundesamt; 93,1).

Umweltbundesamt (Hg.) (1995), Ökologische Aufbaupolitik in den neuen Ländern: Schwerpunktmäßige Dokumentation der ökologischen Aufbaupolitik in den neuen Ländern seit Beginn des Einigungsprozesses, von Heike BELITZ, Jürgen BLAZEJCZAK, Vera DIETRICH, Dietmar Edler (DIW), Walter KOMAR, Bärbel LASCHKE (IWH), Forschungsbericht hrsg. v. Umweltbundesamt, Berlin: UBA.

Unabhängiger Arbeitskreis Umwelt und Frieden Hoyerswerda (Hg.) (1990), Verheizte Lausitz. Der Braunkohlebergbau und seine Probleme im ostelbischen Raum, Hoyerswerda.

VOELZKOW, Helmut/HOPPE, Andrea (1996), „Druck von oben und von unten". Zu Reformansätzen der deutschen Regionalpolitik als Reaktion auf Implementationsprobleme des Europäischen Regionalfonds in den neuen Bundesländern, in: HEINELT, Hubert (Hg.), Politiknetzwerke und europäische Strukturfondsförderung. Ein Vergleich zwischen EU-Mitgliedstaaten, Opladen: Leske + Budrich (Gesellschaftspolitik und Staatstätigkeit; 10), S. 108-130.

VOIGT, Matthias (1990), Neue Erhebung in der Mark Brandenburg – Die Müllberge auf dem Schöneicher Plan, in: GENSICHEN, Hans-Peter (Hg.), Umwelt-Mosaik DDR '89, Ost-Berlin: Deutscher Verlag der Wissenschaft, S. 69-74.

VOSS, Sigrid (1991), Instrumente des Abfallrechts in der DDR, in: KLOEPFER, Michael (Hg.), Instrumente des Umweltrechts der früheren DDR, Berlin: Springer, S. 72-77.

WARD, Hugh (1996), Green Arguments for Local Democracy, in: KING, Desmond/STOKER, Gerry (Hg.), Rethinking Local Democracy, London: Macmillan, S. 130-157.

WAZLAWIK, Klaus (1998), Sechs Thesen für den Agenda-Prozess – Erfahrungen aus der Arbeit in Berlin-Köpenick, in: Internationaler Rat für Kommunale Umweltinitiativen (I.C.L.E.I.); KUHN, Stefan/SUCHY, Gottfried/ZIMMERMANN, Monika (Hg.), Lokale Agenda 21 - Deutschland. Kommunale Strategien für eine zukunftsbeständige Entwicklung, Berlin: Springer, S. 85-87.

WEBER, Max (1988) [1906], Objektive Möglichkeiten und adäquate Verursachung in der historischen Kausalbetrachtung, in: WEBER, Max, Gesammelte Aufsätze zur Wissenschaftslehre, hrsg. von Johannes WINCKELMANN, 7. Aufl., Tübingen: Mohr (Uni-Taschenbücher; 1492), S. 266-290.

WEBER, Rolf (1998), Der Zentrale Fachausschuss Botanik im Kulturbund – sein Werden, Wachsen und Wirken, in: Institut für Umweltgeschichte und Regionalentwicklung (Hg.), Naturschutz in den neuen Bundesländern. Ein Rückblick, unter der Redaktion von Regine AUSTER und Hermann BEHRENS, 1. Bd., Marburg: BdWi-Verlag (Umweltgeschichte und Umweltzukunft; 6), S. 147-165.

WECK-HANNEMANN, Hannelore (1994), Die politische Ökonomie der Umweltpolitik, in: BARTEL, Rainer/HACKL, Franz (Hg.) (1994), Einführung in die Umweltpolitik, München: Vahlen, S. 101-117.

WEDER, Dietrich Jörn (2002), Tafelsilber statt Pritzelkram, in: Frankfurter Rundschau vom 5.2.2002.

WEGRICH, Kai/JAEDICKE, Wolfgang/LORENZ, Sabine/WOLLMANN, Hellmut (1997), Kommunale Verwaltungspolitik in Ostdeutschland, Basel: Birkhäuser.

WEIDNER, Helmut (1996), Basiselemente einer erfolgreichen Umweltpolitik. Eine Analyse und Evaluation der Instrumente der japanischen Umweltpolitik, Berlin: edition sigma.

WEINBACH, Kerstin (1998), Umweltpolitisches Engagement im Vereinigungsprozess. Bedingungen seiner Entstehung und organisatorischen Entwicklungen am Beispiel Thüringen, Koblenz: Fölbach.

WELFENS, Maria J. (1993), Umweltprobleme und Umweltpolitik in Mittel- und Osteuropa. Ökonomie, Ökologie und Systemwandel, Berlin: Physica Verlag.

WENSIERSKI, Peter (1985), Die Gesellschaft für Natur und Umwelt. Kleine Innovation in der politischen Kultur, in: Umweltprobleme und Umweltbewusstsein in der DDR (1985), hrsg. v. d. Redaktion Deutschland Archiv, Köln: Verlag Wissenschaft und Politik, S. 151-168.

- (1986), Von oben nach unten wächst gar nichts. Umweltzerstörung und Protest in der DDR, Frankfurt a.M.: Fischer Taschenbuch.

- (1988), Ökologische Probleme und Kritik an der Industriegesellschaft in der DDR heute, Köln: Verlag Wissenschaft und Politik.

WICKE, Lutz (1993), Umweltökonomie. Eine praxisorientierte Einführung, 3. erw. Aufl., München: Vahlen.

WIEGANK, Friedrich-Manfred (1993), Naturschutz in Brandenburg. Aufgaben und Leitlinien, in: HÜBLER, Karl-Hermann/CASSENS, Hans-Jürgen (Hg.), Naturschutz in den neuen Bundesländern: Chancen für die Landschaftsentwicklung, Bewertung der Naturschutzpolitik, Stand der Gesetzgebung in den neuen Bundesländern und in Berlin, Taunusstein: Blottner, S. 11-30.

WIELGOHS, Jan/SCHULZ, Marianne (1991/92), Von der illegalen Opposition in die legale Marginalität. Zur Entwicklung der Binnenstrukturen der ostdeutschen Bürgerbewegung, in: Berliner Jounal für Soziologie 1 (3/1991), S. 383-392 und 2 (3/1992), S. 119-128.

WIELGOHS, Jan/JOHNSON, Carsten (1997), Entstehungsgründe, Handlungsbedingungen, Situationsdeutungen. Analytische Perspektiven auf die DDR-Opposition der 80er Jahre, in: POLLACK, Detlef/RINK, Dieter (Hg.), Zwischen Verweigerung und Opposition. Politischer Protest in der DDR 1970-1989, Frankfurt a.M.: Campus, S. 332-363.

WIESENTHAL, Helmut (Hg.) (1995), Einheit als Interessenpolitik. Studien zur sektoralen Transformation, Frankfurt a.M.: Campus.

- (1995), Die Transformation Ostdeutschlands. Ein (nicht ausschließlich) privilegierter Sonderfall der Bewältigung von Transformationsproblemen, in: WOLLMANN, Hellmut/WIESENTHAL, Helmut/BÖNKER, Frank (Hg.), Transformation sozialistischer Gesellschaften: Am Ende des Anfangs, Opladen: Westdeutscher Verlag (Leviathan Sonderheft 15/1995), S. 134-159.

WINTER, Gerd (1990), Umweltrecht in der DDR, BRD und EG - ein Strukturvergleich, in: Umwelt und Planungsrecht 10 (1990), S. 373-379.

„Wir nehmen jeden Dreck", in: Grünstift 6 (2/1988), S. 15.

WOLLE, Iri (1990), Golfplätze: Sport oder Spekulation, in: Grünstift 8 (6/1990), S. 8-11.

- (1990), Wildwest im Osten – ein Land wird verschachert, in: Grünstift 8 (4/1990), S. 14-18.

- (1997), Willkommen im Feuchtgebiet, in: Grünstift 15 (3/1997), S. 8-9.

- (1998), Private Totalreservate. Flächenverkäufe – aus Liebe zur Natur?, in: Grünstift 16 (1-2/1998), S. 12-16.

WOLLMANN, Hellmut (1991), Kommunalpolitik und -verwaltung in Ostdeutschland: Institutionen und Handlungsmuster im „paradigmatischen" Umbruch. Ein empirische Skizze, in: BLANKE, Bernhard (Hg.), Staat und Stadt. Systematische, vergleichende und problemorientierte Analysen „dezentraler" Politik, Opladen: Westdeutscher Verlag (PVS, Sonderheft; 22/1991), S. 237-258.
- (1998), Um- und Neubau der Kommunalstrukturen in Ostdeutschland, in: WOLLMANN, Hellmut/ROTH, Roland (Hg.), Kommunalpolitik. Politisches Handeln in den Gemeinden, 2., völlig überarb. u. aktualisierte Aufl., Bonn: Bundeszentrale für politisches Bildung (Schriftenreihe; 356), S. 149-167.
- (1998), Um- und Neubau der politischen und administrativen Landesstrukturen in Ostdeutschland, in: APuZ B 5/98, S. 18-28.
- (2000), Local Government Systems: From historic divergence towards convergence? Great Britain, France, and Germany as comparative cases in point, in: Environment and Planning C: Government and Policy 18, S. 33-55.
- /BERG, Frank (1994), Die ostdeutschen Kommunen: Organisation, Personal, Orientierungs- und Einstellungsmuster im Wandel, in: NASSMACHER, Hiltrud/NIEDERMAYER, Oskar/WOLLMANN, Hellmut (Hg.) (1994), Politische Strukturen im Umbruch, Berlin: Akademie Verlag, S. 239-273.
WÜRTH, Gerhard (1985), Umweltschutz und Umweltzerstörung in der DDR, Frankfurt a.M.: Lang.
YOUNG, Stephen (1997), Community-Based Partnerships and Sustainable Development. A Third Force in the Social Economy, in: BAKER, Susan/KOUSIS, Maria/RICHARDSON, Dick/YOUNG, Stephen (Hg.), The Politics of Sustainable Development. Theory, Policy and Practice within the European Union, London: Routledge, S. 217-236.
ZECH, Ralf (1999), Das Lakomaer Teichgebiet, in: Braunkohlenausschuss des Landes Brandenburg (Hg.) (1999), 50. Sitzung des Arbeitskreises Cottbus-Nord, Cottbus: Braunkohlenausschuss, S. 29-31.
ZILLEßEN, Horst (1993), Die Modernisierung der Demokratie im Zeichen der Umweltproblematik, in: PRITTWITZ, Volker von (Hg.), Umweltpolitik als Modernisierungsprozess. Politikwissenschaftliche Umweltforschung und -lehre in der Bundesrepublik Deutschland, Opladen: Leske + Budrich, S. 81-91.
ZIMMERMANN, Klaus W./KAHLENBORN, Walter (1994), Umweltföderalismus. Einheit und Einheitlichkeit in Deutschland und Europa, Berlin: edition sigma.
Z[SCH]IESCHE, Michael (1995), Zwischen Müsli und Eisbein. Ökoprojekte in den neuen Ländern, in: Z[SCH]IESCHE, Michael (Hg.), Alles wird besser, nichts wird gut? Wege zur ökologischen Wende, Berlin: Aufbau Taschenbuch Verlag, S. 277-286.
ZSCHIESCHE, Michael (1996), Aktuelle Konfliktlinien bei der Auseinandersetzung von Bürgerinitiativen im Umweltschutz in den neuen Ländern und die Wahrnehmung von Bürgerbeteiligungsrechten in Verwaltungsverfahren am Beispiel immissionsschutzrechtlicher Genehmigungsverfahren, in: Mehr oder weniger Demokratie?, hrsg. v. Unabhängiges Institut für Umweltfragen (UfU). Dokumentation einer Tagung am 2./3.11 1995 in Berlin: Berlin: UfU, S. 39-50.
- (1996), Vom Alltag der Bürgerbeteiligung. Umweltschutz in den neuen Bundesländern, in: Jahrbuch Ökologie 1997, hrsg. v. Günter ALTNER, Barbara METTLER-von MEIBOM, Udo E. SIMONIS, Ernst U. von WEIZSÄCKER, München: Beck, S. 279-285.
- (2001), Vergessene Umweltgeschichte. Störfälle, Havarien und Umweltunfälle in der DDR, in: Jahrbuch Ökologie 2002, hrsg. v. Günter ALTNER, Barbara METTLER-von MEIBOM, Udo E. SIMONIS, Ernst U. von WEIZSÄCKER, München: Beck, S. 235-241.

2. Benutzte Archive

Studienarchiv Umweltgeschichte des Instituts für Umweltgruppen und Regionalentwicklung e. V., Berlin.
Archiv des Braunkohleausschusses des Landes Brandenburg, Ministerium für Landwirtschaft, Umweltschutz und Raumplanung, Cottbus (Unterlagen zum Braunkohleabbau in Lakoma).
Umweltamt Landkreis Teltow-Fläming, Luckenwalde (Unterlagen zur Mülldeponie Schöneiche und zur Deponie Schöneicher Plan).
Private Archive und Materialsammlungen:

- Herr Christoph Hille, Cottbus.
- Frau Christiane Jurke, Cottbus.
- Herr Ernst Pries, Ringofen bei Templin.
- Herr Reinhard Roggisch, Köpenick.
- Herr Ulrich Wolter, Kallinchen/Schöneiche.

3. Übersicht über die Interviews

Es wurden mit 21 Personen Interviews zu den folgenden Themen geführt:
Zur Umweltbewegung in der DDR und Ostdeutschland:

- Carlo Jordan, 30.11.2000, Berlin.
- Steffen Herrcher und Norbert Wilke, 5.12.2000, Potsdam.
- Prof. Michael Succow, 6.12.2000, Greifswald.

Zum Fall Schöneiche:

- Carsten Preuß und Hans Köppen, 11.10.2000, Luckenwalde.
- Ulrich Wolter, 12.10.2000, Kallinchen.
- Matthias Voigt, 25.11.2000, Berlin.

Zum Fall Lakoma:

- Klaus Muche und Christiane Jurke, 4.10.2000, Cottbus.
- Christoph Hille, 15.11.2000, Cottbus.
- Peter Sohst, 15.11.2000, Cottbus.
- Ralf Zech, 15.11.2000, Cottbus.

Zum Fall Templin:

- Ernst Pries, 13.11.2000, Ringofen bei Templin.
- Roland Resch und Norbert Bukowsky, 14.12.2000, Lychen.

Zum Fall Köpenick

- André Bowe, 13.11.2000, Köpenick.
- Jochen Querengässer und Marina Borkenhagen, 19.7.2001, Köpenick.
- Reinhard Roggisch, Gespräch am 11.1.2001, Köpenick (keine Tonbandaufzeichnung).
- Dr. Klaus Wazlawik, 26.7.2001, Berlin.

4. Biographische Hinweise zu den InterviewpartnerInnen

Marina Borkenhagen: Seit Dezember 2000 Projektleiterin im Agenda 21-Büro Köpenick, dem Büro des Fördervereins Lokale Agenda 21 Köpenick e.V.

André Bowe: Bis 1990 Arbeiter bei der Berlin Chemie in Köpenick. Mitglied der IG Stadtökologie in Köpenick und des Netzwerkes Arche. Seit 1990 Mitglied in der Grünen Partei in Köpenick und in verschiedenen Umweltgruppen in Köpenick engagiert.

Norbert Bukowsky: Mitglied der GNU Templin, 1985-1989 Kreisbeauftragter für Naturschutz im Landkreis Templin und stellvertretendes Ratsmitglied für Umweltschutz, Wasserwirtschaft und Erholungswesen beim Rat des Kreises Templin, SED-Mitglied. Bis 1990 Leiter der Naturschutzstation Knehdenmoor. 1990-1993 Kreistagsabgeordneter für die Grünen. 1990 nahm er zusammen mit Ernst Pries die Grenzziehung und die Beschreibung des Biosphärenreservats Schorfheide-Chorin vor und in den Folgejahren für den Naturpark Uckermärkische Seen. Von 1990 bis 1995 war er Aufbauleiter des Naturparks Uckermärkische Seen, seit 1995 ist er dort zuständig für den Biotop- und Artenschutz. Mitglied des NABU Templin.

Steffen Hercher: Maschinenbauingenieur, seit 1992 Betreuer des Schulprojektes der Grünen Liga „Grüne Gören" und Mitglied der Grünen Liga, seit Oktober 1996 Angestellter in der Landesgeschäftsstelle der Grünen Liga Brandenburg, seit 1998 als Geschäftsführer.

Christoph Hille: Diplomingenieur für Bergbautechnik und seit 1978 beruflich mit Untergrundspeicherung und Bohrtechnik befasst. Beruflich arbeitet er seit 1980 auf dem Gebiet der Altbergbau- und Braunkohlesanierung in der Lausitz und als Umweltschützer in seiner Freizeit. 1988 wurde er Mitglied in einer kirchlichen Umweltgruppe in Cottbus, in der er sich v.a. mit den Fragen der rationellen und regenerativen Energieanwendung befasste. Er war ab 1990 Vertreter der Grünen Liga im Provisorischen Braunkohlenausschuss und von Februar 1992 bis 1994 im Braunkohlenausschuss des Landes Brandenburg in Cottbus tätig, wo er sich u.a. vehement für den Erhalt von Lakoma einsetzte.

Dr. Carlo Jordan: Studierte nach einer Ausbildung zum Bauingenieur Philosophie und Geschichte an der Humboldt-Universität Berlin, von der er aus politischen Gründen relegiert wurde. Arbeit als Bauleiter und Philosophiedozent bei der Evangelischen Kirche. 1986 Mitbegründer der Berliner Umweltbibliothek, 1988 des Grünen Netzwerks Arche und 1989 der Grünen Partei in der DDR. Vertreter der Grünen Partei am zentralen Runden Tisch und Abgeordneter der Ostberliner Stadtverordnetenversammlung von Mai bis Dezember 1990, 1994-1995 Mitglied des Berliner Abgeordnetenhauses für Bündnis 90/Die Grünen. Autor mehrerer Studien zur DDR-Umweltbewegung und DDR-Umweltpolitik.

Christiane Jurke: Fernmeldetechnikerin, setzt sich seit Ende 1989 für den Erhalt von Lakoma ein. Sie knüpfte Kontakte zu den BewohnerInnen von Lakoma, koordinierte die Zusammenarbeit der Umweltgruppen und –verbände, führt ein Zeitungsarchiv, erstellt ausführliche Fotodokumentationen des Gebietes, gestaltete mehrere Fotoausstellungen zum Thema und arbeitete an den Stellungnahmen der Umweltgruppen für den Braunkohlenausschuss mit.

Hans Köppen: Zuständig für die Mülldeponien Schöneiche und Schöneicher Plan im Umweltamt des Kreises Teltow-Fläming in Luckenwalde.

Klaus Muche: Engagierte sich Ende der Achtziger Jahre in einer unabhängigen Cottbuser Umweltgruppe. 1990 wurde er Geschäftsführer der Grünen Partei für den Bezirksverband Cottbus. In dieser Funktion setzte er sich für den Erhalt Lakomas ein. Von 1992 bis 1997 war er als Vertreter des BUND Mitglied im Braunkohlenausschuss.

Carsten Preuß: Zuständig für die Mülldeponien Schöneiche und Schöneicher Plan im Umweltamt des Kreises Teltow-Fläming in Luckenwalde.

Ernst Pries: War seit 1957 als forstlicher Standorterkunder, später als Landschaftskartierer u.a. im Landkreis Templin tätig. Er war seit 1952 Mitarbeiter der wissenschaftlichen Vogelberingung, Mitglied in botanischen Fachgruppen und bis 1989 Bodendenkmalpfleger. Von dieser fachlichen Basis aus bekämpfte er umweltschädigende Produktionsweisen durch Eingaben und Veröffentlichungen. Das hatte zur Folge, dass er von der Staatssicherheit observiert wurden. 1989/90 war er Mitglied der Kommission zur Aufdeckung von Korruption und Amtsmissbrauch im Kreis Templin. 1989 war er Mitbegründer der Grünen Partei im Kreis Templin und wurde für sie 1990 in den Kreistag Templin gewählt. Dort war er Vorsitzender des Ausschusses für Landwirtschaft, Umwelt und Tourismus und 1993-1998 Vorsitzender des Umweltausschusses im Kreistag des Großkreises Uckermark. 1990 nahm er federführend die Ausweisung des Biosphärenreservats Schorfheide-Chorin, 1991/92 des Naturparks Uckermärkische Seen vor. 1993 wurde ihm der 3. Brandenburger Umweltpreis verliehen.

Jochen Querengässer: Von 1990 bis 1995 Mitglied der Köpenicker Bezirksverordnetenversammlung für die PDS, von 1995 bis 2001 Mitglied des Berliner Abgeordnetenhauses, Schwerpunkt Umweltpolitik. 1996 Gründungsmitglied des „Fördervereins Lokale Agenda 21 Köpenick" und seit November 1999 dessen Vorsitzender. Mitinitiator und 1998-1999 Mitglied der Enquetekommission „Zukunftsfähiges Berlin" des Berliner Abgeordnetenhauses.

Roland Resch: Ingenieur für Wasserwirtschaft, Mitglied der GNU Templin. 1989 Gründungsmitglied der Grünen Partei in Templin. Mitglied des Runden Tisches in Templin. Im März 1990 wurde er Umweltdezernent, nach den Kommunalwahlen im Mai 1990 stellvertretender Landrat und im Mai 1991 Landrat des Kreises Templin. Von 1992 bis 1994 war er Brandenburger Bildungsminister. Seit 1995 ist er Leiter des Naturparks Uckermärkische Seen.

Reinhard Roggisch: Eisenbahn-Ingenieurökonom, Mitgründer und 1984-1986 Leiter der Fachgruppe Feldherpetologie Köpenick der GNU. 1986 initiierte er die Gründung der IG Stadtökologie Köpenick und war deren stellvertretender Leiter. Er wurde auf Grund seines natur- und umweltschützerischen Engagements von 1987 an einer Desavouierung durch die Staatssicherheit ausgesetzt, also einer Zersetzung auf persönlicher, beruflicher und ehrenamtlicher Ebene (Operativer Vorgang „Weizen").

Peter Sohst: Von 1980 bis 1989 war er beim Bau des Braunkohlekraftwerks Jänschwalde tätig, davon 1983 bis 1987 als TKO (Technische Kontroll-Organisation)-Leiter (TÜV-Leiter) beim Generalauftragnehmer für dieses Vorhaben zuständig. 1990 arbeitete er in der Bezirksverwaltungsbehörde Cottbus als Dezernent für Energie und Bergbau und war in dieser Funktion von Beginn an Mitglied des Provisorischen Braunkohlenausschusses. Von Mitte 1992 bis Mitte 1995 war er Geschäftsführer des Braunkohlenausschusses. Er arbeitet heute u.a. an der Umsetzung der Sanierungspläne und der Planung und Finanzierung der Internationalen Bauausstellung Fürstpückler-Land mit.

Professor Dr. Michael Succow: Seit den 1960er Jahren arbeitete er im Kulturbund und in der GNU mit und entwickelte zusammen mit Kollegen ein Naturschutzkonzept für die DDR, das aber nur eingeschränkt publiziert werden durfte. Succow war von 1987 bis 1989 Mitglied der DDR-Volkskammer für die LDPD und kümmerte sich im Ausschuss für Landwirtschaft um Umweltpolitik. Vom Januar bis Mai 1990 war er stellvertretender Umweltminister der DDR, zuständig für den Bereich Ressourcenschutz und Landnutzungsplanung. In dieser Zeit entwarf er mit seinen Mitarbeitern das DDR-Nationalparkprogramm und schuf die politischen Voraussetzungen für dessen Verwirklichung. Seit 1990 ist er Vizepräsident des NABU. 1993-1996 war er Mitglied im Sachverständigenrat für Umweltfragen der Bundesregierung. 1997 wurde er mit dem „Alternativen Nobelpreis" für seine Verdienste um den nationalen und internationalen (v.a. Osteuropa) Naturschutz geehrt und erhielt 2001 das Bundesverdienstkreuz. 1998 gründete er die Michael Succow Stiftung zum Schutz der Natur. Succow ist Ordinarius für Geobotanik und Landschaftsökologie an der Ernst-Moritz-Arndt-Universität in Greifswald.

Matthias Voigt: Gärtner, arbeitete als Hausmeister bei der Ostberliner Zionskirche, war Mitglied der Umweltbibliothek in Ostberlin und 1988 Mitbegründer des ökologischen Netzwerks Arche, für die er die DDR-weite Arbeitsgruppe „Luft" leitete. Ab März 1990 arbeitete er für Greenpeace vor allem zur Müllproblematik in der DDR bzw. Ostdeutschland und war Mitglied der Grünen Liga.

Dr. Klaus Wazlawik: Von 1969 bis 1990 arbeitete er in einem Betrieb für Baugrunduntersuchungen. Mitarbeit im Köpenicker ökumenischen Gesprächskreis „Montag Abend für alle" zum konziliaren Prozess Frieden, Gerechtigkeit und Bewahrung der Schöpfung 1983-1992. 1990 wechselte Wazlawik in die Umweltabteilung des DDR-Ministerium für Schwerindustrie, seit der Vereinigung Mitarbeiter im Bundesumweltministerium zunächst im Referat Siedlungsabfälle, jetzt im Referat für Gesellschaftspolitische Grundsatzfragen. Seit 1993 ist Wazlawik Initiator und Ideengeber für den Prozess der Lokalen Agenda 21 in Berlin-Köpenick, dem ersten Agenda 21-Prozess in der Bundesrepublik.

Norbert Wilke: Agraringenieur, seit 1986 Mitglied der Fachgruppe Feldherpetologie der GNU, 1990 Mitbegründer der Grünen Liga im Altkreis Gransee. 1993 Mitbegründer des Landesverbandes Brandenburg der Grünen Liga, seit Februar 1997 Pressesprecher des Landesverbandes.

Ulrich Wolter: Bäckermeister, seit 1966 Mitglied der Gemeindevertretung Kallinchen für die Nationale Front. Seit 1970 aktiv im lokalen Umweltschutz, Mitglied des Umweltschutzaktivs der Gemeindevertretung. Seit 1974 engagierte er sich gegen die Errichtung und den Betrieb der Deponie Schöneiche. In der Umbruchzeit war er Vertreter der Umweltgruppen in der Kontrollgruppe für die Mülldeponien beim DDR-Umweltministerium und wurde im Mai 1990 zum Gemeindevorsteher, später zum stellvertretenden Bürgermeister von Kallinchen gewählt. Ab Herbst 1991 war er Vertreter der Betroffenen am Runden Tisch Schöneiche zur Sanierung der Deponien.

Ralf Zech: Seit 1983 als Mitglied der GNU in Peitz ornithologisch im Gebiet der Lakomaer Teiche aktiv. Bei den Kommunalwahlen im Mai 1990 wurde er in die Gemeindevertretung von Willmersdorf gewählt, die auch für Lakoma zuständig war. Seit der Gründung des Arbeitskreises für den Tagebau Cottbus-Nord setzte er sich dort als Vertreter des NABU für den Erhalt der Lakomaer Seen ein. Seit 1991 arbeitet er beim Landesumweltamt Brandenburg, seit 1995 ist er Vorsitzender des NABU-Kreisverbandes Cottbus.

5. Abkürzungsverzeichnis

ABM	Arbeitsbeschaffungsmaßnahme
AL	Alternativen Liste
APuZ	Aus Politik und Zeitgeschichte
BKA	Braunkohlenausschuss
BMU	Bundesministerium für Umwelt, Naturschutz und Reaktorsicherheit
BUND	Bund für Umwelt und Naturschutz Deutschland
DBD	Demokratischen Bauernpartei Deutschlands
DBV	Deutscher Bund für Vogelschutz
DDR	Deutsche Demokratische Republik
GNU	Gesellschaft für Natur und Umwelt
IG Stadtökologie	Interessengemeinschaft Stadtökologie
IUGR	Institut für Umweltgeschichte und Regionalentwicklung e.V.
KIGEW	Köpenicker Initiativgruppe Eine Welt
KZfSS	Kölner Zeitschrift für Soziologie und Sozialpsychologie
LAUBAG	Lausitzer Braunkohlen Aktiengesellschaft
LDPD	Liberal-Demokratische Partei Deutschlands
LKG	Landeskulturgesetz
LPG	Landwirtschaftliche Produktionsgenossenschaft
MEAB	Märkische Entsorgungsanlagen-Betriebsgesellschaft
MLUR	Ministerium für Landwirtschaft, Umweltschutz und Raumordnung des Landes Brandenburg
MUNR	Ministerium für Umwelt, Naturschutz und Raumordnung des Landes Brandenburg
NABU	Naturschutzbund Deutschland
PVS	Politische Vierteljahresschrift
SED	Sozialistische Einheitspartei Deutschlands
SVA	Sondermüllverbrennungsanlage
SZMK	Schweinezucht- und Mastkombinat
UBA	Umweltbundesamt
VEB	Volkseigener Betrieb
ZAU	Zeitschrift für angewandte Umweltforschung
ZfU	Zeitschrift für Umweltpolitik und Umweltrecht
ZK	Zentralkomitee

6. Chronologie der Umweltpolitik in der DDR und Ostdeutschland

Die DDR-Zeit 1970 bis Herbst 1989

1970	Verabschiedung des Landeskulturgesetzes der DDR
9.3.1972	Gründung des Ministeriums Umweltschutz und Wasserwirtschaft der DDR, Hans Reichelt (BDB) wird Minister und bleibt es bis 1990
1979	Die DDR stellt ihre Energieversorgung fast komplett auf heimische Braunkohle um wegen des Anstiegs der Ölpreise der Sowjetunion
28.3.1980	Gründung der staatlichen Gesellschaft für Natur und Umwelt (GNU)
16.11.1982	Ministerrat beschließt die Geheimhaltung von Umweltdaten
2.9.1986	Gründung der Ostberliner Umweltbibliothek
Nov. 1987	Verhaftung von MitarbeiterInnen der Ostberliner Umweltbibliothek löst eine Solidaritäts- und Protestwelle unter Kirchen- und Umweltgruppen aus
10.1.1988	Gründung des Ökologischen Netzwerks Arche
4.6.1988	2. Öko-Kirmes der IG Stadtökologie Köpenick mit 5.000 BesucherInnen
7.5.1989	Kommunalwahlen, Wahlfälschungen durch die SED

Die Umbruchzeit (Herbst 1989 bis Dezember 1990)

4.9.1989	erste Leipziger Montagsdemonstration
9.9.1989	Gründung des Neuen Forums
12.9.1989	Gründung der Sozialdemokratischen Partei in der DDR (SDP)
2.10.1989	20.000 Menschen auf der Montagsdemonstration in Leipzig
7.10.1989	Feierlichkeiten zum 40. Jahrestag der DDR
9.10.1989	Montagsdemonstration in Leipzig mit 70.000 Menschen verläuft friedlich
18.10.1989	Erich Honecker tritt als Generalsekretär der SED zurück, das ZK der SED wählt Egon Krenz (SED) zum Nachfolger
2.11.1989	Ministerrat beschließt die Freigabe aller Umweltdaten
4.11.1989	über 500.000 Menschen demonstrieren in Ostberlin
5.11.1989	Gründungsinitiative der Grünen Partei in der DDR
6.11.1989	450.000 Menschen demonstrieren in Leipzig
7.11.1989	Ministerrat unter Willi Stoph tritt zurück
9.11.1989	Öffnung der Mauer
10.11.1989	die Bürgerbewegung fordert einen Runden Tisch
13.11.1989	Volkskammer wählt Hans Modrow (SED) zum Vorsitzenden des Ministerrats
17.11.1989	Modrow misst in Regierungserklärung der Umweltpolitik hohen Stellenwert zu
24.11.1989	Gründung der Grünen Partei in der DDR
26.11.1989	Gründungsaufruf für eine Grüne Liga
3.12.1989	Egon Krenz tritt als SED-Generalsekretär zurück
7.12.1989	erste Sitzung des zentralen Runden Tisches
1.1.1990	Kompetenzen des Umweltministeriums werden erweitert, neuer Name: Ministerium für Naturschutz, Umweltschutz und Wasserwirtschaft
9.1.1990	Umweltminister Reichelt tritt zurück
11.1.1990	Peter Diederich (BDB) als neuer Umweltminister vereidigt

29.1.1990	der Runde Tisch berät über Umweltprobleme, Minister Diederich gibt Umweltverschmutzung zu
3.2.1990	Gründungskongress der Grünen Liga in Buna
5.2.1990	Modrow beruft 8 oppositionelle Mitglieder des Runden Tisches in die Regierung als Minister ohne Geschäftsbereich ein (darunter Matthias Platzeck/Grüne, Klaus Schlüter/Grüne Liga)
9.-11.2.'90	1. Parteitag der Grünen Partei in Halle
12.2.1990	der Runde Tisch beschließt das Nationalparkprogramm, das vom stellvertretenden Umweltminister Succow vorgeschlagen wurde
1.3.1990	Gründung der (Ur-)Treuhandanstalt
18.3.1990	Volkskammerwahlen, Sieg der „Allianz für Deutschland" unter Führung der CDU
12.4.1990	Volkskammer wählt Regierung de Maizière (CDU, SPD, FDP, DSU, DA)
6.5.1990	CDU wird Wahlsiegerin bei den Kommunalwahlen (Grüne Partei 2 %)
17.5.1990	Volkskammer beschließt Kommunalverfassung der DDR
18.5.1990	Unterzeichnung des Staatsvertrages zur Wirtschafts-, Währungs- und Sozialunion
17.6.1990	Volkskammer verabschiedet das Treuhandgesetz, das die Treuhandanstalt mit der Privatisierung des Volksvermögens beauftragt
22.6.1990	Volkskammer beschließt die Neugründung der Bundesländer
29.6.1990	DDR-Volkskammer beschließt das Umweltrahmengesetzt
1.7.1990	Inkrafttreten des Staatsvertrages (Wirtschafts-, Währungs- und Sozialunion) und des Umweltrahmengesetzes
31.8.1990	Unterzeichnung des Einigungsvertrags
12.9. 1990	Ministerrat verabschiedet das DDR-Nationalparkprogramm
3.10.1990	Vereinigung, in Inkrafttreten neuen Länder
14.10.1990	Landtagswahlen in Ostdeutschland (ohne Berlin)
22.11.1990	Vereidigung der Brandenburgischen Landesregierung aus SPD, Bündnis 90 und FDP; Matthias Platzeck (parteilos) wird Umweltminister für Bündnis 90
2.12.1990	Bundestagswahlen und Wahlen zum gesamten Berliner Abgeordnetenhaus

Nach der Vereinigung (1991-2000)

14.6.1992	Verabschiedung der Brandenburgischen Landesverfassung, Schutz der natürlichen Umwelt verankert
25.6.1992	Verabschiedung des Brandenburger Naturschutzgesetzes
Dez. 1993	Brandenburgische Kreisgebietsreform tritt in Kraft
Sept. 1994	Landtagswahlen in Brandenburg, SPD gewinnt die absolute Mehrheit, Platzeck bleibt Umweltminister
Okt. 1999	Landtagswahlen in Brandenburg, Bildung einer Koalition aus SPD und CDU, Eingliederung des Umweltministeriums in das Landwirtschaftsministerium

BEITRÄGE ZUR KOMMUNALEN UND REGIONALEN PLANUNG

Diese Schriftenreihe setzt sich zur Aufgabe, die mit dem technischen, wirtschaftlichen und sozialen Wandel zusammenhängenden Auswirkungen und Aufgaben in Hinblick auf eine Weiterentwicklung der kommunalen und regionalen Planung zu untersuchen und entsprechende technische, wirtschafts- und gesellschaftspolitische Gestaltungsmöglichkeiten aufzuzeigen. Dazu wird sie in loser Folge praxisrelevante Forschungsergebnisse zur allgemeinen Diskussion stellen.

Band 1 Rainer Autzen: Wohnungspolitik. Altbauerneuerung und Wohnungsversorgung. 1979.

Band 2 Jürg Sulzer: Stadtentwicklung. Koordination von Raum- und Investitionsplanung. Analyse von fünf Beispielen in der Bundesrepublik Deutschland. 1979.

Band 3 Wolfgang Kempf: Stadterneuerung. Rahmenbedingungen der Instandsetzung und Modernisierung von Altbauten. 1979.

Band 4 Heide Simonis/Rainer Autzen/Udo Ernst Simonis: Stadtentwicklung - Stadterneuerung. Eine Auswahlbibliographie zur städtischen Lebensqualität. Urban Development - Urban Renewal. A Selected Bibliography on the Quality of Urban Life. 1980.

Band 5 Eberhard von Einem: Kommunale Flächennutzungssteuerung in den USA. Analyse des amerikanischen Planungs- und Bodenrechts - mit Vergleichen zur Bundesrepublik Deutschland. Mit einem Nachwort von Reinhold Gütter. 1980.

Band 6 Stefan Krätke: Kommunalisierter Wohnungsbau als Infrastrukturmaßnahme. Eine Alternative zum Sozialen Wohnungsbau in der Bundesrepublik Deutschland. 1981.

Band 7 Dieter Hezel/Horst Höfler/Lutz Kandel/Achim Linhardt: Siedlungsformen und soziale Kosten - Vergleichende Analyse der sozialen Kosten unterschiedlicher Siedlungsformen. 1983.

Band 8 Andreas Müller: S-Bahn-Studie Berlin-West. Zur Konzeption eines Verkehrsverbundes. 1983.

Band 9 Ekhart Hahn: Zukunft der Städte. Chancen urbaner Entwicklung. 1985.

Band 10 Klaus-Dieter Mager: Umwelt - Raum - Stadt. Zur Neuorientierung von Umwelt- und Raumordnungspolitik. 1985.

Band 11 Klaus Krüger: Regionale Entwicklung in Malaysia. Theoretische Grundlagen, empirischer Befund und regionalpolitische Schlußfolgerungen. 1989.

Band 12 Sebastian Büttner: Solare Wasserstoffwirtschaft. Königsweg oder Sackgasse. 1991.

Band 13 Ekhart Hahn: Ökologischer Stadtumbau. Konzeptionelle Grundlegung. 2. Aufl.1993.

Band 14 Stephan Paulus: Umweltpolitik und wirtschaftlicher Strukturwandel in Indien. 1993.

Band 15 Ines Dombrowsky: Wasserprobleme im Jordanbecken. Perspektiven einer gerechten und nachhaltigen Nutzung internationaler Ressourcen. 1995.

Band 16 Peter Gerlach/Ingrid Apolinarski: Identitätsbildung und Stadtentwicklung. Analysen, Befunde, planungstheoretische und -methodische Ansätze für eine aktivierende Stadterneuerung – dargestellt am Beispiel Berlin-Friedrichshain. 1997.

Band 17 Ralf Michael Prüfer: Die Verpackungsverordnung und ihre ökologischen Alternativen. 1999.

Band 18 Axel Volkery: Die Novellierung des Bundesnaturschutzgesetzes. Chancen und Restriktionen einer Neuorientierung der Naturschutzpolitik in Deutschland. 2001.

Band 19 Benjamin Nölting: Strategien und Handlungsspielräume lokaler Umweltgruppen in Brandenburg und Ostberlin 1980-2000. 2002.

Kolibri 360 GmbH
Ferdinand-Jühlke-Straße 7
99095 Erfurt, Deutschland
produktsicherheit@kolibri360.de

Druck:
CPI Druckdienstleistungen GmbH
im Auftrag der
Kolibri 360 GmbH
Ferdinand-Jühlke-Str. 7
99095 Erfurt